比较沉积学

（上册）

任明达 ◎ 编著

石油工业出版社

内 容 提 要

本书系统阐述沉积学理论体系与研究方法，聚焦沉积相基础理论及沉积特征分析。全书从学科发展脉络切入，深入解析粒度成分、颗粒形态、沉积构造、矿物与生物特征等核心要素，为沉积环境识别与演化提供科学依据。本书以多类型沉积环境为框架，对比研究冲积扇、河流、三角洲及海岸等典型沉积体系，探讨其沉积模式、岩性特征及与油气富集的内在关联，结合现代与古代沉积记录，构建理论模型。分为上、下两册。

本书可供从事地质学、沉积学、油气勘探等领域的研究人员及高等院校相关师生参考使用。

图书在版编目（CIP）数据

比较沉积学．上册 / 任明达编著． -- 北京：石油工业出版社，2025.5. -- ISBN 978-7-5183-7486-1

Ⅰ．P588.2

中国国家版本馆 CIP 数据核字第 2025QC6406 号

出版发行：石油工业出版社

（北京安定门外安华里 2 区 1 号　100011）

网　　址：www.petropub.com

编辑部：（010）64523708　　图书营销中心：（010）64523633

经　　销：全国新华书店

印　　刷：北京中石油彩色印刷有限责任公司

2025 年 5 月第 1 版　2025 年 5 月第 1 次印刷

787×1092 毫米　开本：1/16　印张：22.75

字数：540 千字

定价：150.00 元

（如出现印装质量问题，我社图书营销中心负责调换）

版权所有，翻印必究

序
FOREWORD

沉积学是一门具有很强应用性的地质学科，对沉积矿产、油气资源的勘探开发、海岸环境保护等，具有极为重要的意义。根据研究对象、目的、方法技术的不同，沉积学可细分为现代沉积学、实验沉积学、事件沉积学、应用沉积学和比较沉积学等不同分支学科。比较沉积学的核心在于利用现代沉积环境的数据与模型，对古代地层单元的沉积作用、沉积过程与沉积环境作综合分析，强调相模式对比及"描述—解释—预测"的工作思路。该学科是在地貌学、沉积学和沉积岩石学基础上发展起来的一门学科，它起源于19世纪初的均变论，与"将今论古"的思想一脉相承，但同时又突破了机械性的古今对比，在强调沉积基本物理定律和化学原理古今一致性的基础上，主张以时间为坐标，在变化的地质边界条件下来探讨沉积作用的基本规律。比较沉积学于20世纪80年代引入我国地质学界，迅速引起广泛关注与深入研究，极大推动了我国沉积学的发展，在我国部分油气田勘探开发中发挥了重要作用。

作为中国最早推动和开展比较沉积学研究的学者之一，任明达教授基于其40多年的实践经验和理论探索，系统总结并撰写了这部具有重要学术价值和广阔应用前景的比较沉积学专著。该专著分为五大部分，涵盖比较沉积学的发展历史、沉积相的基本理论、沉积特征、比较沉积学各论和比较沉积学的研究方法。通过这本专著，读者不仅能深入了解比较沉积学的发展历程，还能全面把握沉积环境与沉积相的基本理论，并对沉积特征及其相的意义有更为系统的认识。此外，该专著在阐述不同沉积环境、沉积相基本特征的基础上，结合大量国内外现代和古代实例，详细介绍了冲积扇、河流、入海河流三角洲、海岸、湖泊、风沙、冰川、浊流等八类比较沉积学的研究理论与成果进展。在此基础上，专著系统介绍了开展比较沉积学研究的多种方法技术，包括岩屑岩性数字滤波技术、重砂矿物鉴定、砾石产状的赤平极射投影表示法、地面激发极化法、电测井法，以及各类数学地质方法。相信通过这些深入浅出的论述和精彩的案例分析，读者将对比较沉积学的基本理论与技术方法有更为深入和全面的理解。

这本专著将比较沉积学理论很好地应用于生产实践，是理论与实践相结合的典范，也是目前我国有关比较沉积学最系统、最全面的专著之一，是对我国沉积学研究做出的新贡献。不仅提升了我国沉积学研究的深度和广度，而且对指导我国含油气盆地勘探开发具有重要意义。这本专著填补了我国比较沉积学研究的空白，值得大家一读并能受益匪浅。愿该书的出版能够成为同行了解比较沉积学理论和应用的窗口，推动我国含油气盆地沉积研究在新的时代守正创新，更加深入！

耄耋之年，任老依然活跃在科研一线，孜孜不倦地耕耘。他将数十年来的经验智慧与丰硕成果进行了高度的理论性总结，汇聚成这部集大成之作，不仅为广大地质工作者树立了学习的典范，更为相关从业人员和师生带来了巨大的启发与鼓舞。

杨雨

2025.4.30

前　言
PREFACE

我的"比较沉积学"人生

1955年，我考入北京大学地质地理系，进入地质专业。我学过沉积岩石学，接触过各种沉积岩，但当时对它们的形成过程不甚理解。后来转入地貌专业，参加了各种沉积地貌的调查实践，我才深刻理解沉积岩的前身就是现代沉积环境中的沉积物。就这样，我逐渐爱上了沉积地貌学。先后参加过现代沉积相的研究（如冲积扇、河流、三角洲、海岸、风沙等沉积），并承担过现代沉积矿藏（如地下水、砂矿等）富集规律和沉积环境历史演变（如海岸冲刷淤积等）的研究（如山东半岛的海滨沙矿勘探、苏北淤泥海岸的海港选址、冀东海岸环境保护以及塘沽新港泥沙回淤等）。

"现代沉积相"的特点是未成岩的松散沉积，其沉积特征与环境条件基本一致。因此，通过现代沉积相建立了从环境到沉积的研究思路。我给大学生讲授《环境与沉积》课，讲授内容包括现代沉积相及其应用。1981年，与导师王乃樑教授合作编写的《现代沉积环境概论》由科学出版社出版。这是我对现代沉积相研究的重要成果。

在研究现代沉积相的同时，我参加了一系列虽未成岩但已脱离原来沉积环境的"古代沉积相"和第四纪的应用沉积学工作，如山西代县和北京南口冲积扇地下水调查。由此，开启了我的应用沉积学的征程。

最令我感到兴奋的是，不仅对脱离了原来环境、并已成岩的"古代沉积相"进行了研究，还完成了油田储层的一系列研究项目。1979年，受新疆克拉玛依油田邀请，我接受了"新疆克拉玛依油田五区上乌尔禾组岩相研究"任务，开启了与油田开发相关的油藏储层沉积相研究。接着，承担了玉门油田的M油藏开发沉积相研究，吐哈盆地的鄯善油田、丘陵油田、温吉桑油田沉积相研究。1989年至1998年，在青海油田承担了一系列为油田开发和勘探服务的沉积储层研究项目：（1）青海柴达木盆地尕斯库勒油田油藏储层研究；（2）青海柴达木盆地跃进二号油田东高点油藏储层研究；（3）柴达木盆地西部南区N_1—N_2^1油藏储层研究与外缘区储层评价；（4）柴西南区下干柴沟组碎屑岩沉积微相研究。

有一次,我带领学生在冲积扇剖面前讲解沉积现象。一个旁观的老乡问道:你们在干什么?我说:我们在找石油。他惊讶地问:这里有石油吗?不久,附近发现了一个大油田。这是我对比较沉积学的理解,也正是我对比较沉积学一生的追求,总结写成了本书。

任明达在工作

关于沙与砂

纵观世界各国沉积学的发展,都是从沉积岩石学研究开始的。地质学家通过研究岩石的沉积特征来追索沉积岩的成因。著名的沉积岩石学家佩蒂庄的名著 Sand and Sandstone,中国地质学家将此书译成了《砂与砂岩》,很合适,但是仅限于古代的沉积岩。中国的地质学家翻译了"沉积岩成因"、"沉积环境和相",其中 sand 与 sandstone 也都译成砂和砂岩。

我是一名沉积地貌学家,我认为沉积分为两大类:现代沉积与古代沉积(包括油气藏沉积)。现代沉积的沉积特征与现代环境基本一致,sand 应该译成沙。古代沉积基本脱离了形成时的环境,sand 应该译成砂,称为砂、砂岩。

从比较沉积学的角度,更应该区分现代沉积与古代和油气藏沉积,严格区分沙与砂。

简 介

INTRODUCTION

　　任明达，浙江宁波人。1955年，考入北京大学地质地理系，1959年，在山东海洋学院进修。1960年，毕业于北京大学并留校任教，曾任城市与环境学系教授，地貌与第四纪地质专业博士生导师。长期从事比较沉积学的教学和科研。早在1960年代初，就开设"沉积与环境"课，开始研究海洋、湖泊、三角洲、河流、冲积扇等现代沉积，并积极从事浅层地下水资源调查、砂矿勘探和海港港址选择等生产实践，加强了现代沉积理论与实际应用的联系。1983年，编写出版了《现代沉积环境概论》。20世纪70年代后，积极倡导沉积学为油田生产服务的新方向，承担我国西北地区众油田的勘探开发沉积相研究任务，既提高了油田的生产效益，又丰富了现代与古代沉积相比较研究的科学内容，获得北京大学科技进步一等奖。1989年，在研究生中开设了"比较沉积学"课。1995年，出版了《玉门老君庙油田M层低渗透裂缝性块状砂岩油藏储层沉积学与开发模式》。此外，任明达在海岸环境保护和海洋遥感领域做过许多开创性工作，获得不少科研成果，出版了《中国海岸遥感解译》。2017年，北京大学城市与环境学院授予任明达"终生贡献奖"。

目 录
CONTENTS

上 册

第一章 比较沉积学的发展历史 ·· 1

第二章 沉积相的基本理论 ·· 4

第三章 沉积特征 ··· 14
    第一节 粒度成分 ··· 14
    第二节 颗粒形态 ··· 34
    第三节 颗粒排列 ··· 49
    第四节 沉积构造 ··· 52
    第五节 矿物特征 ··· 71
    第六节 颜色特征 ··· 77
    第七节 生物特征 ··· 78
    第八节 植物群落与孢粉 ·· 82
    第九节 环境物理—化学特征 ·· 84

第四章 冲积扇比较沉积学 ·· 92
    第一节 现代冲积扇沉积 ·· 92
    第二节 冲积扇沉积的岩性模式 ·· 105
    第三节 古代冲积扇沉积 ·· 107
    第四节 冲积扇沉积与油气富集规律 ·· 112

第五章 河流比较沉积学 ··· 117
    第一节 河型与河流水动力基本特征 ·· 117
    第二节 现代河流沉积 ··· 122
    第三节 古代河流沉积的识别标志与案例 ··· 134

第四节	国外几个油气田的河流沉积实例	148
第五节	我国几个油气田与煤田网状河流沉积	151
第六节	加拿大洛伊德敏斯特地区的网状河沉积油藏	159
第七节	南莫坎姆气田河流相沉积油藏	161
第八节	酒西盆地玉门老君庙油田中新统 M 油藏辫状河沉积	173
第九节	孤岛油田新近系中新统上馆陶组河流相油藏	218

第六章 入海河流三角洲比较沉积学 221

第一节	现代河流三角洲的沉积环境	221
第二节	影响三角洲的环境因素与三角洲类型	224
第三节	三角洲沉积体系	230
第四节	古代河流三角洲沉积	234
第五节	我国的三角洲沉积	235
第六节	三角洲油气藏	275

第七章 海岸比较沉积学 285

第一节	现代碎屑海岸沉积	286
第二节	在潮汐作用下粉沙淤泥质海岸沉积	306
第三节	我国粉沙淤泥质海岸沉积	312
第四节	海南省澄迈县马村下更新统湛江组古代潮滩沉积	326
第五节	荷兰瓦特海的贝壳质障壁岛海岸沉积	330
第六节	西班牙古代沙质障壁岛海岸的潮流三角洲沉积	333
第七节	Hoadley 障壁岛海岸沉积油藏	336
第八节	中国海大陆架沉积	347

下 册

第八章 湖泊比较沉积学 353

第一节	现代湖泊沉积	353
第二节	抚仙湖沉积	356
第三节	青海湖沉积	364
第四节	岱海湖沉积	372
第五节	吉尔伯特型三角洲沉积	375
第六节	古代湖泊沉积的识别标志与案例	382
第七节	塔里木盆地沉积层序特征及其演化	391

第八节	酒西盆地白垩系储层沉积相研究	404
第九节	吐哈盆地鄯善油田侏罗系油藏储层沉积相研究	422
第十节	丘陵油田中侏罗统油藏储层沉积相研究	437
第十一节	青海柴西南区储层勘探沉积相研究	449
第十二节	青海柴西南区储层勘探细分沉积相研究	462
第十三节	青海尕斯库勒油田 E_3^1 油藏开发沉积相研究	509
第十四节	柴达木盆地第四系湖相天然气藏	515

第九章　风沙比较沉积学 520

第一节　现代风沙沉积　520
第二节　塔克拉玛干沙漠的风沙沉积　526
第三节　华南信江盆地晚白垩世风沙沉积　530
第四节　鄂尔多斯高原第四纪古风成沙　535
第五节　风沙油气藏储层沉积　539

第十章　冰川比较沉积学 553

第一节　现代冰川沉积　553
第二节　古代冰川沉积　561
第三节　冰川沉积油藏　569

第十一章　浊流比较沉积学 584

第一节　现代浊流沉积　584
第二节　古代浊流沉积　591
第三节　辽河盆地沙三段储层浊流沉积相　601

第十二章　比较沉积学的研究方法 603

第一节　岩屑岩性数字滤波技术　603
第二节　重砂矿物鉴定　609
第三节　砾石产状的赤平极射投影表示法　621
第四节　地面激发极化法　624
第五节　电测井法　635
第六节　机械式野外用微型渗透率仪　644
第七节　数学地质方法在沉积相研究中的应用　646

后记 681

参考文献 683

第一章 比较沉积学的发展历史

一、现代沉积学发展阶段

现代沉积学是在 19 世纪以前，主要由地理学家完成的一门学科。他们研究沉积地貌——环境与沉积的关系，其研究思路是从环境到沉积。这是沉积学发展的第一阶段。鲁欣（1958）认为"相是沉积物特征及其生成环境的总和"。现代沉积学的研究成果被广泛应用于河岸防冲防淤与河港选址、寻找现代海滨砂矿、海港选址与海岸防冲防淤、河口港稳定性预测、风沙来源与防沙工程选择等（图 1-1）。

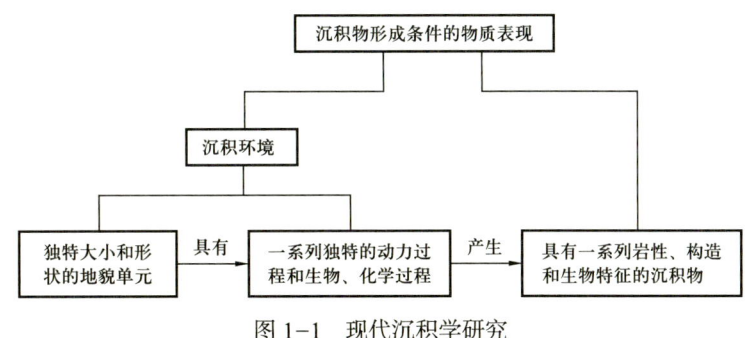

图 1-1 现代沉积学研究

二、比较沉积学发展阶段

20 世纪初，随着沉积地质学的发展，地质学家研究沉积岩石——沉积岩的成因。这就进入了沉积学发展的第二阶段。地理学家将现代沉积的研究结果用于解释古代沉积，沉积地质学家不但找到了沉积岩形成的原因，划分了沉积岩相，还建立了沉积岩的环境发展历史。这就进入了比较沉积学发展阶段，产生了冲积扇比较沉积学、河流比较沉积学、三角洲比较沉积学、海岸比较沉积学、湖泊比较沉积学、风沙比较沉积学、冰川比较沉积学和浊流比较沉积学（图 1-2）。

三、应用沉积学发展阶段

比较沉积学的发展进一步推动了生产应用，这就进入了沉积学发展的第三阶段，应用沉积学发展阶段。将比较沉积学广泛应用于生产，推动了生产的发展，如寻找地下水、石油勘探与开发、天然气勘探与开发（图 1-3 至图 1-5）。

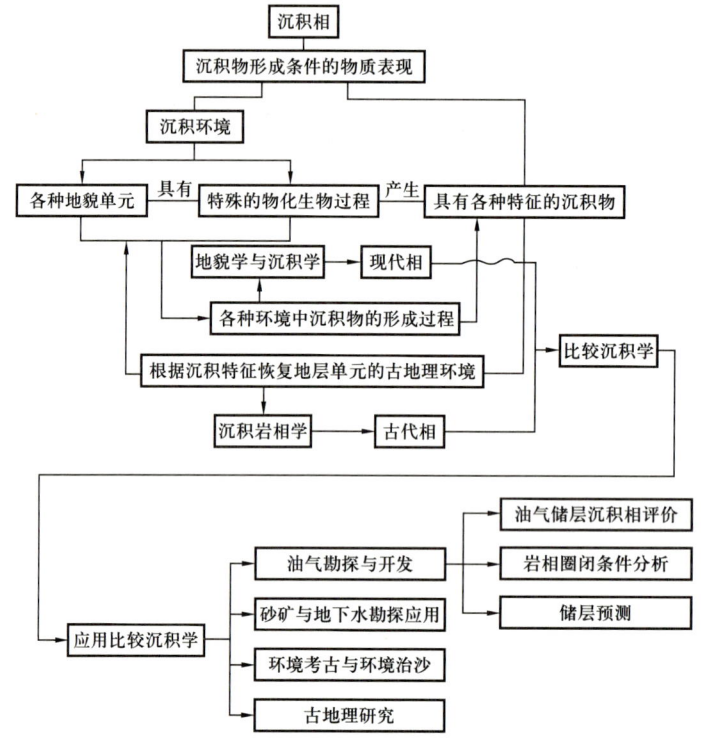

图 1-2　比较沉积学研究思路图

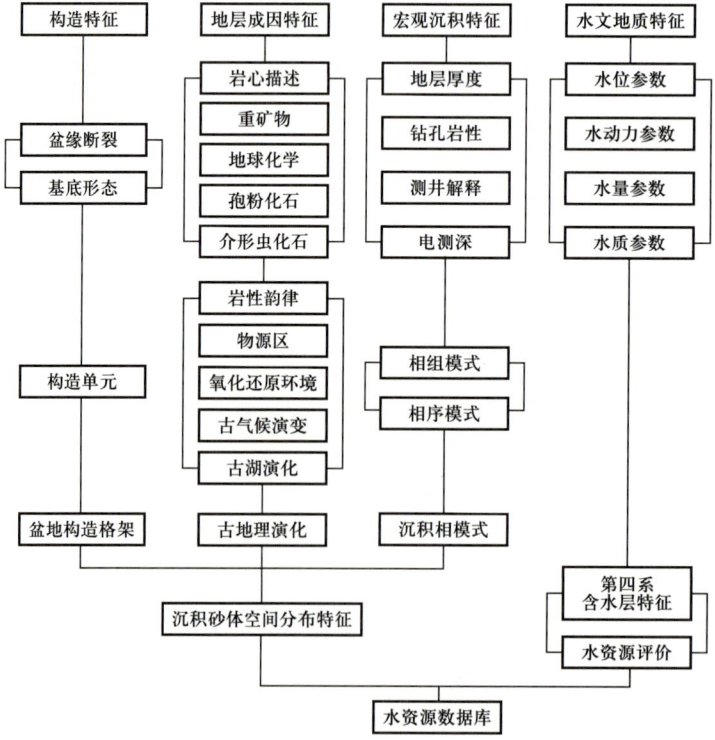

图 1-3　地下水的沉积学研究思路框图

第一章　比较沉积学的发展历史

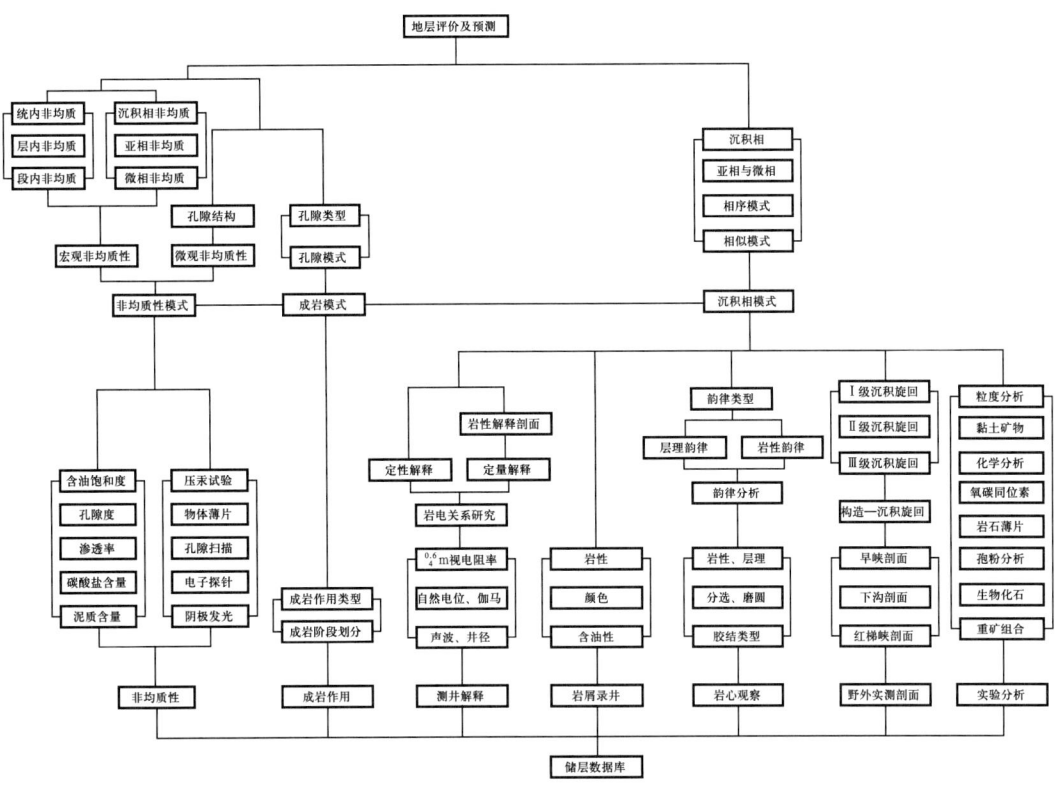

图 1-4　油气勘探开发沉积学研究思路框图

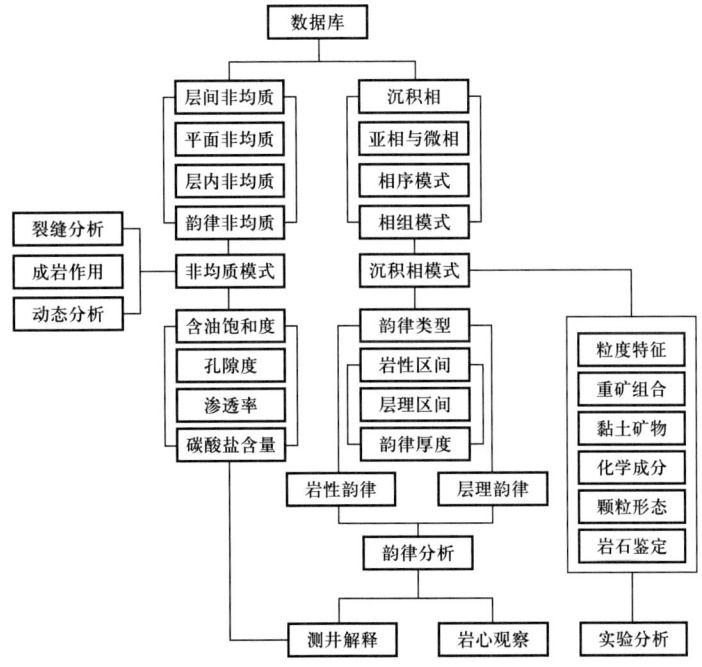

图 1-5　M 油藏沉积相研究技术框图

第二章 沉积相的基本理论

一、相组、相序与相律

1. 相组

在成因上或平面分布上互相关联的、同时出现的一组沉积相（或沉积亚相），叫做相组。相组的特点是：一个相组可以由若干个沉积相或沉积亚相构成；它们在水平方向上是彼此相依的；它们是同时形成的，故相当于"时间单元地层"。可见，"时间单元地层"中可以存在水平相变。沉积相的韵律层是最基本的时间单元地层，是油田开发中常用的地层。

2. 相序

沉积旋回是指相同或相近的沉积条件和沉积作用按次序不断重复而组成一个沉积层序。沉积旋回以规模较大、岩性岩相序列的交替变化而区别于"沉积韵律"；沉积旋回主要是由于地壳周期性振荡运动、海平面升降变化、米兰科维奇效应及沉积物供给速率等形成的垂向上呈周期性或旋回性的沉积组合，沉积旋回通常是沉降速率、沉积速率和侵蚀速率等共同作用的结果。

在相序或相组合分析中，相之间的关系可以是完全随机的，但在很多实例中，各种相作规律性地重复，形成沉积旋回（也称韵律）。整个旋回内沉积物的特征往往是由下而上作系统变化，如粒度逐渐增大或减小、岩性和所含化石的变化、沉积构造的规模和数量有变化等。沉积旋回是研究海平面变化及沉积条件变化的重要依据，通常要详细分析每一个沉积旋回中的沉积相组合，并应用瓦尔特相律从横向（侧向）与纵向（垂向）作对比分析，从而了解沉积盆地的沉积充填过程与特点。在多旋回的沉积序列中，每个旋回的顶或底界面非常重要，要特别注意这些关键界面的特征，如侵蚀面、硬底、凝缩段、暴露面、古风化壳、根系层、土壤层及煤层等。

3. 相律

相律是德国学者瓦尔特于19世纪末（Walther, 1894）提出的：相邻沉积相在纵向上的依次变化与横向上的依次变化是一致的，即可以根据相邻的沉积相在纵向上或在横向上的变化预测其在横向上或纵向上的变化。

这就是著名的相对比较原理，它是沉积相分析及地层预测重要的理论依据。值得指出的是，相对比较原理的应用前提是沉积环境连续渐变，地层为连续沉积，沉积作用方式相同，也就是不能出现"跳相"。显然，该相律明显不适用于有大沉积间断的情况。当沉积环境在时空上出现突变或随时间推移发生重大变化时，这时的相序不一定反映侧向相邻的环境，但很有可能是相隔很远的环境的产物。缺失部分代表的是沉积物被侵蚀的其他环境。

二、沉积环境与沉积相

1. 沉积环境

地质学中经常用到"环境"一词。地质环境的含义很广，包括火成岩形成时的物理—化学环境，不同温压条件下变质岩形成的环境，以及对物质的侵蚀和堆积过程起控制作用的沉积环境。本书要讨论的是沉积环境。一种沉积环境是由一组特征的物理、化学和生物因素确定的，这些因素与一定大小和形状的地貌单元相符合。因此从本质上说，环境分析就是地貌分析。狭义的沉积环境专指堆积环境，沉积物的特征主要决定于堆积环境中的物理、化学与生物过程。不同的堆积环境，这些过程不仅可有本质的区别，而且作用强度和延续时间也有不同，这都会对沉积物的性质产生深刻的影响。此外，沉积盆地的碎屑物质来源于侵蚀区，侵蚀区特有的风化剥蚀作用必然会在沉积特征中有所反映。所以广义的沉积环境既包括堆积环境，也包括侵蚀环境。在作环境分析时，应该综合考虑侵蚀与堆积条件。

2. 沉积相

沉积相的概念目前还不甚统一。有人将沉积相与沉积环境等同起来，认为"相是一定岩层的沉积和生成环境"（热姆丘日尼科夫，1957）。也有人（布拉特，1972）将相定义为"具有某些特征的沉积物的组合"。笔者认为鲁欣（1958）对沉积相的定义比较全面，他认为"相是沉积物特征及其生成环境的总和"。沉积相的概念应该同时包括沉积特征和沉积环境，是能反映环境条件的沉积物岩性、构造和生物特征的综合，是沉积物形成条件的物质表现。各种沉积相都有其独特的堆积体几何形态、岩性成分、沉积结构与构造、化石、沉积层序和旋回。

在重建古沉积环境时，常常采用"将今论古"的研究方法。从现代环境的研究入手，查清在不同环境条件下形成的沉积物的特征。然后将古沉积特征与之对比，恢复古地貌与古动力条件，从而重建古沉积环境（古地理）。可见，现代沉积的研究是解决古沉积问题的基础。有人将沉积岩工作者与现代沉积工作者依次比喻为研究生物残体的"解剖学家"和研究生物生命过程的"生理学家"。其实这种比喻是不全面的。因为沉积岩是漫长地质历史时期的产物，保存着环境演变过程中形成的各种沉积，比较完整地展示了相变关系和层序，而这些恰恰是现代沉积研究中比较难以了解到的。因此在实际工作中，要求这两方面的人员更好地结合起来。

不同的沉积特征往往只反映某个环境条件,如层理类型一般只能说明动力作用性质和强度,有机质的含量反映了环境的氧化还原程度,生物化石种类与环境温度、盐度等因素密切相关。因此在研究沉积相时,不能仅根据个别沉积特征来断定其沉积环境。一般来说,只有当岩性、沉积构造和生物等特征按一定的组合方式出现时,才能作为环境的可靠标志。仅考虑个别特征,会得出错误的结论。近十几年来,国际上的沉积相工作有一个新的动向,想把收集到的沉积与环境资料加以综合,建立一系列"沉积模式"(表2-1),例如建设型三角洲沉积模式和破坏型三角洲沉积模式、辫状河流沉积模式和弯曲河流沉积模式、湖泊沉积模式和海洋沉积模式等。

表 2-1　沉积环境与沉积模式

沉积环境				沉积模式		
大陆	河流	冲积扇	水流	槽洪	冲积扇	
				溢洪		
				筛滤沉积		
			黏滞流	碎屑流		
				泥石流		
		辫状河流	河床		辫状河流	
			沙岛	纵向的		
				横向的		
		弯曲河流	曲流带	河床	弯曲河流	
				天然堤		
				边滩		
			泛滥盆地	河流、湖泊、沼泽		
	风	海滨沙丘	横向沙丘 纵向沙丘 新月形沙丘 抛物线形沙丘 穹状沙丘		海滨沙丘	荒漠沙丘
		荒漠沙丘				
		其他沙丘				

续表

沉积环境				沉积模式	
过渡带	三角洲	上部三角洲平原	曲流带	河床	鸟足状三角洲
				天然堤	
				边滩	
			泛滥盆地	河流湖泊和沼泽	
		下部三角洲平原	汊河	河床	弧形三角洲
				天然堤	
			汊河间地	沼泽湿地湖泊潮道与潮滩	
		三角洲边缘	三角洲前缘	内侧	河口坝海滩滩脊潮滩	港湾三角洲
				外侧	
		三角洲远端			
	海岸	海滨平原	堤岛	沙洲、沙坝海滩、沙嘴与冲越扇	堤岛复合体
			海滨平原	海滩、滩脊	
				潮滩	
			潮滩	潮滩	
				潮汐三角洲	
		水下浅滩	潟湖	潮滩、浅礁	海滨平原
			湖道		
			小港湾		

续表

沉积环境				沉积模式	
海	浅海	陆架	内陆架	浅滩与沙洲	浅海
			中陆架		
			外陆架		
	深海	海底峡谷			深海
		海底三角洲			
		陆坡与深海			
		海沟与海槽			

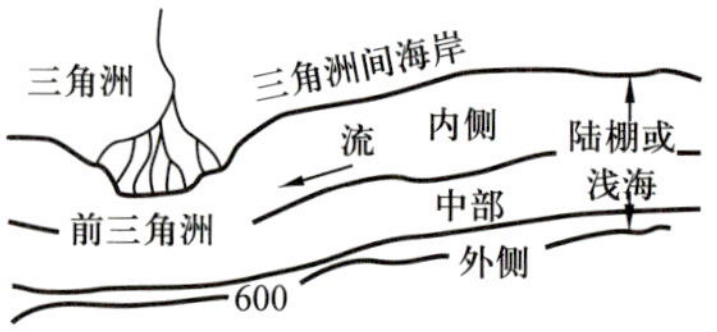

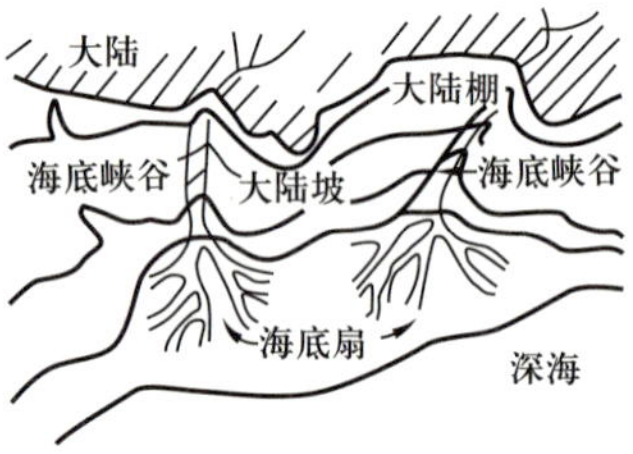

以三角洲相为例：

1）扇三角洲相

扇三角洲是指从邻近高地进入稳定水体的冲积扇，是一种不完整的沉积体系，常表现为出山河流直接入湖，缺少冲积平原环境。这种相类型在三间房组中下部发育。电性特征比较明显，一般 SP 为中高负异常，箱形，边部微齿，RT 呈中等值。该相包括两种亚相：扇三角洲平原亚相和扇三角洲前缘亚相。

扇三角洲平原亚相是扇三角洲体系的陆上部分，主要由槽洪沉积和漫洪沉积组成。槽洪微相是山地河流出山后沿扇面河道形成的带状粗碎屑沉积，为厚层块状砾岩、砾状砂岩或含砾砂岩，分选差，成熟度低。典型的槽洪微相分布于鄯9井、鄯10井和鄯4井等井的三间房组底部砂层。

扇三角洲前缘亚相是扇三角洲的水下部分，主要包括水下分流河道、河间湾、前缘滩地和前缘低地等微相。

水下分流河道微相是扇面河道的水下延伸部分。沉积物仍明显地受物源区控制，沉积物颜色以灰色为主，次为灰绿色；岩性以中细砂岩为主，分选较好；见槽状交错层理、平行层理和波状层理。韵律层厚2~3m，韵律底部为粗—中砂岩（有时夹泥砾），向上变为细砂岩、粉砂岩和泥岩，粒度概率曲线为二段式和三段式，跃移组分占40%，细截点 3ϕ 左右，悬移组分增多，砂层与下伏泥岩接触处有冲刷面，砂岩层系面上往往有植物碎屑或炭屑，这是水下沉积的特征。水下河间湾微相是水下分流河道间的细粒沉积，主要由灰色、灰黑色粉沙和泥组成，发育波状层理和水平层理，以及载荷构造。沉积物中泥质含量较高，泥中可见植物根茎。前缘滩地微相是随着水深增大，地形坡度变缓，水下分流河道携带的泥沙在此呈席状堆积而形成。沉积物以细沙和粉沙为主，具水平层理和波状层理，并见有滑塌构造。垂向层序上表现为沙与泥互层。前缘低地微相位于三角洲前缘到前三角洲的过渡地带，以泥质粉沙为主。电测曲线呈微齿状，幅度低。

2）辫状河三角洲相

随着物源区后退，冲积扇也相应后移，原来发育冲积扇的地区转以辫状河为主。辫状河直接入湖形成的辫状河三角洲，是间于典型河流三角洲与扇三角洲之间的过渡类型，其砂体的电性特征也比较明显，SP呈中等负异常，形态以指状为主，个别为漏斗形，RT多为中高值。三间房组上部发育这类沉积。辫状河三角洲包括平原亚相和前缘亚相。

一个沉积模式通常应该包括：

（1）堆积体的几何形态；

（2）沉积物的岩性、结构、构造和生物特征；

（3）岩相分布规律（接触关系与沉积层序）；

（4）古动力特征；

（5）构造活动背景。

砂体是最好的储油岩体，它们往往是沉积环境中主要沉积过程的反映，构成了沉积模式的骨架部分。一旦确定了砂体的成因，相伴生的沉积物也就比较容易解释。因此，建立砂体的沉积模式，明确砂体的沉积环境，对于石油与天然气的勘探具有重要意义。

此外，现代沉积相与现代沉积环境完全一致，而古代沉积相可能完全或大部分与现代沉积环境不一致。现代相和古代相的性质有本质的区别。

（1）现代相的类型和空间分布具有很大的多样性，而古代相保存下来的主要是海洋沉积或坳陷区的大陆沉积，沉积比较稳定，水平相变比较小。

（2）构造变动在古代相中留下的痕迹远比现代相明显。构造变动大大改变了古代相的原始堆积形态与产状，并使之具有特殊的韵律性。

（3）同一类型的沉积，古代相所占的范围往往比现代相大。例如现代山地河流的沉积限于与河谷一致的狭窄地带中，而古河流沉积由于河床摆动常常分布很广。

（4）由于沉积环境的变迁，古代相经常具有不同于现代所处环境的特征。例如在现代的湿热气候区发现具有风成层理的红色砂岩层。

（5）后生的成岩作用可使古代沉积的物理、化学特性大大改变。

沉积相是一定沉积环境的产物，所以沉积相的分类与沉积环境的分类是一致的。沉积相的最高单位是建造，一般分为大陆建造、海陆过渡建造与海洋建造。根据环境条件和沉积组合，又可分为各种成因类型，例如河流沉积、湖泊沉积、冰川沉积、沙漠沉积等。各种成因类型的沉积又可划分为若干种具有一定地貌部位和动力条件，以及沉积性质均一的堆积类型。例如河流沉积类型可以区分为河床蚀余堆积、天然堤堆积、泛滥平原堆积等（表2-2和图2-1）。

表 2-2 沉积物的成因类型

沉积建造	成因类型	堆积类型
大陆建造	山坡堆积与残积	
	河流沉积	河床蚀余堆积
		边滩堆积
		沙岛堆积
		天然堤堆积
		决堤堆积
		泛滥平原堆积
		牛轭湖堆积
	洪流沉积	水流堆积
		泥石流堆积
	湖泊沉积	湖泊三角洲沉积
		湖滨沉积
		湖心沉积
	冰川沉积	冰川堆积
		冰水堆积
	沙漠沉积	风沙堆积
		岩漠堆积
		砾漠堆积
		干河洼地堆积
		沙漠湖与盐滩堆积
		风尘或黄土堆积
海陆过渡建造	三角洲沉积	顶组沉积
		前组沉积
		底组沉积
	海岸沉积	海滩沉积
		水下岸坡沉积
	潟湖沉积	
海洋建造	陆棚沉积	
	陆坡沉积	
	大洋沉积	

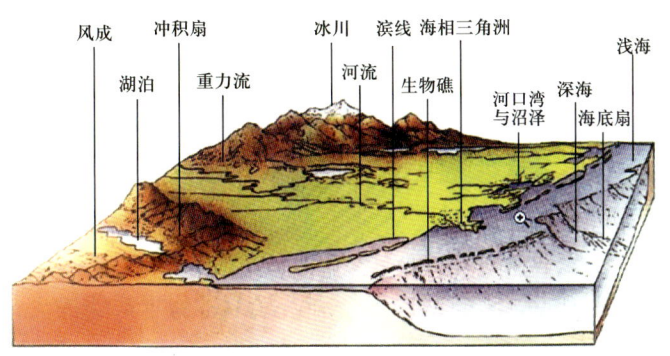

图 2-1　沉积相的类型

三、沉积物形成的基本条件

沉积物是在地球表面，由于外力和内力共同作用于岩石圈而形成的。内力作用造成大的地形起伏，外力作用一方面破坏隆起的高地，另一方面将岩石破坏的产物搬运到坳陷地区堆积下来。各种沉积物是在一定的地形、气候和构造条件下形成的，所以在沉积相特征中能反映出这些基本条件的影响。

1. 地形对沉积物形成的影响

陆上地形影响岩石破坏方式和破坏强度，决定碎屑物的搬运介质，因而影响沉积物的成分。地形陡峻的山区，母岩风化产物下移较快，多粗碎屑物，分选差，不稳定矿物含量高，化学分解程度浅，但热带多雨的山区化学风化作用仍然可以很强烈。平原区可以积累很厚的化学风化产物，大量物质以溶解状态被地表与地下水流带走，沉积物较细，分选好，矿物成分中以稳定矿物为多。海底地形对沉积物的影响，主要取决于海底深度和海盆封闭程度。海底高地上的沉积物薄，颗粒较粗。海底洼地中的沉积物厚，颗粒细。半封闭的海湾中的沉积物一般要比开阔海域的细；有些潟湖中的沉积物比深海的还细。

2. 气候对沉积物形成的影响

寒带机械风化盛行，沉积物颗粒较粗，黏土矿物较少。干季不明显的温带与热带地区，植物茂密，地表化学风化强，但所达深度不大。而热带有干湿季交替的气候区，不但化学风化强，且所达深度也很大，在风化壳中仅残存石英、黏土矿物和铁铝氧化物。湿润的热带、温带气候区，冲积物中一般缺乏粗大物质和不稳定矿物。半干旱区植被稀疏，机械风化作用相对强于化学风化作用，大部分不稳定矿物可以保留下来。由于蒸发强烈，地表经常积聚可溶性盐类。间歇性水流的侵蚀和搬运作用都很强烈，沉积物的分选性和成层性都较差。在干荒漠中，化学作用更弱。

气候因素对化学岩和生物岩的影响尤其之大，因此化学与生物沉积往往是古气候的重要标志。例如珊瑚礁只生长在热带海域；沉积铁矿经常形成于湿润的温带和热带气候区，尤以后者为主；含盐地层是干旱气候的肯定标志。

矿物具有不同的化学稳定性。常见重矿物（相对密度大于 2.86）的化学稳定性可以大致分为不稳定、较稳定、稳定和极稳定四类（表 2-3）。有许多人试图根据沉积物中不稳定矿物的比例来推论沉积时的气候状况是干冷还是湿热。也有人用轻矿物中的石英/长石比来推论古气候。长石在湿热气候下很容易分解，因此常常将它在沉积物中大量出现作为干旱或寒冷气候的标志。喜马拉雅山南麓的 Siwalik 层中有新鲜的长石存在，被认为是冰川气候时期堆积的。埃及东部沙漠中，新鲜长石在沉积物中的比例高达 72%。但是在作上述推论时，还必须同时考虑古地形条件，因为不稳定矿物的大量存在也可以是地势陡峻、搬运距离短和沉积物埋藏速度快的结果。只有在消除一个因素的情况下，才能完全肯定另一个因素。

表 2-3　山西黄土重矿物的稳定性

不稳定矿物	较稳定矿物	稳定矿物	极稳定矿物
紫苏辉石	透辉石	磁铁矿	尖晶石
顽火辉石	阳起石	赤铁矿	锆英石
普通辉石	透闪石	钛铁矿	金红石
普通角闪石	绿帘石	榍石	电气石
蓝闪石	黝帘石	蓝晶石	锐钛矿
	绿泥石		
	矽线石		
	矽灰石		
	磷灰石		
	石榴石		

3. 地壳构造运动对沉积物的影响

地壳构造运动的方向和速度最终都会引起沉积相的变化。海洋盆地底部的大规模隆起与沉降可能引起世界各地近海带的海侵和海退，因而在垂直剖面上形成由下而上逐渐变细或变粗的沉积序列。内陆断陷盆地的沉降速度减缓或甚至转而上升，可能使湖泊环境转化为河流环境，甚至引起河流的深切侵蚀。显然，这些构造运动都会引起沉积相的变化。

坳陷的初期，坳陷区的下沉未能为堆积作用所补偿，形成大规模的负地形，如苏门答腊和爪哇以南的深海沟。坳陷的后期，堆积作用与沉降过程趋于平衡，形成平原地形，如我国的华北大平原。当沉积物的厚度远远超过按其成因应有的正常厚度时（例如冲积层的正常厚度一般不超过 100m；洪积层和冰层的正常厚度一般不超过 200m），则可以根据沉积物的厚度大致估计地壳下沉的幅度。隆起与坳陷作用总是相伴生的，如果其间以断层过渡，则边缘坳陷往往很深，沉积厚度很大。

地壳有时上升，有时下降的振荡运动会引起沉积层中的岩性作有规律的周而复始的变化，形成沉积物的韵律特征。例如砾岩、砂岩、页岩、石灰岩等沉积次序的重复出现。韵律的规模有大有小，在大韵律中可以套小韵律。大规模的、反映海侵海退的沉积韵律可以比较可靠地归为地壳振荡运动的结果。较小的韵律可能是地壳小规模脉动的反映，也可能只是气候周期性变化或沉积环境侧向迁移的结果。

四、沉积环境研究的目的

研究沉积环境是为了搞清沉积物的形成过程及其古地理环境，这将有助于沉积矿床（如石油、砂矿等）的普查与勘探，有助于解决地层学、古生物学、构造地质学和地貌学等问题，同时对工程地质和水文地质工作也有一定的指导意义。

古代相研究的总任务是要解决古地理问题，首先要确定海陆的分布。在陆地范围内需要阐明古地形特征；确定碎屑物质的来源区、搬运介质和搬运途径，以及查明古气候特征。在海洋范围内需要确定水盆或沉积区的界限、水深和水动力条件，查明水体的温度、盐度和氧化还原条件，以及确定沉积物的堆积速度。

地貌工作者在研究地貌发展史中，必须同时从事沉积相的研究，这样，他的结论才不至于流为臆想，才有可靠的物质依据。另一方面，地貌工作者也有责任充分利用他对现代动力地貌过程的知识来说明现代沉积的特征，特别是沉积物的各种物理特征。

第三章 沉积特征

第一节 粒度成分

粒度成分是分布最广泛的一种沉积特征。所有碎屑岩,甚至包括碳酸盐岩,都具有不同大小颗粒的特征。

确定沉积物中不同大小碎屑的含量的方法,称为粒度分析或称机械分析。大量统计资料证明,沉积物的粒度分布是服从对数正态分布规律的。粒度成分受运营力作用的控制,与沉积环境关系密切。在石油、水文与工程地质工作中常用粒度分析资料来鉴定沉积物的参数,如孔隙度、渗透性等。

一、粒级的划分

粒级划分的标准,因目的不同而各异。但是不管哪种划分标准,都应遵循下列原则:粒级的区别要能反映沉积物的物理—化学性质的差异;粒级的划分在分析技术上具有可行性;具有数学上的一贯性,以便于记忆和应用。

目前对粒级的划分方法有两大类。一是采用真数,即以毫米或微米为单位来表示颗粒的直径。这种单位的优点是比较直观;缺点是各个粒级不等距,不便于作图和运算。另一种是采用粒径的对数值来表示。目前广泛使用的 ϕ 值是克鲁宾(Krumbrin,1934)根据伍登—温德华粒级标准(Udden–Wentworth scale),通过对数变换而来,定义为:

$$\phi = -\log_2 d \tag{3-1}$$

式中:d 为颗粒直径,mm。

上述变换中,使 ϕ 值与 d 值呈负相关,完全是为了运算方便。因为用作粒度分析的碎屑样品的粒径大多在 1mm 以下,这种粒径作上述变换得到的值为正值,即毫米值粒径越小,ϕ 值越大;反之,ϕ 值越小。

表 3-1 是温德华的粒级分类及其与 ϕ 值的关系。

温德华粒级是以 1mm 为基数,公比为 2 的等比级数。它的特点是粒度越大,粒级间距越大;反之,间距越小。这样划分粒级是适宜的。因为几微米的差异对于砾石级来说是微不足道的。但对极细的粉砂—黏土颗粒,这种差异就会引起质的变化。另外一个特点是温德华粒级所对应的 ϕ 值呈等差级数增减,这就便于粒度分析资料的计算和作图。由于中值是整数,所以在使用 ϕ 值标准作图时可用方格纸,而不用对数坐标纸。并可使一些特征值(如平均粒径、标准离差、偏度等)的计算大大简化。

表 3-1 温德华粒度分级与 ϕ 值关系

颗粒名称		粒径/mm	值
卵砾		32（2^5）	-5
		16（2^4）	-4
		8（2^3）	-3
		4（2^2）	-2
沙	极粗沙	2（2^1）	-1
	粗沙	1（2^0）	0
	中沙	0.5（2^{-1}）	1
	细沙	0.25（2^{-2}）	2
	极细沙	0.125（2^{-3}）	3
粉沙	粗粉沙	0.063（2^{-4}）	4
	中粉沙	0.315（2^{-5}）	5
	细粉沙	0.0157（2^{-6}）	6
	极细粉沙	0.0078（2^{-7}）	7
黏土		0.0039（2^{-8}）	8
		0.0020（2^{-9}）	9
		0.0010（2^{-10}）	10

用 ϕ 值划分粒级的缺点是不直观，需要经过换算才能建立 ϕ 值与真数值之间的关系。上述 $\phi=-\log_2 d$，通过对数换底公式，可以变换成以自然对数为底的对数：

$$\phi = -\log_2 d = -\frac{\ln d}{\ln 2} = -\frac{1}{0.69}\ln d \tag{3-2}$$

由式（3-1），查对数表即可得到 ϕ 值。为了便于使用，还可将 ϕ 值与真数值在半对数纸上绘制成换算图（图 3-1）。

二、粒度分析资料的整理

对样品进行粒度分析的结果，是得到一组表明各个粒级含量的数字。为了明显地反映一个样品的粒度特征，并对不同样品的粒度成分进行比较，以及判断样品的沉积环境，必须将粒度分析的原始资料加以整理。

1. 三角图

它常用来对沉积物的粒度成分命名，以及对不同沉积物的粒度成分进行比较。当砾

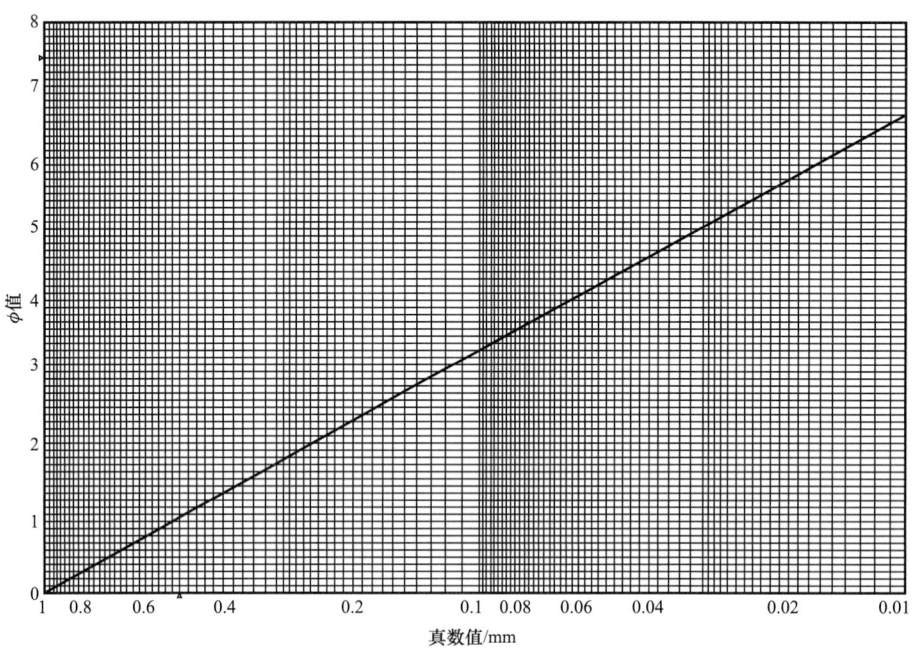

图 3-1　粒径真数值与 ϕ 值变换图

石含量大于 10% 时，采用图 3-2 的三角形命名。例如某样品的粒度分析结果是：大于 2mm 的砾石占 45%，0.05～2mm 的沙粒占 35%，小于 0.05mm 的粉沙—黏土占 20%，由图 3-2 可见，此点落在"沙砾"范围内，故命名为沙砾。

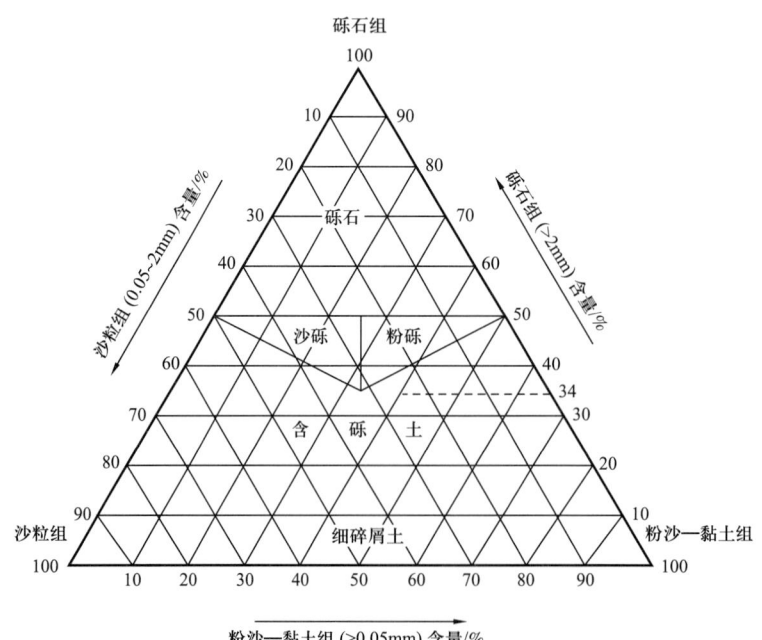

图 3-2　卵砾组含量大于 10% 的三因分类法的三角图解

当砾石含量小于 10% 时，则用图 3-3 的三角形命名。例如某样品中，0.05～2mm 的沙粒占 50%，0.005～0.05mm 的粉沙占 30%，小于 0.005mm 的黏土占 20%，则该沉积物命名为沙质亚黏土。

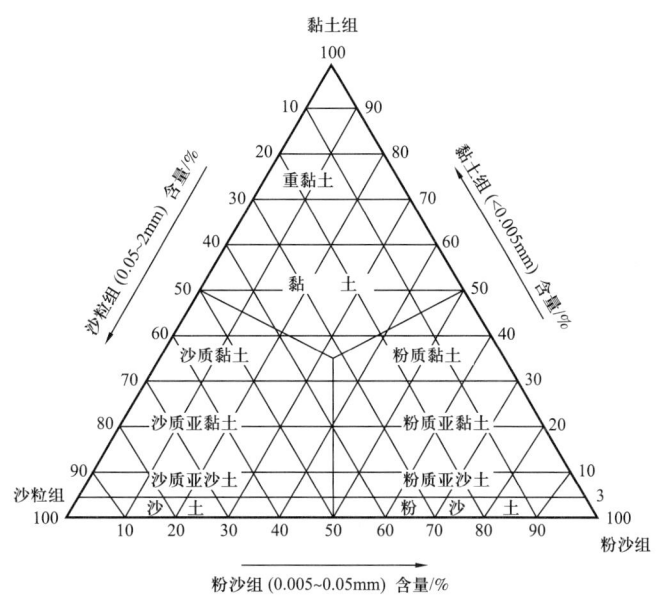

图 3-3 卵砾组含量小于 10% 的三因分类法的三角图解

用三角图解法比较沉积物的粒度成分很有效。图 3-4 比较了离石—午城黄土与马兰黄土的粒度成分。总的看来，两者粒度特征很相似。所不同者，离石—午城黄土的细沙含量普遍较少，粉沙含量较高且集中，黏土也较多。

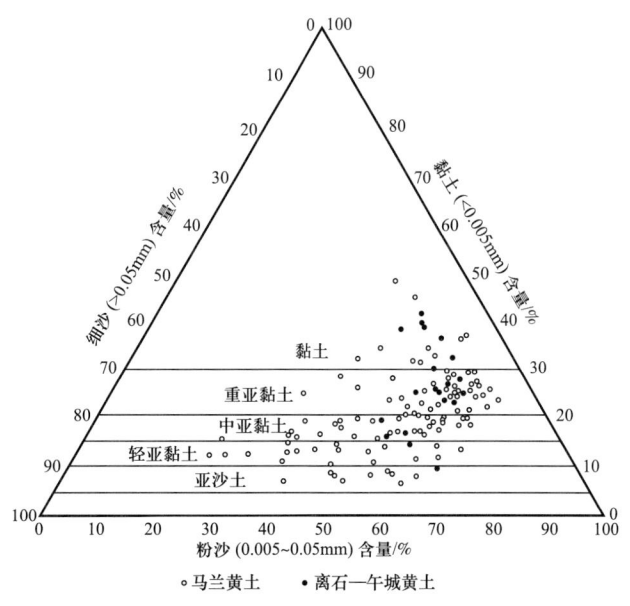

图 3-4 中国各地不同时代黄土颗粒成分比较

如果将各地有关沉积物的粒度分析资料表示在同一张三角图上，常常可以反映出粒度成分的区域变化。图3-5是中国各地马兰黄土粒度成分的三角图。由图3-5可见，从青海柴达木到黄河中游的甘肃、陕西、山西，再到华北平原和山东，粒度特征具有细沙成分减少，黏土成分增多的趋势；山东、柴达木的黄土与黄河中游各地的黄土在粒度成分上有很大差异。

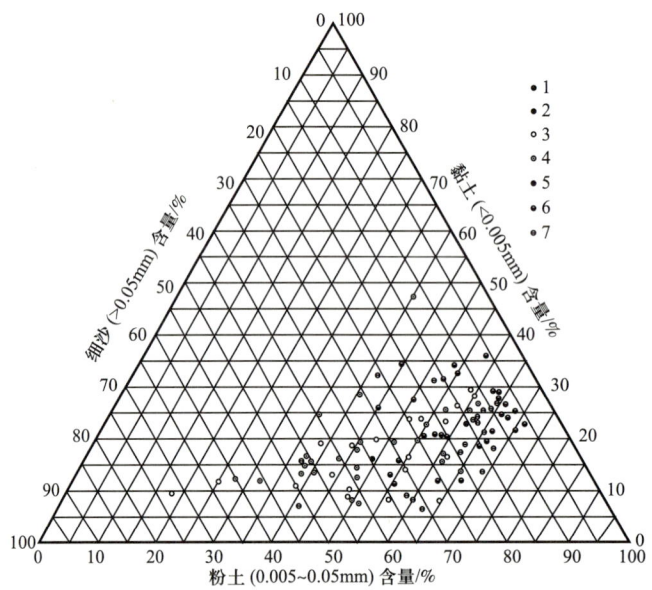

1—山东；2—山西；3—陕西；4—甘肃陇东；5—甘肃陇中；6—甘肃陇西；7—青海柴达木。

图3-5 中国各地马兰黄土粒度成分

2. 直方图与频率曲线

直方图的横坐标为 ϕ 值粒径，纵坐标为各个粒级的百分含量，是一系列相邻的矩形，矩形的高度与粒级的百分含量成正比。直方图的形状与粒度组距大小及粒级边界的选择有很大关系。表3-2是某样品的粒度分析数据。当粒级边界选在整数与1/2中上时，绘制的直方图图形有明显差别（图3-6）。因此，这种图解法用来比较不同样品时，要求 ϕ 值边界的选择必须一致。

表3-2　粒度分析数据

组距/mm	频率/%（质量分数）	以 1ϕ 为粒级的频率		累计频率/%（质量分数）
		边界在整数 ϕ 级上	边界在 $1/2\phi$ 级上	
0~0.5	0.9		0.9	0.9
0.5~1.0	2.9	3.8		3.8
1.0~1.5	12.2		15.1	16.0

续表

组距/mm	频率/%（质量分数）	以1φ为粒级的频率		累计频率/%（质量分数）
		边界在整数φ级上	边界在1/2φ级上	
1.5~2.0	13.7	25.9		29.7
2.0~2.5	23.7		37.4	53.4
2.5~3.0	26.8	50.5		80.2
3.0~3.5	12.2		39.0	92.4
3.5~4.0	5.6	17.8		98.0
>4.0	2.0		7.6	100.0

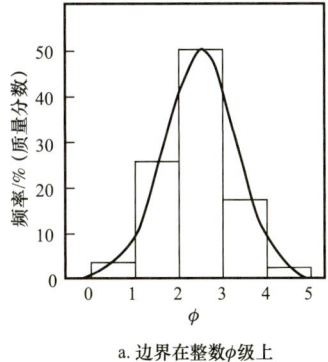 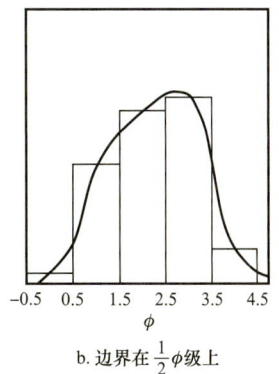

a. 边界在整数φ级上　　　b. 边界在1/2φ级上

图3-6　直方图和频率曲线

直方图中，最大百分含量所在的粒级位置称为众数。直方图的形状直观反映出沉积物粗粒或细粒部分的频率大小及众数的分布（图3-7），也能明显看出沉积物的分选性。

频率曲线与直方图的表示方法一样，只要将每个矩形顶线的中间值连成光滑的曲线即可。

从直方图和频率曲线图可以分析沉积物的某些重要粒度特征。例如，众数所在的位置决定着粒度分布的不对称性，称之偏态。众数位置偏于细粒级，叫做负偏态，样品以细组分为主；众数偏于粗粒级，叫做正偏态，样品以粗组分为主；频率曲线呈对称型，叫做正态（图3-8）。

一般来说，沉积物的颗粒大小符合搬运介质的主要速度，因此频率曲线大多是单峰的，如果单峰高而窄，表示分选好，粒级比较集中；要是单峰矮而宽，说明分选较差。单峰的频率曲线一般出现在只有单一的碎屑物来源，且经过较长距离搬运的沉积中。当频率曲线出现双峰或多峰时，其形成的原因可以不同。譬如从具有季节韵律的湖相纹层中采集样品，或者从由不同风速堆积而成的层状风成沙中采集样品时，频率曲线就可能出现多峰。沉积物在搬运过程中，沿途如有大量新的碎屑物加入，也能使频率曲线由单

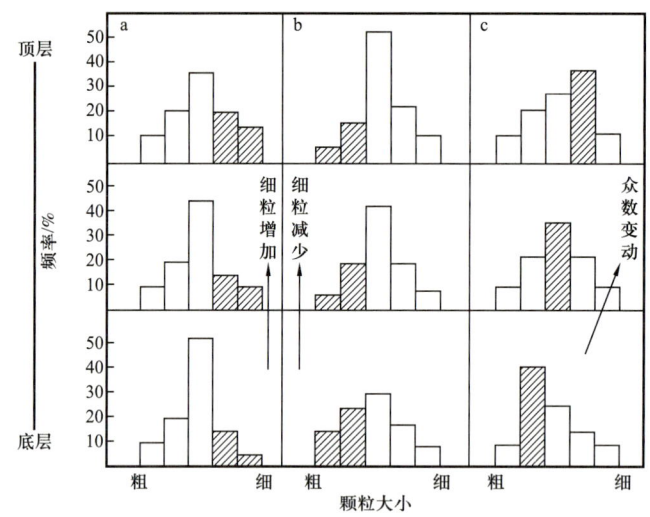

图 3-7 直方图分析

由地层的底部到顶部采集的样品，其粒度变化规律为：a. 加阴影的矩形高度增大，表示细粒增多；b. 粗粒减少；c. 众数向细粒级移动

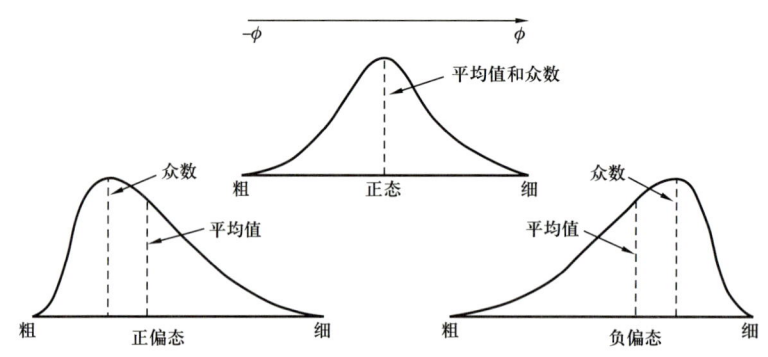

图 3-8 粒度频率曲线的偏态类型

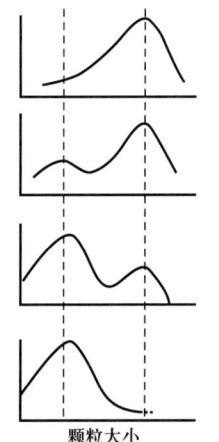

图 3-9 沉积物的粒径在搬运过程中的变化

峰变为双峰。以后，随着沉积物的沿途分选，又会出现颗粒集中在新加入的碎屑物的主要粒级的单峰上（图 3-9）。

3. 累计曲线图

这是最常用的一种图解法。它表示大于或小于任一选定粒径的颗粒在样品中的含量。图的横坐标为中值粒径，从左向右，粒径变细。纵坐标为各粒径的累计百分含量。累计曲线呈"S"形。

累计曲线用于定性分析样品的粒度特征，可以代替频率曲线。例如正态分布的频率曲线表现在累计曲线图上，为一对称的"S"形。众数越大，"S"形越陡；众数越小，"S"形越缓。频率曲线的偏态性，表现在累计曲线图上，呈不对称的"S"形。正偏态曲线,"S"形的细粒尾端长;负偏态曲线,"S"形的粗粒尾端长(图 3-10)。

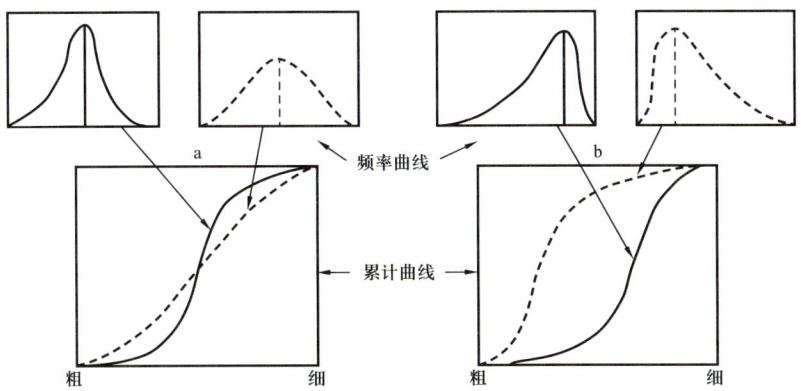

图 3-10 累计曲线的"S"形与频率曲线的众数值 a. 和偏态性质 b. 的对比

更重要的是可以从累计曲线上读出累计百分含量分别为 5%、16%、50%、84%、95% 的 ϕ_5、ϕ_{16}、ϕ_{50}、ϕ_{74}、ϕ_{86} 等特征值。根据这些特征值可以计算出能反映沉积物的粒度特征及其沉积环境条件的粒度参数。

4. 粒度参数

常用的粒度参数有平均粒径(M_z)、标准离差(σ_1)、偏度(SK_1)、尖度(K_g)等。

(1)平均粒径 M_z 计算公式:

$$M_z = \frac{\phi_{16} + \phi_{50} + \phi_{84}}{3} \tag{3-3}$$

M_z 表示沉积物颗粒的粗细。用这个参数作的剖面粒度韵律曲线,是研究沉积韵律的基础。

平均粒径的平面等值线图是划分相带、追索物质来源的依据之一。平均粒径 M_z 还是沉积岩储油(水)物性的重要参数(图 3-11)。

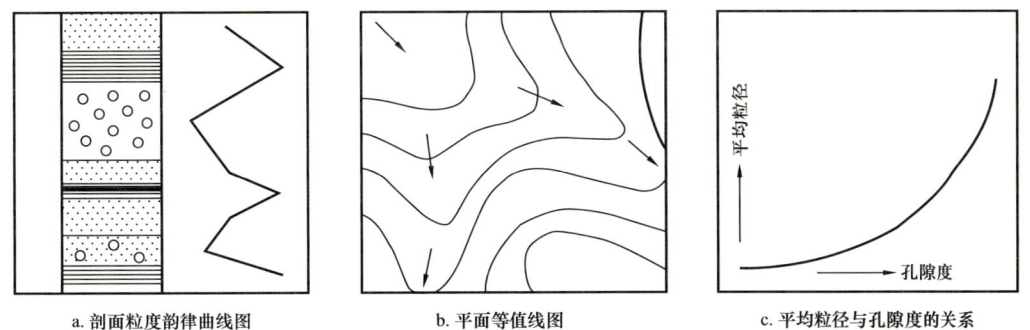

a. 剖面粒度韵律曲线图　　b. 平面等值线图　　c. 平均粒径与孔隙度的关系

图 3-11 平均粒径(M_z)的剖面粒度韵律曲线图、平面等值线图及其与孔隙度的关系曲线图

（2）标准离差计算公式：

$$\sigma_1 = \frac{\phi_{84} - \phi_{16}}{4} + \frac{\phi_{95} - \phi_5}{6.6} \quad (3-4)$$

σ_1 表示沉积物的分选程度，$\sigma_1 \geq 0$。σ_1 大，分选差；σ_1 小，分选好；$\sigma_1=0$ 时，说明样品是绝对均匀的。其实不存在绝对均匀一致的沉积物，故 σ_1 都大于 0。福克（1957）提出沉积物的分选程度按 σ_1 分级的方案（表 3-3），可供参考。

表 3-3 沉积物分选程度按 σ_1 分级（据福克，1957）

σ_1（ϕ 单位）	分选程度
<0.35	分选很好
0.35~0.50	分选好
0.50~1.00	分选中等
1.00~2.00	分选差
2.00~4.00	分选很差
>4.00	分选极差

以前常用分选系数 S_0 来说明沉积物的分选性。

（3）分选系数计算公式：

$$S_0 = \sqrt{\frac{Q_3}{Q_1}} \quad (3-5)$$

式中：Q_3 和 Q_1 分别表示累计曲线上累计百分含量为 75% 和 25% 处的颗粒粒径。由于 Q_3 总是大于 Q_1，故 S_0 总是正值，且大于 1。S_0 越大，即累计曲线越平缓，样品的粒径相差悬殊，分选越差。反之，S_0 越接近 1，累计曲线接近垂直，粒径越集中，分选越好。

在研究沉积环境时，标准离差 σ_1（或分选系数 S_0）常用于分析沉积环境的动力条件和沉积物的物质来源。一般来说，分选程度按风海滩—河流—洪流—冰川的沉积类型顺序降低。同一种沉积类型，通常从母岩侵蚀区到沉积区，σ_1 沿程减小，即分选性增强。但实际上常有例外。例如河流的支流汇入处及海岸带的河口附近，分选往往变差。即使单一的物源，σ_1 与搬运距离的关系也非简单的直线。例如发现由砾石、砂或粉砂等较单一粒级组成的沉积段，分选好；而砾—砂或砂—粉砂过渡的混合粒级段，分选差。

（4）偏度计算公式：

$$SK_1 = \frac{\phi_{16} + \phi_{84} + \phi_{50}}{\phi_{84}\phi_{16}} + \frac{\phi_5 + \phi_{95} - 2\phi_{50}}{2(\phi_{95} - \phi_5)} \quad (3-6)$$

SK_1 表示沉积物粗细分布的对称程度，是偏态的定量描述。正态的频率曲线，$SK_1=0$；正偏态曲线的 $SK_1>0$，粒度集中在粗端部分；负偏态曲线的 $SK_1<0$，粒度集中在细端部

分。福克（1957）将偏度分为五个等级（表3-4）。偏度SK_1在沉积物成因分析中可作参考。例如河流沙与沙丘沙常呈正偏态，而海（湖）滩沙多为负偏态。

表3-4　沉积物偏态按SK_1分级

SK_1	偏态
−1.00～−0.30	极负偏
−0.30～−0.10	负偏
−0.10～0.10	近对称
0.10～0.30	正偏
0.30～1.00	极正偏

（5）尖度计算公式为：

$$K_g = \frac{\phi_{95} - \phi_5}{2.44(\phi_{75} - \phi_{25})} \tag{3-7}$$

尖度K_g是衡量频率曲线尖峰凸起程度的参数。正态曲线的$K_g=1.00$；宽峰曲线的K_g一般小于1.00；窄峰曲线的K_g大于1（图3-12）。福克（1957）曾对尖度K_g作了分级（表3-5）。

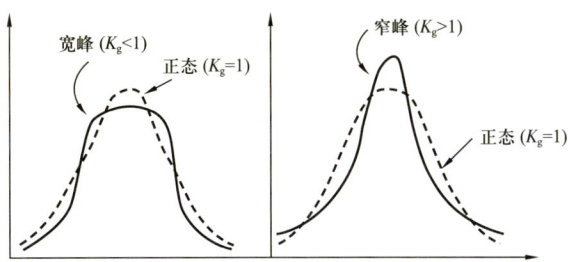

图3-12　峰态宽、窄与正态曲线的比较

表3-5　沉积物峰态按K_g分级

K_g	峰态
<0.67	很宽平
0.67～0.90	宽平
0.90～1.11	中等
1.11～1.56	尖窄
1.56～3.00	很尖窄
>3.00	极尖窄

据研究，海滩沙的尖度中等—偏尖窄，沙丘沙的尖度中等，风成坪地沙的尖度大。

用粒度参数研究沉积物的成因类型，常常需对各种粒度参数进行综合分析才能取得好的效果。举例来说，如果单用标准离差（σ_1）来区分河流沙与海滩沙，在由 σ_1 构成的直线坐标上，两种沙的数据点有相当一部分是互相掺杂的，不易分开（图 3-13a）。如果同时考虑标准离差（σ_1）与偏度（SK_1），将它们作成 SK_1 对 σ_1 的点图，这两种沙的分布界线就比较明显（图 3-13b），当然还会有一些数据点互相掺杂。可以设想，如果在由 σ_1、SK_1 与 M_z 构成的三维空间中来考查这些点的分布，应该可以找出一个比较理想的界面来，将这两种沙区分开来（图 1-13c）。依此类推，这就是多元分析技术中的聚类分析法。

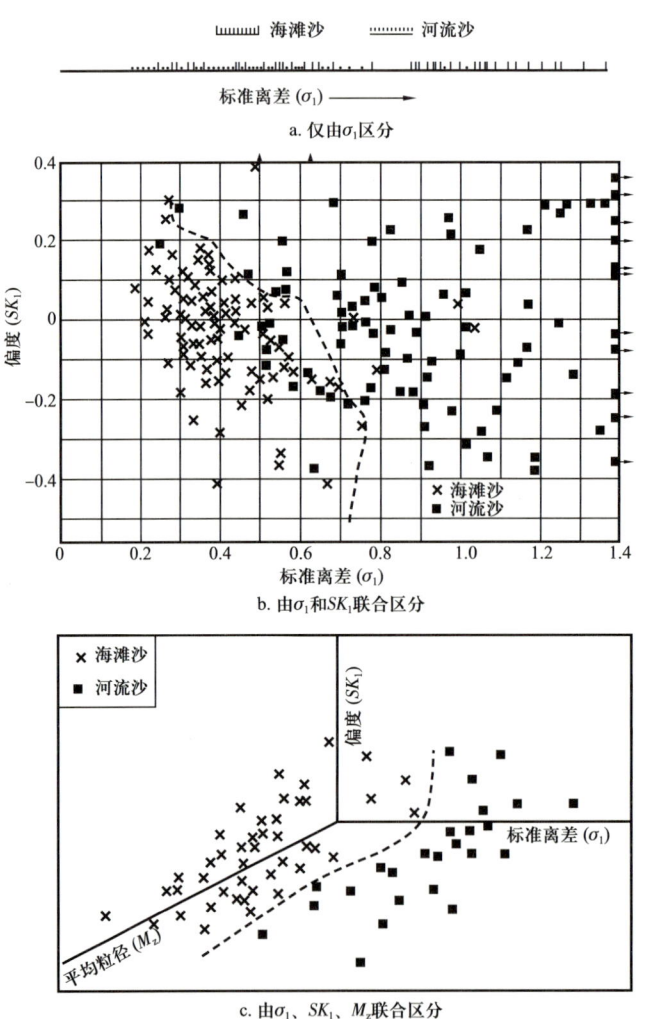

图 3-13 选用粒度参数的多寡对区分沉积环境能力的对比

福克用判别分析法对大量的粒度参数资料进行统计分析，得出了一些鉴别沉积环境的粒度参数综合公式（表 3-6）。必须注意，这些公式往往有其局限性，不能到处套用。

表 3-6　粒度参数综合公式

$Y_{风成-海滩}=-3.5688M_z+3.7016\sigma_1^2-2.0766SK_1+3.1135K_g$	
$Y<-2.7411$	风成
$Y>-2.7411$	海滩
$Y_{海滩-浅海}=15.6534M_z+65.709101\sigma_1^2+18.1071SK_1+18.5043K_g$	
$Y<65.3650$	海滩
$Y>65.3650$	浅海
$Y_{浅海-河流}=0.2825M_z-876040\sigma_1^2-4.8932SK_1+0.0482K_g$	
$Y<-7.4190$	河流
$Y>-7.4190$	浅海
$Y_{河流-浊流}=0.7215M_z-0.4030\sigma_1^2+67322SK_1+5.2927K_g$	
$Y<9.8433$	浊流
$Y>9.8433$	河流

5. 正态概率累计曲线图

这是目前经常用来分析沉积环境的粒度资料整理方法。作图用正态概率纸（图 3-14）。

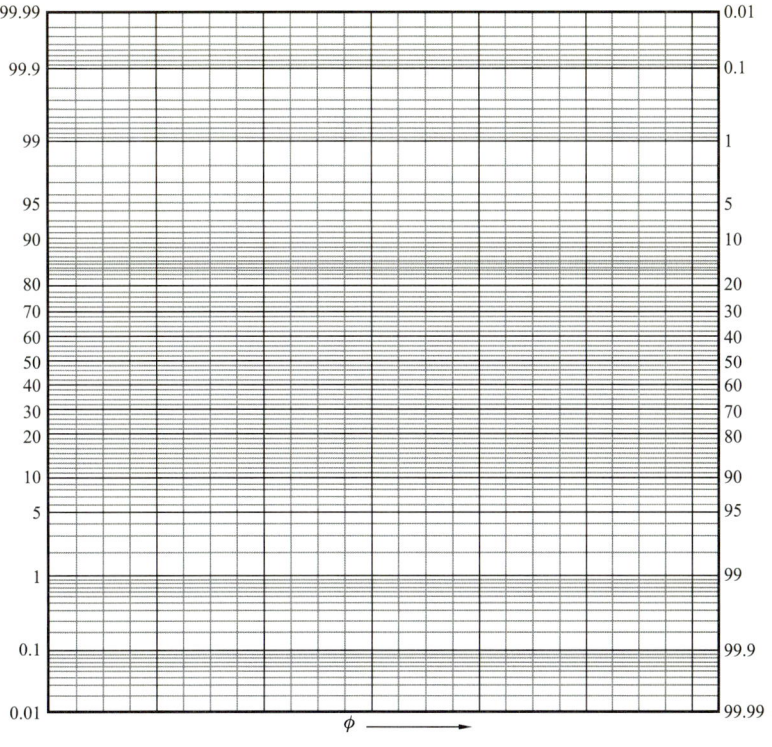

图 3-14　正态概率图纸

横坐标为 ϕ 值粒径，纵坐标是概率百分数。在这种纸上作累计曲线时，如果该样品的粒度频率曲线是正态分布的话，即频率曲线有一个最高点和一个对称轴，而且标准离差 0～1，那么，累计曲线就成一条直线。但是沉积物的粒度分布特征一般都不符合一个简单的对数正态规律，往往由几个小的对数正态部分构成。因为沉积物的粒度成分由于搬运方式不同而可分为悬移、跃移、推移三个细粗不同的组分。每一种组分中，粒度分布都自成对数正态分布。因此整个样品的粒度分布在正态概率纸上显示为几个直线段（图 3-15）。其中，粗粒段反映推移组分；中粒段反映跃移组分；细粒段反映悬移组分。各个线段的斜率反映了相应组分的分选性。斜率越大，分选性越好。两个直线段的交点称为截点。截点所对应的粒径分别标志了悬移组分的上限粒径与推移组分的下限粒径。截点附近的点，有些并不在直线上，而是排列成一条弧线。由截点到该弧线的距离称为混合度，它衡量两个对数正态分布之间的混合程度。一般要求每个线段的点有 3～4 个。

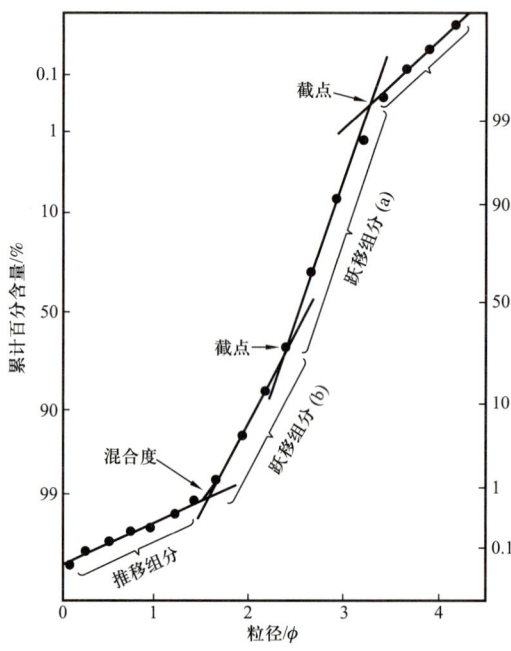

图 3-15　搬运方式与粒度分布和截点位置的关系

维邈尔（1969）根据 1500 个已知成因的样品分析，得出如下结论：

（1）河流沙的悬移组分可达 0～30%，悬移组分的上限粒径为 2.75～3.50。跃移组分的分布范围为 1.75～2.50，跃移组分的斜率多在 60°～65°。普遍缺乏推移组分。整个曲线常呈明显的两段（图 3-16a，b）。

（2）海滩沙兼有悬移、跃移、推移组分。跃移组分中常有一个截点，呈两线段相交。这可能由波浪的进流与退流作用造成（图 3-16c）。

（3）海滨沙丘沙来自海滩，跃移组分是单一的直线段，百分含量在 90% 以上，而且斜率很大，分选很好。推移组分一般不大于 2%，其下限粒径在 1.0～2.0ϕ 间（图 3-16d）。

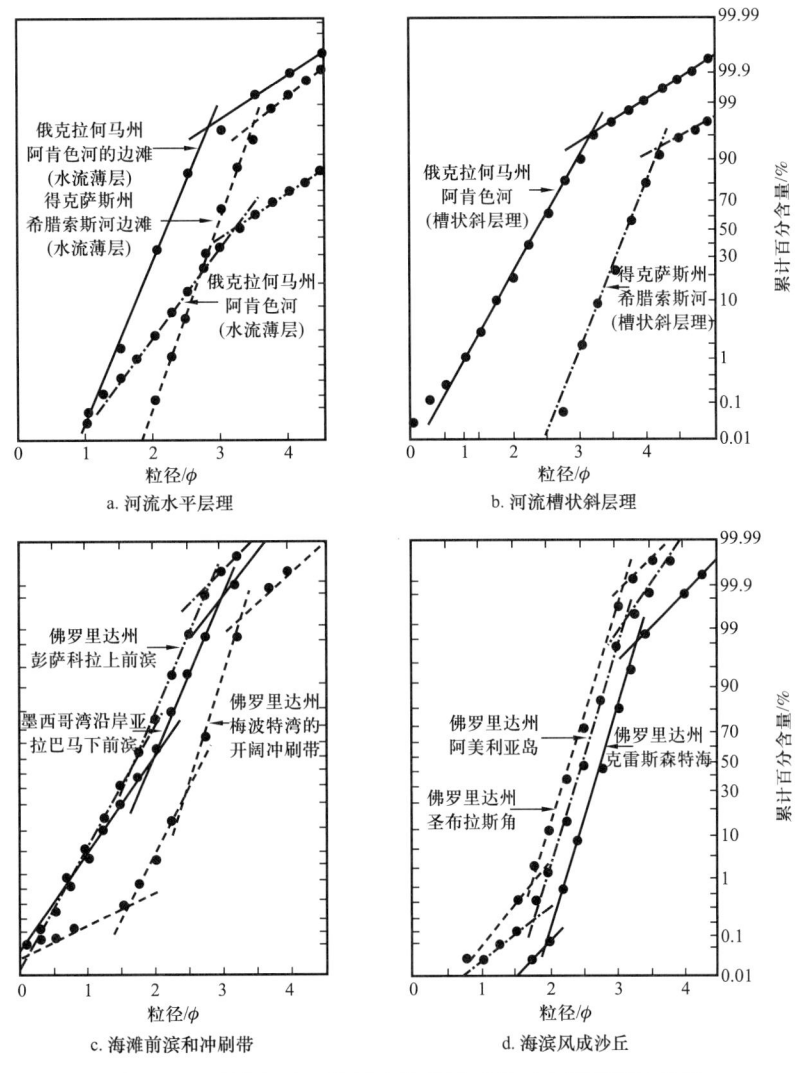

图 3-16 现代河流、海滩和海滨沙丘的正态概率累计曲线

（4）水下岸坡沙兼有三种组分。推移组分的分选差。跃移组分为单一直线段，分选很好，粒度区间窄。悬移组分的含量则视泥沙来源而异（图 3-17a）。

（5）三角洲沙受入海河流、潮流、波浪的交互作用，粒度分布比较复杂。以实尔托马霍河河口为例，由陆向海：① 潮汐三角洲：其曲线形状与水下岸坡沙类似。跃移组分分选很好，粒度区间窄。推移组分下限粒径与悬移组分的上限粒径都较细，分别为 2.50ϕ 与 3.50ϕ（图 3-17b）。② 河口沙坝：处于碎浪作用的水下段，跃移与推移组分很明显，两者的截点在 $2.00\sim2.25$ 之间。悬移组分不发育（图 3-17c）。③ 三角洲前缘带：三种组分都有。悬移组分的粒度区间窄。跃移组分的粒度区间宽，分选差。推移组分粒度区间窄，分选好。整个曲线呈反"S"形，不同于其他曲线类型。这可能是波浪与潮流共同作用的结果（图 3-17d）。

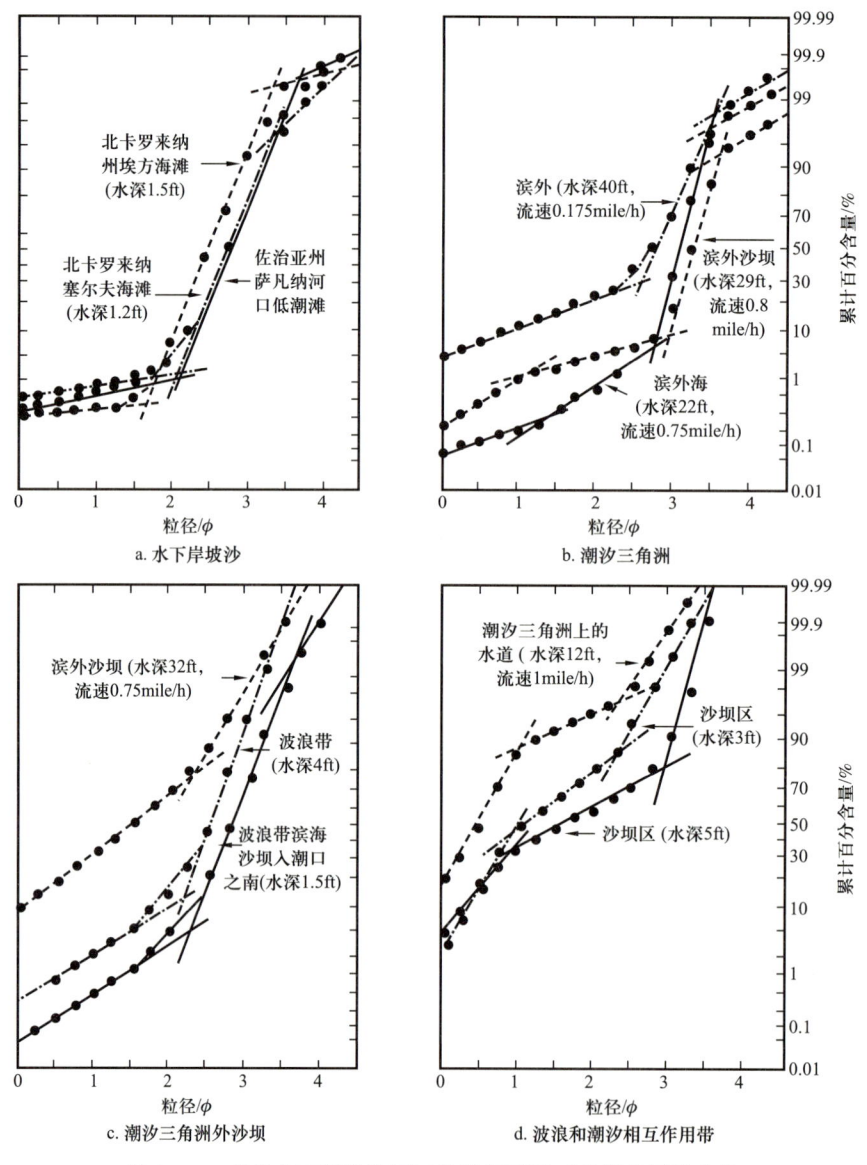

图 3-17　现代水下岸坡和河口各种沉积的正态概率累计曲线

（6）浊流沉积由于浊流的密度大、速度快，粗细物质都呈悬浮状态搬运。因此悬移组分占很大比例，且粒度区间大，分选极差。悬移组分的上限粒径可达 0.01～1.5ϕ（图 3-18）。

6. C—M 图

根据粒度分析资料判断其环境特征的另一种方法是在双对数纸上编制 C—M 图。图的横坐标是取累计曲线上百分含量为 50 的中值粒径（M），单位为微米。纵坐标是累计百分含量为 1 的最粗粒径（C），单位也是微米。水体按其搬运沉积物的方式，可以分为拖曳流与浊流两种。河流、海流、浅水波属于拖曳流；泥石流、含沙量很高的入海（湖）

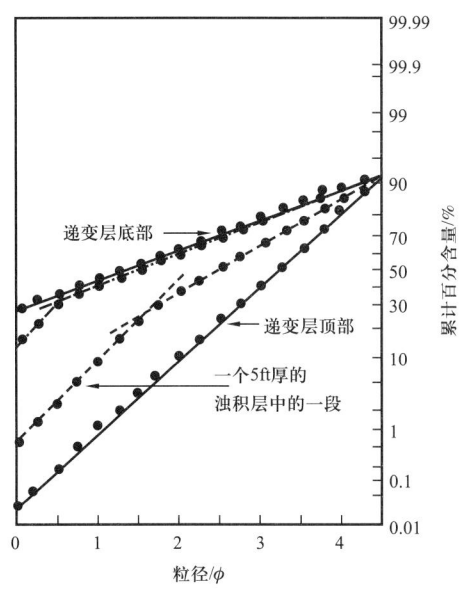

图 3-18　美国加利福尼亚州文土腊盆地朴利欧—皮库组浊积岩的正态概率曲线

河流及产生在大陆坡上的高密度流为浊流。帕塞加分析了上万个古代与现代样品，证明这两种流的 C—M 图型是不同的（图 3-19）。

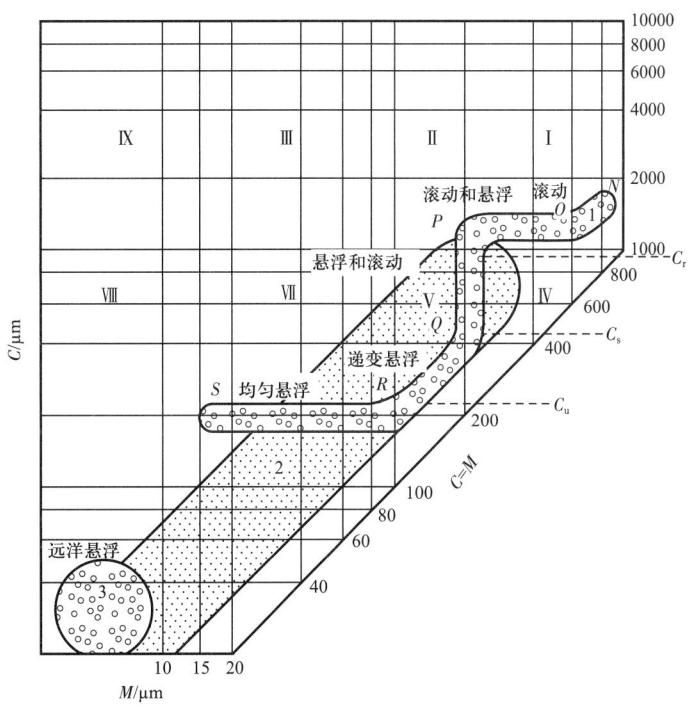

1—拖曳流沉积物；2—浊流沉积物；3—远洋悬浮沉积物。

图 3-19　沉积物的 C—M 图及其搬运方式的意义

图3-19中的1是拖曳流沉积物的C—M图。整个图型可以分成几段。NO段：粗粒的滚动物质，M值随C值减小而减小，故分选较好。C值通常大于1mm。OP段：含有悬浮物质的滚动沉积物。沉积物整体变细，故C值的变化严重影响到M值。PQ段：以悬移物质为主，含有少量滚动物质。C值的变化对M值的影响不大。在这个段中常常缺失处于递变悬浮的最粗粒径与滚动搬运的最细粒径之间的500～1000的粒级。QR段：递变悬浮（跃移）沉积物。这种搬运方式通常出现在河流的近河底部分。水流受底面摩擦产生紊流，形成近河底1～2m厚水层内的递变悬浮（图3-20）。最明显的特点是C与M值成比例增减。因此在C—M图上，QR段的图形与$C=M$线平行。RS段：均匀悬浮。一般位于递变悬浮层之上，厚度较大，但含沙量较小。其最粗粒级通常小于250ϕ。均匀悬浮通常出现在泛滥盆地、海滨潟湖等静水环境中。

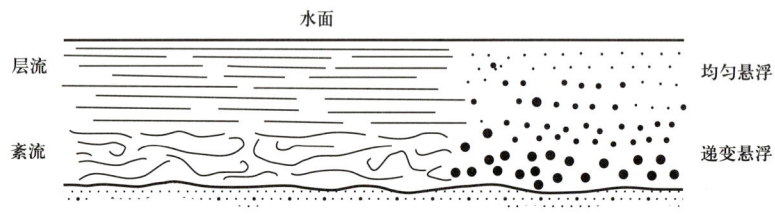

图3-20 水流性质与悬浮类型

并非所有的拖曳流都包括完整的上述C—M图型，有些海湾和潮滩的拖曳流C—M图只有2～3个段。图3-19中的2是浊流沉积。这是一种阵发性的快速高密度流。浊流中携带的物质，不管是细的泥沙还是粗的卵砾，都呈递变悬浮状态。由浊流的表层往底层，C值与M值成比例增加。浊流沉积常常形成一种特殊的层理，叫"递变层理"。具有递变层理的层称为"递变层"。要确定某个沉积层是否是递变层，首先要在同一层中沿垂直方向每隔10～20cm采集一个样品，至少要采十几个样品。通过粒度分析求出各个样品的C、M值，并把每个样品的C—M点落到双对数纸上，分析这些点的分布规律。如果是递变层，点子应平行于$C=M$基线作带状分布。否则，属于其他成因（图3-21）。递变层散点带的中线（其两侧的点数大致相等）距$C=M$基线的水平距离l_m称为递变层的分选度。水平距离越小，递变层的分选性越好。例如河流或潮滩递变层的$l_m<1\phi$，而泥石流递变层的l_m达6ϕ。

根据102个地表样品作出（图3-21），样品的沉积方式是在野外确定的。PR部分的弯曲图型只限于与常年河水沉积物相伴生的拖曳水流沉积模式，而大致平行于$C=M$极限的直线式图型是浊流沉积物所特有的。在干旱地区的冲积扇上，这些沉积模式有一定的相似性。图3-21中在RS区没有样品，这说明缺失拖曳水流型（深水河床）沉积，该类沉积对于浅的暂时性河流所堆积的冲积扇来说并不典型。

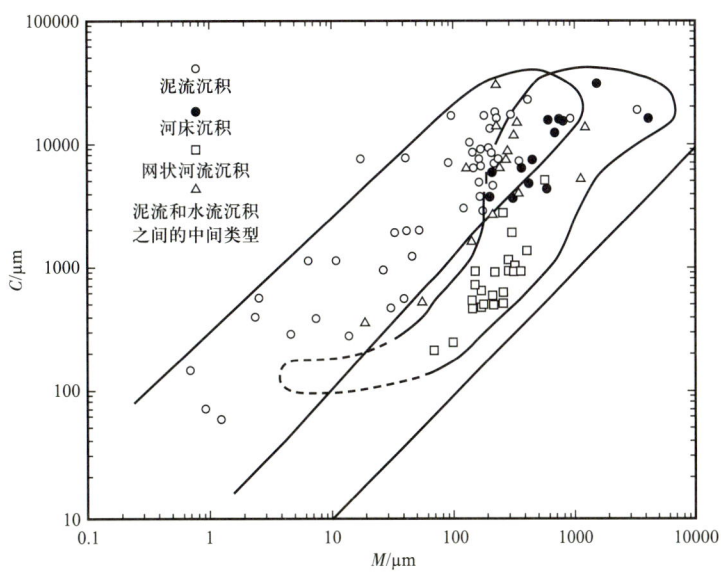

图 3-21　美国加利福尼亚州弗雷斯诺郡西部冲积扇地表沉积物的 C—M 图

三、用粒度资料研究沉积环境

随着粒度分析方法的不断改善和一系列统计技术的引入，用粒度资料研究沉积环境的工作已有很大进展。（1）从粒度分析数据中提取尽可能多的环境信息。地学工作者多年来沿用的对数累计曲线已被正态概率累计曲线所代替。从正态概率累计曲线上，可以区分出推移、跃移、悬浮的粒径。表 3-7 是维谢尔（1969）根据正态概率累计曲线总结的不同沉积环境的粒度特征。C—M 图揭示了沉积物形成时 C 值与 M 值之间内在的动力学的联系。M_z、σ_1、SK_1、K_g 等参数的出现，使粒度参数的计算更加合理了。（2）着手于现代沉积，推广于古代沉积，这是寻找粒度资料与沉积环境关系的重要途径。与目前环境一致的现代沉积物，可以通过观测或模拟的办法，深入了解碎屑物的侵蚀、搬运和堆积过程。图 3-22 是用实验室模拟的方法得到的碎屑物粒径与侵蚀、搬运、堆积临界流速之间的关系图式。细颗粒的起动流速小，但是侵蚀黏土，特别是固结黏土底面，其临界流速要比粉砂、细砂还高。（3）此外，可以采集一系列已知成因的样品，找出有特殊意义的粒度统计值，加以对比，然后应用于古沉积成因的研究。例如区分古冰碛物与古洪积物、古冰碛物与古冰水堆积物是个很棘手的问题，要解决这些问题，必须深入分析现代的冰碛物、冰水堆积物与洪积物。据兰迪姆（1968）研究，用图解法，作 C 对 M 的点图，可以将冰碛物与洪积物、冰碛物与冰水堆积物明显地区分开来（图 3-23）。（4）在研究沉积环境时，只有综合分析各种粒度资料，才能得出比较正确的结论。已有人根据累计的资料，将各种环境沉积物粒度参数加以综合（表 3-8）。

表 3-7 各种环境中沙的粒度特征

环境	跃移组分(A)				悬移组分(B)			推移组分(C)			A与B混合	A与C混合
	含量/%	分选性	粗截点/φ	细截点/φ	含量/%	分选性	细截点/φ	含量/%	分选性	粗截点/φ		
河流	65~98	一般	-1.5~-1.0	2.75~3.50	2~35	差	74.5	多变	差	8	少	少
天然堤	0~30	一般	1.0~2.0	2.0~3.5	60~100	差	74.5	0~5	一般~好	8	多	没有
潮水通道	20~80	好	1.5~2.0	1.5~3.5	0~20	差~好	3.5~74.5	0~7	一般~好	-0.5~1.5	多	平均
潮水入口处	30~65	好	1.25~1.75	2.0~2.5	2~5	一般~好	3.5~4.0	30~70	一般~好	-0.5~8	平均	平均
海滩	50~99	两组、极好	0.5~2.0	3.0~4.25	0~10	一般~好	3.5~4.5	0~50	一般	-1.0~8	少	平均
侵入带	20~90	好	1.5~2.5	3.0~4.25	0~2	好	3.0~74.5	10~90	一般~差	8	多	平均
浅滩区	30~95	好	2.0~2.75	3.5~74.5	0~2	一般~差	3.5~74.5	5~70	一般~差	0~2.0	少	多
波浪带	35~90	好~极好	2.0~3.0	3.0~74.5	5~70	一般~差	3.75~74.5	0~10	差	0~8	多	少
沙丘	97~99	好~极好	1.0~2.0	3.0~4.0	1~3	一般~差	4.0~74.5	0~2	差	0~1.0	平均	少
浊流	0~70	一般~差	1.0~2.5	0~3.5	30~100	一般~差	74.5	0~40	一般~差	8	多	多

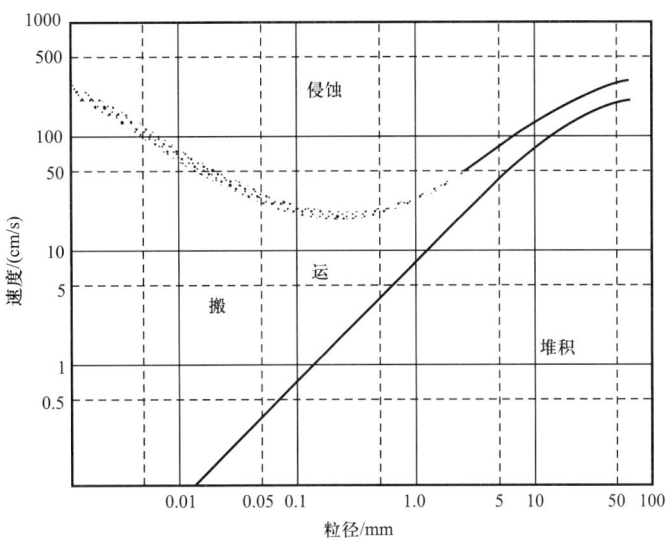

图 3-22 碎屑物侵蚀和堆积的关系曲线

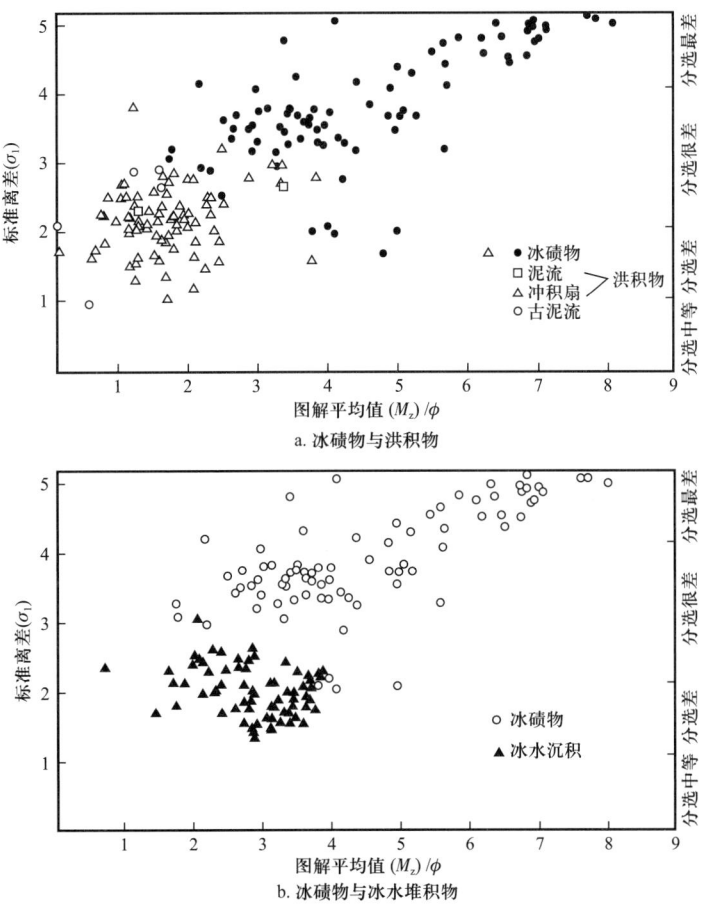

图 3-23 区分冰碛物与洪积物和冰碛物与冰水堆积物的概括图解

表 3-8　各种环境沉积物的粒度参数

（1）河流环境
① 河床和边滩 　　　　分选系数 S_0 大多大于 1.2；偏度 $SK_1<1$，很少大于 1，故属正态；通常有众数，具典型的向上变细的层序。以沙、砾为主，黏土少
② 泛滥平原 　　　　S_0 大多大于 2；SK_1 总是小于 1；粒度分布中有细粒的尾端，黏土含量大
（2）风成环境
① 沙丘 　　　　分选好（$S_0=1.25$，$\sigma_1=0.21\sim0.26$）；SK_1 大多小于 1；尾端一般缺失；粒度在直层序上变化很小；M_z 大多在 0.15～0.35m 间；通常为单众数，有时成双众数
② 黄土 　　　　分选差；SK_1 大多小于 1，细粒组分多；$M_z<0.1$m。
（3）海洋环境
① 海滩 　　　　分选很好，S_0 大多在 1.1～1.23 间；SK_1 大多小于 1，负偏态，在正态概率累计曲线上有两个跃移组分段
② 浅海（潮滩与大陆架） 　　　　分选差；$SK_1<1$；在大陆架部分常缺砂粒级
③ 深海（大陆坡和深海平原） 　　　　大陆坡上多为黏土质粉砂，深海平原上为粉砂质黏土，中间穿插有粗粒的浊流沉积
（4）冰川环境
① 冰川沉积物 　　　　分选极差，S_0 可达 5.48，粒径从几微米到几米；M_z 的变化很大；SK_1 在零上下
② 冰水沉积物 　　　　粗粒级较冰川沉积物富集

第二节　颗粒形态

一、影响碎屑颗粒形态的非环境与环境因素

碎屑颗粒的形态特征是恢复碎屑物的侵蚀、搬运过程，重建古沉积环境的重要标志。碎屑颗粒在运移过程中被磨圆的程度和形成的表面特征取决于一系列非环境与环境因素。

1. 碎屑物的岩石、矿物成分

碎屑物的岩矿成分一方面通过硬度的差异来影响磨蚀的程度，如硬度越大的变质岩块和石英沙等不易磨圆，而泥岩块和独居石沙等大多呈浑圆状。所以在作砾石的圆度统

计时，要记下每块岩石的岩性，以作参考。用作沙粒形态研究的矿物要选择硬度较大，且又是常见的矿物，如石英。另一方面，岩矿的原始结构影响着碎屑物的形状，如页岩、片岩、砾石多呈板状，安山岩、石英岩石多呈块状。云母碎屑再磨蚀也是片状的。均质的、一般不具解理的石英碎屑最适用于沙粒形态的研究。

2. 碎屑颗粒的粒径

碎屑颗粒的磨蚀作用主要是在推移或跃移过程中互相撞击引起的。因此只有那些既能被介质带动，但又不被悬浮起来的颗粒才能有明显的磨蚀效果。一般说来，粒径大于 0.1mm 的砂、砾才能满足这个条件。在河流中，粒径小于 0.25mm 的砂主要呈悬浮状态搬运，因此很少改变其原始形态，角状占多数。冲积物的磨蚀效果主要见于大于 0.25mm 的粒级中。海岸带波浪扰动激烈，用作形态分析的粒径下限应要高一些，宜采用不小于 0.5mm 的粗砂。表 3-9 为某海岸带沙的磨圆度统计。浑圆的颗粒以中砂—粗砂的百分含量最高，尤其是在粗沙中，带棱角的颗粒在粉沙中最多。风力通常只能扬起小于 0.1mm 的粉沙颗粒，悬浮在空中。因此风沙形态研究的粒径下限可以降低为 0.1mm。

表 3-9　某海岸带泥沙颗粒磨圆度

碎屑物	粒径 /mm	颗粒含量 /%		
		浑圆	半棱角	棱角
中粉沙	0.01～0.05	0	9	91
粗粉沙	0.05～0.10	6	26	68
细沙	0.10～0.25	18	36	46
中沙	0.25～0.50	26	37	37
粗沙	0.50～1.00	30	38	32
细砾	1.00～2.00	14	45	41
中砾	2.00～5.00	6	58	36

以上是颗粒形态分析时必须考虑的非环境因素。忽视了它们，单凭碎屑物的形态特征来推断环境条件，常会得出错误的结论。

3. 动力条件

这是影响碎屑物形态特征的最重要的环境因素。以砾石为例，河流中的砾石大多沿底床作单向的滚动，故常呈短棒状。典型的海滩砾石呈扁平状，因为在具有一定坡度的海滩上，砾石在激浪形成的进流与退流作用下主要沿斜坡发生平移。强风浪作用的陡海滩则例外，这里的砾石常呈滚动状态，故扁平度小。一般来说，风很难吹动卵砾。暴露在地面的砾石顶面受不同方向来的风吹沙的磨蚀，形成单棱状或多棱状的风成砾石，又称风石。冰川在流动过程中，下部冰体中的砾石常对冻结在底床面上的砾石产生刮削作用，形成板状砾石，砾石顶面具有五边形轮廓，常带有擦痕。在宽边上常有刮削的痕迹。冰川砾石的底面是未经磨蚀过的原始粗糙面（图3-24和图3-25）。

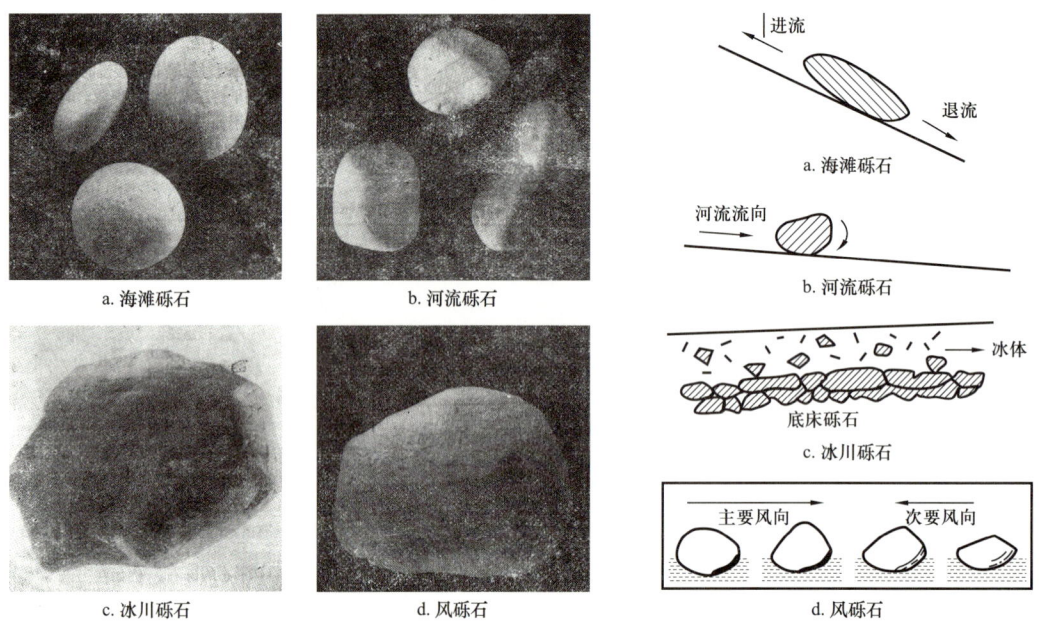

图3-24 海滩砾石、河流砾石、冰川砾石和风砾石的形态

图3-25 海滩砾石、河流砾石、冰川砾石和风砾石的磨蚀方式

4. 搬运距离

一般说来，碎屑物的磨蚀程度与其搬运距离成正比。这种关系在搬运的初期表现得很明显，磨圆程度增高得很快。但在以后，磨圆作用迅速减弱。有人做过模拟试验，一颗棱角状的石英中砂经过2万千米的搬运，其重量损失不超过1%。因此在大部分搬运距离内，颗粒的磨圆过程是非常缓慢的。河流沉积物从上游向下游逐渐变细的现象，与其说它是磨损所致，不如说是流水对物质分选沉积作用的结果。

5. 环境物理化学条件

图3-26 薄板状劈开的砂岩砾石（天山北麓）

干旱区的日温差很大，机械冻裂作用能形成特殊形态的砾石。例如在天山北麓的一些丘陵顶部，砾石多被冻裂成板状（图3-26）。裂缝沿直立方向切过岩石结构发育。沙漠漆是干旱区砾石的表面特征。

后三个因素属于环境因素，研究人员就是利用颗粒形态特征推测其环境条件，从而重建古地理的。

二、砾石形态

每颗砾石都具有三个轴：a 轴（砾石的最大长度）、b 轴（最大宽度）与 c 轴（最大厚度）。三轴互相垂直。砾石的形态指数主要根据三轴间的比例关系来表示。扁平度是砾石最重要的形态特征，它是球度的反面。扁平度用扁平系数来衡量。

$$扁平系数 = \frac{a+b}{2c} \qquad (3-8)$$

扁平系数总是不小于1。扁平系数等于1的砾石，其扁平度最低，相反，球度最高。扁平系数越大，扁平度越高，球度越低。

砾石的磨圆度用磨圆系数来表示。

$$磨圆系数 = \frac{2r}{a} \qquad (3-9)$$

式中：r 为砾石最尖实处的内切圆的曲率半径。其测量方法是将砾石平放在由一系列半径间隔2mm的同心圆组成的模板上，找出与砾石最尖突部分轮廓形状相适应的内切圆，即可读出此圆的半径 r。

磨圆系数总是不大于1。磨圆系数越接近1，砾石的磨圆度越高。砾石的磨圆度与颗粒大小的关系很密切。河流砾石中，大的砾石磨圆好。但在海岸砾石中，以中等大小的砾石磨圆最好，太大的不易被波浪带动，磨圆反而差。冰川砾石的磨圆度最低。

目前，颗粒形态指数用于解释环境的，以砾石的意义较大。表3-10比较了各种环境中碳酸盐岩砾石的扁平系数和磨圆系数。

表3-10 各种环境中碳酸盐岩砾石的扁平系数和磨圆系数

环境	扁平系数	磨圆系数（×100）
河床残留砾石	1.2~1.6	290
底碛	1.6~1.8	40~90
冰水沉积	1.7~2.0	240~300
海滨	2.3~3.8	170~610
湖滨（日内瓦湖）	2.3~4.4	300~370
温暖气候河流	2.5~3.5	70~200

三、沙粒形态

1. 双目镜下目测五级估计法

确定沙粒的磨圆度的方法很多,最简便且实用的方法是目测五级估计法。它将沙粒的磨圆度分成五级(0级,Ⅰ级,Ⅱ级,Ⅲ级,Ⅳ级),并做成标准图形。其中0级是角状颗粒,完全未经磨圆,边缘和棱角尖锐,表面具有新鲜断面。Ⅰ级是次棱角状颗粒,仍保持颗粒原始破碎的形状,只是边缘和棱角部分略受磨蚀,颗粒的平面还没有受到磨蚀。Ⅱ级是次圆状颗粒,边缘和棱角已受强烈磨蚀而呈圆滑的曲线状,但仍可辨别颗粒的原来形状。颗粒的表面积已明显缩小。Ⅲ级是圆状颗粒,颗粒的所有棱角和边缘都已被磨圆,有时还能看到比较平坦的面,可能是由原来颗粒上的凹坑经磨蚀而成。Ⅳ级是浑圆状颗粒,原来的面和边都不复存在,颗粒的全部表面都是磨圆的(图3-27)。

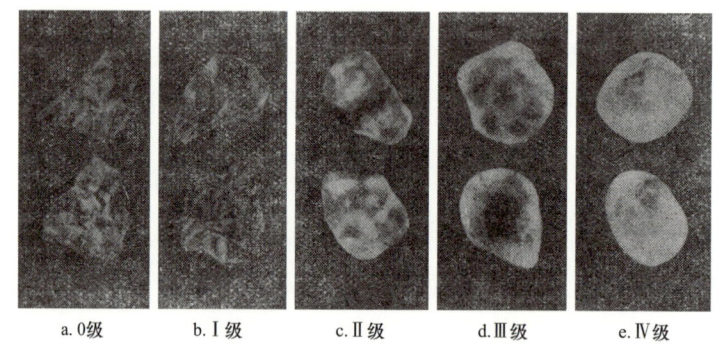

a. 0级　　b. Ⅰ级　　c. Ⅱ级　　d. Ⅲ级　　e. Ⅳ级

图3-27　沙粒磨圆度的分级图形(据H. E.·雷尼克修改)

2. 双目镜下统计

在双目实体镜下,用上述级别来评价一定数量的(100颗至300颗)、属于某一粒级的沙粒,然后用式(3-10)进行计算:

$$p = \frac{0 \times n_0 + 1 \times n_1 + 2 \times n_2 + 3 \times n_3 + 4 \times n_4}{4N} \times 100\% \qquad (3-10)$$

式中:p 为沙样的平均圆度,%;n_0、n_1、n_2、n_3 和 n_4 分别为0级、Ⅰ级、Ⅱ级、Ⅲ级和Ⅳ级沙粒的数量;N 为所测沙粒的总数。

作颗粒形态分析时,必须对同一种矿物进行观察,才能相互比较。这种矿物一般采用石英。石英是一种分布广泛、不具解理、硬度大的稳定矿物。分布广泛才容易大量采集石英沙粒进行观测和统计比较。石英沙不具解理和硬度大的特性,使它一旦获得外形就比较持久,即使在各种偶然因素影响下,石英沙外形的改变也相当缓慢。此外,石英的化学性质稳定,保证当沉积物进入高压状态而发生成岩作用时,石英沙一般不会改变其原来的外形。只在极少的情况下,某些化学营力才能溶解石英颗粒,或者由于次生 SiO_2 的析出,使颗粒外形受到歪曲。

沙粒的表面特征可以提供沉积物生成环境的资料，推断它的形成过程。在双目实体镜下观察石英沙粒，一般可见到以下几种特征表面（图3-28）：（1）沙粒在水体中长期搬运而呈现光滑表面；（2）沙粒在急流或激浪中互相猛烈撞击而形成明显的凹坑；（3）沙粒被风力长期搬运而形成毛玻璃表面，无光泽，有许多极小的麻坑。

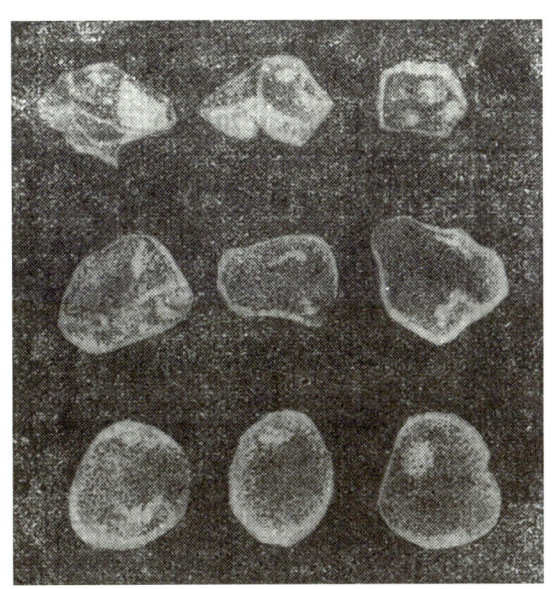

图3-28　双目镜下石英沙的特征表面
上—坑洼表面；中—光滑表面；下—毛玻璃表面

3. 扫描电镜下石英沙表面的微结构

粒径不到1mm的石英沙表面的微形态是无法用最大分辨率仅为2000Å的光学显微镜来观察的，这只能借助于分辨率可达100Å的扫描电子显微镜。国内外已有的一些工作证明，利用扫描电子显微镜观察石英沙表面的微形态，可以帮助确定沉积物由冰川、风力或海洋作用过的历史。新鲜的石英沙粒通常棱角极其明显，边角锋利。冰川沙经冰水搬运或风化和成岩作用后，锐脊可以被圆化。在扫描电镜中观察锐角圆化程度的方法是先聚焦在一个边棱上，然后将放大倍数逐步提高，观察边棱是否仍尖锐。

石英沙粒表面微结构分析是一种形态分析法。要使形态具有成因分类的意义，只有弄清形态与成因的关系以后才有可能。各种环境组合下，石英沙形态主要特征是：（1）贝壳状断口；（2）V形撞击坑；（3）溶蚀形成的解理面；（4）翻翘薄片。

电子显微镜下石英沙粒的表面微结构特征：

1）源地物质

石英颗粒绝大多数来自花岗岩与花岗片麻岩。来自母岩的新鲜沙粒，如果完全未受风化，其中大颗粒可能有贝壳断口，小颗粒可能有翻翘薄片与平整的上、下面，通常这三种特征以不同程度出现，并有大量复杂的沉淀与溶蚀形态。由于颗粒的所有表面并非同时露出，因而一部分可能是未受化学作用的极为平整的面；另一部分却包含溶蚀与再沉淀形态，将贝壳断口夷平；还有部分又可能以化学刻蚀为主。

2）成岩作用

所谓成岩作用是指发生在沉积物堆积之后，变质作用之前的各种物理与化学过程。其中最突出的是溶蚀与 SiO_2 再沉淀。

石英通过磨蚀溶解作用可提供足够数量的以使环境发生局部过饱和而发生沉淀。颗粒越细，溶解速率增大得越快。SiO_2 可以在谷坡高处进入溶液，而在谷底的石英沙上发生沉淀。也可能在一个颗粒的某一部分发生溶蚀，而另一部分有 SiO_2 沉淀。

SiO_2 的沉淀方式取决于沉淀速度。如果沉淀迅速，则形成风沙所见的夷平形态。中等速度的沉淀发生在翻翘薄片上，或在解理面上产生一组新的翻翘薄片。如果沉淀很慢，则不但在颗粒尖角上能产生沉淀，在有足够空间的情况下，还会生成末端石英晶体。

3）冰川环境

新鲜石英沙粒的棱角通常非常尖锐。大颗粒有典型的贝壳断口，小颗粒则有平整的解理面、翻翘薄片和一些贝壳断口。冰川沙很像刚从母岩中分离出来的未经风化的沙粒。然而，如果经历明显的冰川研磨作用的话，它们具有更多种多样的贝壳断口与解理片，并且大小更不均一。

沙粒受冰前流水的搬运，可使较大颗粒受机械磨蚀而圆化，这种圆化可能同时与溶蚀、再沉淀有关。较小的颗粒受冰川的研磨作用，不是使颗粒圆化，而是使颗粒沿解理劈裂，保持其平整面。细小的颗粒在化学作用下又向圆化发展。

风化与成岩作用能使尖角钝化，使表面变光滑，甚至使贝壳断口模糊、消除。鉴定光滑程度的方法是：聚焦于一个边上，然后提高放大倍数至 30000 倍以上，如边棱仍然很尖锐，说明未经改造。

4）水下环境

包括河流、不同波能的海岸带，以及陆棚与浊流沉积环境。见到的形态既有机械的，也有化学的，但以机械形态为主。

颗粒从整体来看磨圆度不高，但是其边棱几乎完全圆化。最重要的特征是机械撞击形成的 V 形痕或圆坑。它们初见于放大 1000 倍时，但在 5000～6000 倍时看得最清楚。V 形痕由凿切下伏的解理薄片形成。小凹坑（平均直径 0.5μm）可能只切开一层解理薄片，较大的（直径数微米）则不规则地切入好几个解理片，由颗粒表面向下缩窄。V 形痕的大小、深度和分布密度与所在环境的撞击能量有关，故可用来做定量分析。

在高能的水下环境中，颗粒间的机械撞击可形成直的或微弯曲的沟槽，它们任意地切过石英构造，可以任何角度与翻卷薄片相交。沟槽长度为 1～25μm。

被海水淹没过的颗粒，常有成组出现的、呈规则三角形的、作定向排列的 V 形坑，其平面轮廓很像等腰三角形，顶角自 38°至 45°，底角自 65°至 70°。这些数字与石英柱面的夹角吻合。在一个颗粒上可同时出现机械性的 V 形坑与溶蚀性的 V 形坑。通常，低能海滩沙上的溶蚀痕迹比机械凹坑多。随着能级加大，机械形态增多，而溶蚀痕迹减少。

5）风蚀环境

风的磨蚀作用使颗粒夷平。大颗粒多半很圆，没有棱角。常见球形颗粒，有些呈长条形，但也颇深圆。海岸沙丘沙多数不如热带沙那样浑圆。在较大的沙漠沙粒上，几乎总有单个的成群的碟形小圆坑出现，它们可占沙粒表面 1/6 的面积。碟形坑是在强风暴磨蚀中，由一次机械撞击作用形成的。在热带沙上，碟形坑的表面又有溶蚀—沉淀形态。冷沙漠沙的碟形坑常是完全光滑的。海岸沙丘沙上很少有碟形坑。

细小颗粒沙大多被悬浮搬运，极少经历剧烈的撞击，故保持平整的上、下面及不规则的颗粒终端，还可能有贝壳断口，因而显得很尖锐。相反，溶蚀—沉淀作用倒能使小颗粒沙略圆化、使平整的解理面与边缘薄片上敷一层 SiO_2。小颗粒上不会有碟形坑。但在小的热沙漠沙上能发生表面张裂。这是一种由化学作用产生的不规则的裂纹，大小不一，长度从 1μm 至 50μm 都有，外形多不规则。裂纹常常穿过几层解理片。

在沙漠环境中，晚间水的 pH 值因有溶解的盐类而升高，使得沙粒表面有少量的 SiO_2 被溶解。白昼升温时，蒸发作用又使 SiO_2 重新沉淀在颗粒表面成为不规则的蛋白石层或硅酸层。在这种环境中经历一定时间的小颗粒，可能被敷上一层沉淀物，造成不规则的圆化。大颗粒上，沉淀作用主要是将风蚀凹坑夷平。

6）高能化学环境

多半是既热又湿，环境中富含氧化铝与腐蚀酸化合物，化学风化很激烈。化学风化能形成沿构造软弱部位发展的溶蚀坑、溶蚀裂缝、定向 V 形坑、差别膨胀与块状构造，最后造成广泛的表面分解。

溶蚀坑的形状很不一致，最常见的是圆形、次圆形或拉长成裂缝。最常见特征的是一种具有微微掀起的盖子的凹坑，盖子在凹坑一侧的边缘上与坑周围的 SiO_2 沉淀相连接，并倾斜成不同角度。溶蚀裂缝的边缘常由薄层组成，这些薄片由裂缝向外翻卷。在解理或破裂面上溶蚀形成的定向排列的 V 形坑一般比在水下环境的沙粒上看到的要密集得多。差别膨胀使解理片的边缘发生扭曲，促使解理片崩解。块状构造密集在凹坑中，由平坦的块状解理片组成，排列不规则。它可能是快速风化与崩解作用的结果，因为是在凹坑中，所以不易被清除。这种环境中的沙最突出的现象是表面普遍发生崩解。表面先出现许多鳞片，然后渐渐崩解、脱落。这种崩解现象是如此明显，所以仅凭它即可鉴定高能化学环境。

各种环境中石英沙粒的表面微结构特征如图 3-29 所示。

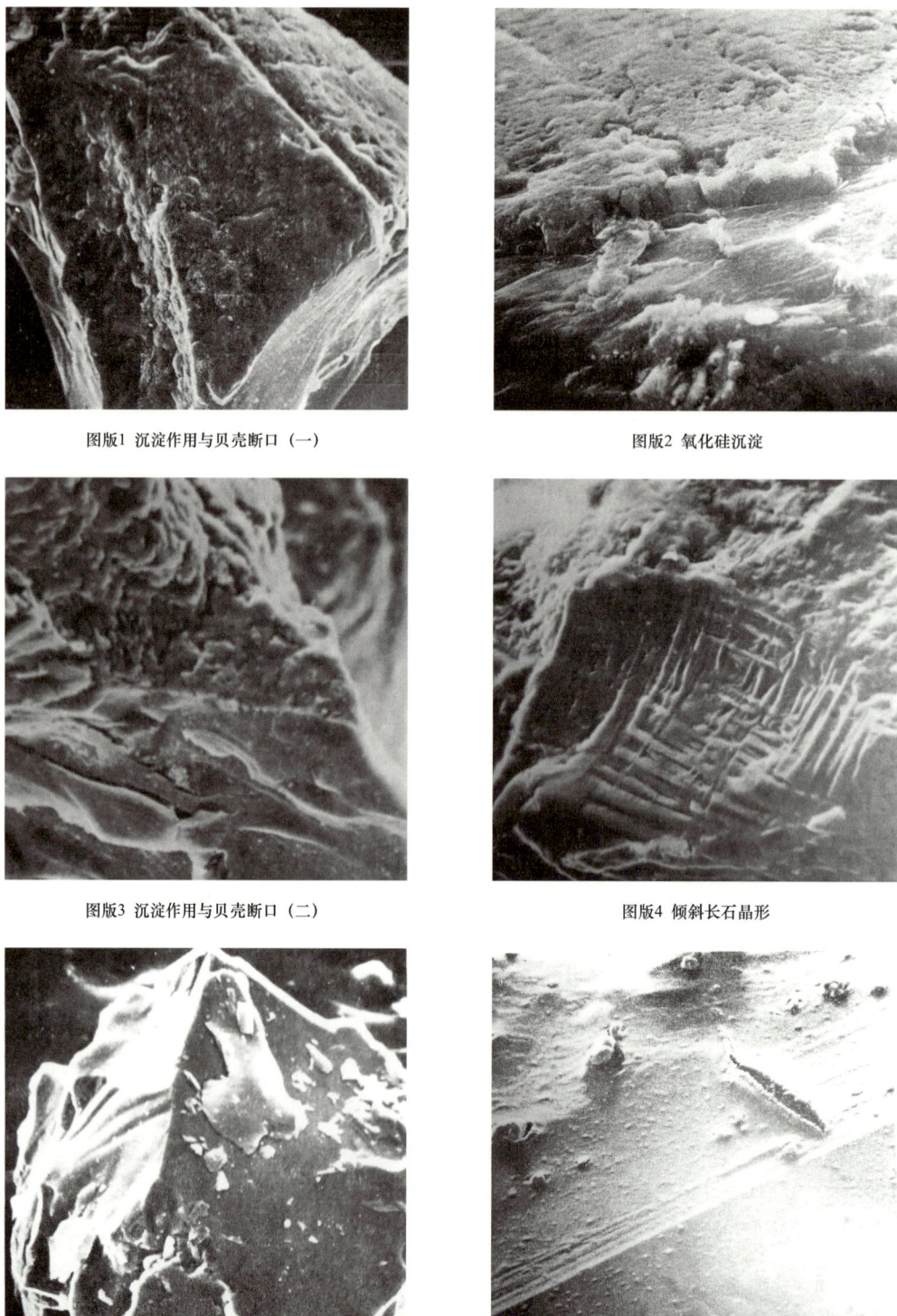

图版1 沉淀作用与贝壳断口（一）　　　　　　图版2 氧化硅沉淀

图版3 沉淀作用与贝壳断口（二）　　　　　　图版4 倾斜长石晶形

图版5 冰缘碎屑表面的氧化硅　　　　　　图版6 氧化硅盖层破裂

图 3-29　各种环境中石英沙粒的表面微结构特征

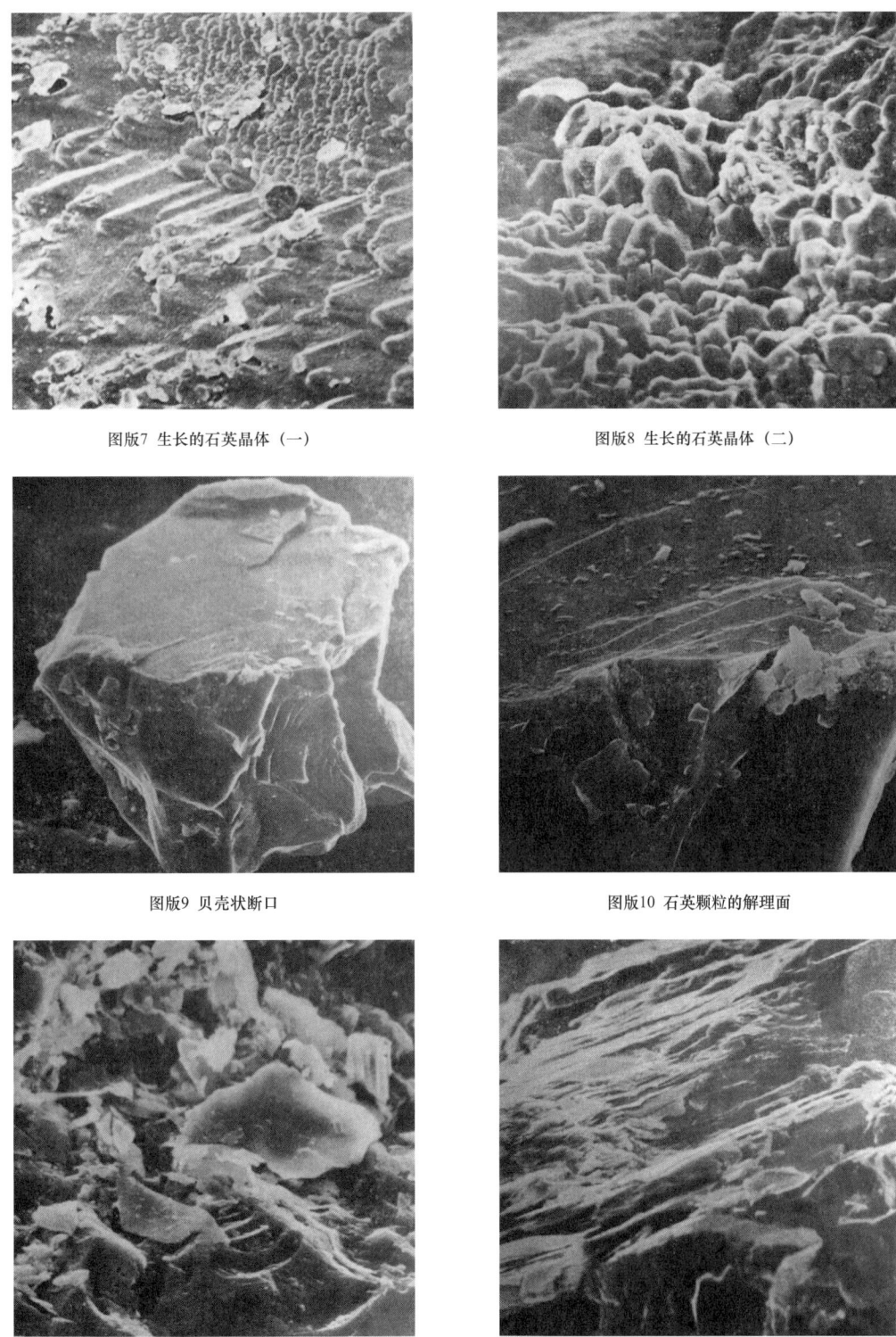

图版7 生长的石英晶体（一）　　　　　　图版8 生长的石英晶体（二）

图版9 贝壳状断口　　　　　　图版10 石英颗粒的解理面

图版11 冰川石英沙的表面的黏附物　　　　　　图版12 解理薄片（一）

图 3-29　各种环境中石英沙粒的表面微结构特征（续）

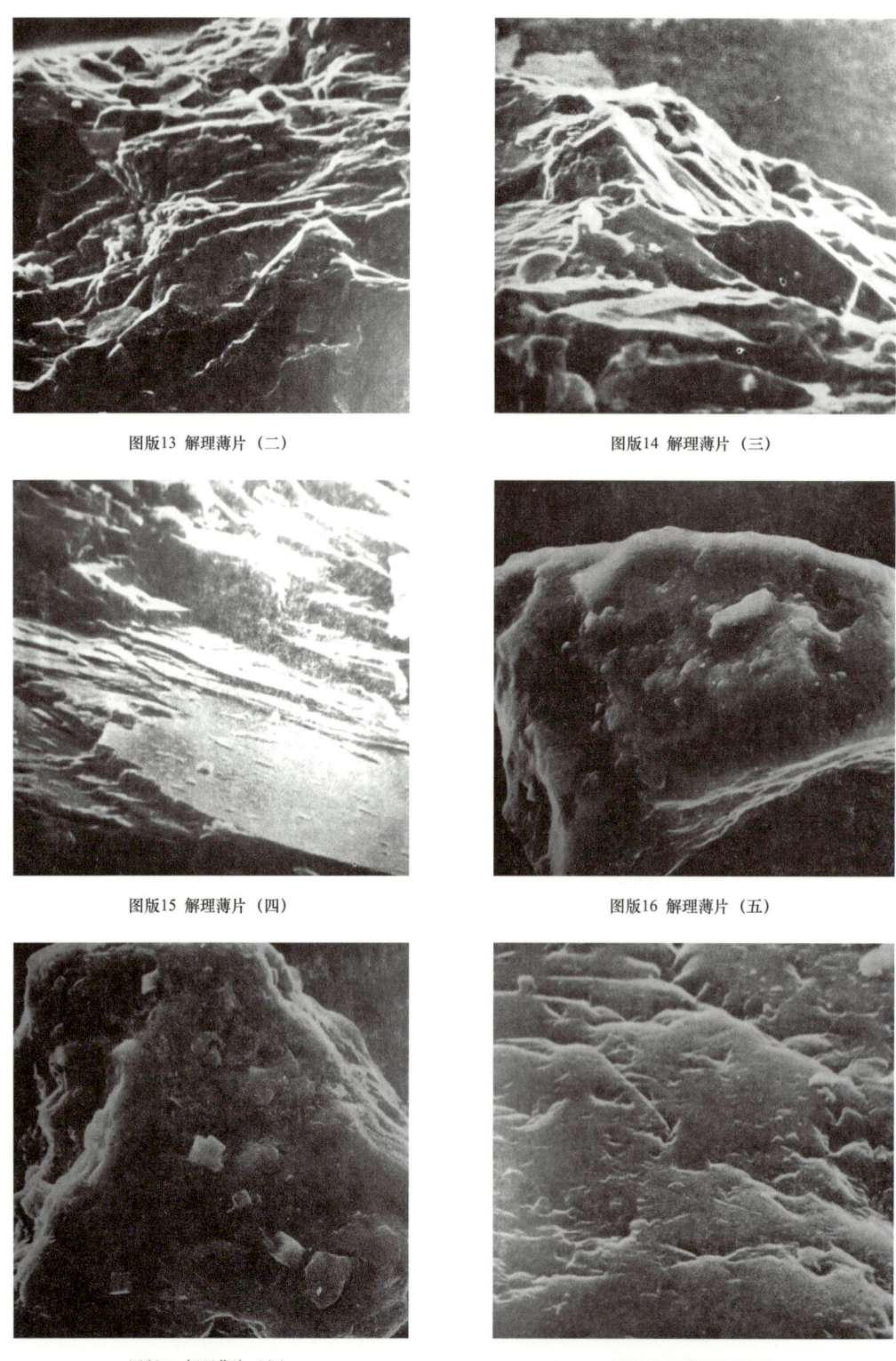

图版13 解理薄片（二）　　　　图版14 解理薄片（三）

图版15 解理薄片（四）　　　　图版16 解理薄片（五）

图版17 解理薄片（六）　　　　图版18 经磨圆的V形坑

图3-29　各种环境中石英沙粒的表面微结构特征（续）

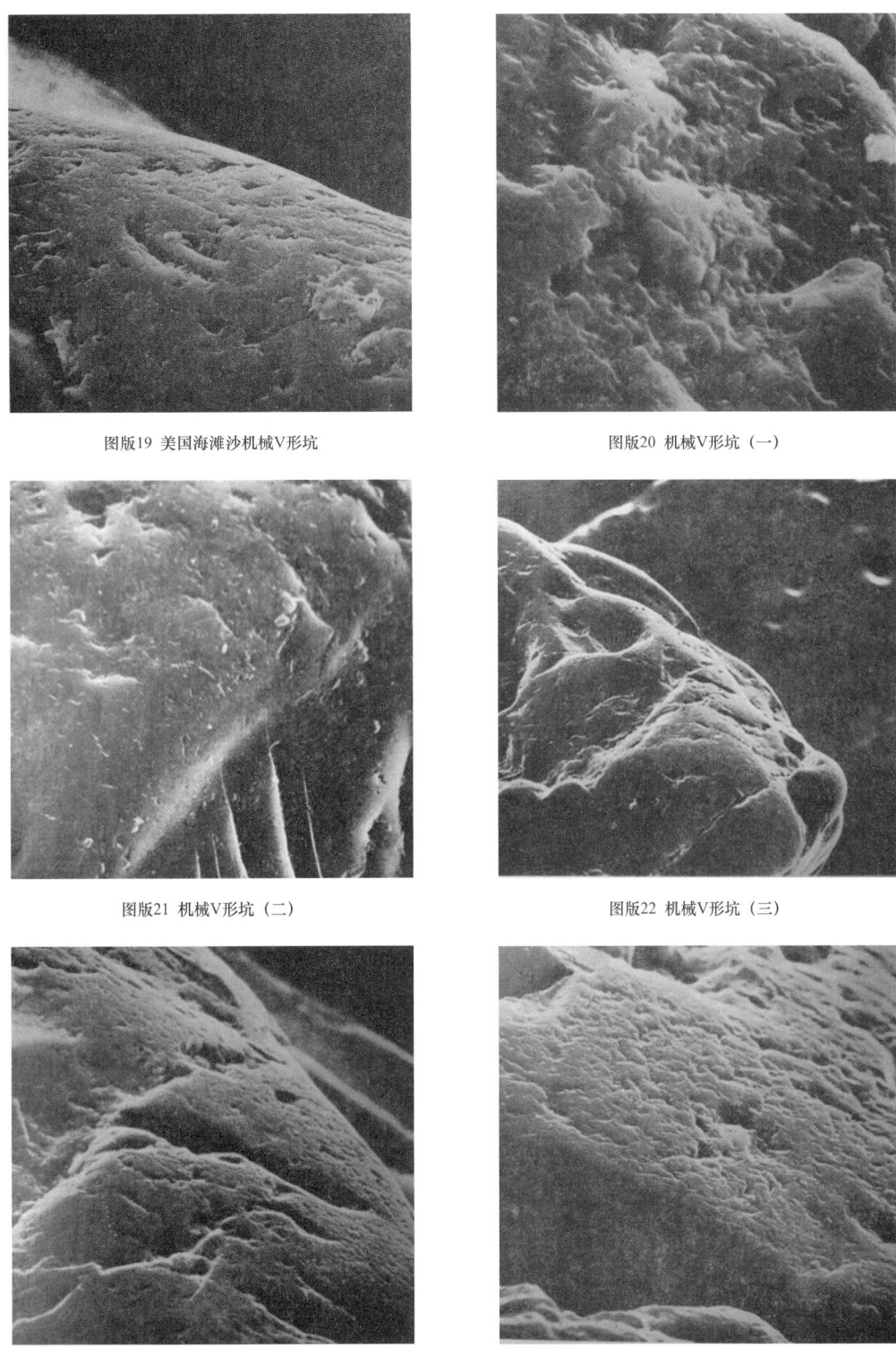

图版19 美国海滩沙机械V形坑　　　　　图版20 机械V形坑（一）

图版21 机械V形坑（二）　　　　　图版22 机械V形坑（三）

图版23 机械V形坑（四）　　　　　图版24 机械V形坑（五）

图 3-29　各种环境中石英沙粒的表面微结构特征（续）

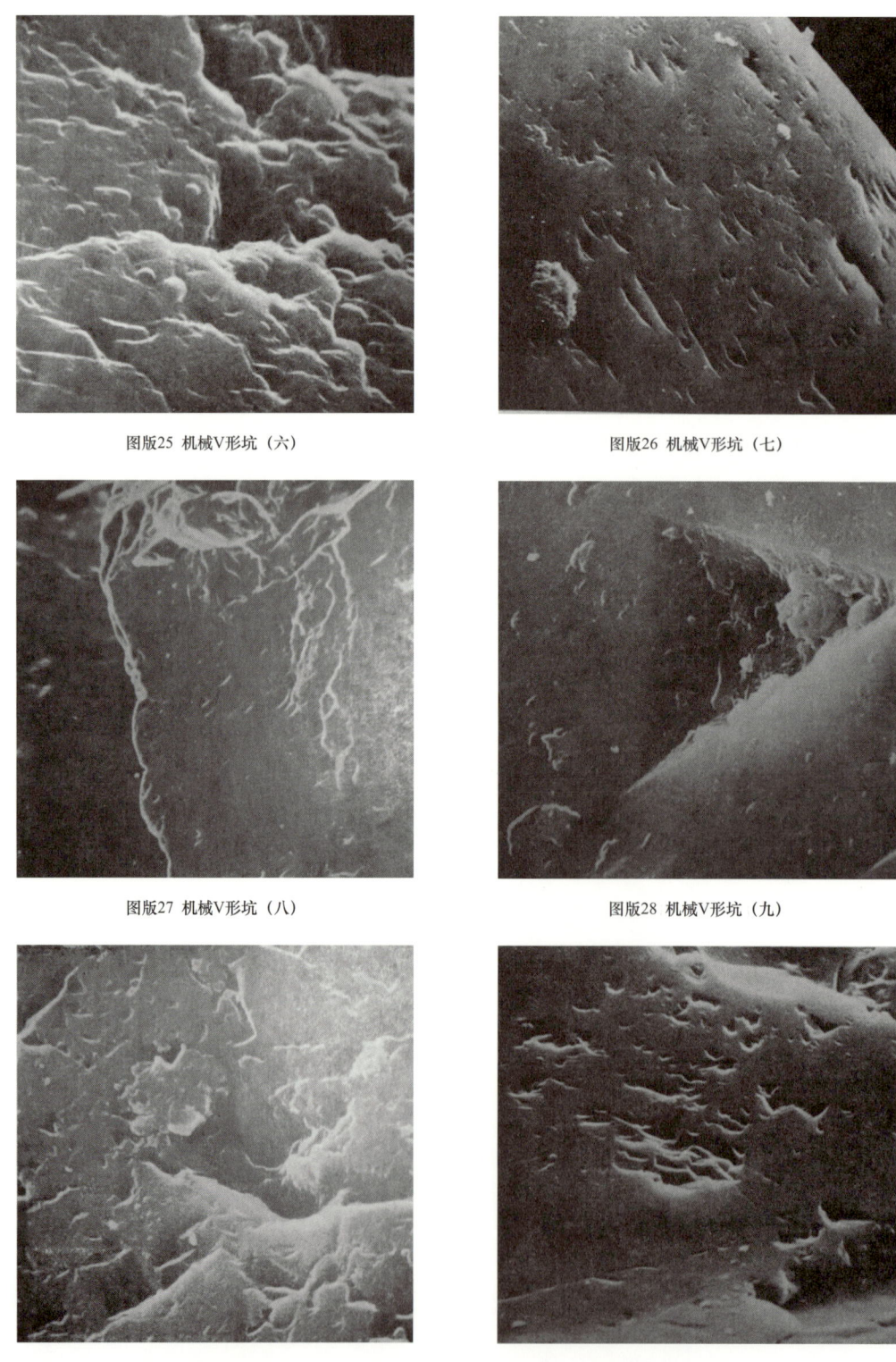

图版25 机械V形坑(六)　　　　图版26 机械V形坑(七)

图版27 机械V形坑(八)　　　　图版28 机械V形坑(九)

图版29 机械V形坑(十)　　　　图版30 机械V形坑(十一)

图3-29　各种环境中石英沙粒的表面微结构特征(续)

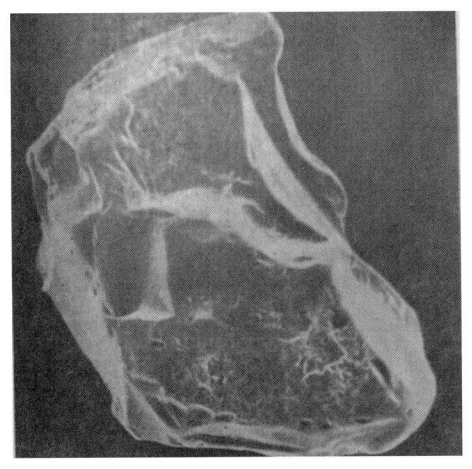
图版31 阿根廷大陆架沙的不规则外形机械V形坑

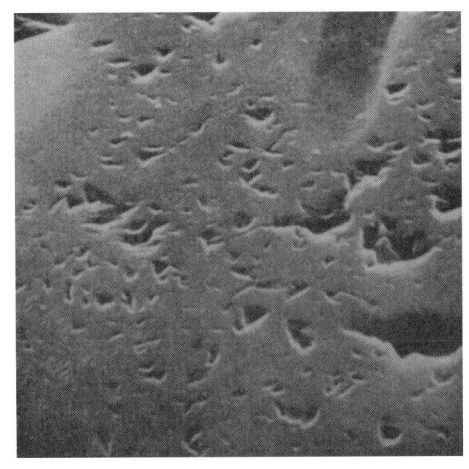
图版32 阿根廷大陆架沙的机械V形坑

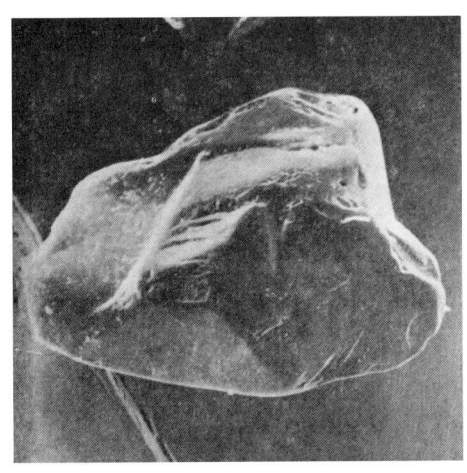
图版 33 贝壳状断口

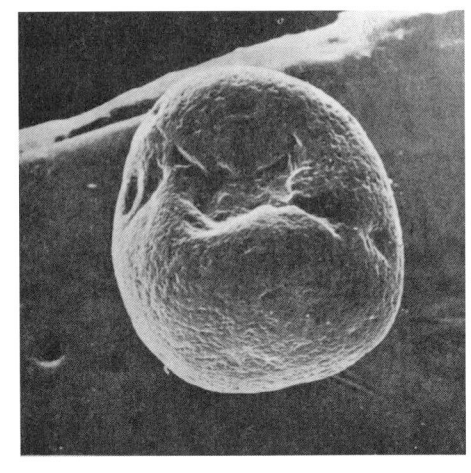
图版 34 不规则凹坑

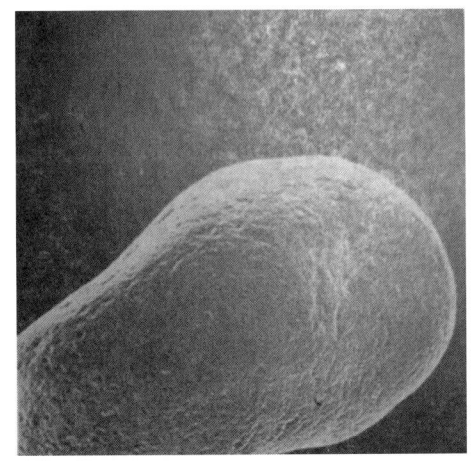
图版35 拉长的翻卷薄片

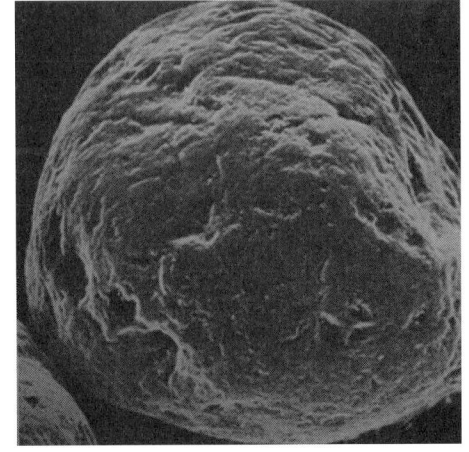
图版36 浑圆的翻卷薄片

图 3-29 各种环境中石英沙粒的表面微结构特征（续）

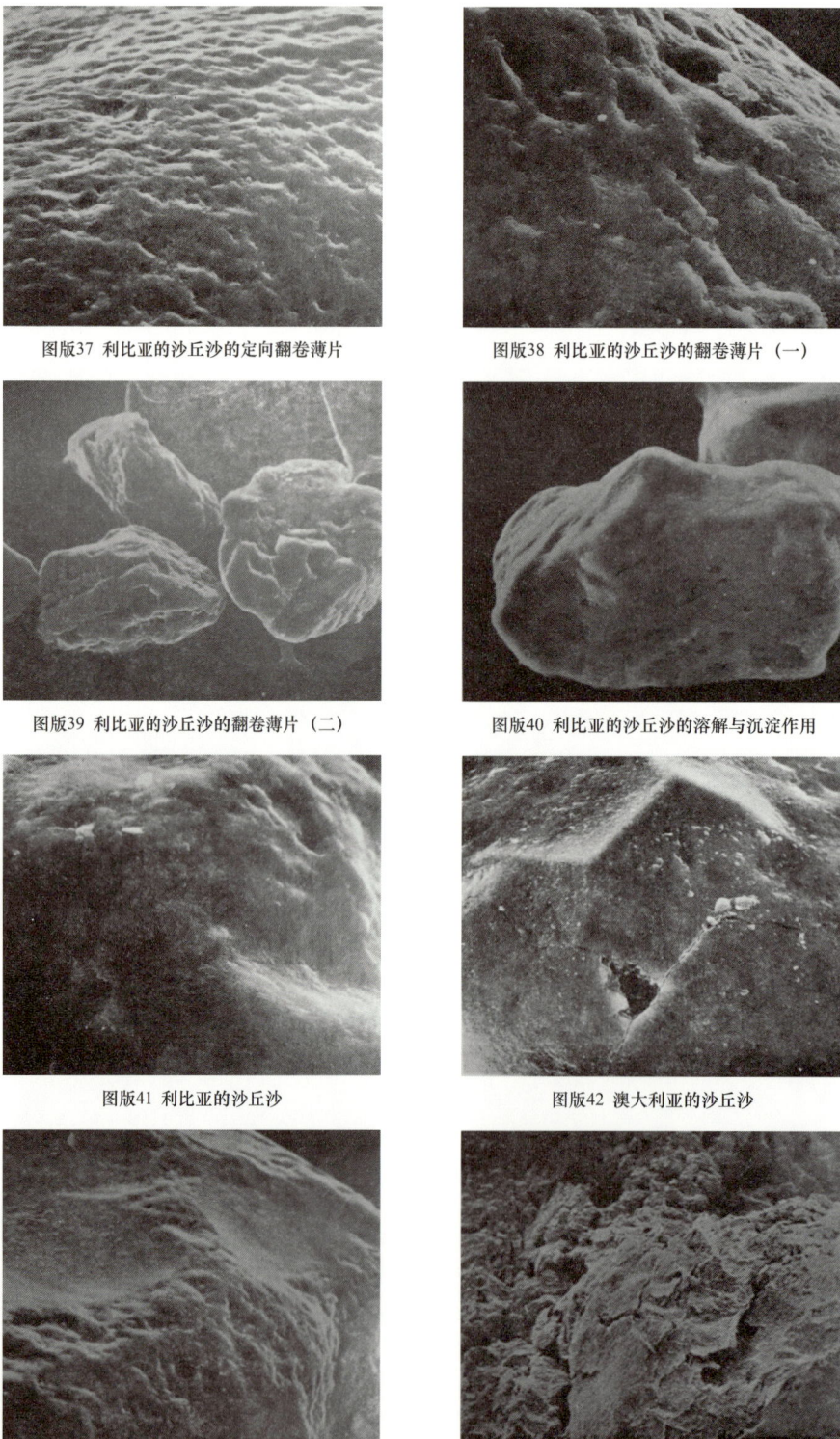

图版37 利比亚的沙丘沙的定向翻卷薄片　　图版38 利比亚的沙丘沙的翻卷薄片（一）

图版39 利比亚的沙丘沙的翻卷薄片（二）　　图版40 利比亚的沙丘沙的溶解与沉淀作用

图版41 利比亚的沙丘沙　　图版42 澳大利亚的沙丘沙

图版43 南极维达湖的沙丘沙　　图版44 解理薄片和鳞状剥落

图 3-29　各种环境中石英沙粒的表面微结构特征（续）

第三节 颗粒排列

每一个非球形的颗粒（$a \neq b \neq c$），都有其一定的空间排列方式。如果在一种沉积物中，多数的颗粒具有相似的排列方式，就可以说该沉积物的颗粒具有某种优势排列方向。沉积学中将沉积物的颗粒排列称为组构。沉积物的原始组构取决于搬运介质的性质、流动型式，以及流向和流速。总的来说，沉积颗粒总是采取某种相对于流体而言比较稳定的排列方式。因此，分析颗粒的排列情况，是确定沉积环境、沉积物搬运方式和移动方向的重要手段。

颗粒的空间排列可以用 ab 面倾向（ab 面法线在水平面上垂直投影线的指向）、ab 面倾角（ab 面与水平面的夹角）和 a 轴走向（a 轴在水平面上垂直投影线的走向）等三个参数来描述（图3-30）。因此，颗粒的三轴差别越大，其定向排列的现象越显著。

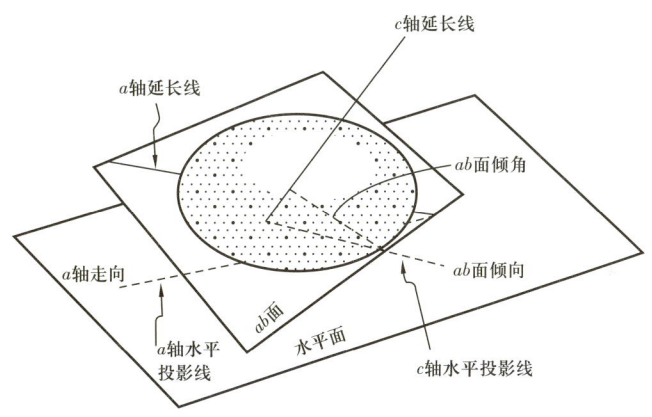

图 3-30 颗粒的空间产状参数

一、砾石的排列

河流的扁平砾石大多呈叠瓦状堆积，ab 面向上游倾斜。倾角取决于流速，两者成正比关系，一般为 15°～30°。砾质河口三角洲受波浪影响，部分砾石可作反向倾斜排列。河流砾石的长轴既有与水流平行的，也有与水流垂直的。当河流流速很大时，如山地或山前的洪流，砾石经常呈悬浮状态移动，这时砾石的稳定排列方式是使 a 轴平行水流方向分布。低速河流的砾石沿河床底部滚动，砾石 a 轴垂直水流方向分布。有人认为，河床比降也影响砾石产状。比降大的河流，砾石 a 轴平行水流。比降小的河流，砾石 a 轴垂直水流。其实，河床比降是水流动力条件的函数，它与河流砾石产状的关系实质上反映了水流的影响。

在砾质海滩上，激浪引起的进流以滩面流的形式涌向海滩；回流大多渗入砾石缝隙中，以潜流形式返回海中。因此海滩砾石的排列方式主要由进流作用造成，ab 面向海倾斜，倾角不到15°。进流或退流搬运砾石主要沿滩面滚动，因此砾石 a 轴都平行岸线分布。

在冲积物中，叠瓦状砾石向上游倾斜，倾角20°～25°。砾石的 a 轴多数与冰川流动的方向一致（图3-31）。例如，山海关西侧的石河，河床砾石的 ab 面朝上游倾斜，倾角平均为27°。砾石 a 轴的走向有两组，一组平行石河流向，一组垂直石河流向。这可能由于石河出山后流速有较大的变幅，或者粗的砾石沿底床滚动，而细的砾石悬移之故。由石河入海口往西，有一系列古滩脊构成的砾石堤。砾石堤前坡（向海坡）砾石的 a 轴与砾石堤的延伸方向（即古岸线）大致平行，ab 面向海倾斜，倾角约15°，略大于向海坡的坡度。堤顶部的砾石既有向海倾斜的，也有向陆倾斜的。砾石堤后坡（向陆坡）砾石的 ab 面以向陆倾斜为主。这些特征说明，向海坡的砾石主要受进流作用影响，而当大潮或风暴潮时，进流能够越过滩脊，产生向陆的漫流，形成向陆坡砾石的排列方式（图3-32）。

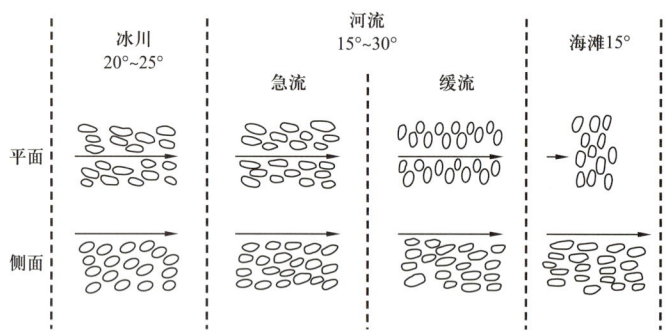

图3-31　各种环境的砾石产状

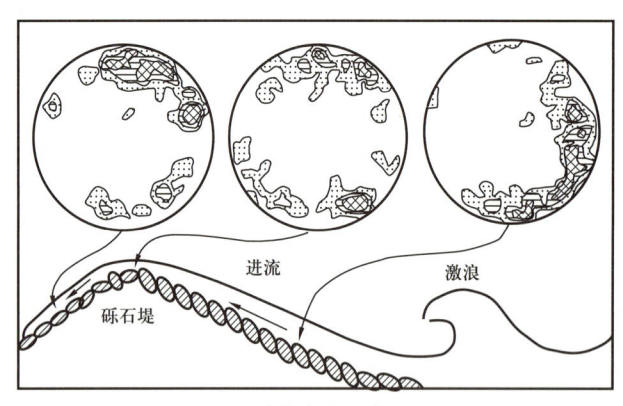
a. 山海关石河河床

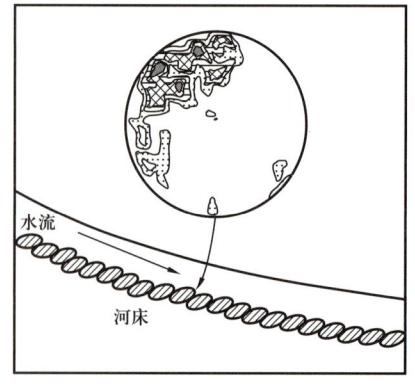
b. 海滨砾石堤

图3-32　山海关石河河床和海滨砾石堤砾石产状图

二、沙粒的排列

长条形的河流沙粒大多与水流方向平行，并有向上游倾斜的趋势。沙粒的叠瓦构造不太明显。海滩沙粒的长轴平行于激浪的回流方向。海岸沙体中石英颗粒的长轴方位垂直于沙体的延伸方向,与冲积沙体的情况相反。因此研究沙粒长轴的方位有助于追索沙体的轮廓和成因。风成沙长轴的优势排列不明显,有人认为也与风向平行。在研究黄土时,发现粉沙颗粒有平行风向的优势排列和微弱的叠瓦构造。冰积物中沙粒长轴平行于冰川运动方向的纵向方位,非常稳定。

沙粒的原始组构很容易受生物扰动,而且往往受准同生变形作用和沉积后的外力作用所改变,所以用它来恢复古沉积环境需要慎重。

三、黏土颗粒的排列

这方面的研究还刚开始。已知淡水中黏土颗粒的平行排列比海水中的黏土明显,这可能是海洋环境中的黏土发生絮凝之故。使用扫描电子显微镜,可以看到黏土颗粒的三种组构。一种是蜂窝状构造,另一种是尖屋状构造。这两种构造由黏土絮凝沉积而成。第三种是平叠构造,由单个黏土颗粒沉积而成(图3-33)。

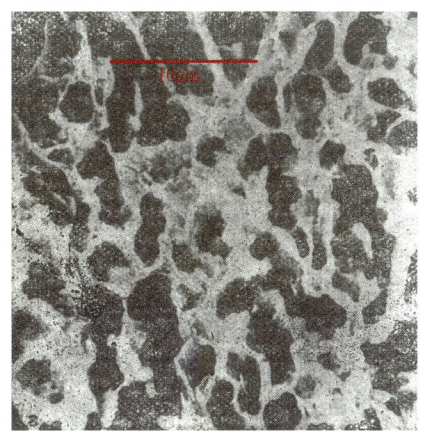
a. 蜂窝状构造

b. 尖屋状构造

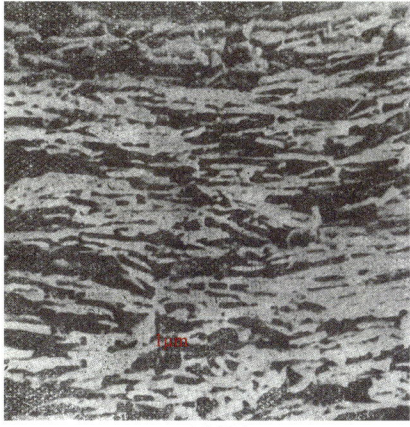
c. 平叠构造

图3-33 扫描电镜下黏土沉积的三种构造

第四节 沉积构造

一、层面构造

沉积地层的界面经常具有凹凸不平的形态痕迹,谓之层面构造。层面构造根据其生成的原因和时间划分为由沉积介质活动产生的原生构造痕迹(如波痕等)与跟沉积介质活动无关的现象造成的次生构造痕迹(如泥裂、冰楔等)。前者是在沉积物形成过程中产生的,后者是在沉积物形成以后才产生。如果这些痕迹不被破坏而直接被后来的沉积物所覆盖,长久地保留在地层中,它们就可以反映出沉积物形成时的环境条件。

1. 沉积介质活动的痕迹

1)沙波

沙波是在层面上最常见的一种构造痕迹。它是由一定速度的流水、波浪和风作用于非黏性的(如粉砂和砂质的)松散沉积面上形成的波状构造。

沙波的形态要素有波峰(沙波的最高点)、波谷(沙波的最低点)、波长(相邻两个波峰或波谷的水平距离)和波高(相邻波峰与波谷的垂直距离)。波长与波高的比值称为沙波指数(图3-34)。

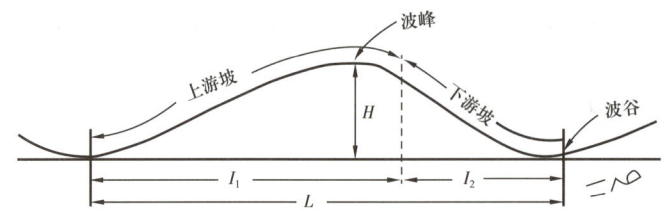

图3-34 沙波形态要素

实验证明,在流体与沉积界面之间存在着一个"流动层",它们形成在沙波的上游坡,仅几毫米厚。在此层中,颗粒在流体介质作用下,以推移、跃移、悬移的方式搬运,移动物质的密度比较大。由流动层向上,粗颗粒的密度很快减小,悬移的细粒物质的密度则无明显变化。

流动层在波峰附近以喷流形式将移动物质扩散。在下游坡上可以划分为三个动力带(图3-35)。其中,无扰动带位于流动层的上部,其速度不受紊流摩擦作用的影响,速度分布类似于上游的流体介质。无扰动带的流体将细粒的悬浮物质带到下一个沙波的上游坡。混合带流速的垂直分布有明显的变化,整个流动层不稳定,剧烈紊动而产生旋涡。越过峰顶的流体介质由于扩散而使流速降低:部分颗粒堆积在峰顶的下游侧,形成"前额"。粗颗粒的沉降速度快,在重力作用下,沉积在下游坡的下部。开始于混合带中的旋涡向下越过零速度线进入回流带时,发展成一种反向流,逆下游坡而上,速度可达平均底流速度的20%~25%。回流将旋涡带来的物质按先粗后细的规律堆积在下游坡的下部,细粒的悬浮质被回流重新带入混合带中。

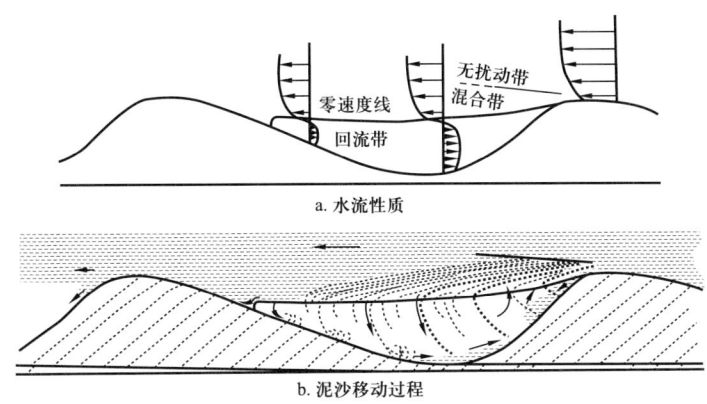

图 3-35 沙波的水流性质和泥沙移动过程

因此在单向水流作用下,形成陡坡向下游倾斜的不对称沙波。在沙波的纵断面上,有一系列与下游坡平行的前积纹层。每个纹层中,粗颗粒主要集中在下部(图3-36)。

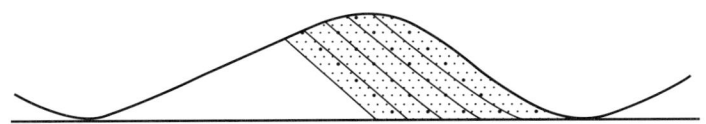

图 3-36 沙在不对称沙波的前积纹层中的分选性

沙波按流体介质的性质可分为流成沙波、浪成沙波和风成沙波三类。

流成沙波由单向水流形成。河床底面形态取决于水流强度与底质粒径。在河流动力学中常用弗劳德数($F = \dfrac{v}{\sqrt{gh}}$,v 为流速,h 为水深)来衡量水流强度:$F<1$,为缓流;$F>1$,为急流。据西蒙等(1961)实验,水流过平坦的沙质水槽,当流速增大时,底床物质开始移动,床面出现小型流成沙波;流速继续增大,大型流成沙波出现。这两种沙波都是顺水流方向移动的,弗劳德数一般都小于1。当流速进一步增大,$F>1$时,沙波被冲刷,出现平床。当$F=1.8$时,出现逆流沙波,这时前积纹层向上游方向倾斜(图3-37)。

实际上,确定河流动力条件的弗劳德数不仅与水流速度有关,还与水深有密切关系。表3-11是$F=1$时各种水深所要求的流速。可见,急流限于分布在数米以下的浅水中。实验证明,急流区($F>1$)的底面形态受水深的影响明显;而缓流区($F<1$)的底面形态,当水深超过某临界值后,大致与水深无关(图3-38)。

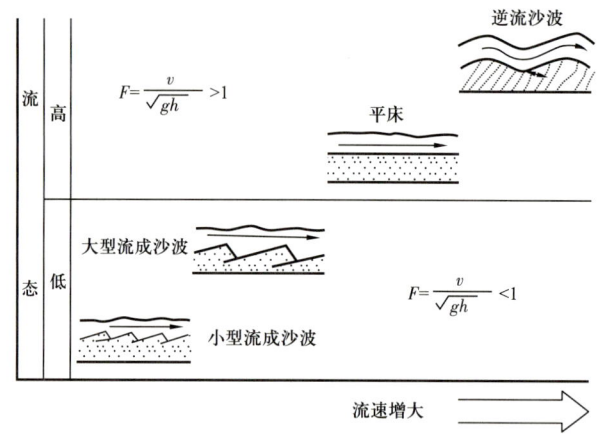

图 3-37　不同流态下的底床形态和沉积构造（据 Harms and Fahnestock，1965）

表 3-11　水深、水流速度与弗劳德数的关系

水深 /m	水流速度 /（m/s）	弗劳德数
0.01	0.31	1
0.1	0.99	1
1	3.12	1
10	9.90	1
100	31.32	1

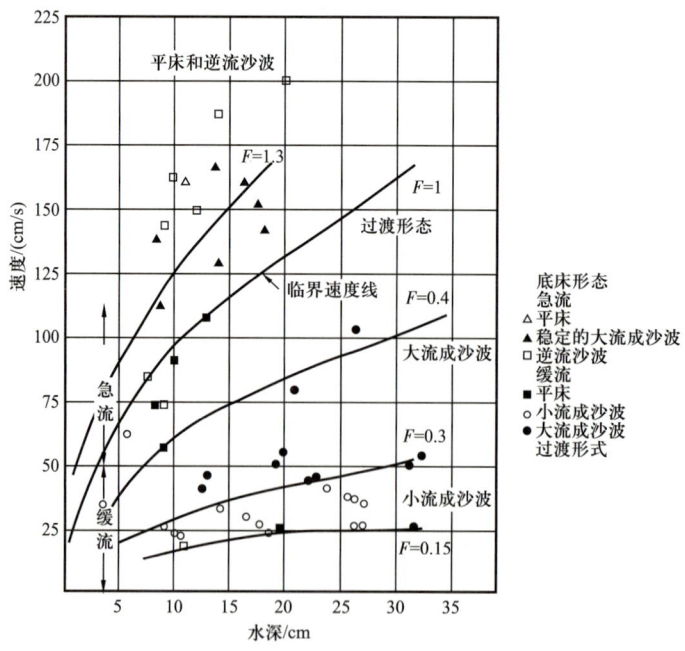

图 3-38　各种底床形态的流速与水深关系

床面形态还与底质粒径有关。艾伦（1968）用实验方法建立了床面形态与河流动能、底质粒径的图解关系（图3-39）。可见，小流成沙波主要出现在粒径小于0.65mm的沉积物中。细沙中产生大流成沙波所需的河流动能比中沙与粗沙大。粒径大于0.65mm的沉积物，随着流速增大，在平坦底面上直接出现大流成沙波。

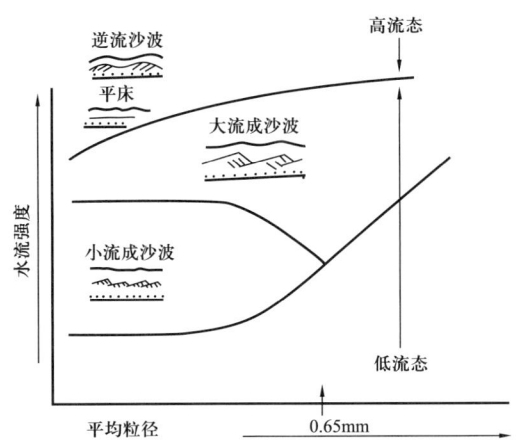

图3-39　单向水流中水流强度、平均粒径和底床形态的关系

流成沙波根据其规模和形态可以分为四类：小流波、大流波、巨流波与逆流波。它们在不同的流速、底质、水深条件下的发育系列如图3-40所示。

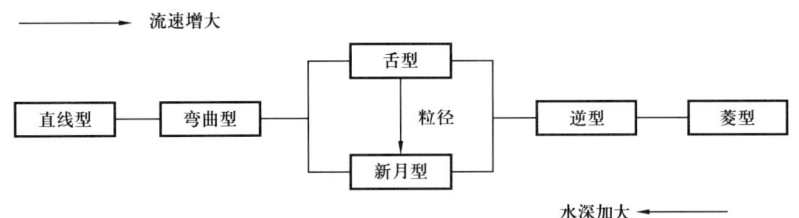

图3-40　不同流速、底质、水深条件下的流成沙波发育系列

小流波，这是一种小规模的不对称沙波，产生于中值粒径 $M_d \leqslant 0.6mm$ 的中细沙—粉沙中。小流波的波长通常不超过30cm，波高变化在0.3～6cm之间，沙波指数为8～15。

小流波按波峰的水平延伸型式有：直峰型小流波、舌型小流波、弯曲型小流波和菱型小流波。直峰型小流波形成于低速水流条件下，故又称为低能流波。波峰线大致呈直线形，且互相平行。波形比较扁平，具有很高的沙波指数。直峰型小流波，在移动过程中形成板状斜层理（图3-41）。舌型小流波产生在流速大的水流条件下，属于高能流波。它们的波峰不连续，多呈舌状向下游凸出。舌体之间有椭圆形的侵蚀槽，槽的长轴平行于局部水流方向，并被弧形纹层填充。因此在顺水流方向的剖面中，纹层向下游倾斜；在垂直水流方向的剖面中，纹层组呈彩弧状。纹层与底部侵蚀面平行，而与顶部侵蚀面截交（图3-42）。弯曲型小流波属于直峰型与舌型小流波之间的过渡类型，波峰弯曲地延续一段距离。随着环境能级增大，小流波的波峰强烈弯曲，直至呈舌状不连续

(图3-43)。菱型小流波,其波峰呈鱼鳞状(图3-44)。这种流波产生在水深不超过2cm,甚至仅几毫米,但是流速却很大的水层中。它们通常出现在海滩的向海坡上,由退流作用而成;或在沿岸堤的向陆坡上,由越过堤顶的进流形成。菱型小流波的波高极小,因此在剖面中不容易看到内部构造。

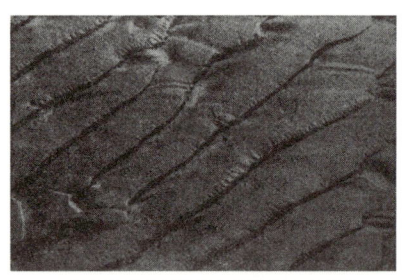 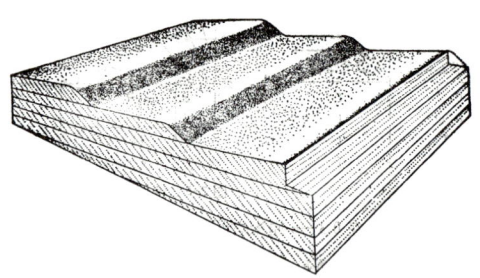

a. 波峰处的小细沟是在潮滩出露时形成　　b. 由沙波移动形成,斜层组呈平板状

图3-41　直峰型小流波及其斜层理

 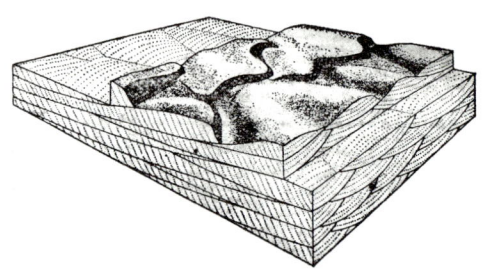

a. 形成于潮滩上,流向由左向右　　b. 斜层组呈彩弧状

图3-42　舌型小流波及其斜层理

a. 直峰型与弯曲型的过渡形式　　b. 接近于舌型

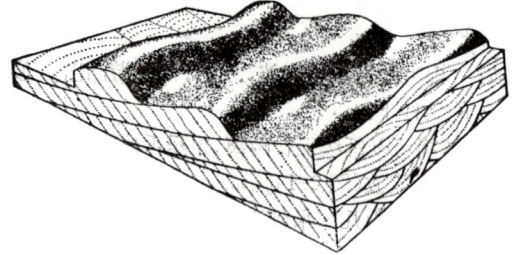

c. 斜层理组略呈彩弧状

图3-43　微弯曲小流波、强烈弯曲小流波及其斜层理

大流波按波峰的水平延伸型式有：直峰型大流波（图 3-45）、新月型大流波、弯曲型大流波和菱型大流波。

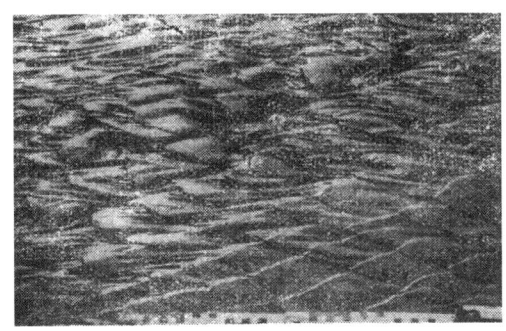 

图 3-44　菱型小流波
水流从右向左，形成于潮滩

图 3-45　直峰型大流波
流向指向读者，沙波的波谷处仍有水，上叠的小流波是在大流波停止移动后产生

还有由洪水造成的大规模流波——巨流波，波长超过 30m，波高 1.5~15m，沙波指数通常大于 30。这种巨流波出现在洪水作用明显的大河或强大海流作用的浅海中，在潮间浅滩上是见不到的。当流速较低时，发育逆流波，如图 3-46 所示。当流速加大时，流波被冲毁，纹层沿整个底面出现（图 3-46b）。当流速增大到一定程度时，底面重起流波。这时流波的下游坡受冲刷，旋涡将冲刷下来的物质堆积在下一个沙波的上游坡上，形成向上游倾斜的纹层（图 3-46c）。这样，流波不断向上游发展。这种逆流波的波长为几厘米至几米，波高在 1 米以下。据实验研究，逆流波的波长与流速的平方成正比。

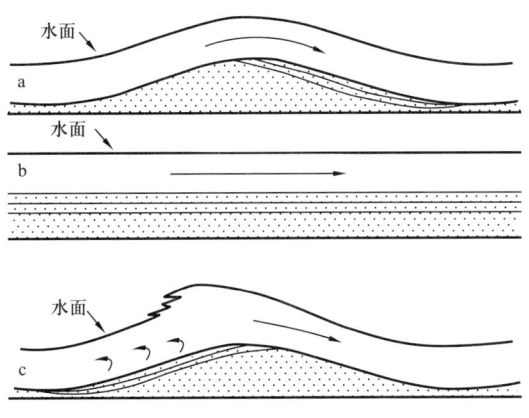

图 3-46　逆流波

浪成沙波由波浪中水体的振荡运动形成。沙波的形状呈对称的或稍不对称的。波峰线比较平直，但常有分叉。控制浪成沙波的规模和形状的因素是波浪引起的水流速度、底质粒径和底部水体水平移动的幅度。后者取决于波浪长度、波高和水深。

对于沙质海底，当波浪引起的水流速度超过 9cm/s 时，出现浪成沙波。当流速超过 90cm/s 时，沙波消失，物质沿平底面移动（图 3-47）。通常沙越粗，形成的沙波也越大；

反之则越小。发育在细沙中的浪成沙波的沙波指数比粗沙的大得多。激浪带附近细沙中形成的沙波，其沙波指数可以极高。要是底质的粒径相等，面向深海的开阔海岸的浪成沙波要比浅海海岸带的大。这是因为深海波浪的规模比较大，波浪中水体轨迹运动的直径也较大。

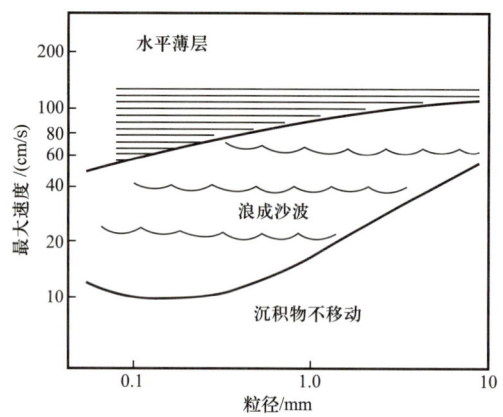

图 3-47　浪成沙波的出现与近底部流速和粒径的关系

由于波浪的性质不同，浪成沙波分对称的与不对称的两种。

对称的浪成沙波：水面波中的水质点作圆轨迹运动。如果波浪作用达到海底的话，底面上的水质点则作往复运动，运动速度是表面波的波长、波高、波浪周期与水深的函数。当此速度达到某一临界值时，底面上部分颗粒开始移动，开始出现沙波。水质点的往复运动在沙波的两坡交替地出现旋涡，使沙波成对称状，波峰尖突，波谷浑圆（图3-48），形成对称的浪成沙波。其波长为0.9~200cm，波高0.3~23cm，沙波指数为4~13。沙波的高度随着水体运动速度增大而增大。但是超过一定的临界速度时，颗粒的移动方式由推移、跃移，变成悬移，使沙波的高度减小、长度加大，沙波趋于平缓。典型的对称型浪成沙波具有特殊的内部结构，倾斜的纹层山字形叠置在沙波的两侧，纹层交叉带出现在波峰处，有时也能在波谷处出现。

a. 对称浪成沙波

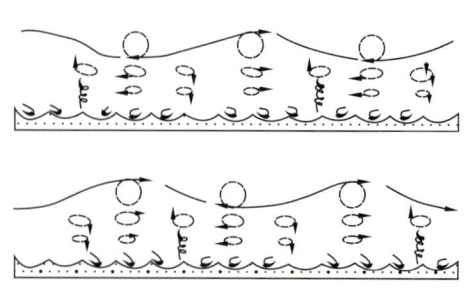
b. 水质点运动轨迹

图 3-48　对称浪成沙波和波浪水质点运动轨迹

不对称的浪成沙波：海岸带的浅水波中，水体运动受海底摩擦作用影响，往复速度不相等。在一个波浪周期中，水质点前进运动所占的时间比较短，速度比较快；回返运动所占的时间比较长，速度慢（图3-49）。这种速度不对性在越靠近岸的浅水波中越明显。因此海岸带浅水波形成的沙波为不对称型，顺浪坡为陡波，逆浪坡为缓坡。据现有的资料，不对称的浪成沙波的波长在1.5～105cm间，波高0.3～20cm，沙波指数为5～16。

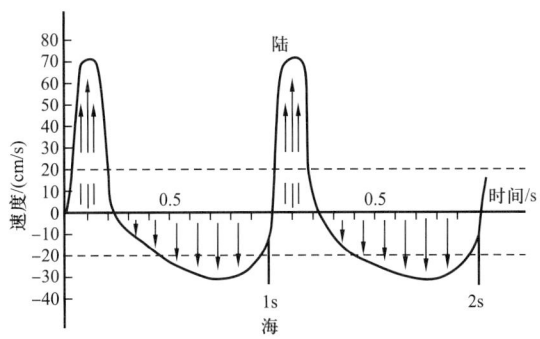

图3-49 形成不对称沙波的浅水波水质点运动速度过程线

不对称的浪成沙波在外形上与直峰型小流波很相似，但是其内部结构特殊，具有不规则的底面和卷状的前积层（图3-50）。

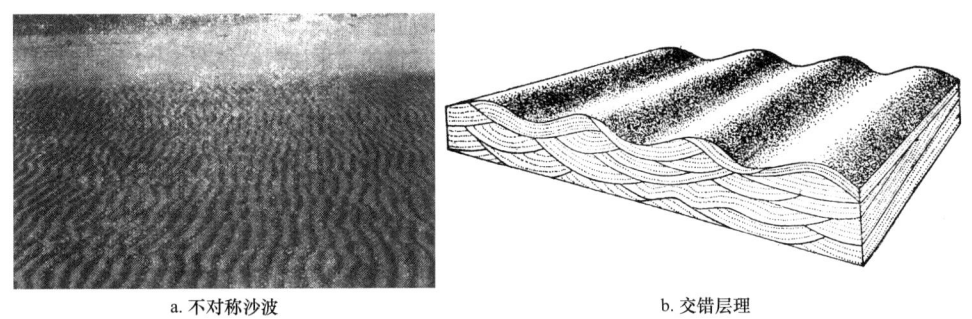

a. 不对称沙波　　　　　　　　　b. 交错层理

图3-50 不对称沙波及其交错层理

风成沙波沙粒在风力作用下，以悬移、跃移和表面蠕动三种方式运动。其中跃移和表面蠕动是产生风成沙波的主要过程。在风力吹扬下，一个颗粒撞击到较粗的颗粒上时，将部分动能传递给此粗颗粒，使之沿沙面向前蠕动。原撞击颗粒则被弹回空中，在风力作用下，继续向前跃移。如果被跃移颗粒撞击的是比较细的沙粒，则将此细颗粒逐至空中。这些被逐出的细颗粒在风力作用下，转而又去撞击其他沙粒（图3-51）。在粗细不等的混合沙中，细颗粒以跃移为主，粗颗粒则以表面蠕动为主。

风成沙波的波峰为直线型，长而平行。波形不对称，沙波指数可高达30～70（图3-52）。沙波长度等于沙粒跃移轨迹的长

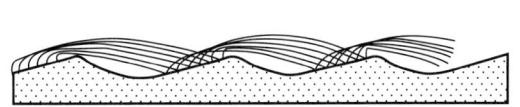

图3-51 风沙跃移轨迹与风成沙波的关系
粗砂集中在波峰附近

图 3-52 风成沙波

度，它是风速和组成沙波的颗粒粒径的函数。沙波长度随风速增强而增大，但当风速超过沙粒起动值的三倍时，沙波夷平或消失。细而分选良好的沙发育的沙波，其沙波指数比粗而分选差的沙高。风成沙波的不对称程度与沙粒粒度成正比，与风速成反比。

2）其他痕迹

当沉积介质为水流时，随着流速的变化，要发生侵蚀与沉积的交替。这样，在一段时间内造成的掘蚀痕迹，可以被后来的沉积物埋藏而保存下来，形成切割再充填构造。这种构造经常表现为许多不连续的、顺流平行排列的、长条形的凹坑。凹坑的上游端较深、较陡，向下游方向逐渐变浅而过渡为一般的沉积面。

水流或波浪带动的物体，如砾石、贝壳、木块、水草等，可以在软泥沉积面上形成冲击、弹跳、铲刮、滚动凹坑，以及平直刻槽等痕迹。

2. 与沉积介质无关的因素造成的痕迹

1）泥裂

被水饱和的泥质沉积物在气体环境中由于失水而发生收缩，形成不规则的多边形的裂缝，叫做泥裂（图 3-53）。发育在厚层泥岩中的裂缝，横剖面上呈 V 字形。裂缝的宽度为几毫米至几厘米，缝的深度可达几厘米至几十厘米。裂缝间的地面微向上凸。如果在粉砂—细砂质沉积物上覆盖薄层泥质沉积时，干裂后的泥片离开下伏沙层而向上卷曲，形成泥裂（图 3-54）。泥裂多产生在湖沼、废弃河道、泛滥平原和潮滩上部。泥卷则多发生在泥质沉积较薄的河漫滩上。无论泥裂或泥卷，都是沉积物暂时干涸的标志，最常见于干旱区间歇性露出水面的泥层中。

图 3-53 泥裂

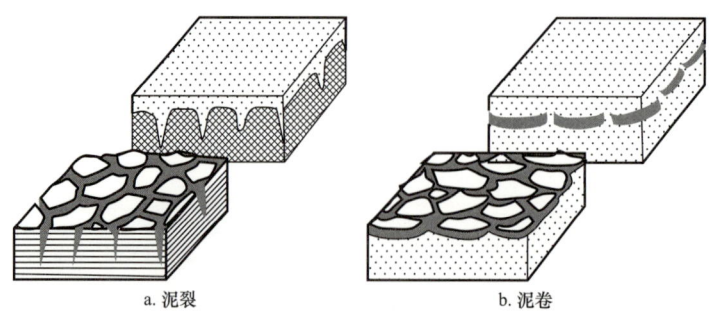

图 3-54 泥裂与泥卷示意图

2）冰楔

严寒地区近地表的沉积层，由于剧烈降温而冻成裂缝。这种裂缝被冰雪填充后，冰冻作用使裂缝更加扩大，其长度、深度和宽度均可达数米。解冻以后，顶部的碎屑物滑落填充在裂缝中，形成一种楔形的不整合接触（图 3-55）。

3）雨痕

雨滴落到湿润松软的泥质或沙泥质沉积面上，形成直径 3~4mm 的圆形凹坑，坑的边缘略高且粗糙。在沉积岩中要注意区分雨痕与穴居底栖生物形成的堆叠构造（图 3-56）。后者是由潮间带的穴居生物（如美人虾）将泥沙推出洞口堆积而成。雨痕构造的中部有一穴口，构造的周围有放射状细沟，由从洞穴中流出的水流冲刷而成。雨痕在偶尔降雨的地区才易于保存。所以主要见于干旱与半干旱气候条件下的大陆沉积中。

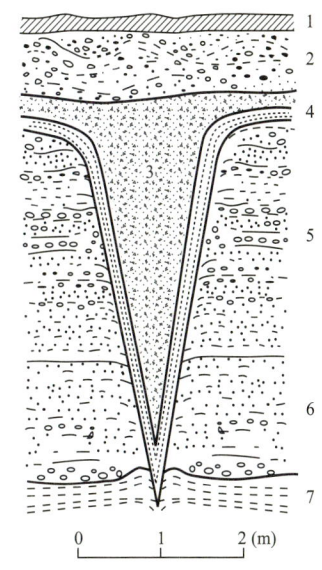

1—土层；2—上砾石层；3—冰楔中不成层砾石；4—冰楔层；5—微变形砾石层；6—下砾石层；7—底层。

图 3-55 冰楔

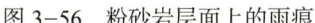

图 3-56 粉砂岩层面上的雨痕

4）分汊的细沟流痕

在河水水位下降或潮水退落而出露的岸滩上，常有水从泥沙中渗出，冲刷滩面而形成细沟。这种细沟的切割深度与交织形态，取决于岸滩的组成物质与滩面坡度。

3. 准同生变形构造

1）载荷构造

除了上述在沉积物形成过程中产生的原生构造痕迹和在沉积物形成以后才产生的次生构造痕迹外，还有在沉积物形成后不久产生的准同生变形构造。当一个沙层覆盖在软泥层上时，沙层下部会出现许多复杂的瘤肿状凸体（数毫米至几分米）伸入软泥层中，而软泥层表面则以许多尖棱插入沙层中（图 3-57）。这种构造与掘蚀痕迹不同，它们的形状极不规则，从它们的排列上看不出上游和下游的方向。所以出现这种构造是因为下伏的软泥层在上部地层压力作用下，变成了塑性体；又由于压

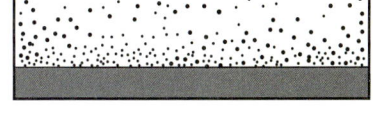

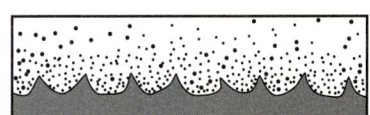

图 3-57 覆盖在淤泥层上的沙层底面的载荷构造

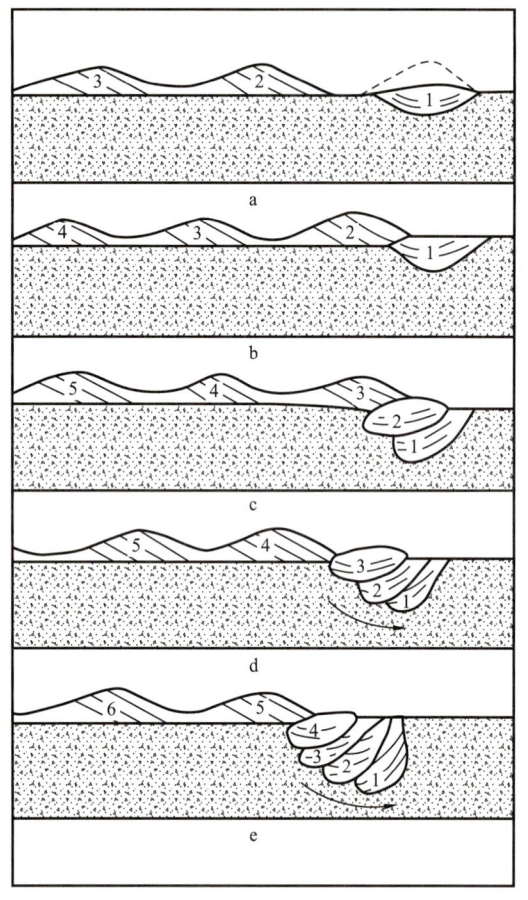

图 3-58 载荷沙波构造发育的五个阶段

力不可能完全均匀，会出现局部软泥被挤压穿插到沙层中去的现象。有时还出现这样的情况：当一系列沙波在软泥沉积面上向前迁移时，某一个沙波痕陷入软泥中，后来的沙波又盖了上去，并与前者一起下陷。下一个沙波又到达，又与前两者共同下陷，依此类推。这样，在局部地方会有好几个波痕互相堆叠、陷入软泥中。各个沙体之间由界面分开，各个界面均向下凹。整个陷入堆积形成一个沙质囊状体（图 3-58）。载荷构造不受环境条件的限制，唯一的条件是沙层覆盖在塑性软泥上。这时，不均匀的荷载压力必然要引起软泥与沙层在界面附近的垂直运动。载荷构造一般见于复理式沉积中。在浅水环境中也有出现，尤其是在长期接受泥质沉积，偶然被沙质沉积中断的地区。粉沙淤泥质潮滩的潮水沟中，经常出现载荷构造。

2）枕状构造

覆盖在泥质沉积层上的沙层，由于不均匀沉陷而断裂成枕状沙体，孤立地镶嵌在泥层中（图 3-59）。沙体的规模由几厘米至几米。下伏的泥层常呈舌状伸入枕状沙体之间。枕状构造不限于任何特殊的环境，在浅水环境与深水浊流沉积中都有发现。

3）滑动构造

沉积层在重力作用下发生滑动位移所产生的变形构造。这种构造经常出现在地形坡度较大、沉积速度快、沉积物性质不同的地区，如大陆坡及潮水沟中。沉积物的滑动引起沉积层强烈褶曲，甚至断裂。在潮水沟的陡峭的凸岸沙坝上常发育重力断层，断层面呈上凹的弯曲

图 3-59 由沙层断裂形成的枕状构造

状。当掩埋在冰水沉积物中的冰块融化时，周围的沉积物产生滑动，形成强烈扭曲的层理（图 3-60）。

图 3-60　冰川沉积物滑动形成的扭曲层理

二、层理构造

层理是使用肉眼识别的沉积物的重要特征之一，是沉积岩区别于岩浆岩和部分变质岩的主要标志。层理是不同的岩矿成分、粒度大小、颗粒形状、排列方位、堆叠性质和颜色特征的沉积物在垂直剖面中更迭出现所表现出的成层性（图 3-61），它是沉积环境中沉积营力和化学作用变化的产物。因此，通过层理分析可以了解沉积环境、流体介质和沉积物的营运方向。

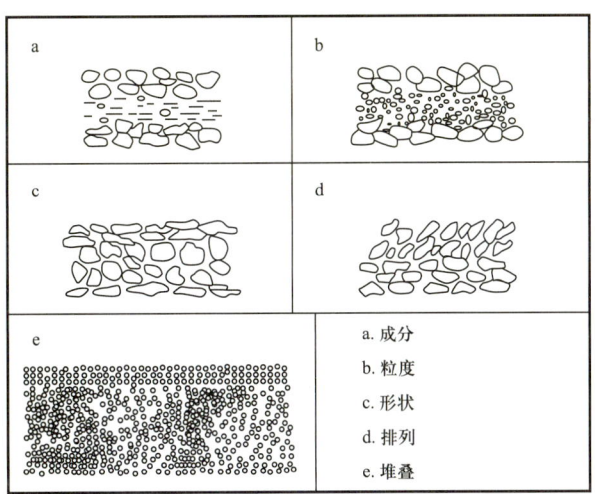

图 3-61　由成分、粒度、形状、排列和堆叠、颜色等不同组合所产生的层理

1. 层理单位

1）纹层与纹层面

纹层是沉积层理的最小单位，纹层的厚度通常小于 1cm。两个纹层之间的界面叫做纹层面。纹层是在相当稳定的环境条件下，主要由于搬运介质速度的小规模脉动变化造成的。纹层内的成分与结构比较均匀，有时粒度具有规则的渐变。

一组性质相似的纹层叫做纹层组，也有人称之为层系，相当于一个层。同一个纹层

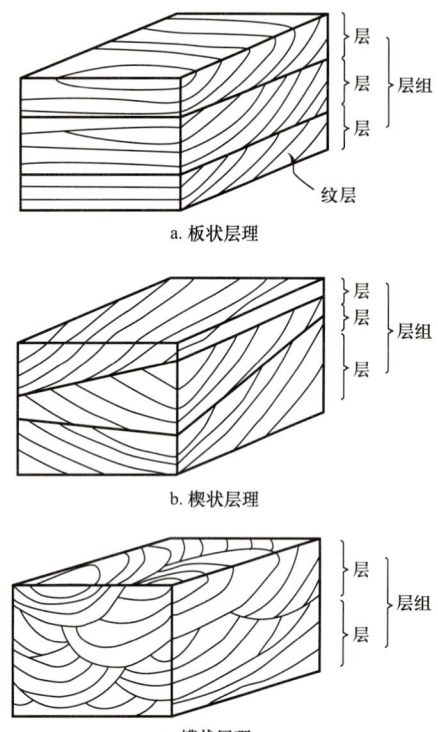

图 3-62 交错层理中的纹层、层与层组的关系（据 H.Blatt, 1972）

组中的纹层厚度大致相等，纹层面近乎平行。

2）层与层面

层是在基本稳定的环境条件下形成的一个沉积单元。层的厚度变化很大，自几厘米至几十米不等，但通常是几厘米至几十厘米。层由一系列性质相似的纹层组成。层与层之间的界面称为层面，它是由于沉积条件突然变化而形成的沉积物性质的不连续面。层面可以是平直的、波状的或曲线状的；层面之间可以平行或不平行；因而层的形状有板状、楔状或槽状等（图 3-62）。

纹层与层在具有斜层理的地层中比较容易区别。倾斜的纹层与层的底面常呈切线相交，而与层的顶面往往截然接触。但在水平岩层中，纹层与层容易混淆。与层面斜交的一套倾斜纹层亦称交错层。

3）层组与层组面

层组是一组在同一环境中基本上连续沉积的层，这些层的成分、结构和内部构造彼此相似或者性质虽不相似，但在成因上有联系。前者为单一层组，后者为复合层组（图 3-63）。

层组之间是明显的沉积间断面，一般呈水平延伸，范围较广。例如风沙沉积剖面常可见到由沙质交错层理组成的单一层组；河流沉积剖面上，下部是河床相的沙质交错层，上部是河漫滩相的粉沙—淤泥质的水平层。这两部分沉积层的性质虽然不同，但同属一个河流沉积的韵律，为复合层组（图 3-64）。

野外研究沉积构造的关键是区分纹层、层、层组及其对应的纹层面、层面、层组面。现将区别的标志列为：（1）厚度：纹层的厚度通常仅几毫米，而层与层组的厚度可以有很大变化，几厘米至几十米不等。（2）内部构造：纹层内的成分与结构比较均匀，看不到更细的构造。一个层内具有一系列纹层，其纹层面互相平行。层组由层构成，分隔层的层面有平行的和不平

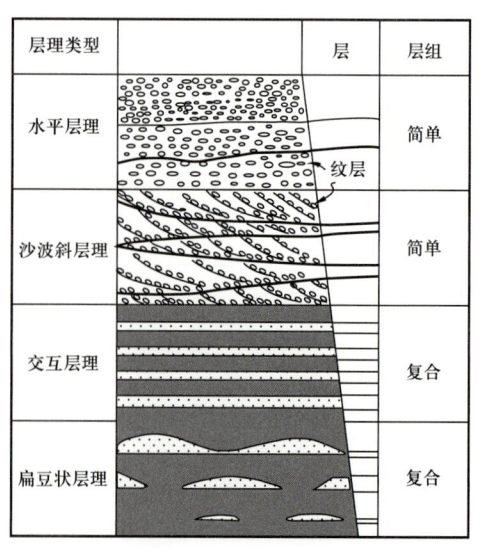

图 3-63 纹层、层、层组和层理类型示意图

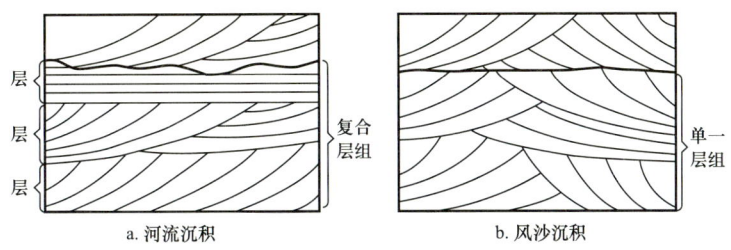

图 3-64 单一层组和复合层组

行的。层组与层组的界面，在原始状态下，通常是个水平面。（3）岩性：纹层内的颗粒粒度呈有规则的递变，不存在截然变化，但两个相邻纹层的粒度有明显变化。层可以由一系列岩性相似的倾斜纹层组成，也可以由两种以上岩性不同的水平纹层组成。构成层组的层，其岩性大致相似，或者岩性虽不同，但在成因上是有联系的连续沉积。

2. 层理类型

1）水平层理

水平层理是一种低流态的层理构造。在绝大多数情况下，水平层理是在水体中的细粒碎屑物发生沉淀，而水体底又没有剧烈的情况下形成的，是由于沉积物的性质发生变化而成的。它们是由互相平行的层或纹层叠置沉积而成。这时区别层与纹层的主要标志是厚度大小与岩性变化。

2）递变层理

颗粒自下而上逐渐变细，无明显的纹层面。粒级递变可能有两种方式：（1）依次叠加的沉积物逐渐变细，在递变层的下部没有细粒物质（图 3-65）。这种情况是由于水流逐渐减弱而产生的。（2）依次叠加的沉积物中，粗组分逐渐变小，但从上到下都有细的颗粒（图 3-65），多数递变层理属于这种类型，它是悬浮物质沉积密度越来越大的结果。在自然界有许多原因可以形成这种递变层理。例如海底间歇性的混浊流可以形成被水平的黏土层隔开的递变层理；洪水退落中的最后沉积；火山灰喷发后的逐渐沉积，以及粉沙

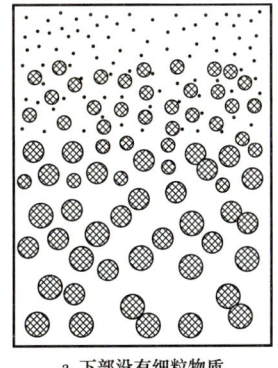
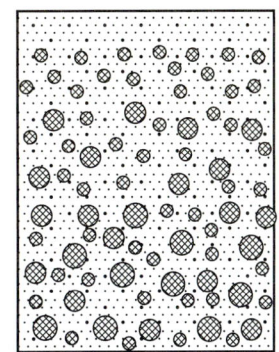

a. 下部没有细粒物质　　b. 从上到下都有细颗粒，但粗组分往上逐渐减小

图 3-65 递变层理的两种类型

淤泥质潮滩在平潮时的沉积等。通常，递变层的下部由较粗的沙组成，向上递变为黏土。递变层的厚度为几厘米到几十厘米。浅水环境的递变层厚度仅几毫米到几厘米。

3）薄沙层理

厚度仅 1～2mm 的沙质纹层。纹层近乎水平，能延续数米。纹层之间互相平行。层理是由于不同粒度或矿物成分的纹层交叠而成，或两者兼而有之。这种层理在细沙与中沙中最发育，有时也见于粉沙层中。薄沙层理主要形成于海滩或其他受波浪作用的沙质沉积面上。波浪进流带来的沙，在返流作用下，按先细后粗的次序沉积下来，形成下细上粗的反递变的纹层。这样在一个潮周期中可以形成几个到十几个纹层。如果沙中重矿物较多，则可以看到重矿物富集的深色纹层与浅色石英沙富集纹层交替出现。这时，重矿物也多集中在纹层底部的细粒物质中，上部的粗粒物质中缺少重矿物。在水流速度低于形成沙波的临界速度的沙质河床底面上，也能形成薄沙层理，但纹内的沙粒呈正递变，即底面附近为粗沙，向上递变为细粒。

4）交互层理

这是一种不同粗细、颜色、成分的纹层交互更替的水平层理，又叫做韵律层。韵律层的各个纹层的厚度通常小于 4mm。韵律层的出现是由于环境条件周期性变化所致。环境条件的变化周期可以很短，如一个潮周期，形成潮汐韵律层；也可以较长，如季节的变化，形成季节韵律层。潮汐韵律层出现在粉沙淤泥质海岸的潮间浅滩上，由粉沙与淤泥纹层交替组成，粉沙纹层是在涨潮和落潮时由潮流沉积而成；淤泥纹层是在高潮和低潮的憩流阶段由停滞水体中的悬浮质沉积而成。在一个潮周期中所沉积的总厚度小于 1cm。潮汐韵律层在沙质海岸带表现不明显，因为这里泥质来源很少，分割沙质纹层的泥层极薄而难以辨认。

季节韵律层出现在多种沉积环境中。组成纹层的物质都比较细，纹层间主要靠成分与颜色来区别。在亚得里亚海的一个富含硫化氢的封闭海湾中，海底纹泥层由深色层与浅色层交替组成，浅色层在夏季形成，那时浮游生物的同化作用强，使生物性碳酸盐的沉淀作用加快，因而形成浅色的方解石菱形体。深色层则由秋、冬、春的雨季供给的陆源物质——石英、硫化铁、有机质组成。季节韵律的另一重要类型是冰川纹泥。夏季冰川迅速融化，大量碎屑物被融冰水带入冰湖中，形成粗至细粉沙的浅色层。冬季缺乏陆源物质，由水中悬浮的细粒物质慢慢沉积而形成极细粉沙—淤泥的深色层。因此浅色层往上变为深色层是渐变的，而深色层与上方浅色层的界面非常清晰。这样每年沉积一个韵律层，夏季层与冬季层的厚度或是相当、或是前者大于后者。各个层的相对厚度大小取决于气候条件的变化。厚度沿水平方向的分布很稳定。亚丁湾中的风尘沉积也形成季节韵律层。夏季风力强，带来风尘多，堆积的纹层中含沙多，含有机质少，故色浅。冬季堆积的纹层，沙少，有机质多，色较深。

5）斜层理

这是中等流态的层理构造，是最常见的一种层理类型。它由许多与层面斜交的纹层构成，纹层之间则彼此平行或近乎平行。斜层理按其纹层面的倾斜方式分为两种：单向斜层理，其纹层大致朝同一方向倾斜，只是倾角不同而已，这种斜层理主要出现在河流和冰水湖小三角洲堆积中，由单向流体作用而成；多向斜层理，其纹层朝不同方向倾斜，由双向或多向性流体作用形成，例如波浪形成的海滩与沿岸堆积，以及沙丘堆积等。

斜层理按其成因可分为：沙波斜层理，是河流中的沙波顺流移动时，沙波不断被改造，使其基部的纹层得以保存，上部的纹层通常都被侵蚀掉。这样在顺流剖面中形成向下游稳定倾斜的、平板状或楔状斜层理。图3-66是流成沙波斜层理。这种斜层理同底面的交角小，层理面向上凹、纹层下部富集粗粒物质。海岸带浅水波作往复运动，潮汐环境中的潮流也具有往复运动的特性，使沙波的前进运动被它的反向运动复杂化，形成鱼骨状斜层理（图3-67）。

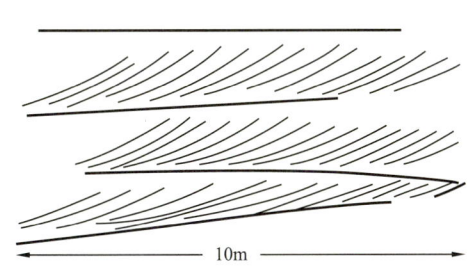

图3-66 河流沙波斜层理（剖面平行水流方向）

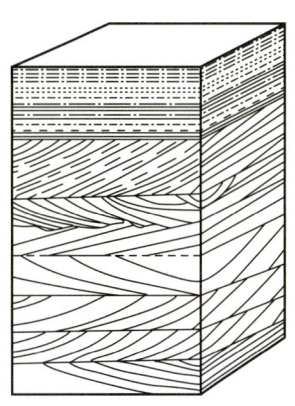

图3-67 鱼骨状斜层理

6）交错层理

这是河槽蚀积作用形成的层理。由于河流流速变化大，河槽位置不固定。当河槽位置移动时，在原来的河槽中充填大致与槽底平行的向斜状纹层。后来这些纹层局部又被蚀去，形成新的沟槽、尔后复被充填。久之，在重直水流方向的剖面中形成向斜状的交错层理（图3-68）。

图3-68 河槽蚀积交错层理（剖面垂直水流方向）

在风力作用下，沙丘沙不断往背风坡上堆积，形成风成沙丘斜层理，倾角为30°～34°。斜交层多呈平板状或楔状，很少见槽状。在有大量的沙以悬浮状态搬运的地方，背风坡的基部坡度渐变平缓，而与下底面相切。

7）平行层理

这是一种高流态的层理类型，它们是由海岸带的激浪流沿滩面沉积而成。激浪流的特点是水层薄、流速快。滩面上无法形成沙波，只能沿滩面形成平行的沙层。平行层理的纹层面都向海倾斜，其倾角略有变化（图3-69），这是不同季节的波浪作用强度差别造成的。冬季时，波浪作用强度大，滩面的平行纹层倾角增大；夏季时，波浪作用强度减弱，滩面的平行纹层倾角减小。发育平行层理的海滩沙往往是海滨沙矿最富集的沉积类型。

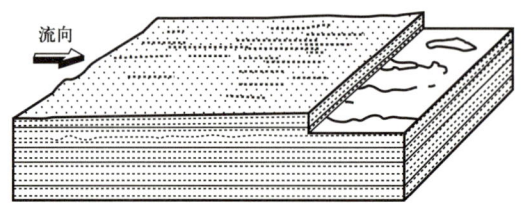

图3-69 平行层理及剥离线理形成的立体图

8）波状层理

无论是水流或波浪形成的沙波，当它们一面向前移动，一面又向上堆叠时，形成叠覆的波状层理。这要求有丰富的沙源补给，特别是当悬浮质比较多时，沙波才能向上堆叠。按波顶的相对位置，叠覆波状层理有两种：波顶重叠型与波顶迁移型（图3-70）。

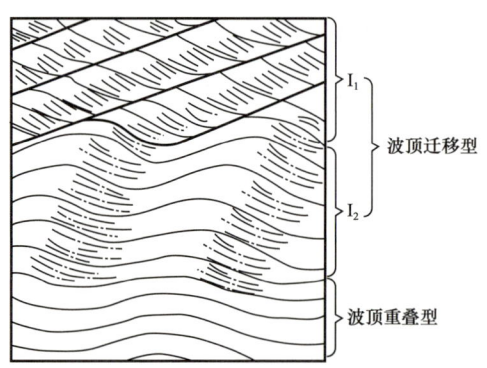

图3-70 波状层理的两种类型

当水流速度增加或水深变小时，重叠型波状层理向迁移型转变。迁移型波状层理的上游坡的保存程度不同，这主要取决于悬移质与推移质的比例关系。当悬移质/推移质减小，即悬移质补给不足时，则沙波的上游坡在它还没来得及被覆盖埋藏时就被侵蚀掉，形成上游坡缺失的迁移型波状层理。如果悬移质更少，则波痕只向前移动而不向上增长，波状层理为一般的沙波斜层理所代替。按上述叠覆波状层理的成因来看，沉积物周期性地快速堆积的环境有利于发育这种层理。沙源不足而改造作用强烈的环境不利于此种层发育。新疆天山北麓的玛纳斯河，每年春季由融雪水带出大量碎屑物，在平原河段的沉积物中，广泛出现此类层理。尤其在曲流的凸岸段更为常见。

波浪作用形成的交错层理：

海面和湖面的表面波也可引起沉积物表面沙纹的迁移，而产生各种交错层理。很多情况下，特别是不对称的波浪形成的沙纹，很难与流水形成的小型交错层理相区别。但波浪交错层理主要是由波浪往复摆动而引起沉积物的迁移，与流水沙纹形成不完全一样。

（1）浪成交错层层系界面不规则，呈波状或呈悬链曲线形（图3-71）。而流水交错层理具有规则的直线形、槽形的界面。浪成交错层理的前积层一般由成组排列的交错纹层组成，因而交错层系具有成群状上叠的特点。

（2）细层还显示人字形构造或尖顶状构造，这种构造虽不常见，但如果存在，可提供浪成的可靠依据。在同一层系内不同的间隔切面内，同时形成的层系往往具有不同的内部构造。其中有些可呈单一的、侵蚀的或复合形态的。

（3）浪成交错层理的层系的轮廓是波浪形（图3-72）。倾斜的前积层，一般穿过谷部，然后重新上升至相邻沙纹的侧翼，有时甚至到达其顶端。

如果波浪摆动过程中由流水的作用叠覆在波浪上，形成叠覆波状交错层理（图3-72）。流水对波浪的形状及床沙形体的内部构造有影响，使波长变长，变弯曲和圆滑，使细层相切到层系底部变平行，槽的形状不明显。

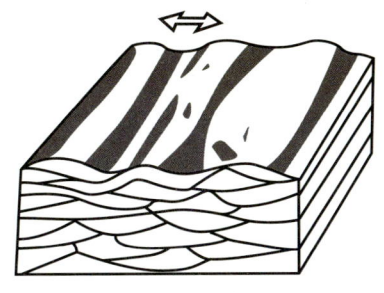

图3-71　浪成波状层理

图3-72　波浪—流水波状层理

9）倒转交错层理

在特殊情况下，前积层的上部出现倒转。这种特征是在载有沉积物的强流流过前积层的顶部时，由拖曳作用造成的。麦基等在水槽实验中曾获得这种构造，他们称为层内伏褶皱（图3-73）。这种构造常见于河流中。

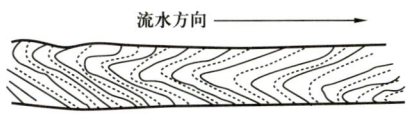

图3-73　倒转交错层理

10）逆行交错层理

流水作用还可以形成逆行沙丘交错层理。逆沙丘是1914年吉尔伯特提出的，是在上部流动环境（$F \geqslant 1$），与水表面波（重力表面水波）同相位的互相作用的条件下，产生一系列波浪状的床沙形态，逆沙丘能够向上游运动，或者向下游运动，或者保持不动。当静波时逆沙丘保持不动，当水表面波振幅大、流速大、表面波增大变得不稳定时，在向上游的方向上产生波浪，从而在向上游一侧有加积作用，而向下游一侧则为侵蚀作用，所以沉积物是向上游方向移动的。逆沙丘的起伏低、坡度平缓、形态上大致对称。当它逆水流方向移动时，可形成交错层（图3-74）。它们通常是凸镜状或楔状的砂质体，厚1~3m，因为迎水坡有加积作用而使逆行沙进行移动，所以形成的细层往往不清楚。并且以相对较缓的角度顺水流或逆水流倾斜，倾角小于1°，与平行层理伴生，并与上下交错层倾斜方向相反。

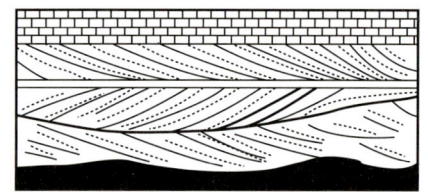

图 3-74 逆沙丘交错层理

11）冲洗交错层理

当波浪向浅水海滩或沙坝方向传播时，由于波浪运动，不仅受到水质点内部摩擦，而且还有与海底的摩擦阻力，使波浪发生变形，水质点运动的轨迹为圆—椭圆—扁平—向岸及离岸的直线，形成往返的冲洗作用。所以在海滩或沙坝中，由于波浪的冲洗作用，形成冲洗交错层理（图3-75）。这种交错层理的特点是：（1）细层成低角度与层系界面接触，一般为2°~10°；（2）相邻的细层倾向、倾角不一致，但主要向海倾斜；（3）粒度分选好，细层可以出现逆粒序，重矿物多；（4）层系之间大多数成侵蚀接触，但也有非侵蚀接触；（5）由于细层的倾角小，侧向延伸较远，而且厚度较稳定，在形态上多属大型楔状或板状交错层理。这种交错层理主要分布于海滩及沿岸沙坝沉积环境中、潮间带的下部。

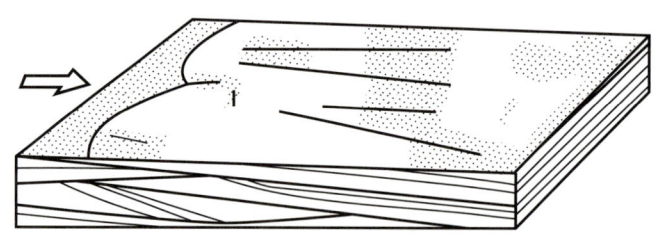

图 3-75 冲洗交错层理立体图

12）丘状交错层理

位于浪基面以下浅海陆棚的沉积物在暴风浪的作用下还可能形成一种丘状交错层理（图3-76）。这种交错层理的特点是：层系界面成平缓的波状起伏，层系的下限有侵蚀，层系与层系底界面平行或近平行，细层的倾向可以变化。

13）脉状层理

当沉积环境中同时具有泥和沙，并且水流的活动期与静止期交替出现时，形成脉状层理（图3-77）。在水流活动时期，沙以沙波状态搬运和堆积，而泥保持悬浮状态。静水时期，泥沉积在沙波谷内或全部覆盖沙波。下一次新来的沙将泥层埋藏起来。因此在脉状层理的剖面中，在波谷与部分波脊上具有保存完整的泥质条脉。

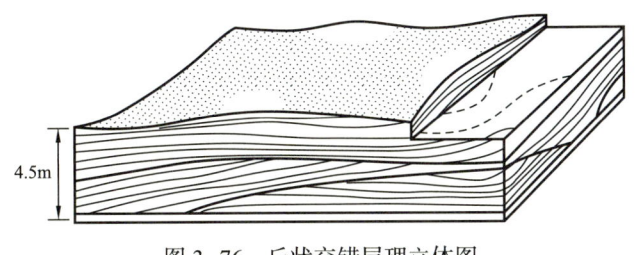

图 3-76　丘状交错层理立体图

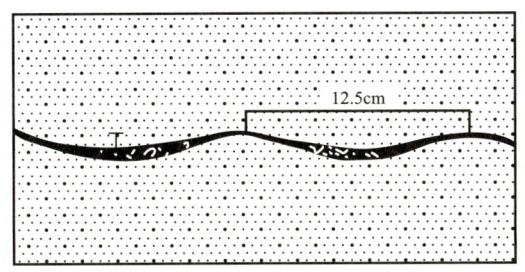

图 3-77　脉状层理

14）透镜状层理

在以泥质堆积为主，而沙的供应不足的环境中，水流或波浪在泥质底层上将沙冲积成单个的沙波。以后的泥质沉积物将该沙波埋藏起来，形成孤立的沙质透镜体（图 3-78），称为透镜状层理。形成脉状层理与透镜状层理的主要环境是潮间带与潮下带，这里涨落潮流与高低潮憩流交替出现，而且兼有粉细沙和淤泥物质的补给。

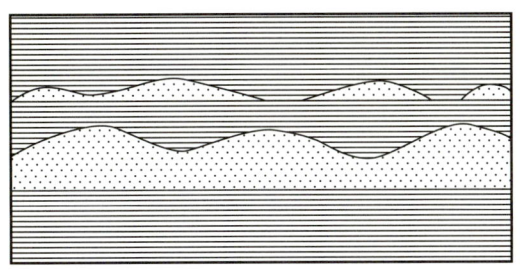

图 3-78　透镜状层理

第五节　矿物特征

根据贴源组分再造古地理的工作，常常借助于矿物学的标志。通过矿物组合和自生矿物类型的分析，可以大致确定物质的来源区、搬运途径和沉积环境，并在此基础上，利用矿物资料进行区域沉积地层划分和对比。

一、矿物组合

沉积物的矿物组合首先取决于来源区的岩石成分,其中包括轻矿物成分和重矿物成分。表3-12是几种母岩的重矿物组合。

表3-12 几种母岩的重矿物组合

母岩		矿物组合
酸性岩	花岗岩	磷灰石、黑云母、锆石、榍石、金红石、板钛矿、角闪石、独居石、白云母、电气石(粉红色变种)
	花岗伟晶岩	锡石、蓝线石、萤石、黄玉、白云母、石榴石、独居石、黑钨矿、磷钇矿、电气石(蓝色变种)
中基性岩 安山岩、玄武岩		辉石、角闪石
超基性岩、橄榄岩		尖晶石、紫苏辉石、橄榄石、铬铁矿、磁铁矿
变质岩	接触变质岩	符山石、矽灰石、红柱石、刚玉、十字石、黝帘石、石榴石
	动力变质岩	蓝晶石、蓝闪石、红柱石、矽线石、十字石、黝帘石、石榴石、绿帘石、榍石
沉积岩		重晶石、金红石、圆化的锆石和电气石、石榴石

地貌工作者正是根据"不同物源区的沉积有其不同的矿物组合"原则来追索物质来源,从而研究海岸带的泥沙流、恢复古河道系统和推断风沙来源。尤其是用重矿物组合来追索古物源。例如河北省南宫县浅层古河道沉积物的重矿(相对密度不小于2.8)组合为黑云母、石榴子石、锆英石及角闪石、辉石。它反映了西部太行山的基岩特征:太古宙的花岗岩、花岗片麻岩与中生代的安山岩,这类基岩产生的碎屑矿物经古漳河搬运至山前平原堆积而成。

在选择海港港址及海港回淤调查中,经常系统地采集近岸海底表层沉积样品,对比其矿物成分,从而确定现代沉积物沿岸移动的方向和范围。以渤海湾为例,为了查清塘沽新港回淤泥沙的来源,系统分析了滦河口至黄河口的近岸沉积物的矿物组合,并与该区三条主要的入海河流:黄河、海河与滦河冲积物的矿物组合进行对比,采用0.05~0.1mm粒级。分析结果表明,歧口河以南为黄河矿物区,特征是石榴石和绿帘石的含量较高;南堡以东为滦河矿物区,其中磁铁矿、钛铁矿和锆英石含量较高;南堡至歧口河为海河矿物区,不稳定的普通角闪石和辉石的含量最高(图3-79)。新港港域中该粒级物质的矿物组合与海河的吻合(表3-13)。可见,黄河口北上的泥沙影响到歧口河附近;滦河口南下的泥沙影响到南堡一带;海河入海泥沙主要在近岸向两侧扩散。港域中该粒级的物质主要来自海河。

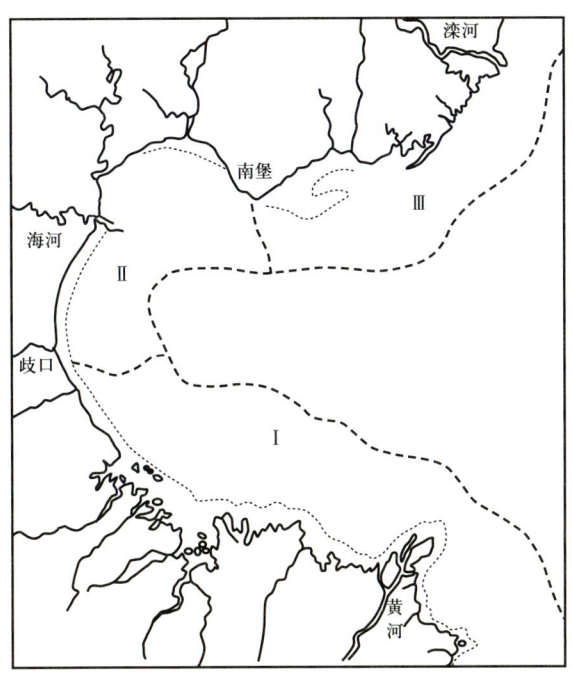

图 3-79 渤海湾地区矿物组合分区图

表 3-13 港域与主要河流矿物平均含量对比表　　　　　　　　　　单位：%

区域	辉石	普通角闪石	绿帘石	石榴石	钛铁矿	磁铁矿	锆石
黄河	3.37	37.87	26.30	7.70	6.69	0.19	1.29
海河	9.45	48.33	16.16	3.33	4.88	1.49	0.35
滦河	6.51	41.57	21.32	5.84	10.72	3.03	2.06
港域	8.50	47.79	19.33	3.15	4.75		

矿物组合还受构造和气候条件的影响，影响的程度取决于矿物的化学性质稳定性（表3-14），湿热气候区的沉积物构造稳定地区经受长期风化的沉积物中，不稳定矿物比较少。干寒气候区或构造运动强烈地区，碎屑物质未经充分风化就被埋起来，沉积物中不稳定矿物比较多。

矿物资料常用于作地层对比。作小层对比时，物质来源对矿物组合起着主要影响作用。如属于同一物源的矿物组合区，则可以用矿物组合类型，甚至个别的标志矿物来对比。矿物组合相似的小层属于同一时间地层单元。如果一个沉积盆地同时接受不同来源的物质，同一时间地层单元的小层可以有完全不同的矿物组合。这时，能否将在不同钻孔中遇到的、矿物组合不同的某个小层划为同一时间层，关键在于找到不同组分之间的混合组合分布区。总之，小层对比是采用物源类比法。

表 3-14 重矿物稳定性表

极稳定的：金红石、锆石、电气石、锐钛矿
稳定的：磷灰石、非铁石榴石、十字石、独居石、黑云母、钛铁矿、磁铁矿
中等稳定的：绿帘石、蓝晶石、铁石榴石、矽线石、榍石、黝帘石
不稳定的：角闪石、阳起石、辉石、透辉石、紫苏辉石、红柱石
极不稳定的：橄榄石

在地质发展历史中，物源只是局部的、易变的因素。用矿物资料对经历地质时期较长的大层作对比时，物源因素降为次要，而应采用气候或构造运动类比法。气候或构造运动对矿物组分的影响主要通过矿物的稳定系数反映出来。稳定系数可以采用石英与长石、重矿稳定组分与重矿不稳定组分的含量比来规定。不同钻孔中，同一大层的矿物成分可以完全不一样，但它们的稳定系数应该相似。气候构造因素对矿物组合的影响在小层中反映不明显，因为小层矿物组合的变化常常"叠加"了物源的影响。

在研究矿物组合时，必须考虑粒度与矿物组分之间的关系。因为动力条件的差异和原始粒度的不同使不同的矿物富集在不同的粒级内（图 3-80）。因此在作矿物组合对比时，最好对全部沙级进行研究，以便排除由于粒度造成的"假变动"。

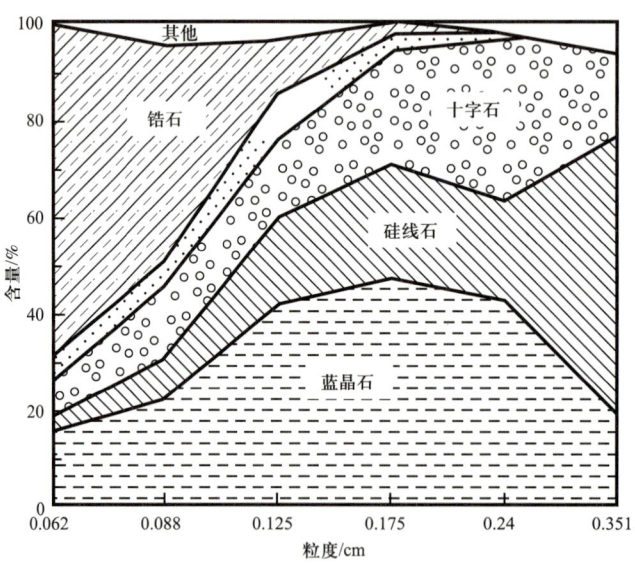

图 3-80 粒度与重矿物频率的关系

二、蒸发盐矿物

石膏（$CaSO_4 \cdot 2H_2O$）与硬石膏（$CaSO_4$）是原生的硫酸钙矿物，通常是在高浓度的卤水中沉淀而成。石膏与硬石膏多形成在炎热而干旱的气候区。这里蒸发强烈而又缺少雨水补给，故能使卤水的浓度加大，直到达到石膏的沉淀点。大规模的石膏沉积往往产生于大型的停滞水体中，如潟湖。这种潟湖的海水通道必须非常窄，才能使卤水保持相当高的浓度，而又不断有海水补给。如果潟湖与外海以沙坝相隔，海水以泉的形式稳定补给，更有利于形成厚层石膏。

现代的石膏绝大部分出现在潮上滩或沙漠干盐湖的渗滤带的孔隙中，形成在潜水面附近。石膏有时也能形成在潜水面以下几米深处。例如海岸带的已基本脱离海水作用的潮上滩，在潜水面附近，由于蒸发作用使卤水浓度加大，可沉淀出石膏。同时，变浓的卤水密度加大，可以下潜。由下潜卤水形成的石膏晶体可以出现在位于潮上滩沉积下部的原潮间滩和海洋沉积中，从而在地层中出现大量蒸发岩矿物与在正常盐度条件下生活的动物群共生的矛盾现象。

石膏失水形成硬石膏，其体积要缩小38%，使沉积物产生"流动"变形。

石盐（NaCl）现在正在一些沙漠干盐湖中形成，它常与石膏、硬石膏共生。与含有石膏和硬石膏的蒸发岩共生的还有沉积硫，因为硫需要氧化度高的矿物作为它的物质来源。此外，硼化物和天然碱是湖泊环境的产物。

三、黏土矿物

黏土是地球表面分布最广泛的一种沉积类型。黏土矿物的研究对于了解其沉积环境具有一定的意义。

1. 黏土矿物与介质条件的关系

絮凝形成的黏土矿物类型与沉积介质的酸碱度有密切关系。硅酸在酸性溶液中析出成凝胶，故作为铝硅酸盐的高岭石常与酸性环境相关。如在河成沙中，高岭石较多，伊利石非常少。蒙皂石常与中性或碱性环境相适应，因为铁、铝等氢氧化物在碱性溶液中析出成胶体。在海成砂岩中，蒙皂石较多，并有大量的伊利石。海中不形成高岭石。如果海洋沉积物中出现高岭石，说明来源区物质是高岭石化的，而且入海后很快被堆积埋藏起来，使高岭石在根本不利的环境里得以保存。通常，高岭石在近海岸处较丰富，离岸较远的海洋沉积物中则以蒙皂石为主。在没有石灰堆积的湖里，一般不利于高岭石形成。盐湖中以蒙皂石、伊利石为主。在沙漠盆地的现代沉积中，由于镁的含量高，常有山软木等纤维状黏土矿物富集。冰川沉积物中的黏土矿物以伊利石为主，常含有相当多的绿泥石类云母，有时有少量高岭石或蒙皂石。在冰川季候泥中，以伊利石为主，但在暗色层中还含有蒙皂石，浅色层中则没有。

2. 黏土矿物与母岩的关系

黏土矿物主要是母岩风化的产物。大多数蒙皂石是火山灰成因的，基性火成岩（辉绿岩、玄武岩、橄榄岩、辉长岩等）在碱性环境中风化也常常产生蒙皂石；酸性火成岩（花岗岩、花岗闪长岩等）的风化黏土中则以伊利石、高岭石为主。蛭石常是黑云母风化的产物。伊利石是云母向蒙皂石或蛭石过渡的中间矿物。

3. 黏土矿物与气候的关系

黏土矿物在沉积环境研究中的最主要作用是提供有关气候的资料。既然黏土矿物主要是风化产物，黏土矿物类型必然与决定风化作用强度和性质的气候条件密切相关。高岭石是低纬度的黏土矿物。在气候炎热、雨水丰富的热带、亚热带地区的红土中，高岭石与同族的埃洛石非常富集。因此热带河流及其注入大洋的地区，沉积物中高岭石的含量很高。温带地区的灰化土发育，其中有大量伊利石。故温带沉积物中，伊利石占优势。干旱区的黏土矿物则以蒙皂石、贝得石，以及山软木等纤维状矿物为主。绿泥石只能在化学风化受抑制的地区，如冰川或干旱区才能保存下来，因为绿泥石的水镁石层内的二价铁很容易氧化。

用黏土矿物类型来研究黏土岩的古沉积环境特征，要注意黏土矿物在成岩阶段的变化。实践证明，在中生代以前的沉积岩中，一般都没有蒙皂石，高岭石也很少。这可能由于变质作用使蒙皂石、高岭石向云母类转化，但是高岭石的转化要比蒙皂石缓慢得多，故老地层的黏土矿物中以伊利石为主。图3-81是美国显生宙泥岩黏土矿物含量随时间的变化。由图3-81可见：（1）泥岩中伊利石占优势，其次为膨胀性黏土矿物和高岭石，最少为绿泥石。（2）高岭石和膨胀性黏土矿物的含量，老岩层比新岩层少；伊利石和绿泥石则相反。这种现象的解释可以有多种，但以埋后成岩作用影响的解释为妥。

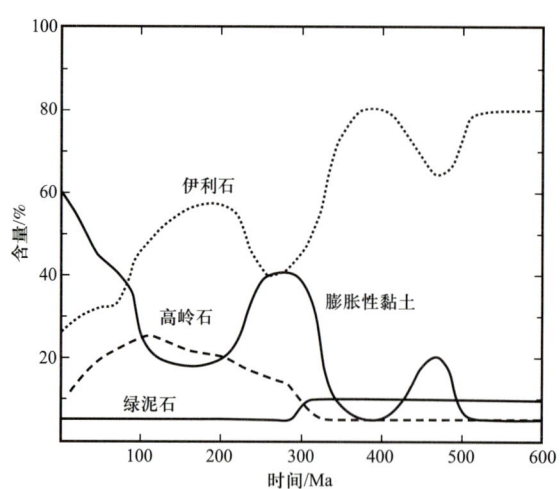

图3-81 显生宙泥岩中主要黏土矿物的含量

黏土矿物类型是工程地质条件评价的重要因素。蒙皂石、多水高岭石与蛭石一类黏土矿物吸附水分子与阳离子的能力强，吸附后能使晶格膨胀好几倍，严重影响工程地基的稳定性。碱金属含量越高的黏土层，产生滑坡的可能性越大。黏土矿物吸附阳离子对土的冻胀作用有影响。当土为多价离子（铁、钙、镁）饱和时，不冻胀土可以转变为冻土；相反，冻胀土为一价离子（钠、钾）饱和时，可以表现出不冻胀性。

第六节 颜色特征

颜色是沉积物最醒目的标志，也是古沉积环境的重要鉴定特征。沉积物的颜色主要受三方面因素的控制：气候沉积环境是导致地层颜色发生区域性变化的主要原因；颜色与分布和物源也有一定的关系。

一、沉积物的原生色和次生色

碎屑颗粒形成时就具有的颜色称为沉积物的原生色。例如石英沙白色，正长石沙呈玫瑰色，石榴石沙呈红色，磁铁矿沙呈黑色等。沉积物的这种颜色是继承了母岩矿物的颜色。此外，原生色还可能在碎屑物的沉积阶段，由于化学沉淀及生物作用形成的新矿物所致。例如由纯净的方解石、白云石组成的石灰岩、岩盐、石膏和高岭土呈白色，含海绿石和鲕绿泥石的沉积物呈绿色和黄绿色。

碎屑物沉积以后形成的颜色称为次生色，它是沉积物成岩作用、生物作用和风化作用的结果。例如沉积物中含有的有机质常以碳氢化合物的形式存在，它能将沉积物染成不同程度的灰色和黑色。铁化合物对沉积物的染色效果主要取决于铁的氧化强度。低价铁的氧化物呈黑灰色和绿色，高价铁的氧化物则呈黄色、绛红色和红色。沉积物中铁化合物的氧化程度比铁的绝对含量对颜色有更大的影响，铁的绝对含量在不同颜色的沉积物中可以近于相同。

除铁的化合物外，锰的氧化物也是强染色剂，它能将沉积物染成黑色或浅蓝紫色。在缺氧环境下形成的沉积物，由于含有黑色的非晶质硫化铁或二硫化铁而呈蓝色或灰色到黑色。

二、影响沉积物颜色的因素

沉积物的颜色主要决定于它的成分。白色是缺乏铁、锰化合物及有机质的沉积物所特有，如石英岩、白垩、石膏、高岭土和纯石英沙等。灰色和黑色主要取决于沉积物中有机质的含量。此外，以细分散状态存在的各种硫化物也能使沉积物呈黑灰色或黑色。含氧化锰的沉积物则呈黑色。红色、褐红色、棕色和黄色通常由高价氧化铁的水化物（如赤铁矿、水针铁矿等）所造成。绿色多半是由于铁的低价氧化物（如海绿石、绿泥石等）所致。碎屑颗粒的绿色是由于角闪石、阳起石、绿泥石、绿帘石与海绿石等绿色矿物存在。蓝色和天蓝色为硬石膏、天青石，其次为石膏和石盐所特有。

影响沉积物颜色的因素，除上述沉积物成分这一主要原因外，沉积物的湿度和粒度也有很大影响。沉积物处于潮湿状态时，颜色便深些，干燥时便浅些。因此在定沉积物的颜色时，第一次应在野外天然湿度的情况下进行，第二次则在干燥状态下进行。观察证明，沉积物的湿度只能改变颜色的饱和度，而不改变颜色的强度。例如沉积物浸湿后可由浅绿色变为暗绿色，而不能将鲜绿色变成浅灰绿色。此外，一般来说，颗粒越细，颜色越深。

三、沉积物颜色与环境的关系

在炎热干燥地区，岩石以机械破碎为主，这样形成的碎屑物的颜色主要取决于母岩矿物的本色。例如酸性火成岩和变质岩的机械风化产物，通常呈浅色，而基性岩和中性岩的风化产物呈深色。

在多雨的热带和温带地区，岩石主要经受化学风化作用。这时岩石中的可溶成分都被带走，剩下氢氧化铝、含水铝硅酸盐、氢氧化铁、石英和其他溶解性较小的物质，它们的颜色从褐色到红色。如果这些溶剩物质与有机质一起被再搬运和再沉积，沉积物会发生氧化铁还原而呈黑色。

在气候经常潮湿的地区，如果排水不良而经常积水，则沉积物中的氧化铁还原成氧化亚铁，或形成黑色的硫化铁。分解不完全的有机质也使沉积物的色调加深。所以这些地区的沉积物多呈灰色或黑色。如果气候条件相同，而排水畅通，则铁的化合物发生氧化而使沉积物染成红色。但是，如果这些沉积物经过再搬运至低洼积水区，与大量有机质结合，又可使铁还原，使沉积物的红色消失，呈现灰色。

在炎热而又干湿季交替出现的地区，岩石以化学风化为主，沉积物呈红色到褐色。这些颜色在沉积物被埋藏后仍能保存下来。这是由于炎热干燥的季节不利于植物生长，沉积物中的有机质不足以将氧化铁还原成氧化亚铁。

在海洋和其他深水盆地中，影响沉积物颜色的主要因素是底部水体的含氧情况，而后者又取决于水体垂直循环状况。河口三角洲及浅海地区的水体循环条件好，含氧量高，加以海洋生物繁盛，因此有机质多被分解，沉积物的颜色主要为灰色或浅绿色。在水体循环条件不好的海湾或潟湖中，由于水中缺氧，有机质没有来得及完全分解就随着碎屑物一起沉积，使沉积物发生还原作用而呈深色。此外，在这种缺氧地区有喜硫细菌生存，形成硫化铁而使沉积物具黑色。

沉积物的颜色可以随着周围环境的改变而多次发生变化。例如红色风化壳的物质经常被搬入湖盆或海盆底部，在还原介质作用下，沉积物由红色变为淡青绿色。沉积物颜色的次生变化常具有局部的特征，往往呈斑点状切过沉积层的层理。因此，分析颜色与层理之间的关系是确定颜色是原生还是次生的重要手段。

第七节　生物特征

自然界生物的种属随着环境条件的演变而不断兴衰、更替。每个地质时期都具有与当时环境条件相适应的特殊的生物群。因此沉积物中的生物化石不仅是确定沉积物年龄的尺度，也是确定古沉积环境的标志。研究生物与环境关系的科学叫生态学。环境可以按影响生物活动的环境因素和生态因素逐级分类。例如首先可以分出陆地环境与水下环境。陆地环境可按气候条件作纬向分带，按地形条件作垂向分带。水下环境根据盐度可进一步分为淡水、半咸水与咸水。海洋环境又因水浑、底质而异。

一、海洋与陆地动物群

海洋与陆地环境均有其特殊的动物群。例如，珊瑚、棘皮动物（海胆、海百合）、头足类、有铰纲腕足类、三叶虫等一般只生活在盐度正常的海盆中；淡化的潟湖盆地中有瓣鳃类（乌蛤）、无铰纲腕足类（海豆芽）、腹足类等。在陆地环境中有两栖类、爬虫类与个别瓣鳃类、腹足类等。这些动物死亡以后留下的遗迹包括：坚硬的碳酸钙或几丁质残体（贝壳、骨骼、牙齿、片等），生物的扰动构造，排泄物，以及有机质。

二、海洋底栖生物

各种动物中以底栖生物最有表征环境的意义。如果底栖生物死亡后，其介壳就地埋藏成为化石，则能提供沉积环境的重要信息。介壳经过搬运后的富集状态可以反映古环境的动力条件。影响底栖生物的最重要的生态因素是底质和动力条件。

各种生物选择不同的底质环境生活。固着生物着生于基岩海岸的岩石表面：如海绵、珊瑚、牡蛎、贻贝、藤壶、滨螺等。软底生物是在沙泥底质的表面爬行——底表生物，如泥螺、直纹螺、玉螺、棘皮动物的海星等；或是穴居底质内——底内生物，如瓣鳃类的蛤、蛏和腕足类的海豆芽与蠕虫等。粉细沙质地区的底栖生物种类和生物量都比粗沙的多。因为粉细沙底质适宜吞食沙泥的底食生物繁殖；粉细沙地区的动力作用弱，底质比较稳定，适宜于穴居生物生存；粉细沙质既有能保证一定的通气条件的孔隙，又有较高的有机质含量，适于底栖生物的发展。

底栖生物群的形成与分布，主要是由底质决定的。底质环境的变化会引起生物群的根本改观。例如在渤海湾南部地区，利用振动活塞取样器采集一系列保存原始构造的柱状样品（图3-82）。在由黄河泥沙供给形成的上、下淤泥层之间普遍有一个贝壳层，贝壳由笋螺、塔螺、猫爪牡蛎、蚶、德氏节孔扇贝和凸镜蛤等组成。这些贝类适宜在透气性较好的沙泥质的浅海区生长，而在目前有大量的黄河淤泥物质供给的情况下它们是无法生存的。参照黄河河道演变的历史，该贝壳层的形成正是1938—1946年黄河在花园口决堤后短期改入黄海，使渤海湾的黄河淤泥沉积间断，贝类繁殖，相应形成贝壳沉积。1946年以后，黄河又重新流入渤海，贝类消失，贝壳层被埋藏，形成了上部淤泥层。由此可以认为：渤海湾南部地区的细粒物质主要由黄河供给；1946年以

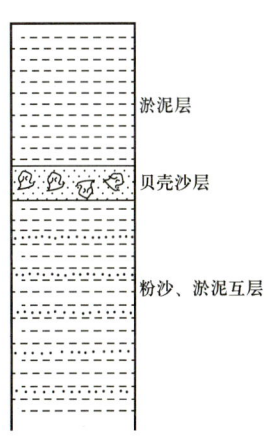

图3-82 渤海湾南部海底沉积剖面

淤泥层

贝壳沙层

粉沙、淤泥互层

来，以每年 7.7～23cm 的速度沉积；黄河入海物质中，一部分由东南向西北方向搬运堆积（图 3-83）。

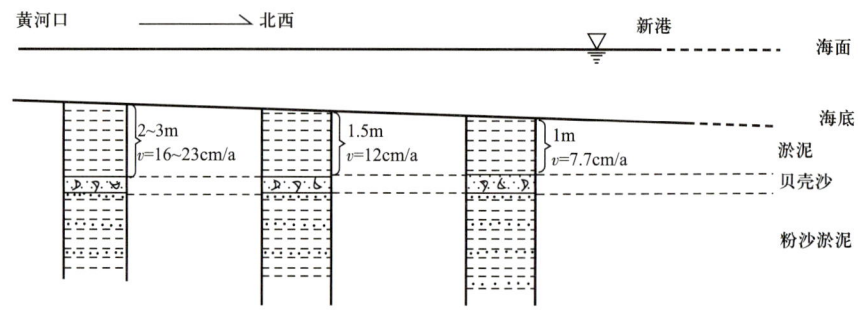

图 3-83　渤海湾南部海底沉积剖面对比

底质的粒径还影响生物量的大小。在潮间带与浅海底，有机质的含量与底质粒径有关。沙泥质海底的有机质含量较丰富，故其生物量一般较沙质海底的大。但底质颗粒过细的静水环境，非常丰富的有机质反而造成缺氧和硫化氢积聚，使底栖生物不能生存。某些封闭或半封闭海（如黑海）的底栖生物贫乏就是这个原因。

波浪作用强烈的沙砾质潮间带，由于底质不稳定，所以生物群贫乏。但是波浪作用更强烈的基岩岬角海岸却能繁殖固着生物。为了适应这种环境，它们形成一些特殊的生态特征。如牡蛎分泌钙质，将介壳固着在基岩上。波浪越是强烈的地方（如胶州湾口的岩岸），牡蛎的个体越大。波浪能改变珊瑚的形态。波浪强烈的地区，珊瑚变得粗短，分枝少。在平静环境中，珊瑚细长，分枝多。这种差异性在珊瑚环礁的外侧和中心很显著。因此，比较珊瑚不同部位的形态，可以推断哪个方向的波浪比较强烈，从而恢复当时的风向和风力。

地层中生物残体的完整程度和分布情况也能反映古环境的动力条件。如在强动力条件下，贝壳被搬运、聚集成贝壳层。它们或者出现在波浪冲刷的海滩上，形成贝壳堤；或者作为蚀余堆积富集在河槽底部。这样富集的贝壳大部分是破碎的，磨圆程度高，且具有一定的分选性。贝壳不是在所有情况下都以贝壳层的形式富集。现代海洋沉积调查表明，波浪作用基面以下的贝壳比较完整，但不富集，往往混杂在沙泥中。贝壳的种类与该地区的底栖生物群一致，属原生的贝壳堆积。波浪破碎的海滩区，贝壳多从别处冲来，其种类混杂，且多破碎，但富集。有时在沼泽沉积中见到贝壳夹层。这是在暴风浪时，激浪的进流将贝壳滩上的贝壳冲到滩后的沼泽层上形成。这种贝壳层的厚度和范围都有限，通常向陆方向延伸几米就尖灭了。贝壳的排列情况可以帮助判断当时的水动力状况。在静水环境中，贝壳凸面向上、向下排列的都有，无一定规律。在动的水中，大部分贝壳呈凸面向上的稳定状态排列。在有往复水流作用的海滩或潮滩上，贝壳凸面排列不稳定，有时还能出现垂直排列的特殊情况。

三、底栖生物的扰动构造

底栖生物在沉积物表面或内部活动时，使原生无机的沉积构造发生破坏和变形的痕迹，统称为生物扰动构造。

1. 表面扰动构造

底表生物在沉积物表面形成的痕迹是多种多样的。它们包括生物在沉积物表面作短暂停留而形成的栖痕（图3-84）和动物爬行时由行动器官留下的栖痕等。表面扰动构造因为沉积物被改造而很少保存下来。

2. 孔穴构造

底栖生物为了寻找食物或保护自己，在沉积物内钻筑孔穴而成的扰动构造称为孔穴构造。它们可以分为两类：（1）钻洞：基岩海岸的软体动物在坚硬岩石（如泥岩）表面钻成洞穴，以抵御强烈波浪的作用和伺机寻食。这种洞通常宽而浅，呈光滑状，与表面垂直或斜交。在岩层中，这种钻洞常被后来的砂质海侵沉积物所填充。（2）潜穴：底内生物在砂泥质松软沉积物中造成的洞穴。潜穴的形式有直线形的简单潜穴、U形潜穴、枝状潜穴等。

一个潜穴构造可以分成核、晕两部分（图3-85）。核部为孔洞本身。洞常被生物排泄物涂刷得比较牢固、光滑。晕部的层理受潜穴的影响而发生变形，向上或向下卷起。潜穴的平面形态则与生物体的形状有关。如海豆芽形成的潜穴呈扁平状，美人虾形成的潜穴呈圆形。

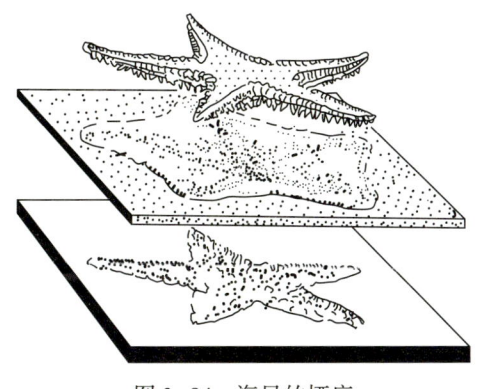

图3-84 海星的栖痕

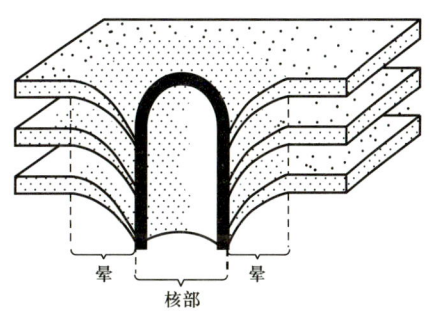

图3-85 潜穴的核和晕

沉积物中的斑状构造也是底栖生物扰动作用的良好标志。例如在泥质沉积物中出现不规则的斑点状分布的沙团，或相反，暗色的泥岩块夹杂在浅色的沙层中。

地层中的生物扰动构造特征可以提供关于沉积速度和方式的有价值的资料。如果地层中频繁出现近表面扰动构造，说明沉积作用比较连续，沉积层面保存较好。相反，如果完全缺失或间隙性缺失近表面扰动构造，并有沉积间断的证据，则说明沉积不连续，沉积后改造频繁，原始沉积面保存得不完整。当沉积速度极慢，或内生物繁殖时，生物扰动作用能使层理完全被破坏。加利福尼亚湾潮间带的原始沉积构造几乎被美人虾破坏殆尽。水平纹层发育极好的泥岩，说明了在当时环境下，底栖生物很少。

底内生物的洞穴位置与沉积物表面保持一定的距离。随着侵蚀和沉积，洞穴位置向上或向下迁移。如双壳类的 Mya 生活在一定深处的底质中。当快速侵蚀时，Mya 向下移，留下了宽的上洞。当迅速堆积时，Mya 向上移，留下宽的下洞（图 3-86）。在快速沉积条件下形成的洞穴几乎是直的，无分支，与沉积物表面近乎垂直。这与缓慢沉积条件下形成的分枝状洞穴成明显对照（图 3-87）。这种快速沉积下形成的洞穴又称逃逸构造。逃逸构造的核部无黏性排泄物涂刷，晕部的沉积层理向下弯曲。

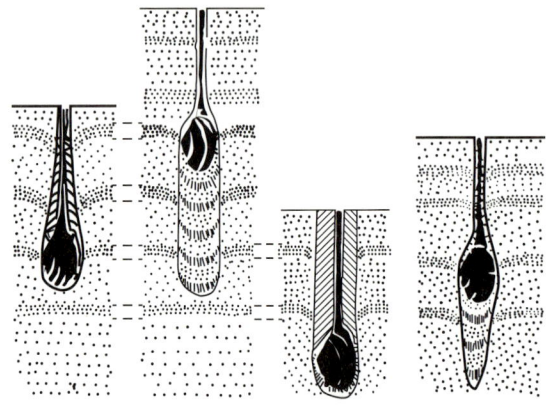

图 3-86　侵蚀和堆积作用下的 Mya 洞穴形状

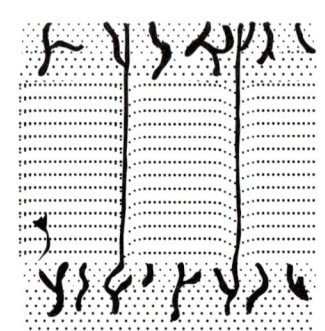

图 3-87　快速沉积条件下的逃逸构造

第八节　植物群落与孢粉

一、植物的生态环境

植物有机体在极大程度上依赖于它们周围的外界条件：气候、地形、土壤等。植物生活的范围相当广，它能够在冬季温度低达 -60℃ 的极北地区生存，也能在土壤表面温度高达 50℃ 的炎热干燥荒漠上生长；既能生长在高山上，也能繁殖在河湖中，甚至生存于海洋的深处。当然，为了适应这些外界条件，不同环境中的植物群落和生态特征是各不相同的。例如我国现代森林植被以木本乔木为主，但北方针叶林带内主要为松科各属（松属、云杉属、落叶松属、冷杉属等），林下多为石松和卷柏。在亚热带的阔叶林带内则以栎科为主，其次为榆科、冬青科等，林下多为蕨类植物。我国沙漠植被的主要成分是旱生盐生的灌木和草本植物，常见藜科各属、菊科中的蒿属，灌木以麻黄科的麻黄属和柽柳科的柽柳属为主，此外尚有少量的禾本科。我国草原植被以草本植物和细小灌木占优势。如草本的禾本科、蒿属、藜科和灌木的麻黄科等。内蒙古和鄂尔多斯的干草原以各种耐寒耐旱的禾本科植物（如针茅草、狐茅草、隐子草）占优势。个别的山丘上有乔木樟子松和灌木鼠李、黄刺玫等。热带海岸有被海水淹灌的灌木丛——红树林。

与动物群一样，植物群也存在着由低级到高级的演化。如中生代的植物群落以裸子植物占优势，蕨类植物次之，被子植物很少。新生代则以被子植物为植物群落的主要成分。因此，植物化石是鉴定地层时代的一种标志。

同一时期的不同环境中，植物生态类型也有各种差异。如高山起伏的森林类型的植被以乔木为主，地势平坦的草原类型植被则以草本植物为主。植物群落在缓慢演变过程中，如果发生造山运动，能使植物群落产生明显的更替；如果构造稳定，植物群落趋于形成。可见，植物群落是反映环境条件和构造特征的重要标志。但与动物群一样，植物化石在地层中保存下来的机会较少，在钻孔中尤易被破坏，这就提出了用孢粉分析来研究生态环境的方向。

二、孢粉分析

孢子和花粉都属于植物的繁殖器官。植物按繁殖器官的性质可分为两大类：（1）用孢子进行繁殖的孢子植物；（2）花粉是雄性繁殖器官的种子植物。当孢子和花粉在植物的孢子囊和花粉囊中成熟之后，经风或水的载运，离开植物体落入沉积物中，成为化石孢子和化石花粉，这就是孢粉分析的对象。植物产生孢子和花粉的数量是非常惊人的，一棵中等的松树每年平均约产三亿五千万粒花粉。孢粉体微小，重量轻，有的花粉还生有适于飞翔的气囊，因此可以扩散到世界的各个角落。加上孢粉的外壁由碳水化合物和近似角质、纤维素的浸胶物质——孢粉素组成，加热到300℃不分解，在高压下不变质，在强酸强碱中不溶化，因此化石孢粉几乎出现在所有沉积地层中，只是数量有多有少而已。

1. 孢粉组合与生态环境

一块样品中所含孢粉的种属，为该样品的孢粉组合。孢粉组合的百分比组成叫孢粉谱。在一定环境条件下，有一定的植物群落，就有相应的孢粉组合。因此孢粉分析的目的是通过恢复古植被来再造古地理环境（气候、地形与构造）。如在某一地层中发现大量木兰树、樟树、山龙眼树及冬青树等亚热带和热带植物的花粉，当时一定是湿热多雨的气候。反之在地层内发现大量麻黄、菊科、藜科的花粉，证明当时是干旱少雨的大陆性气候（图3-88）。地层中有大量针叶树种的花粉，当时必然是崇山峻岭，相反出现大量水生植物的花粉时，当时的环境必然是湖泊、河流或沼泽。这种孢粉组合的变化出现在地层剖面中时，就能看出当时的气候演变和构造变动。

由于孢粉能传播得很远，不同地区的孢粉互相干扰，单凭孢粉组合资料只能勾画出古环境的大致面目。如在一个地层中同时出现平原区的乔木、山区的裸子植物、湖滨水生草本植物和林下湿地的草本蕨类植物的花粉（图3-89），说明当时环境中既有山地，也有平原和湖泊。如果详细统计各种属孢粉的百分含量，作出孢粉谱，找出其中的优势种属，则能更准确地反映古生态环境。

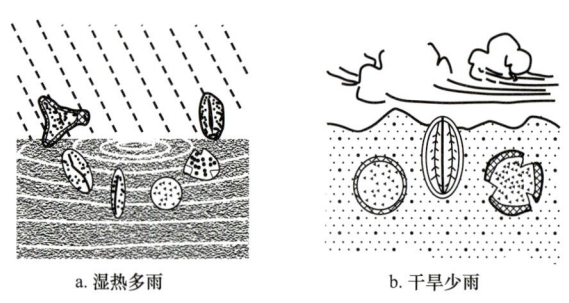

a. 湿热多雨　　　　　　b. 干旱少雨

图 3-88　两种不同气候条件下的花粉

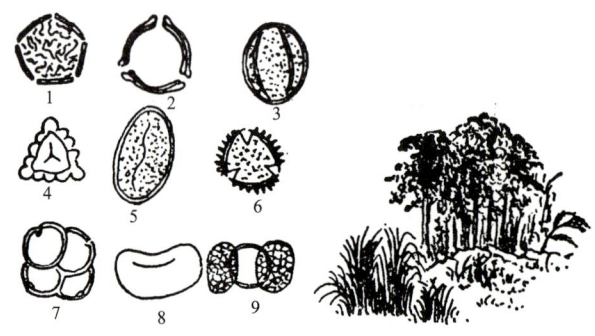

图 3-89　孢子花粉组合与植物景观

2. 孢粉散布性与地层对比

松属、栎属和桦属等花粉能作远距离飞翔（几十千米至几千千米），因此这类孢粉适于作大区域地层对比，不宜作小区对比。落叶松、冷杉、草本植物的花粉和蕨类植物的孢子的飞翔距离很短，只能作近距离剖面的对比。水生植物的孢子花粉只能借助水力在同一盆地内传播，故只能用于对比同一盆地的沉积。

第九节　环境物理—化学特征

一、环境温度特征

1. 古生态标志

现代生物的纬度分带性说明了温度对现代生物地理分布的严格控制作用。研究某地质时期的古生物，对于判断当时的环境温度是非常重要的。

生物按适应温度能力的不同而分为广温性生物（适应温度范围广）与狭温性生物（适应温度范围窄）。后者常常是古温度的标志。例如海藻的不同种属生存于不同的水温条件下，Sargasnen 为热带及部分亚热带所特有；Furus 主要发育于极地地区；微粒状灰藻生长于温暖及热带地区；硅藻多发育于寒冷地带。云母蛤（Portlandiaaretica）在温度高于 4℃的水域是找不到的；造礁珊瑚只能在热带地区大量生长，在冬季温度低于 21℃的地方就不会出现。图 3-90 是利用珊瑚礁的发育情况推测气候的一个例子。

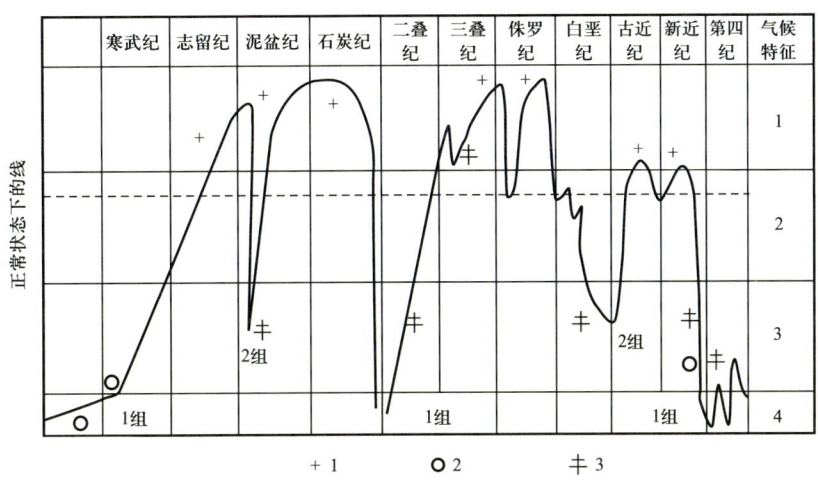

图 3-90　地球历史中的温度变化曲线及珊瑚的发展和消亡的时刻标志

即使广温性生物，每个种也都有一个最适生长的温度。在这种温度下，生物生长得最快。例如牡蛎（Ortrea）最适生长温度是 15～20℃。热带海洋中有巨大的珊瑚礁和巨大的贝壳，是因为钙在较高温度下要比低温下更容易沉淀。深海动物的壳和骨骼不发达与低温有关。

从生物的种属组成来看，随着温度降低，种属的数目减少，但每个种属的生物量却很大。例如对温度反应非常灵敏的水生动物披囊亚门，在热带地区有 563 个种，北极为 61 个种，而南极仅 36 个种。热带的远海有孔虫达 20 个种，而冷水中仅有 1～2 个种。因此在大范围内，化石种属数目的变化也可以反映出当时温度的变化。

2. 化学标志

用化石介壳的碳酸钙中的氧稳定同位素比值 $^{18}O/^{16}O$ 来测定地质时代的古水温度，是一种行之有效的方法。原理简述如下：

水体能溶解少量 CO_2，形成碳酸（H_2CO_3）。碳酸虽然是弱酸、电离系数（K）很小，但仍然能离解出 CO_3^{2-}：

$$H_2CO_3 \rightleftharpoons H^+ + HCO_3^- \qquad K_1 = 4.5 \times 10^{-7} \qquad (3-11)$$

$$HCO_3^- \rightleftharpoons H^+ + CO_3^{2-} \qquad K_2 = 4.8 \times 10^{-11} \qquad (3-12)$$

CO_3^{2-} 与水中的 Ca^{2+} 结合形成碳酸钙：

$$Ca^{2+} + CO_3^{2-} \rightleftharpoons CaCO_3 \downarrow \qquad (3-13)$$

因此生物介壳中的碳酸盐来自水中的 CO_3^{2-}。

海水中的氧的三个稳定同位素 O^{16}、O^{17}、O^{18} 分别以 99.763%、0.0372%、0.1989% 的比例存在。海洋贝壳或生成的 $CaCO_3$ 沉淀中的 CO_3^{2-} 与水之间存在着氧同位素交换反应，在缓慢生成的条件下达到以下平衡：

$$\frac{1}{3}C^{16}O_3^{2-} + H_2^{18}O = \frac{1}{3}C^{18}O_3^{2-} + H_2^{16}O \tag{3-14}$$

描述这一反应的平衡状况的系数 K 叫平衡系数：

$$K = \frac{[H_2^{16}O][C^{18}O_3^{2-}]^{1/3}}{[H_2^{18}O][C^{16}O_3^{2-}]^{1/3}} = \frac{(^{18}O/^{16}O)_{CO_3^{2-}}}{(^{18}O/^{16}O)_{H_2O}} \tag{3-15}$$

K 是温度 T 的函数，例如 $K_{0℃}=1.0220$，$K_{25℃}=1.0176$。

由于海洋或河流的水量总要比水体中沉淀的碳酸钙量大得多，因此在上述交换反应中，对大量的水体（如淡水、海水）来说，沉淀前后其 $(^{18}O/^{16}O)_{H_2O}$ 可以看成不变，因此 $(^{18}O/^{16}O)_{CO_3^{2-}}$ 只与 K 有关，它是温度的函数。

在实验室中，将性质与海水相似的水体加热，测出不同温度下稳定形成的 $CaCO_3$ 中的 $^{18}O/^{16}O$，并算出 K 值。这样可以作出海水的 K—T 关系曲线。淡水的 $^{18}O/^{16}O$ 比海水的氧同位素小，同样方法可以作出淡水的 K—T 关系曲线。如果已知一个介壳样品是在古海洋环境中形成的，并假定古海水的 $(^{18}O/^{16}O)_{H_2O}$ 的值与现代是一致的，则通过样品中 $(^{18}O/^{16}O)_{CO_3^{2-}}$ 测定，算出 K 值，就可以在海水 K—T 关系曲线上查得温度值，它代表了该样品形成时的古温度。

还有的用沉积碳的同位素比值 $\frac{^{13}C}{^{12}C}$ 来测定古环境温度的。用化石介壳中的锶（Sr）与镁（Mg）分析来推测上新世到更新世的海水温度，均取得了一定效果。因为这些元素进入生物介壳中的量随温度而变化，例如贻贝壳中的含锶量随温度升高而下降。

二、古盐度特征

盆地水介质的盐度与水域外形、淡水注入量和蒸发量等因素有关。现代大洋的平均盐度为 35‰；半封闭的水盆地的盐度变化很大，可由淡水（如波罗的海北部）到 46.5‰（红海）；封闭的水盆地的盐度差异更显著，如里海的盐度在 13‰左右，而凯达克海湾东部竟可达 50‰以上。

古水盆的盐度状况可以用古生态、沉积学与地球化学等方法推断。

1. 古生态标志

生物按其对盐度变化的忍受能力分为狭盐性生物与广盐性生物。典型的狭盐性生物是盐度的指示生物。例如棘皮动物、头足类、三叶虫、珊瑚、有铰纲腕足类、放射虫、笔石等是正常盐度的海洋生物。在河口的淡化海水中，鳃类、腹足类、无铰纲腕足类、蠕虫类等广盐性生物较多，而且形态变异很显著。在封闭海湾的咸化海水中，也只有腹足类、甲壳类、蠕虫类及某些藻类等广盐性生物，形态与正常盐度的也不一样。

含盐度的变化对生物的种数、个体的数量、大小、形态及构造有很大影响。在盐度最适宜时，生物种的数量增加；而当盆地水淡化或咸化时，种数就减少（表3-15），但是各个种的个体数量却增加。盐分增加时，有时能使生物个体变小。

表3-15 各生物种的数量随含盐度的变化

地点	含盐度	海绵类	水螅类	红海葵	棘皮动物	苔藓动物	腹足纲	瓣鳃类	海洋鱼类	淡水鱼类
卡特加特	30‰	25	48	16	36	65	85	28	?	—
基尔海峡	↓	13	15	4	6	17	17	23	75	—
波罗的海	↓	?	1	—	?	1	3	6	40	6
波的尼亚湾	2‰	2	1	—	—	1	1	4	23	20

2. 沉积标志

在淡水盆地、海水盆地、半咸水盆地和高矿化度水盆地中，含盐度的差异对自生矿物组合的影响，只表现为数量上的差别。

潮湿地区的现代和第四纪淡水盆中，碳酸钙的含量低，或者完全不含碳酸钙；完全不含镁和钙；铁和锰大量积聚；主要矿物是菱铁矿，组成砂岩和粉砂岩的胶结物或菱铁矿结核，还有蓝铁矿。铁的硫化物不发育。

在中、低纬度的潮流沉积中，碳酸盐类增多；完全不形成铁矿和锰矿；随着盐度增加，形成由方解石—白云石—天青石—石膏—岩盐—镁盐组成的自生矿物系列；黏土矿物种类极多，但是以伊利石为主。

干燥地区高矿化度的湖盆中，碳酸盐类沉积作用明显，形成大量的白云岩（碳酸镁型湖和苏打湖）和水菱镁岩；铁以硫化物形式沉积下来；黏土矿物以伊利石和蒙皂石为主。只有在很少情况下，自生矿物才能成为古盐度的主要标志。例如海绿石和磷块岩同时出现时，是海相成因的可靠标志。大量蓝铁矿与高岭石共生是淡水盆地或低盐度盆地的标志。菱镁矿和白云岩共生是干燥地区高矿化度的沉积标志。

3. 地球化学标志

地球化学的方法对于推测古盐度和判别海相与陆相地层，有着广阔的远景。随着现代环境地球化学特征研究的深入，已经发现一系列能反映环境条件，特别是沉积介质水化学特征的元素，例如硼含量、沉积磷酸盐、氯溴比等。

海水中硼的含量为0.2~9.8μg/g，淡水中硼的含量为0.15~1μg/g。而且现代海相沉积物的硼含量也比陆相相应沉积物的高。海相沉积物中硼的分布规律是从河口三角洲沉积到深海平原沉积，含量增高。原因可能有二：（1）外海水体的盐度比河口的大；（2）河流入海的泥沙，粗的堆积在三角洲附近，细的黏土物质被搬运到外海堆积。正是这种粒径小于0.001mm的黏土，对硼有强烈吸附作用，特别是伊利石。伊利石是一种含硼矿物，它的含量与介质盐度成正比（表3-16）。

表3-16 不同环境中伊利石的含硼量

沉积条件	伊利石中含硼量 /%
强淡化的三角洲沉积	0.0133~0.0210
弱淡化的滨岸浅海沉积	
正常盐度的海湾、远海沉积	0.0205~0.0216
高盐度的干旱区潟湖沉积	0.0307~0.0353
弱卤化沉积	0.0505~0.0530
蒸发岩	>0.0530

可见，沉积物的含硼量除受环境盐度的影响而变化外，还与粒度、矿物成分等有关。一般来说，沉积物总体的含硼量低于50μg/g时，此样品大概是淡水成因的；而当含量在50μg/g以上时，可能是海洋环境的。

在泥质沉积物中都含有一定数量的沉积成因的磷酸盐，其中磷酸钙与磷酸铁的含量及其相对值同盐度密切相关。河、湖相淡水沉积物中的磷酸盐主要是磷酸铁，海相沉积中的磷酸盐几乎全是钙盐。利用沉积磷酸盐法把沉积物中的磷酸钙与磷酸铁进行分离，求其含量的比值，可以反映沉积水体的盐度。表3-17是用沉积磷酸盐法对十个已知环境的现代沉积和全新世沉积样品分析的结果。

表3-17 沉积磷酸盐法对已知环境沉积样品分析结果

样品采集地	沉积环境	样品性质	磷酸盐中的含磷量		
			$FePO_4$中磷的含量/(μg/g)	$Ca_3(PO_4)_2$中磷的含量/(μg/g)	Ca/Fe
东海（浙江近岸）	海相，盐度约31.5‰	现代表层沉积	0.61	16.56	27.1
黄海（西南部）	海相，盐度约32‰	现代表层沉积	1.09	16.05	14.7
黄海（西南部）	海相，盐度约32‰	现代表层沉积	1.64	11.50	7.0
黄海（西南部）	海相，盐度约32‰	现代表层沉积	0.88	9.15	10.4
渤海（大港潮间带）	海相，盐度约32‰	现代表层沉积	0.90	14.32	15.9

续表

样品采集地	沉积环境	样品性质	磷酸盐中的含磷量		
			$FePO_4$中磷的含量/（μg/g）	$Ca_3(PO_4)_2$中磷的含量/（μg/g）	Ca/Fe
西湖（湖滨钻孔）	海相	全新世岩心，19m深	4.09	16.42	4.0
西湖（湖滨钻孔）	潟湖—海湾相	全新世岩心，4m深	2.79	8.73	3.1
太湖（东部近岸）	湖相，淡水	现代表层沉积	2.00	7.80	3.9
巢湖（湖心）	湖相，淡水	现代表层沉积	3.47	5.53	1.6
鄱阳湖	湖相，淡水	现代表层沉积	3.30	1.25	0.4

由表3-17可见，磷酸铁的含磷量在海相沉积中很低，在陆相和过渡相的潟湖—海湾环境中偏高。磷酸钙中的含磷量在海相和过渡相中偏高，在陆相环境中较低。尤其是两者的比值，海洋的环境显著地大于陆相与过渡相。

根据黏土矿物所吸附的盐基元素来确定沉积盆地的盐度，是近几年发展起来的方法。它根据盐基离子的交换吸附容量（单位：毫克当量/100g）与$\dfrac{Na^{+}+K^{+}}{Ca^{2+}+Mg^{2+}}$的比值来推断盐度，效果较好。

除硼以外，还可以利用沉积物中其他一些元素（如氯离子、硫离子等）的含量来计算盐度，或者用某两种元素含量的比值来确定盐度。例如海水的氯溴比极为稳定，等于293；淡水的氯溴比为24.0～27.6。

三、氧化—还原电位与酸碱度特征

1. 盆地的气态类型及其矿物和古生态标志

溶液的氧化或还原作用的强度决定于水中所含溶解氧的量，用溶液的氧化—还原电位（单位为V或mV）表示。

沉积盆地根据其氧化—还原条件可分为气态正常的含氧盆地和气态反常的硫化氢盆地。在氧化环境中，多铁和锰的氧化物（赤铁矿和软锰矿），淤泥沉积中多掘洞动物的活动痕迹。弱氧化环境生成海绿石和绿泥石，弱还原环境则以菱铁矿和菱锰矿为特征。在水体缺乏垂直交换而使底部缺氧的硫化氢盆地中，多铁和锰的硫化物（黄铁矿和硫锰矿），完全没有大底栖动物，只有浮游生物。因此当沉积物中含有丰富的硫化铁，缺乏底栖动物及其活动痕迹，但有大量残余有机质时，可以肯定该沉积环境是缺氧的。这时的硫化铁以大量的黄铁矿或菱铁矿的小晶体形式出现在层面上。如果黄铁矿和菱铁矿均匀地分布在岩层中，或者横贯岩层的层理时，不能作为氧化—还原电位的标志。

2. 介质酸碱度的黏土矿物和沉积元素标志

介质的酸碱度（pH值）是胶体沉积的必要条件。实验查明，当pH值为4.8～5.0或4.5～5.2时，SiO_2和Al_2O_3胶体最易相互中和，生成高岭石。在pH值为其他数值时，即使正负胶体的数量相等，也难发生中和沉积。因此，高岭石是弱酸性沉积环境的指示性矿物，蒙皂石是碱性环境生成的黏土矿物。

介质的pH值对大部分真溶液组分的沉积作用也有显著的影响。有些组分（如SiO_2）的溶解度与pH值成正比，有些（如$CaCO_3$）则成反比（图3-91）。常见的金属氢氧化物及其他化合物从真溶液中沉淀时的pH值见表3-18。由表3-18所列数值可见，三价铁在pH值大于2时开始沉淀。也就是说，当水溶液呈强酸性（pH值小于2）时，铁才能在溶液中稳定地被搬运。二价铁沉淀时所需要的pH值比三价铁高，它在pH值为5.5～7（弱酸性至中性）时才开始沉淀。因此Fe^{2+}比Fe^{3+}易于搬运。由于元素沉淀所要求的酸碱度条件不同，因此可以根据沉积物中所出现的元素来推测沉积时的pH值大小。

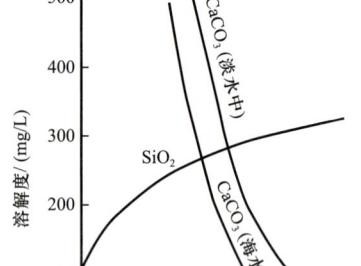

图3-91 二氧化硅和碳酸钙的溶解度与介质pH值的关系

表3-18 常见金属氢氧化物及其他化合物沉积时的pH值

氢氧化物	pH值	化合物	pH值
Fe^{3+}	2	$CaHPO_4$	<5.5
Al^{3+}	4～10	$AlHPO_4$	<3.5 或 >10
Fe^{2+}	5.5	$FeHPO_4$	<2.5
Cu^{2+}	5.3		
Pb^{2+}	6.0		
Ni^{2+}	6.7		
Mn^+	8.7		
Mg^{2+}	10.5		

在沉积环境中，中性、酸性、碱性介质的形成与气候条件关系密切。图3-92是苏联境内各类土壤表层的pH值与年温度和降雨量的关系。pH值与年温度成正比，与年降雨量成反比。可见，酸碱度也是反映沉积物形成时的古气候条件的一种标志。有学者曾利用这种关系探讨过西藏昆仑山口地区冻土上限近百年来的变动幅度。冻土上限总是季节融化层的隔水层，使可溶性盐类在淋溶作用下富集在界面处。化学元素的聚散和分布反映了沉积物形成时的古地理环境和形成后的环境变化过程，而土壤中的pH值与气候条件

又有着密切关系。以昆仑山口某钻孔为例，该孔深 12m，经分层采样，并用化学法、酸度计法和原子吸收光谱法测定土壤水溶性盐（Cl^-、SO_4^{2-}、Ca^{2+}）的含量、土壤 pH 值和风干样品的重量。分析结果表明，Si、Al_2O_3、Fe_2O_3、CaO、MgO 和 MnO 等含量都不小于 10%，微量元素的含量基本无变化，说明该孔地层的沉积条件和物质来源比较稳定。pH 值由上到下都在 8 左右，说明气候变化不大，处于荒漠—半荒漠气候的碱性氧化环境，降雨量在 200mm 左右。可溶性的 Cl^-、SO_4^{2-}、Ca^{2+} 富集在 1.8～2.1m 深处，这种规律性还见于该区其他钻孔中，与该区现代冻土上限在 2m 深度处的结论是一致的。钙离子的富集程度与气候条件有一定的相关性，它随气候温湿而降低，干冷而增大。如在某钻孔中发现六个草皮层，每个草皮层反映了某个时期较稳定的古地面，相应地应有一个较稳定的古冻土上限，在该深度上有富集的钙离子。钙离子的富集量是古气候的干湿、冷热程度的标志，见表 3-19。

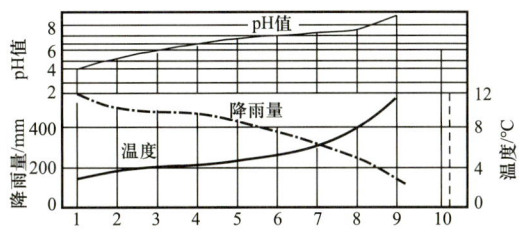

图 3-92 苏联各类土壤表层的 pH 值与年温度和降雨量的关系

表 3-19 Ca^{2+} 富集量与温（湿）度的关系

草皮层深度 /m	Ca^{2+} 富集深度 /m	Ca^{2+} 富集量 /%	相对深度 /m	温度（湿度）变化示意曲线 1° 2° 3° 4°
0	2.10	1.03	2.10	
1.30	2.90	1.49	1.60	
1.85	3.70	1.23	1.85	
2.65	4.25	1.37	1.60	
3.50	5.40	0.98	1.90	
4.20	6.70	0.79	2.50	
7.00	8.60	1.46	1.60	
8.60	9.60	1.58	1.00	

第四章　冲积扇比较沉积学

冲积扇是山地河流出山后形成的一种扇形沉积体。它们是地球外动力（气候条件）和内动力（构造条件）共同作用的产物。冲积扇主要分布在干旱气候区，河流经常泛滥，辫状河发育，具有近源河流沉积的基本特征，如岩性粗，以沙砾质的河床亚相为主；分选和磨圆差；发育不同厚度的岩性正韵律层；多递变层理等。对此，有人又称之为洪积扇。

冲积扇往往成群地分布在山麓地带，形成巨大的带状或裙边状冲积扇群和山麓沉积体系。冲积扇在资源开发工程中是一种重要的沉积类型。分布在内陆盆地边缘的现代冲积扇常常是山麓地区主要的地下水储集体。冲积扇沉积长期以来被国内外沉积学家所忽视。这一方面是由于冲积扇是洪流粗碎屑沉积的产物，建立环境条件与沉积特征之间的联系比较困难，使冲积扇沉积的研究程度比较浅。另一方面是对冲积扇沉积矿藏的开发意义认识不足。如果说，美英等国的油气田主要因为海相生油，对远离海盆的冲积扇地层不够重视尚情有可原的话，我国主要为陆相生油，含油气盆地的规模大多比较小，冲积扇地层离盆地中心的生油凹陷都比较近，又受益于盆地边缘断裂构造的遮挡，具有良好的油气圈闭条件，所以冲积扇储层应该引起我国沉积学界的重视。

第一节　现代冲积扇沉积

现代冲积扇在我国西北地区广泛分布。冲积扇的所有径向剖面都呈下凹形，剖面坡度从扇顶向扇缘减小。但是大多数冲积扇的径向剖面并不是一条光滑的曲线，通常由三条直线段组成，分别构成冲积扇的三个地貌带：扇头（扇上带）、扇中（扇中带）和扇尾（扇下带）。扇头的坡度较大，可达 $10°\sim20°$。扇中的坡度小于 $10°$。扇尾坡度小，一般为 $1°\sim2°$。冲积扇的横剖面呈上凸形，凸起的顶部为扇轴的位置，两侧是扇缘或扇间洼地（图 4-1）。

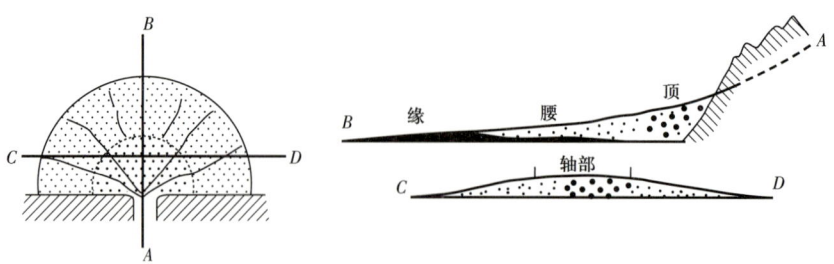

图 4-1　冲积扇平面图与纵剖面图、横剖面图

一、冲积扇沉积的一般特征

1. 沉积厚度

单个冲积扇堆积体的沉积厚度有一定的分布规律。冲积扇沉积厚度的纵向变化主要受山地构造活动的控制。如在半地堑盆地或不对称地堑盆地中,发育单一深断裂的盆地一侧,由于强烈的断裂活动,扇头附近迅速接受山地河流的碎屑物质,沉积厚度很大,可达几百米。由于冲积扇的碎屑物粗,渗透性强,扇面径流向下游逐渐减弱,挟沙能力降低,冲积扇的沉积厚度由扇顶向扇缘逐渐减薄,呈透镜状。盆地另一侧的斜坡带或阶梯状断裂带,扇顶附近的沉积厚度最小,向盆地方向逐渐加厚,呈楔形。这两种冲积扇沉积厚度的纵向分布模式见于山西地堑盆地,以及新疆准噶尔盆地南缘和西北缘的现代冲积扇中。

冲积扇沉积厚度的横向变化主要受扇面河流作用特性所决定。山地河流进入盆地后,河流碎屑物在扇面河床中迅速堆积下来,使床面不断抬高,导致流水河床改道。这种河流改道过程在冲积扇上频繁发生,如果不受地形阻挡,河流可以在180°的冲积扇范围内来回迁移,形成放射状水系和锥状堆积体。因此在横剖面上,冲积扇轴部的沉积厚度最大,向两侧减小。

2. 粒度成分

冲积扇沉积是一种近源沉积类型,颗粒粗,分选差,通常以沙和砾石为主,也可以有巨大的漂砾和极细的粉沙、黏土,粒级范围极广。各种碎屑成分的级配关系都能反映冲积扇沉积物的动力学特征。因此在采集冲积扇沉积物的粒度分析样品时,不能只采砾石,而要包括各个粒级。例如在研究新疆天山北麓托托河冲积扇沉积物时,每个粒度样品采集2~5kg,在野外先用大于0.1mm的标准筛分级和称重,将剩下的小于0.1mm的样品带回实验室用水析法分析。然后将粒度分析资料绘制成粒度频率曲线和正态概率累计曲线。冲积扇沉积物的粒度频率曲线都是多众数的,粒度正态概率累计曲线多呈平缓的多段型(图4-2)。其中,悬移组分占2%~3%,跃移组分占8%~9%,推移组分占89%。

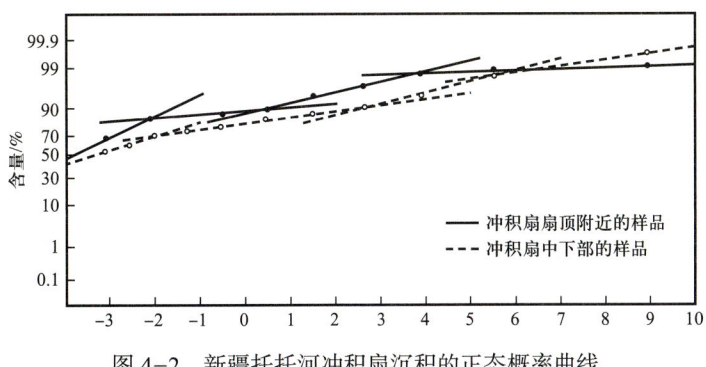

图4-2 新疆托托河冲积扇沉积的正态概率曲线

托托河冲积扇沉积的动力机制属于洪流性质的快速洪流堆积,洪流作用使沉积物兼有推移、跃移和悬移组分,而快速堆积过程使沉积物分选极差;曲线形态极为平缓。沉积物以推移和跃移为主,两者百分含量占绝对优势。跃移组分的粗截点粒径和细截点粒径都较粗,分别为粗沙—细沙和中粉沙—极细沙,推移组分又以中—细砾为界分成两部分。采自扇顶附近的样品,其截点粒径都比冲积扇中下部的样品粗,说明从扇顶到扇缘,洪流力量明显减弱。

3. 粒径平面分布

冲积扇沉积物特征与沉积环境的关系,在砾石粒径的三维空间分布中表现最为明显。由于冲积扇砾石的粒径差别很大,所以砾石粒径的统计宜采用样方法。它在任意圈定的一块样方(如 $1 \times 1 m^2$ 或 $0.5 \times 0.5 m^2$)中,测量其中一定数量(100 块或 200 块)的最大砾石的 b 轴长度,然后计算出该点的砾石平均粒径。再按一定的间距布置样方,可以得出砾石平均粒径在空间中的分布规律。

砾石平均粒径在冲积扇平面上的分布有明显的规律,它主要反映扇面水流作用的特点。由于扇面水流呈放射状分布,水流作用强度由扇顶向扇缘逐渐减弱,砾石平均粒径的等值线围绕扇顶呈同心圆弧状分布,并从扇顶向扇缘逐渐减小。在上述新疆托托河冲积扇的现代河槽中,每隔 600m 布置一个面积为 $1m^2$ 的样方,在其中选取 50 块最大的砾石,测量其 b 轴长度作为砾石的粒径,然后求出各个样方的平均粒径。若以样方与扇顶的距离为横坐标,样方的平均粒径为纵坐标,绘制扇面河槽平均粒径纵向变化曲线(图 4-3),平均粒径由扇顶向扇缘逐渐减小。

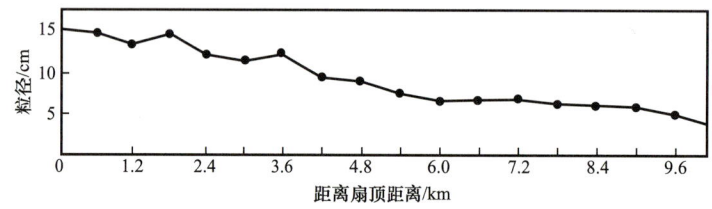

图 4-3 托托河冲积扇河槽最大砾石平均粒径变化曲线

给这条曲线拟合一条最佳的直线,它的回归方程为

$$Y=15.4-1.15X \tag{4-1}$$

式中:Y 为 50 块最大砾石的平均粒径;X 为样方与扇顶的距离;系数 15.4(a)为扇顶砾石的平均粒径;系数 1.15(b)反映了砾石粒径纵向变化的速率,Y 与 X 呈负相关。系数 a 与 b 是冲积扇发育的环境指标。不同性质的冲积扇,扇面河槽平均粒径的线性回归方程,其系数 a 与 b 各不相同。若能大量收集和统计各种地质和地理条件下的冲积扇河槽砾石平均粒径纵向变化拟合直线的回归系数,找出这些系数与环境条件之间的内在联系,将有益于古冲积扇沉积模式的鉴定。

4. C—M 图形

冲积扇的洪流沉积韵律常常具有正递变的特征。细粒的基质存在于整个递变层中，而由下往上，粗碎屑物逐渐减少，粗碎屑物的粒径逐渐变小。若在此正递变层中由下往上密集采样，通过粒度分析，统计每个样品的中值粒径（M 值）和第一百分位数粒径（C 值），并在双对数纸上点绘 C—M 值，由此得到的 C—M 图形呈与 $C=M$ 的基线大致平行的宽带（图 4-4）。在理想化的正递变层中，每一点的 $C=M$，其宽带中线应与 $C=M$ 基线重合。但是实际上任何沉积物的 M 值总是小于 C 值，因此冲积扇正递变层的 C—M 图形都是偏离于基线的左侧。宽带中线与 $C=M$ 基线的距离反映洪流沉积物分选的程度，取决于沉积物的搬运方式。泥石流沉积的分选差，其 C—M 宽带远离基线；水石流沉积物的分选较好，C—M 宽带靠近基线。

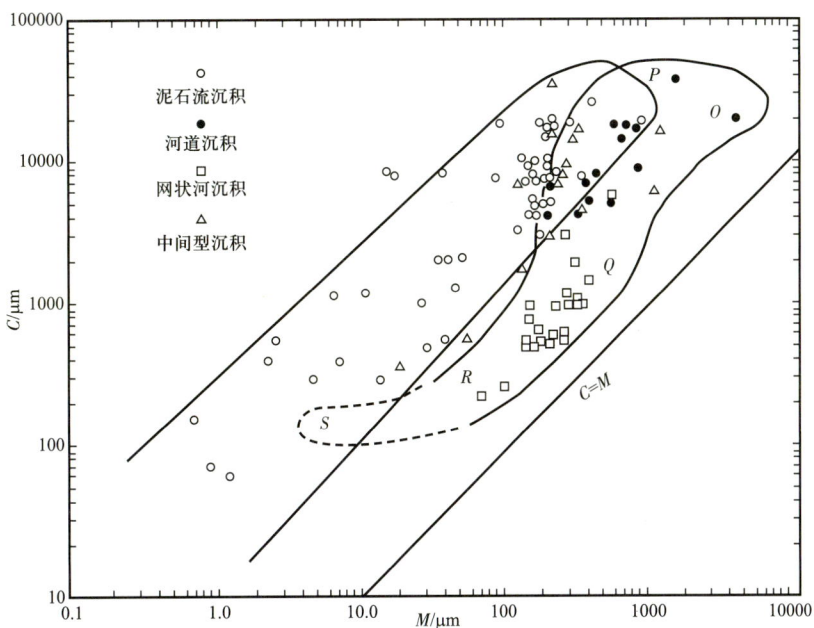

图 4-4 美国加利福尼亚州弗雷兹诺群西部冲积扇沉积的 C—M 图（据 W.B.Bull，1972）

该冲积扇沉积物特征在 C—M 图上表现为重力流模式（图 4-4）。其沉积类型包括：泥石流沉积、河道沉积、漫流沉积及筛积物四类。

筛积物是冲积扇沉积所特有的，主要出现在扇根和扇中。筛积物是一种呈舌状的砾石沉积，分选中等到较好，砾石之间可充填有沙，成岩前孔隙中泥质及粉沙质基质较少，呈"筛状"，与砾石同时沉积的泥沙已被稍后期的洪水带走。

冲积扇沉积物成层性不明显或较明显，垂向上粗细频繁交替，层间界面不明显。层理发育差或具块状层理，是无分选的沙砾层，有时可见大型交错层理、平行层理及递变层理。局部还可见流水波痕、干裂、雨痕、流痕等，冲蚀充填构造常见。

冲积扇的古流向呈辐射状。其垂向沉积层序常是推进型粒度向上变粗的序列，也可以是后退型向上变细的序列或者具不明显规律性的特点。

5. 韵律与旋回

1）韵律

在冲积扇沉积的垂直剖面中，砾石平均粒径具有不同尺度的变化周期，反映出冲积扇沉积的韵律和旋回特征。如新疆天山北麓的精河县托托河冲积扇上，发育一条深切冲积扇的河槽，粒径测量是在20多米高的河槽剖面中进行的。为了使测量工作能包括不同尺度的变化周期，样方分布密度分为两种，一种是垂向平均每隔8cm布置一个样方，测量其中50块最大砾石的b轴，并求取平均值。另一种样方垂向间距为50cm。从砾石平均粒径的垂向分布来看（图4-5），砾石粒径由下往上逐渐变小，主要是洪水正韵律层，它们是冲积扇沉积的最基本的地层单元。砾石正韵律层的最小变化尺度为20~30cm，它们在剖面中重复出现，反映了洪流作用短周期变化的性质。这里还存在砾石粒径变化尺度为3~4m的复合韵律层，反映了洪流作用较长周期变化的特征，是冲积扇向盆地方向超覆沉积和向山地方向退覆沉积的结果。

在冲积扇的不同沉积部位，沉积韵律的类型各不相同。扇根相的岩性粗，以砾石为主，砾石粒径可达1m；岩性混杂，分选差，无明显层理。扇中相以沙砾质沉积为主，发育交错层理。扇端相以沙质沉积为主，分选较好，发育槽状交错层理。

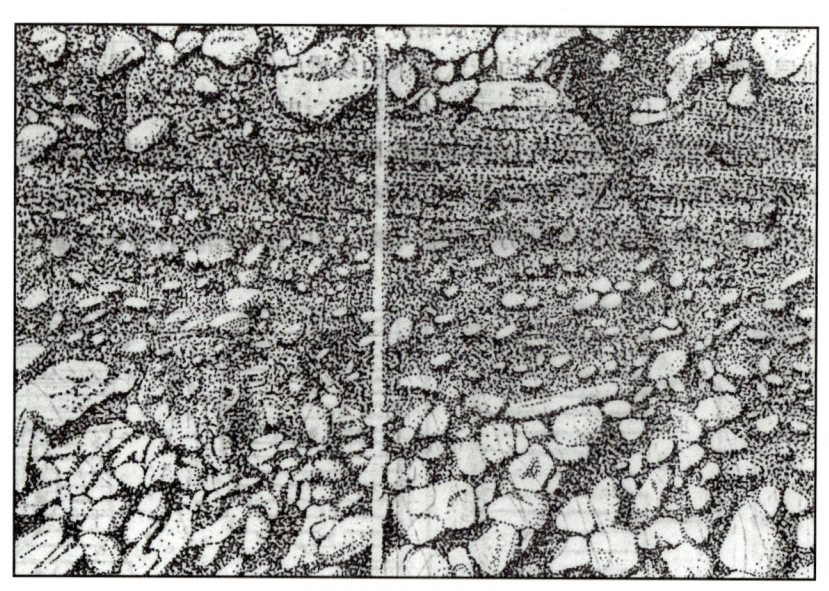

中间为钢卷尺，长度50cm

图4-5 托托河冲积扇洪水韵律层

2）旋回

冲积扇沉积的粒径垂向变化还存在盆地边缘构造活动影响的烙印，而且变化尺度越大，盆地边缘构造的影响越明显。R.J.斯蒂尔等（1977）认为当盆地边缘发生快速断裂作用时，冲积扇沉积向盆地方向推进，使扇头亚相、扇中亚相和扇尾亚相依次叠置起来，构成一个向上变粗的反旋回层。当盆地边缘构造趋于稳定时，冲积扇又重新回到平衡状态，再一次形成细粒沉积物，在反旋回层之上接一个向上变细的正旋回层（图4-6）。在托托河冲积扇剖面的18m测量范围内，砾石平均粒径由底部的2cm到顶部变为20cm，这正是构造活动形成的反旋回层。

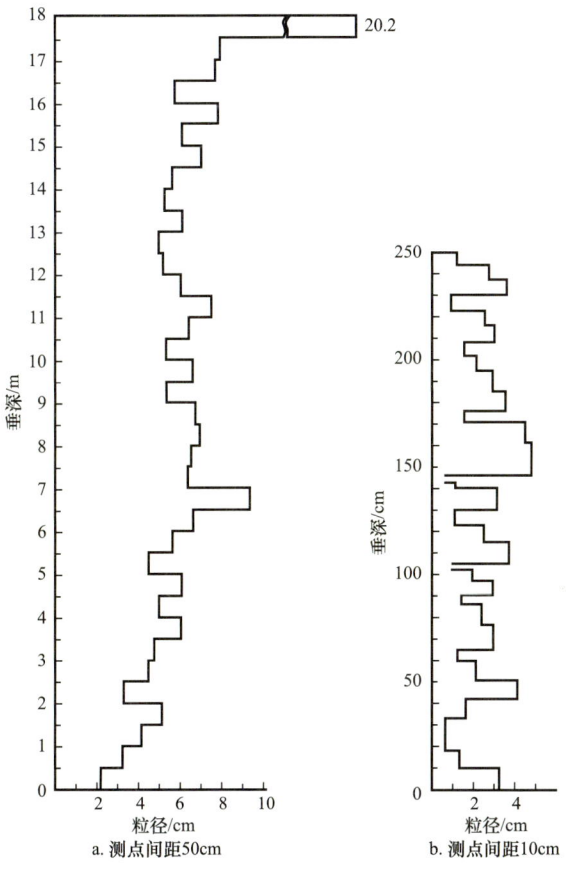

图4-6　托托河冲积扇砾石粒径垂向变化

6. 沉积构造

在冲积扇沉积地层中最常见到的沉积构造是由间歇性洪流作用形成的块状层和递变层。块状层是未经分选的混杂沉积物，它们经常分布在冲积扇的扇头区。由山地河流出山后，流速迅速变化的洪流快速堆积而成，主要由大小混杂且无定向排列的砾石组成，砾石多呈颗粒支撑。块状层也常常出现在泥流和黏性泥石流沉积物中，砾石多呈悬浮状，为杂基支撑。递变层主要分布在扇中区。在洪流退落过程中，砾石由大而小相继堆积下来，形成正递变层。托托河冲积扇上的正递变层厚度约50cm，相当于一次洪水的沉积韵律层。正递变层也出现在稀性泥石流沉积区。在稀性泥石流中，砾石呈悬浮状态，不同大小的砾石在悬移过程中发生差异沉降，大的砾石因沉降快而集中在底部，小的砾石悬浮在上部。当稀性泥石流停积下来后，形成悬浮递变层，砾石呈杂基支撑或颗粒支撑。在扇中区的正递变层上部，还经常形成局部的沙质透镜体，其中发育交错层理或平行层理，它们是在洪水退落过程中，沙粒沿床底移动堆积的产物。顶部偶尔有薄层的黏土，它们是洪水退落以后，河道积水洼地中的悬浮沉积物。薄黏土层沉积后暴露于气下，常干裂成卷曲的黏土皮。这种黏土层大多被后来的洪流冲刷掉，形成切割—充填构造。扇尾区的沉积物主要是分选比较好的沙层和含砾沙层，发育不明显的交错层理和平行层理。沙层中经常夹有块状的或发育水平纹理的粉沙层和黏土层，在沙—泥层的界面上见有冲刷—充填构造、变形构造和暴露构造。

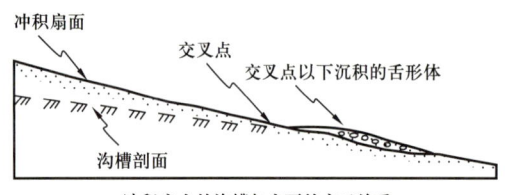

a. 冲积扇上的沟槽与扇面的交叉关系

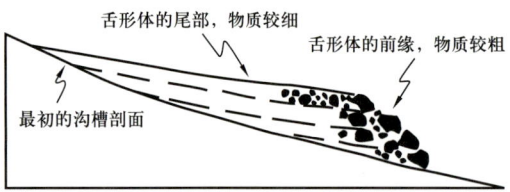

b. 冲积扇上筛滤体的纵剖面

c. 岩心中的筛滤体

d. 砾质筛滤体

图 4-7 筛滤沉积

7. 筛滤沉积

如果山地岩性比较坚硬（如石英岩），出山河流带来的物质很粗，且多棱角，孔隙大，极少含粉沙和黏土，这样，每次洪水不到扇缘就都渗入地下了，故形成透水的、呈舌状叠覆的砾石堆积体（图 4-7）。这种舌形筛滤体由砾石组成，既不含细粒物质，也没有在泥石流中常见的大漂砾。它能像筛子一样将洪水中的粗粒物质拦截下来，而让水渗走。典型的舌形筛滤体尾巴很短，坡度小于冲积扇的平均坡度。筛滤体的分布位置取决于洪水流量的大小。流量大的水流顺扇流得较远，舌形筛滤体分布得也越远。反之，小水流形成的舌形筛滤体经常分布在扇顶附近，而且常被后来的较大水流改造。

8. 胶结类型

冲积扇沉积的胶结类型主要有两种，一种是泥质胶结，另一种为钙质胶结，它们与物源区的基岩岩性有密切关系。上游有石灰岩地层的冲积扇中常常有钙质胶结的沙砾石层，如北京南口震旦系雾迷山组石灰岩区的现代冲积扇沉积剖面中，见到1～3层钙质胶结砾石层。它们分布在不同的沉积深度上，构成冲积扇中地下水的局部隔水层。在石灰岩山区，大气降水溶解空气中的少量

CO_2，形成弱酸 H_2CO_3，降到地表后渗入石灰岩地层中。在温度低、压力大的石灰岩地层中，碳酸主要溶解碳酸钙，形成可溶的碳酸氢钙，随地下水流动。富含碳酸氢钙的地下水流入冲积扇的砾石层中，由于环境条件变化，地层温度升高，压力减小，CO_2 的溶解度降低，水中的碳酸氢钙分解，碳酸钙发生沉淀。因此冲积扇地层的钙质胶结是发生在冲积扇碎屑沉积以后，是地下水中的碳酸钙沉淀而成，是一种次生沉积作用。由于冲积扇的砾石层是地下水的主要含水层，因此碳酸钙的胶结作用主要发生在砾石层中。随着冲积扇中地下水位的变动，这种钙质砾石层可以在不同深度处多次出现，构成地下水的局部隔水层。山区若有众多的千枚岩、片岩、板岩、页岩等变质岩，它们能给相邻的冲积扇提供大量的粉沙和黏土，使冲积扇的沙砾碎屑被泥质胶结，甚至形成杂基支撑结构。

二、山西代县盆地冲积扇沉积的构造模式与地下水富集规律

在世界上的许多地方，第四纪的冲积扇沉积物是重要的地下水储层。地下水的富集状态与冲积扇沉积的构造模式有着密切的关系。在自然界经常可以看到两种地貌特征截然不同的冲积扇。一种冲积扇的扇面比较平坦，由扇顶向扇缘的径向比降小，冲积扇的半径也比较小，这种冲积扇上游的山地河流往往下切得很深，河流出山后进入平缓的冲积扇面，这种扇面河流的河床很浅，汛期的洪水很容易越岸泛滥，使河流改道，河道频繁发生侧向迁移，在冲积扇上形成放射状的水系。另一种冲积扇的上游山地河流下切得比较浅，河流出山后，冲刷老的冲积扇沉积物，切入冲积扇，形成单一的深切河槽（图4-8）。

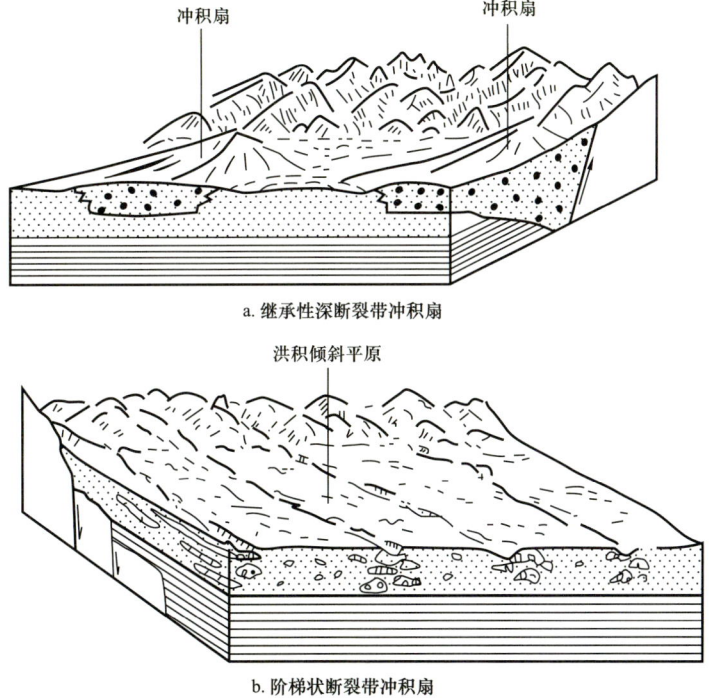

图 4-8 继承性深断裂带冲积扇与阶梯状断裂带冲积扇沉积模式

这两种冲积扇分布在滹沱河流经的代县盆地两侧的山地边缘。恒山南麓为单一深切河道的冲积扇，沉积宽度大；五台山北麓发育放射状水系的冲积扇，宽度窄。这两种冲积扇水系的侵蚀基面都是滹沱河河面（图4-9）。根据河流地貌的理论，河流发生下切还是堆积，取决于侵蚀基准面（河流注入的海面、湖面或河面）状况，侵蚀基准面长期处于相对稳定的条件下，河流纵剖面趋于均衡，这时对每个河段来说，上游来的冲积物与该段水流将冲积物搬走的能力相当，河流既不侵蚀也不堆积。若侵蚀基准面抬升，河流从河口起发生溯源堆积，使河流纵剖面变缓。若侵蚀基准面下降，河流近河口段的比降加大，水流搬运能力增强，河流发生下切。这种下切作用不断溯源进行，使河流纵剖面的比降加大。

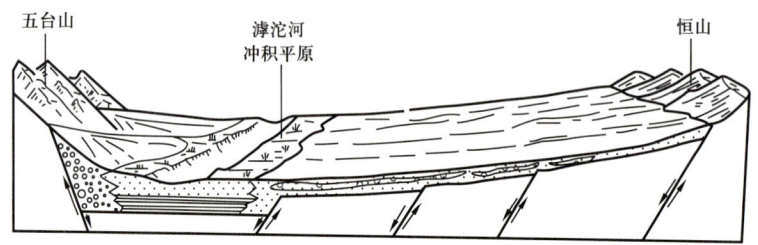

图4-9　代县盆地基底构造、地貌类型与沉积岩相示意图

对于代县盆地两侧的冲积扇河流来说，它们的侵蚀基准面都是滹沱河河面，又为何南、北冲积扇河流出现堆积和下切的差异呢？

1. 构造模式

盆地基底构造的活动性质会影响冲积扇沉积过程。为了查清盆地的基底构造，对代县盆地开展了地面电法勘探，用电测深法测量基岩顶板的埋藏深度。测得的视电阻率曲线为三层结构的QH型（图4-10），$\rho_2<\rho_1<\rho_3$。其中顶层为冲积扇相的砂砾岩，电阻率值在100Ω·m。中层为河湖相的沙泥，电阻率值仅为20~25Ω·m。底层为太古宇片麻岩，电阻率值在1000Ω·m以上。因此，基岩顶板是非常明显的电性界面，若计算电反射系数K：

$$K = \left[\frac{(\rho_s)_n}{(\rho_s)_{n-1}} - 1\right] \div \left[\frac{\left(\frac{AB}{2}\right)_n}{\left(\frac{AB}{2}\right)_{n-1}} - 1\right] \quad (4-2)$$

其中$(AB/2)_n$和$(\rho_s)_n$分别为第n个极距点的极距和在该极距点上测得的视电阻率。显然，根据QH型电测深曲线的特性，基岩顶板附近的电反射系数$K=0$，电测深曲线下降段$[(A)_n<(B)_n]$的$K<0$，曲线上升段$[(A)_n>(B)_n]$的$K>0$。在代县盆地中，共布置了五条电测深剖面，其中两条为纵剖面，顺盆地轴向分别布置在滹沱河的南、北两侧，以期穿过预测的北西向、北北西向等横贯盆地的断裂（图4-11和图4-12）。

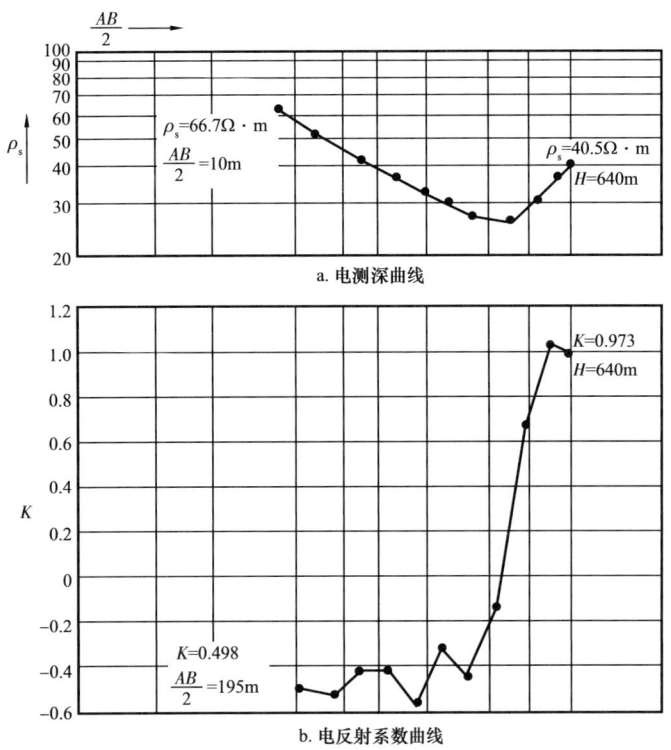

图 4-10 代县盆地 QH 型大极距电测深曲线电反射系数曲线

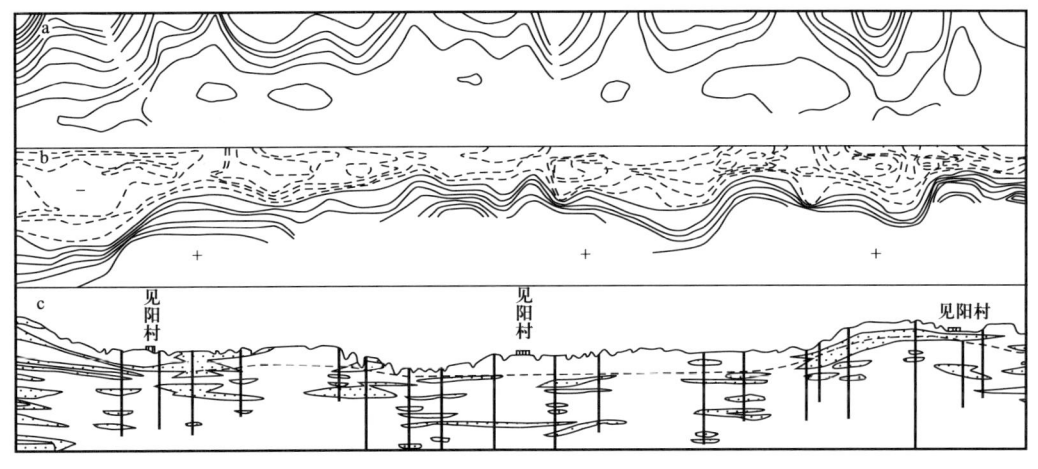

图 4-11 五台山北麓纵断面图
a. 视电阻率（ρ_s）等值线图；b. 电反射系数（K）等值线图；c. 沉积断面图

另外三条是横剖面，分别布置在盆地的上、中、下游，以便控制北东向的主干断裂。五条剖面总长 111km，测点 117 个，点距 1km 左右。算出电测深剖面上的所有 K 值，绘制成 K 等值断面图（图 4-11 至图 4-13）。图上的 K 零值线相当于基底起伏面，K 正值区为基岩，K 负值区为新生代松散沉积。五台山前的南冲积扇，基底面向盆地方向急剧降落，直至 2000 多米的盆地沉降中心。造成这种基底形态的原因是盆地南侧发育一条继承性的深断裂，即五台山断裂，属于高角度的正断层。断层下盘的五台山岩体强烈抬升，作为断层上盘的南冲积扇下伏基底大幅度地整体陷落，堆积了巨厚的新生代沉积，总厚度达1000多米。北冲积扇的基底则呈波状缓缓地向盆地中心倾伏，这是由于盆地北侧发育一系列平行的轴向断裂，即恒山断阶带，将基底分割成阶梯状。因此，从控制盆地长轴走向的纵断裂的差异性来看，代县盆地是个不对称的地堑盆地。

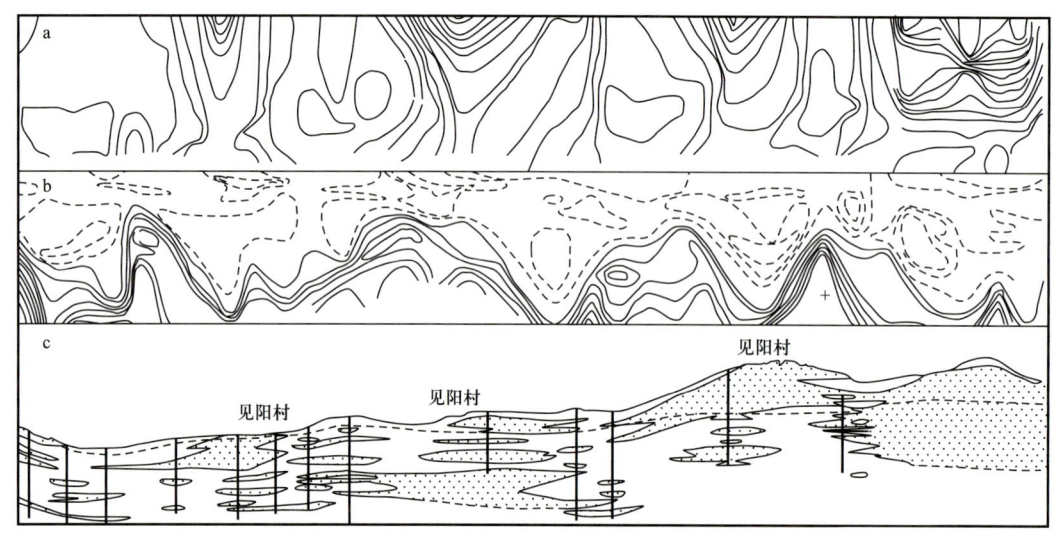

图 4-12　恒山南麓纵断面图
a.视电阻率（ρ_s）等值线图；b.电反射系数（K）等值线图；c.沉积断面图

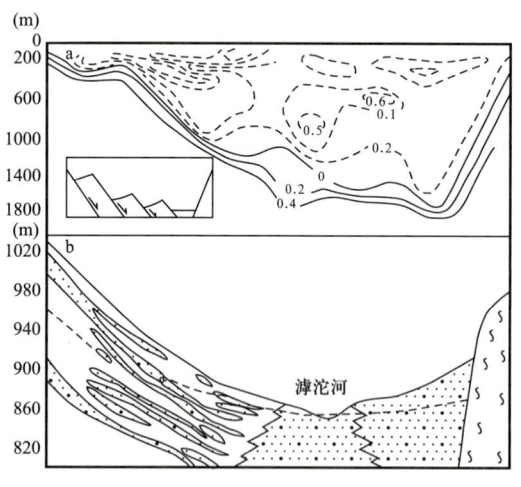

图 4-13　代县盆地横断面图
a.电反射系数（K）等值线图；b.沉积断面图

2. 沉积模式与地下水分布规律

代县盆地南部的单一深断裂，一侧是强烈抬升的山地，河流下切能力强，将大量粗碎屑物冲出山外。另一侧是持续断陷的沉降区，山地河流带出的碎屑物在这里迅速堆积，因此扇面河流浅而缓。随着河道淤高，水流不断往低处改道，侧向迁移频繁，形成遍布整个扇面的放射状水系。盆地北侧的阶梯状断裂带，由于冲积扇沉积的下伏基岩发生不均匀断陷，河流切入冲积扇形成深槽，切割深度由扇顶向扇缘减小。冲积扇的扇面坡度大，河槽沉积物比较细。

冲积扇上的河流大多为洪水性的辫状河流，它们的沉积物粗，分选差，层理不太发育。冲积扇上的辫状河包括两种沉积类型：槽洪亚相和漫洪亚相。槽洪亚相又叫古河道沉积，发育在辫状河道中，这里是主要的泄洪通道，沉积物粗，以含沙的砾石为主，有少量粉沙和泥，呈透镜状堆积体。这里地下水水量丰富。漫洪亚相是一种洪水泛滥沉积，由片状水流沉积而成，沉积物比较细，沙砾中含较多的粉沙和泥，呈席状堆积体。在以上两种冲积扇中，槽洪亚相和漫洪亚相的组合关系截然不同。五台山前的冲积扇中，漫洪沉积分布在槽洪沉积的两侧，随着频繁的河道侧向迁移，槽洪与漫洪亚相均匀地散布在整个冲积扇堆积体中，形成一个孔隙度和渗透率空间分布比较均匀的巨大的块状沙砾体，物性非均质性弱。恒山前的冲积扇上，槽洪沉积只分布在深切的河槽中，形成一条大致沿扇轴分布的槽洪亚相带，其中主要沉积沙砾，分选较好，孔隙度和渗透率较高。当洪水在交叉点以下越出河槽，沿扇面散流，流速降低，形成席状的漫洪亚相，沉积物细，含粉沙、泥多，孔隙度和渗透率低。随着盆地基底构造的发展，河槽下切作用向盆地中部延伸，老的漫洪沉积被遗留在槽洪带的两侧，形成漫洪沉积区。因此，恒山山前冲积扇的沉积物中有明显的高孔隙度—渗透率带和相对低孔隙度—渗透率区，冲积扇堆积体的非均质性强。

根据井深为150m左右的大量机井钻孔资料统计，五台山前单一深断裂带冲积扇的含水层比较厚，平均为32.4m（表4-1）。恒山断阶带冲积扇的含水层比较薄，平均为22.6m。五台山前冲积扇含水层的空间分布比较均匀，地下水的水力坡度较小，平均为6‰～8‰；等水位线的分布形式与冲积扇表面的地形等高线类似，环绕扇顶呈弧状分布，地下水呈放射状向外排泄。这种堆积体中，水文地质条件的差异性小，布设井位比较容易确定。恒山冲积扇地下水的水力坡度比较大，平均为10～14。含水层的分布很不均匀，地下水等水位线沿槽洪亚相的带状沙砾体向恒山方向微弯曲，地下水由漫洪区向槽洪带辐聚。在这种冲积扇上布置水井需十分谨慎，需要用地面电法仔细勘测。若能找到槽洪亚相带，就能打出好水；若不慎把井孔安排在漫洪亚相区，则会滴水不获。

表4-1　不同基底构造上堆积体含水层的平均厚度　　　　　　　　单位：m

基底构造单元	五台山北麓冲积扇	恒山南麓洪积倾斜平原
与滹沱河谷平行的不对称地堑	32.4	22.6
横穿河谷的次级地堑	40.9	30.2
横穿河谷的次级地垒	23.9	15.1

长轴构造盆地的冲积扇沉积除了受上述纵断裂控制而表现为盆地横向不对称外，还常常受盆地横断裂的影响而产生纵向分布的不均匀性。在代县盆地的纵断面图（图4-12）上，由 K 零值线描述的盆地基岩顶板存在一系列次级地堑和地垒，它们由盆地横向断裂形成。在次级地堑上，视电阻率往往出现高阻闭合圈，说明这里沉积物的岩性比较粗，孔隙度大，相当于冲积扇轴部或槽洪沉积区，沙砾层厚，含水层的平均厚度大，机井的单位涌水量大。次级地垒的位置相当于扇间洼地沉积区，这里视电阻率低，沙砾层薄，含水层的平均厚度小，机井单位涌水量低（表4-2）。

表4-2 不同基底构造上的机井单位涌水量

地理位置	地理位置	次级构造	单位涌水量/[L/(s·m)]
五台山北麓冲积扇	金街	地堑	11.46
	双徐	地垒	2.68
	下庄	地堑	18.70
	东章	地垒	1.08
	东下社	地堑	11.50
恒山南麓洪积倾斜平原	水峪	地堑	1.60
	小烟旺	地垒	0.90
	朴村	地垒	0.60
	里回	地堑	2.60
	试刀石	地堑	5.30

横向断裂对冲积扇沉积相的控制作用，盆地南侧的比北侧的明显。五台山前单一深断裂带的冲积扇基底，横向断裂的断距比较大，几个规模较大的冲积扇的厚层沙砾体都分布在次级地堑中，次级地垒上的扇间洼地只有薄层的沙砾。恒山断阶带的横向断裂断距比较小，冲积扇的槽洪亚相带主要分布在次级地堑上，地垒上分布漫洪亚相。

三、北京南口地区的冲积扇沉积

为寻找北京的后备水源地，1976年曾开展南口冲积扇沉积与地下水关系的研究。北京南口地区的冲积扇沉积也明显地受基底构造的控制。这里北东—南西向的南口山前断裂构成了盆地的西北缘，北西—南东向的关沟—孙河断裂又将盆地分割成东、西两部分，西部盆地基底断陷，东部盆地基底隆起（南口台地位于其中）。根据南口冲积扇上井深约150m的300多口浅井地层资料分析，这里有六条蓄水的古河道沉积。其中规横最大的两条分布在西部的断陷盆地中，它们的沉积宽度和厚度都比较大，位置非常稳定，继承性明显，是南口冲积扇地下水的主要分布区。另外四条古河道分布在东部的隆升盆地中，它们的沉积宽度和厚度小，位置不稳定，有明显的迁移性（图4-14），地下水分布不集中。

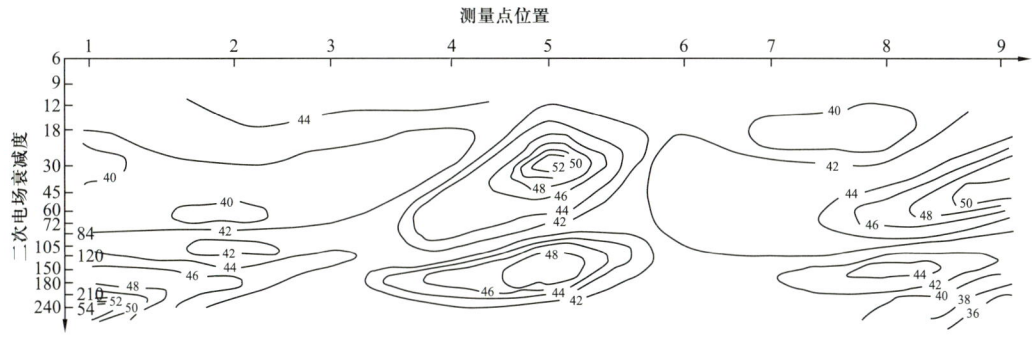

图4-14 北京南口地区冲积扇横剖面激发极化测量的衰减度等值线图

第二节 冲积扇沉积的岩性模式

冲积扇碎屑物的搬运方式和沉积特征与物源区的基岩岩性有密切关系，存在三种不同类型的沉积：水石流沉积、泥石流沉积和泥流沉积。

一、水石流沉积

水石流是一种低密度流，由水和固体物质混合而成。其中水是主要成分，固体物质中黏土和粉砂的含量少，因此水石流的黏滞度低，在 0.3Pa·s 以下。水流对粗大的石块不可能以悬浮方式作长距离搬运，而以沿底部滚动或跳跃移动为主。水石流在运动过程中，水流速度远大于粗碎屑的移动速度。这种固、液态物质运动速度的显著差异性使水石流具有强烈的紊流性质。碎屑物沉积时发生机械分异，粗碎屑先堆积下来，细碎屑最后沉积。前述的槽洪和漫洪沉积都属于水石流性质。

水石流主要分布在石灰岩、大理岩、白云岩和部分花岗岩、砂砾岩山前，黏土含量在 6% 以下，分选较差，分选系数 S_0 为 1.8 左右，标准离差 σ_1 为 1.4。水石流对前期沉积物有较强的冲刷下切作用，故经常发育切割—填充构造。水石流沉积构造以块状层、递变层为主，兼有交错层理和平行层理。

二、泥石流沉积

泥石流冲积扇又叫重力流冲积扇，它的规模比较小或中等。泥石流冲积扇在干旱区最典型，扇面坡度比较陡。在半干旱区，若有突发的大暴雨，也能产生泥石流。甚至在比较湿润的地区，如果降雨量很大，源区又能供给大量细碎屑物，也能形成泥石流冲积扇，如我国云南的东川地区。

泥石流是一种高密度流，其中泥沙石块的体积含量一般都超过 15%，最高可达 80%。

在碎屑物中，黏土含量在31%以上。黏土和水的混合物构成黏稠的搬运介质，其黏滞度在0.3Pa·s以上，甚至可达100余帕·秒。这样黏稠的介质可以悬浮状搬运粗沙砾石、甚至托起巨大的漂砾，在重力作用下运动。泥石流中的水和泥沙石块聚成一个黏稠的整体，以近乎相同的速度作整体运动，故具有层流运动的性质。

泥石流主要发育在板岩、千枚岩、页岩和花岗岩、片麻岩分布的山区。这里能提供大量的固体物质，在陡峻的地形条件下，突发性的暴雨能引起泥石流。泥石流沉积粗细混杂，分选极差，分选系数S_0接近10。泥石流堆积常常分布在交叉点以下的扇面上，呈长条形的舌状体，长度大的可达几千米，单层厚度约2m。泥石流堆积体的顶面较平坦或微微凸起，前缘及两侧呈陡坡。黏性泥石流沉积的层理一般不清楚，常呈块状构造，杂基支撑，异常大的石块可以"漂浮"在粉沙淤泥的杂基中。泥石流在运动过程中，大石块逐渐向流体的边缘移动，并最后沉积下来。稀性泥石流的黏滞度较低，可以形成递变层理。泥石流堆积体中常常出现被泥沙包裹的石块（泥包砾）和被泥浆包裹的土块（泥球）。有的冲积扇上，泥石流和水石流可以交替发生，在沉积剖面中出现具有交错层理的水石流沉积与块状构造的泥石流沉积。泥石流沉积常被后来的水流冲刷切割，充填了交错层理的砂砾层（图4-15）。泥石流运动过程中，砾石互相撞击也能形成擦痕。但是泥石流砾石的擦痕比之冰川成因的擦痕，形体粗大而毛糙，多呈斑状或纺锤状，排列方向不一致。泥石流沉积的孔隙度通常很低，它与水石流沉积共生时，可以构成冲积扇含水层的理想隔层。

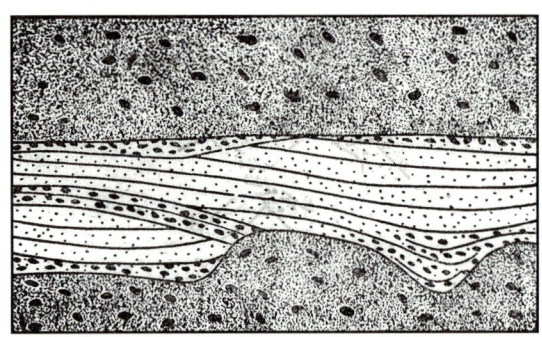

图4-15 冲积扇沉积的层理构造
具有斜交层理的水石流沉积与无明显层理的泥石流沉积互层

三、泥流沉积

泥流也是一种高密度流，但是其中所含的固体物质主要是细粒的泥沙，只有少量砾石碎屑。泥流的黏度大，呈稠泥状，堆积体也呈舌状，但是边缘缓而薄，向中心迅速增厚。泥流沉积的表面经常出现龟裂现象，有时形成大量的泥球。泥流在我国主要分布在西北黄土高原地区。泥流沉积的$C—M$图形与浊流沉积的很相似，呈带状平行于$C=M$基线分布。

第三节 古代冲积扇沉积

一、山西大同盆地晚新生代古地理与地下水资源评价

1. 区域地质背景

大同盆地是在中生代燕山运动第三幕隆起构造的基础上开始形成的，后经喜马拉雅造山运动深大断裂构造影响而进一步发展成为断陷盆地。古老的岩系分布在盆地外围，主要有太古宇片麻岩、片岩、麻粒岩及变粒岩等；元古宇砂岩、白云岩；古生界浅海相碳酸盐岩、砂页岩及海陆交互相含煤砂页岩和陆相碎屑岩；中生界陆相碎屑岩、黏土岩系及玄武岩、安山岩、流纹岩等。

1) 区域地层

新生代以来，由于盆地大幅度下降，在由太古宇片麻岩、古生界石灰岩及砂页岩组成的基础之上沉积了巨厚的松散地层，包括渐新统、上新统、更新统和全新统。现自老到新简述如下：

（1）古近系渐新统。

主要为深绿灰、灰黑色玄武岩夹泥岩、粉砂质泥岩。厚度大于100m。

（2）新近系上新统。

在盆地内部，岩性以紫红色、浅棕红色、褐色泥岩、粉砂质泥岩为主，间夹浅灰色、灰黄色泥质砂岩、细砂岩、中砂岩、泥灰岩等。含腹足类、介形类、鱼类化石，孢粉以木本阔叶树主。在盆地边缘为红土堆积，产三趾马化石。

（3）中更新统。

盆地中部为一套灰色、灰黑色、灰绿色的黏土、亚黏土夹粉沙、中细沙层；偶夹棕黄、灰黄色粗沙、沙石条带状透镜体。

盆地边缘由淡红色亚黏土、亚沙土、沙砾石及碎石层互层组成，夹有古土壤，富含有机质钙质。见腹足类、介形类化石及肿骨鹿等脊椎动物化石，孢粉以草本占优势。厚度20~120m。

（4）上更新统。

主要分布在盆地边缘，为黄土堆积或河流沙砾石沉积，岩性为棕黄、黄灰色黏土、粉沙质黏土、粉沙，下部常出现沙砾石层。盆地东北部火山区夹有火山碎屑和熔岩。含腹足类化石及驼鸟等脊椎动物化石。厚度10~50m。

（5）全新统。

主要分布于桑干河及其支流的河谷地区。为近代冲洪积作用形成的沙砾石及粉沙土组成。厚度5~30m。

2）构造背景

（1）主要断裂构造。

大同盆地边缘的一系列正断层控制了盆地的基本轮廓，盆地内隐伏断裂十分发育，直接控制了盆地基底的形态和晚新生代松散堆积物的分布。盆地边界的断裂主要有：

① 恒山北侧山前大断裂。

西起朔县王万庄，东到浑源县东荞麦川，长约150km。走向北东，倾向北西，倾角70°。断距两端小，中间大。

② 桑干河断裂。

西起麻岭口，向东延伸至境外的阳原县，境内长度约80km。断层倾向北西，倾角75°左右。据物探资料分析，此断裂向西南一直延伸至山阴县境内。

③ 口泉断裂。

北起大同市西北的万泉河，向南西经口泉、鹅毛口大峪口到山阴县神泉，长约70km，断层倾向南东，倾角65°～75°。

④ 洪涛山断裂。

分布于朔县北部盆地边缘，西起磨石沟，向东经大平易、神头，转向北东后与口泉断裂斜接。断层倾向南或南东，倾角70°左右。表现为南侧下落的张扭性正断层。

（2）地质地貌发育简史。

本区在中生代末期，受燕山运动第二幕影响，地层发生了褶曲和断裂，产生了口泉、麻岭口及恒山等一系列正断层。到古近纪末期，在喜马拉雅运动作用下，各断层复活，上盘下滑，从而桑干河背斜核部整体坳陷，产生了所谓的桑干大断陷，并开始接受沉积。这一时期的沉积为断陷形成初期填充式沉积。除了沉积一套泥岩、砂粒岩以外，沿断裂还有大量玄武岩喷发和溢出。后者分布很广，推测黄花梁玄武岩垅岗可能部分由这一时期的玄武岩组成。这一时期以后，基底可能回返上升，使该期沉积遭受侵蚀，然后进入第二个沉降时期，接受了上新统。上新世末期，本区新构造运动明显增强，盆地整体抬升，使上新统发生倾斜，并与第四系呈角度不整合接触。

第四纪初，由于盆地基底下降，结束了上新世末的侵蚀期，山区河流携带大量碎屑物进入盆地沉积下来。早更新世晚期，盆地东北部开始有火山喷发，玄武岩流覆盖在下更新统之上。中更新世末以来，盆地不断抬升，湖水逐渐消退，至晚更新世，结束了大同盆地古湖的历史。全新世，地壳仍在抬升，形成了河流阶地。

（3）构造单元的划分。

通过卫片解译及大极距视电阻率测深资料的综合分析表明，盆地内隐伏构造以北东向和北西向两组断裂为主，其中北东向断裂为盆地的主干构造，基底主要受北东向断裂的控制。由于各组断裂的空间发育程度、规模及组合形式的差异和构造序次的相互关系，致使盆地基底隆起。

2. 沉积相与沉积模式

1）沉积相类型

（1）冲积扇。冲积扇是本区最主要的沉积环境之一。它的发展变化受控于盆缘断裂的活动方式和强度，其沉积特征为：颜色多呈现红色、黄色或灰黄色；颗粒粗，岩性集中在粗碎屑部分；分选差，颗粒棱角分明，碎屑成分复杂；视电阻率曲线表现为不规则的"锯齿状"或"似箱状"。根据韵律特征可大致分为三种垂向组合类型（图4-16）。

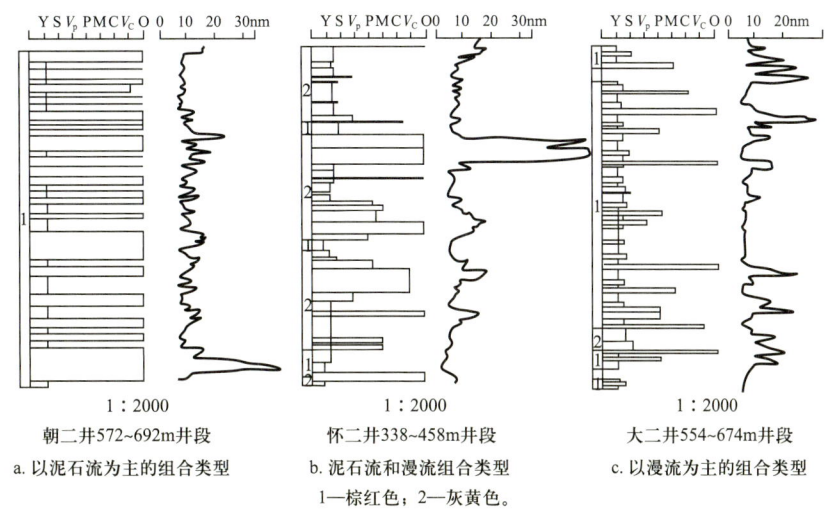

图4-16 洪积扇沉积物组合类型及视电阻率曲线

a组合：以巨厚的泥石流为主，夹中—厚层黏土质粉沙层，反映了洪积扇近源沉积环境；b组合：为巨厚的泥石流和漫流沙体互层，与a组合相比，其沉积位置距物源较远；c组合：以中—厚层漫流沉积为主，含部分泥石流沉积物，属冲积扇扇缘沉积物。

（2）扇三角洲。扇三角洲是指从邻近高地进入稳定水体的洪积扇，是一种不完整的沉积体系，常表现为出山河流直接入湖，缺少冲积平原环境。在构造活动较强的断陷盆地中，扇三角洲沉积较为普遍，它与冲积扇相的相似之处在于二者都是由粗碎屑沉积物组成，不同的是扇三角洲沉积向远端与湖泊沉积指状交互，而不是过渡为冲积平原。这种相类型主要分布在盆地边缘及黄花梁隆起的两侧。其沉积特征为：颜色为灰色、灰绿色与灰黄色相间；岩性较冲积扇为细，多为含砾泥质中沙或沙质黏土，其中夹有水下重力流粗碎屑沉积；沉积物分选磨圆较差；局部具黑色铁钰质斑点；视电阻率测井曲线由一系列"小漏斗"构成不规则的"锯齿状"，其高值段，可能是粗粒的洪水性水下重力流沉积（图4-17）。

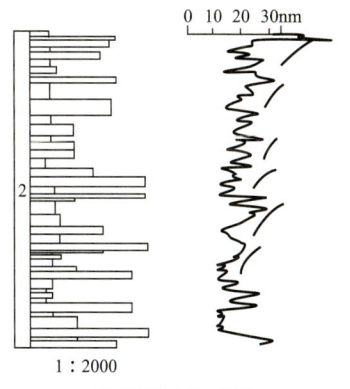

图4-17 扇三角洲沉积垂向层序及视电阻率曲线

（3）湖泊相。湖泊相在断陷盆地各种类型沉积物中所占比例较大。根据岩性特征分为深湖半深湖、浅湖和滨浅湖亚相三种组合类型（图4-18）。

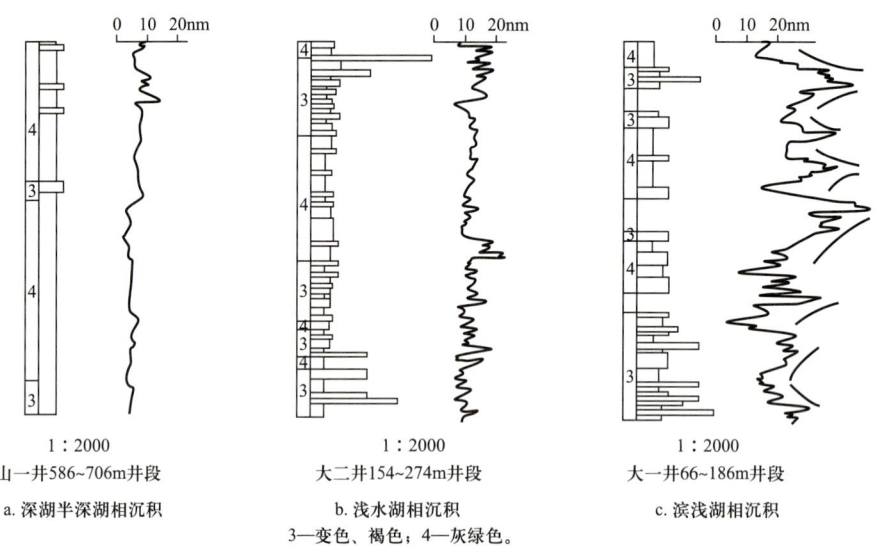

a. 深湖半深湖相沉积　　b. 浅水湖相沉积　　c. 滨浅湖相沉积
3—变色、褐色；4—灰绿色。

图4-18　湖相沉积物组合类型及视电阻率曲线

其中深湖半深湖亚相以碎屑物质为主，有灰色、灰绿色黏土、粉沙质黏土及少量黏土质粉沙或粉沙；视电阻率测井曲线呈平直的低值。浅湖亚相以灰绿色、灰色、灰褐色为主，有时为灰黄色，岩性为黏土质粉沙、粉沙质黏土夹粉细沙层。它与深湖半深湖亚相沉积的区别除粒度稍粗外，还有较多的水下重力流水道粗粒沉积，岩性的粗细交互韵律明显增多。粗颗粒的水下重力流沉积在测井曲线上亦有显示。滨浅湖亚相的沉积物颗粒较浅湖亚相为粗，出现厚度较大的粉沙和粉细沙层，黏土质含量较少；沉积物呈灰绿、灰褐色互层并有较多的灰黄色；测井曲线的"钟形"和"漏斗形"特征反映了正、反两种岩性韵律，表明在滨浅湖地带由于湖水进、退，水动力能量的强弱变化较频繁。

（4）河流相。颜色为灰黄色、灰色或褐色；岩性较粗，岩性区间较宽，表现为正韵律层；沉积物具一定的分选性，中等磨圆；粒度较细的粉沙中多含腐殖质（图4-19）。

2）沉积相模式

（1）沉积相序模式。

上述各种沉积相类型在垂向上的规律交替即构成了本区的沉积相序模式。综合多口钻井的岩性韵律和测井曲线特征，可将大同盆地晚新生代沉积的相序模式（自下而上）概括为：湖泊相—冲积扇及扇前倾斜平原相—湖泊相—扇三角洲相—冲积扇相和河流相。它反映了本区自上新世以

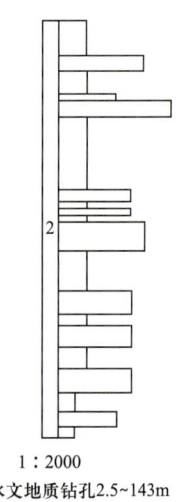

图4-19　河流相沉积垂向层序图

来水退—水进—水退的湖盆发育过程。

（2）沉积相组模式。

对于断陷盆地来说，沉积相的水平变化剧烈，平面组合复杂。这与盆地的构造格架，包括断裂、断块状基底等有密切关系。通过分析对比位于不同构造单元上的深钻岩心资料，以年代地层为单位，建立了各不同时代地层的相组模式。

① 上新统下部地层。

盆地南部应县坳陷部位为半深湖相，向北至黄花梁隆起渐变为浅湖相、扇三角洲相。由黄花梁玄武岩城岗突出于水面之上，使盆地西北部的浅水相独自成为一个沉积体系。此时盆东北部（即大1井、大2井所在部位）处于水面之上而为剥蚀区。

② 上新统上部地层。

除山一井附近有一积水洼地，属湖沼沉积外，其余地区均为冲积扇及扇前倾斜平原沉积。

③ 下更新统。

除怀二井附近为扇三角洲相外，其余地区均为湖相，其中山一井、应一井附近为深湖半深湖相。在盆地的四周边缘可能存在扇三角洲沉积。早更新世晚期盆地东北部因火山喷发而存在火山岩相。

④ 中更新统。

湖水范围与早更新世相比变小，湖相沉积范围缩小，且因水体变浅，主要为浅湖相和滨浅湖相。怀二井附近除仍有扇三角洲相外，还存在一定范围的水上冲积扇相。在盆地四周出现宽度不等的冲积扇相带。盆地东北部仍存在火山岩相与滨浅湖相或冲积扇相碎屑物质互层。

⑤ 上更新统。

据大量浅钻资料，盆地边缘为冲积扇及扇前倾斜平原沉积，向盆地内部逐渐过渡为河流相，在山一井附近有小范围的湖沼相沉积。

⑥ 全新统。

与现代沉积环境基本一致。盆地边缘为冲积扇相及冲积倾斜平原相，向盆地内部过渡为河流相。

二、黄骅坳陷的冲积扇砂体

黄骅坳陷发育在始新世晚期，分布于孔店及其以南地区，主要扇体分布于东部，面积约 $630km^2$，剖面厚 1000m。横向上各亚相特征明显，扇中上部由砂砾岩组成的网状河道叠置而成，呈带状延伸，扇中下部由砂岩组成的网状河道与河口前积堆积物，顺水流方向呈舌状展布；扇端与侧缘河道减少，以泥质沉积为主，属泛滥平原或扇间泛滥相沉积。垂向上由四种岩相组成，单扇体具完整的旋回，自下而上为沙砾岩相，属泥流碎屑流沉积；含砾中沙岩相，属扇中网状河道沉积；粉细沙岩相，属网状河道上部沉积；块状、疙瘩状红色泥岩相，属泛滥平原或扇间洪漫沉积（图4-20）。

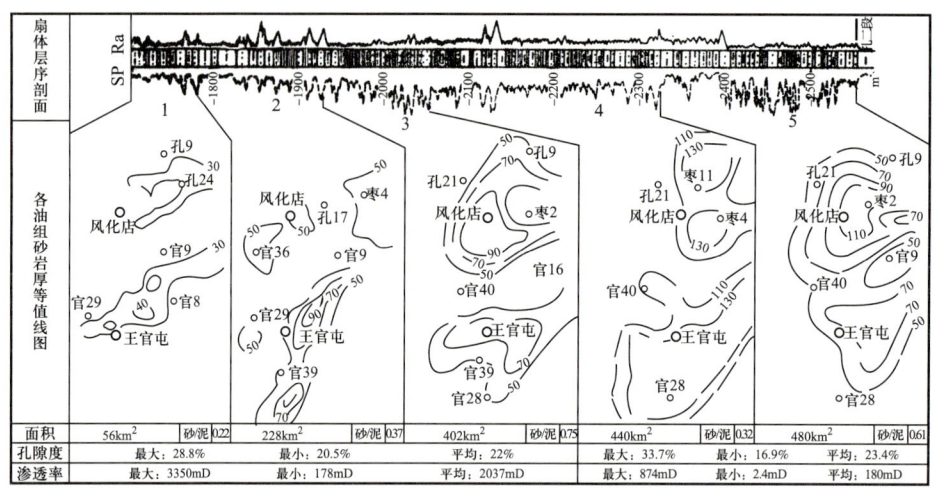

图 4-20　孔店组孔一段冲积扇特征图

该扇体由南北两个支扇复合而成。北部扇体发育早，衰退早，南部扇体发育晚，延续时间长。砂体储层发育、单油组渗透砂岩厚度较大，达 30~130m，以砂泥相、泥砂相储层条件最佳。冲积扇砂岩体岩石类型主要是长石砂岩，次为岩屑长石砂岩；泥钙质胶结，胶结物含量小于 15%；自生黏土矿物，2000m 以上以蒙皂石为主，含量大于 15%，随埋深增加，渐以伊蒙混层为主，储油物性受埋深控制。

第四节　冲积扇沉积与油气富集规律

一、美国里奇盆地的上新世冲积扇沉积

里奇盆地位于加利福尼亚州洛杉矶的东北部，是一个长 40km、宽 15km 的构造上不对称的地堑盆地，盆地西部的圣格布里尔断裂是继承性的单一深断裂，断距达 12000 多米。东部是圣安德烈斯断裂带，这是一组阶梯状的逆冲断裂，基底面由东向西逐级断陷。盆地中部沉积了中新统厚层的海相、湖相和河流相地层，盆地的东西两侧发育冲积扇沉积。

在这个盆地中，由于构造作用的差异，岩相的发育不对称。盆地西部边缘的冲积扇沉积是厚层粗粒的角砾岩，分选差，棱角状，粒径粗，最大的砾石可达 2m。单个旋回层的厚度在靠近圣格布里尔断裂处最大，向盆地减小。在垂直方向上，扇积岩呈连续分布，总厚度达到 11000m。扇积岩沿断裂呈带状分布，长约 30km，宽度却只有 1500m，这里靠近盆地的沉降中心，扇积物的粒径向盆地方向很快变细。在冲积扇进入湖盆处，扇积岩的砂砾岩与湖相泥岩交互沉积。

盆地东部断阶带的扇积岩体分散地出现在各条断裂的下倾位置上。新老扇积岩体之间不是连续分布的，而是常常被湖滨亚相所分割。与西部冲积扇相比，这里扇积岩带的

宽度要大得多，总厚度却比较小。扇积物呈砂砾级，浑圆到棱角状，分选中等到差，经常发育被砾岩或具有交错层理的砂岩填充的侵蚀沟槽。冲积扇的边缘过渡为湖滨亚相，后者在盆地的东部特别普遍，沉积分选好、发育水平成层和低角度交错层理的砂岩。

里奇盆地的冲积扇类型和沉积模式与前述山西代县不对称地堑盆地两侧的冲积扇沉积非常相似。如果里奇盆地的厚层湖相泥岩能构成生油岩，油气能在地层静压力作用下侧向运移到周围砂砾岩层中储集起来的话，冲积扇粗碎屑岩中油气的富集规律应该与代县盆地现代冲积扇中地下水的分布规律类似。

二、新疆克拉玛依油田二叠系油藏断阶型古冲积扇沉积与油气富集规律

克拉玛依油田位于准噶尔盆地的西北缘，北靠扎伊尔山，南邻玛那斯湖二叠系的生油凹陷。冲积扇地层是克拉玛依油田二叠—三叠系油藏的主要沉积类型。其中二叠系乌尔禾组是厚层的冲积扇相砾岩，它是二叠系的主要含油气层，具有区域性大面积含油和含油层厚度大的特点。克拉玛依油田五区的上乌尔禾组位于北东—南西走向的克乌断阶带上，基本上呈向东南倾斜的单斜构造，地层厚度一般在200m以内，向东南盆地中心方向加大。根据岩性和视电阻率曲线，有三个沉积旋回，分别为上乌一段、上乌二段和上乌三段。每段由下往上，岩性由粗变细。视电阻率逐渐降低。五区的上乌三段是一套粗碎屑沉积地层，不同大小的砾石占地层厚度的60%～90%，分选差，棱角明显，无明显的层理，岩性与紧邻山区的母岩相同，夹有泥岩和砂岩的透镜体。泥岩透镜体呈棕红—灰绿斑状杂色，含有砾石、粗砂和细粉砂，无生物化石。上述特征说明五区上乌三段是发育于构造盆地边缘的一种强氧化、高强度水动力环境条件下的不稳定沉积，属于冲积扇地层。

五区上乌三段的漫洪沉积亚相带，地层渗透率仅几十至100多毫达西，油气在地层中以扩散运移方式为主。因此，漫洪沉积带的油层，除了产油少外，油质稍轻，还由于油气的扩散性比水强，远离槽洪带，含水比很快降低。当然，原生沉积特征对油气水分布规律的控制作用会在不同程度上受后生成岩作用的影响而复杂化。

为了查清五区上乌三段冲积扇的沉积模式，以指导油藏的开发，对地层厚度、岩性和油气分布进行分析。

1. 地层厚度分布

从厚度趋势图（图4-21）看，五区上乌三段的厚度由西北的老山向东南的盆地方向逐渐增大。这种沉积厚度模式类似于前述发育在阶梯状断裂带的冲积扇沉积。上乌三段分布在克乌断阶带上面，这个事实也证实了这种推断，说明上乌三段沉积时的基底沉降幅度也是向盆地方向增大。

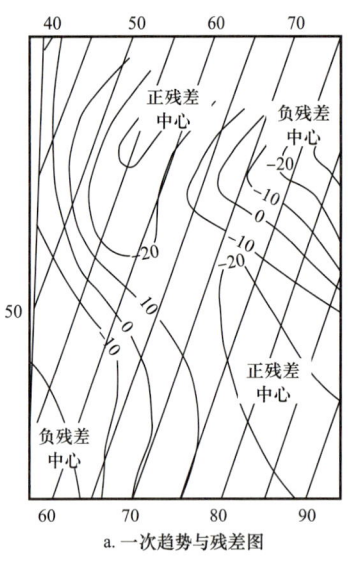 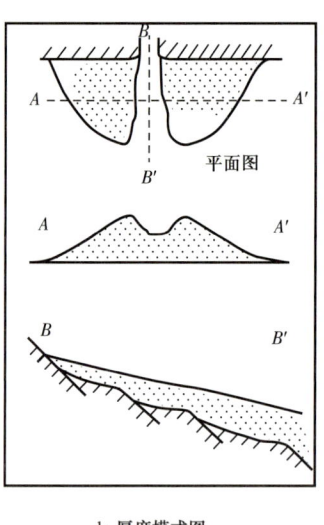

图4-21 克拉玛依油田五区上乌三段地层厚度一次趋势与残差图和厚度模式示意图

将实际厚度值减去厚度趋势值,得到厚度残差值。从厚度残差值分布图看,还存在一条北西—南东向的正残差带和两侧的负残差带。

这表明上乌三段冲积扇的堆积过程主要发生在洪水季节,强大的洪流受惯性力作用,主要沿冲积扇轴部方向泄出,因此冲积扇轴部的堆积厚度比较大,相当于正残差带;轴部两侧及扇间洼地的堆积厚度较小,相当于负残差带。此外,正残差带在10号井附近有一明显的转折,这里的厚度比较小。再联系到两个负残差中心的位置恰好在此转折点的两侧,推测在10号井附近可能有一条平行山地走向的断层通过。

2. 岩性特征

五区上乌三段的岩性主要由砾岩、砂岩、泥岩组成。根据电测井和取心资料,它的岩性和电性的对应关系比较好,可靠度达82.3%,所以可以用电性资料分别统计五区各井上乌三段地层中的砾岩、砂岩、泥岩的累计厚度。若将每口井看作一个样品,则每口井的砾岩、砂岩、泥岩的累计厚度分别构成样品的三个特征值。根据特征值对样品进行分类的方法,在统计学上叫做Q型聚类分析。在分类中,任何两个样品之间的亲疏关系可用距离系数 D 来描述。

$$D_{ij} = \sqrt{\sum_{t=1}^{k}(X_{it} - X_{jt})^2} \qquad (4-3)$$

式中:D_{ij} 为 n 个样品中第 i 个样品与第 j 个样品的距离系数;K 为特征值的数目;X 为特征值。用此公式求出所有两两样品之间的距离系数,然后用分类法对所有样品进行归类,编出分类谱系图和聚类分析岩相图(图4-22)。第一次聚类结果,将25口井的上乌三段分成六类,得出每类的砾岩、砂岩、泥岩的平均累计厚度(表4-3)。将此六类岩性视为六个新的样品再次进行聚类，最后分成两类，将整个五区上乌三段的冲积扇相分为两种亚相。中部是粗碎屑类的槽洪沉积亚相，这里是洪流的主要通道，砾岩和砂岩沉积占绝对优势，（砾岩＋砂岩）/泥岩的厚度比值为 26.10。这个亚相带的位置恰好与上述趋势面分析的正残差带一致，相当于冲积扇的轴部。冲积扇轴部两侧是细碎屑类的漫洪沉积亚相，砾砂岩的厚度较小，泥岩较多，两者的厚度比值降为 11.5。这个相带的位置与厚度趋势面分析的负残差带一致，相当于扇间的洼地。这里的岩屑胶结物的泥质含量明显增高，而且离河槽越远，含量越高，在扇间洼地的厚度低值区构成了胶结物泥质含量的高值中心。

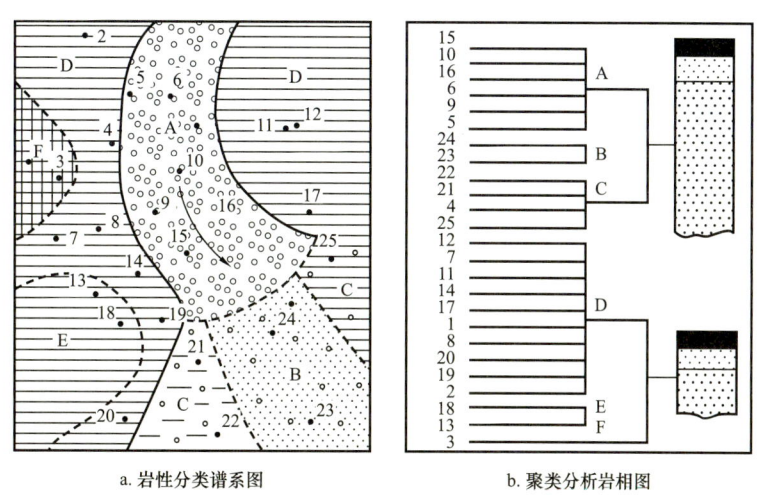

a. 岩性分类谱系图　　　b. 聚类分析岩相图

图 4-22　克拉玛依油田五区上乌三段的岩性分类谱系图和聚类分析岩相图

表 4-3　第一次聚类的各种岩性地层厚度

类别	平均厚度 /m		
	砾岩	砂岩	泥岩
A	68.77	8.17	2.92
B	83.13	21.88	4.00
C	67.44	9.44	7.75
D	33.15	5.05	3.35
E	26.00	6.50	9.50
F	0	22.00	4.00

3. 泥质含量

通过实验室分析全部岩屑样品中的铁染泥质、绢云母泥质、绿泥石泥质等，并计算每口井的胶结物中泥质的平均含量，发现其低值带的位置与厚度正残差带及粗碎屑的槽洪亚相带基本一致。而漫洪亚相带的岩屑胶结物中，泥质含量明显增高，而且离槽洪带越远，泥质含量越高，在扇间洼地的厚度低值区构成了胶结物泥质含量的高值中心。

4. 砾石粒径和沉积韵律

槽洪沉积亚相从扇顶至扇缘还有一些不同的特征。扇顶砾岩为厚层块状，单层厚度大，一般为60cm，分选极差。扇顶砾石的最大粒径为90mm，筛滤作用明显，胶结物中泥质含量低，加以冲积扇形成时的堆积部位高，地下水位深，缺乏钙质胶结，故扇顶砾岩的砂泥质胶结疏松，取心收获率一般都很低。扇中砾石的最大粒径为80mm，一般为20~30mm，分选较好，出现致密的钙质胶结。单层厚度较小，通常为30cm，相当于一个由砂砾岩构成的正韵律层。扇缘砾石的最大粒径和平均粒径都比上游小，胶结物中泥质较多。漫洪沉积亚相的砾石分选极差，砾岩具有不明显的粒级递变层理。泥岩不纯，含砂砾质，呈暗紫红或褐红色，表明扇面的强氧化环境。在扇间洼地中有时可以形成很纯的泥岩，不含砾石，局部含砂。泥岩的单层厚度可达2m多。

5. 油气藏

五区处于玛纳斯湖生油坳陷的西北缘。当生油中心的大量油气生成后，它们在地层静压力、压实成岩作用及表面张力的作用下运移到冲积扇槽洪沉积带，然后再作渗透性运移。油气运移过程与储层物性有密切关系。扇中和扇尾的槽洪沉积带是油气主要储集带。这里的地层渗透率平均为300多毫达西，原油产量最高，原油的相对密度小，含水的百分比较高。槽洪带中的油气以渗透方式向上游的扇顶运移。扇顶的槽洪沉积，渗透率可达400多毫达西。这里缺乏泥岩盖层，油气遭到氧化，原油相对密度增大，故多稠油而缺乏工业性油流，含水比最低（图4-23）。槽洪带中的油气还向两侧的漫洪沉积带运移。后者的地层渗透率仅几十至100多毫达西，油气在地层中以扩散运移方式为主。因此，漫洪沉积带的油层除产油量较低外，油质较槽洪带的稍轻，而且由于油气的扩散性比水强，含水比离开槽洪带往外很快降低。当然，原生沉积特征对油气分布规律的控制作用会在不同程度上受后生成岩等作用的影响而复杂化。

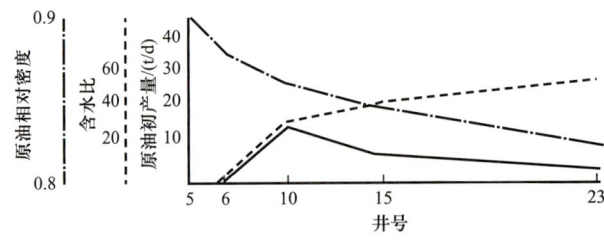

图4-23 原油相对密度、含水比和原油初产量沿水流线的分布

第五章　河流比较沉积学

　　河流是人们最常见的一种地貌类型，它既是将陆地的风化碎屑物搬运到海洋或湖泊水体沉积的主要地质营力，也能在大陆区形成广阔的冲积平原。在适宜的大地构造条件下，能够形成几千米厚的河流沉积，因此河流是重要的大陆沉积营力。河流流动过程中总是伴随着侵蚀作用和沉积作用。山区河流通常以侵蚀和搬运作用为主，只能形成有限的堆积体。河流沉积主要分布在平原区，河流在这里有充分的自由活动空间，可以形成大规模的堆积体。世界上有许多石油、天然气、地下水和砂矿都富集在平原河流相的砂岩中，因此河流相是沉积学的重要研究对象。根据抽样统计，中国中生代、新生代含油气盆地已发现的石油储量中，河流相储层的比例最大，占46%。中国北方干旱与半干旱区的古河道是地下水的主要储集体，是寻找地下水的主要对象。有些地区还将古河道用作地下水库，雨季蓄水，旱季供水。河流又是人类生产活动中经常遇到的一种地貌过程，在长期的河道利用和整治工程中，人们积累了丰富的河流动力学与河道演化的知识，这也加深了对河流环境与沉积之间有机联系的认识。因此河流沉积是研究得比较详细的一种沉积类型。

第一节　河型与河流水动力基本特征

一、河型

　　现代河流的河型，依据河流平面形态和沉积物特征，可以分为三类：曲流河、辫状河和网状河。它们具有不同的河道比降、河道平面形态、河道断面形态、沉积物、河岸抗蚀性、区域地质构造及河道沙体形状等特征。

　　有人提出用弯曲率（P）和辫状指数（B）来划分河型。

$$P = \frac{\text{河床长}}{\text{河谷长}} = \frac{l}{L} \tag{5-1}$$

$$B = \frac{2 \times \text{沙岛总长}}{\text{河床中线长}} = \frac{2 \times \Sigma l}{L} \tag{5-2}$$

　　$P>1.3$、$B=0$ 的属于高弯曲河道（弯曲河道）；$P<1.3$，$B>0$ 的属于低弯曲河道（包括辫状河道和平直河道）。也有人将 $P>1.5$ 作为曲河道的形态指标。

　　同一条河流在不同的地段上，或在同一地段的不同时期内，都可能变换其河型，因为作为河型指标的弯曲率（P）与河流比降（S）、河水流量（Q）、河道宽深比（W/D）及泥沙性质［推移质占河流搬运泥沙的比率（Q_i）］等有着水力学的联系。据 Schumm（1968）对现代河流的研究发现，当流量（Q）增加时，河道的深度（D）和宽度（W）相应增大，河道比降（S）则按比例减小，即：

$$Q \propto \frac{WD}{S} \tag{5-3}$$

这时的河型与比降（S）、平滩流量（Q）之间存在着图 5-1 所示的关系图式。其中，辫状河道与弯曲河道可用线性方程来区分。在一定流量下，比降较小则成弯曲河道。同一比降下，辫状河道的形成要比弯曲河道有更高的流量（图 5-1）。

$$S = 0.06Q^{-0.44} \tag{5-4}$$

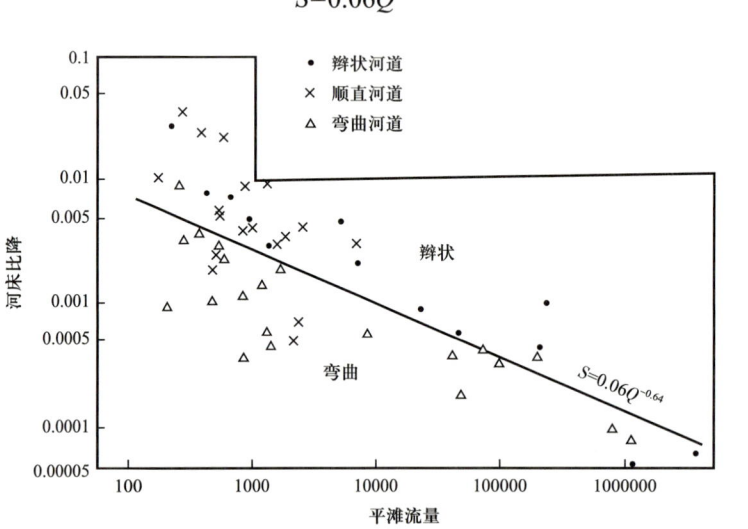

图 5-1　河型与河床比降、平滩流量之间的关系

在流量不变的条件下，当推移质比率（Q_i）增大时，河道宽深比（W/D）和比降（S）增大，河道的弯曲率（P）减小，即：

$$Q_i \propto \frac{W}{D} \cdot \frac{S}{P} \tag{5-5}$$

河道的宽深比与推移质比率（Q_i）成正比，与河流搬运泥沙的粉沙—黏土含量（M）成反比。据 Schumm 实验得到：

$$\frac{W}{D} = 225 M^{-1.08} \tag{5-6}$$

推移质多的河流 W/D 一般超过 40，$P<1.3$，S 较大，系辫状河道。含有 5%～20% 粉沙及黏土物质的河流，W/D 为 10～40。以悬移质为主的河流，W/D 小于 10，$P>2$，S 较小，趋于弯曲河流。因此，河流的输沙类型与河型关系密切（表 5-1）。

表 5-1　河型分类

输沙类型	粉沙黏土占输沙量比例/%	推移质占输沙量比例/%	形态指标与河型
悬浮搬运	>20	<3	$\frac{W}{D}<10$，$P>2.0$，S 小，弯曲河道
混合搬运	5～20	3～11	$\frac{W}{D}$ 为 10～40，P 为 1.3～2.0，S 中等，过渡型
推移搬运	<5	>11	$\frac{W}{D}>40$，$P<1.3$，S 大，辫状河道

顺直河道比较少见，只有在个别河段上出现。尤其从河流的主流线来说，总是弯曲的，河床向侧方迁移，迁离的那一岸发生堆积，形成边滩。边滩在顺直河道的两侧交替出现（图 5-2a）。在沿着河流 10 倍于河宽的距离内，其弯曲小到可以忽略不计。

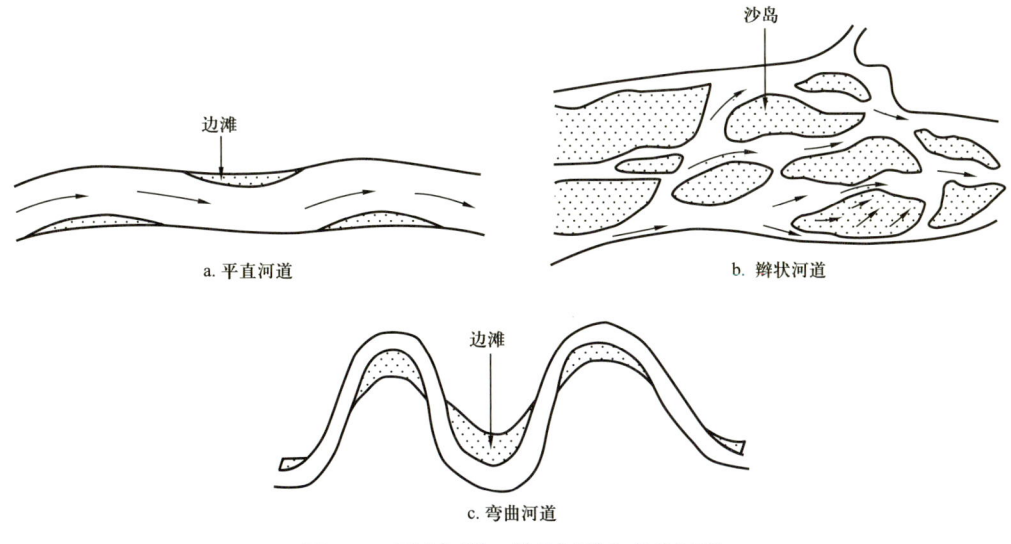

图 5-2　平直河道、辫状河道和弯曲河道

辫状河道也称为游荡性河流，经常出现在干旱、半干旱区的山前冲积平原或冰缘地区（图 5-2b）。河床比降大，河流流量的季节性变化明显。水流浅而急，输沙量大，且粒径粗，河床迁移很快。辫状河道以沙岛沉积为主。因为河床比降大，河床位置迁移快，河道不断分汊而又汇合，故在汊道之间夹着许多沙岛（又称心滩）。沙岛在枯水时露出水面，洪水时被淹。沙岛在山区的辫状河流中多为砾石滩所代替。沙岛的位置与高度均不固定，其上游端受侵蚀，下游端堆积增长，因而不断向下游移动。同时，沙岛的一侧受侵蚀，另一侧堆积，故又向侧方移动。辫状河道的河床很宽，侧向迁移很快，如孟津以下的黄河河道一天之内主流可以摆动 5～6km。流量变化大，以及河岸物质易被侵蚀，也是辫状河道形成的原因。

弯曲河道是常见的一种河型。曲流中存在似螺旋状水流，表层水由凸岸流向凹岸，底层水由凹岸流向凸岸。所以凹岸受侵蚀，侵蚀下来的物质由底流搬运堆积在下一个凸岸上，形成典型的边滩沉积（图5-2c）。弯曲河道的比降小，输沙量比较稳定，侧向迁移的速度比辫状河道小，发育天然堤。

Schumm（1972）还给出了一套关于河流悬移质含量（M，粒径小于0.074mm）河流的宽深比$\left(\dfrac{W}{D}=F\right)$、弯曲率（$P$）、河床比降（$S$, ft/mile）、河谷降（$S_v$, ft/mile）、河曲波长（$L$, ft）与年平均流量（$Q_m$, ft³/s）之间关系的经验公式：

$$F=22M^{-1.08} \qquad (5-7)$$

$$P=3.5F^{-0.27} \qquad (5-8)$$

$$\lg S=1.48085+0.94774\lg F-0.87937\lg W \qquad (5-9)$$

$$\lg L=1.27809+0.52822\lg F+0.68774\lg W \qquad (5-10)$$

$$\lg Q_m=-1.24661-1.13327\lg F+2.42853\lg W \qquad (5-11)$$

$$S_v=S \cdot P \qquad (5-12)$$

二、水流结构

1. 层流与紊流

层流是水质点运动方向彼此平行，呈规则的成层流动的水流。层流的阻力是由液体的黏滞性所引起的摩擦力。紊流的水质点运动方向和速度是各向不等的，紊流的水体内有强烈的侧向混合作用，且水层间发生扰动（图5-3）。河流的水流结构实际上都属于质点运动轨迹很不规则的紊流，水体运动可分解成平行底面和垂直底面的两种运动。当垂直向上的分力超过泥沙颗粒之间的阻力时，泥沙就被掀起，并被带走。

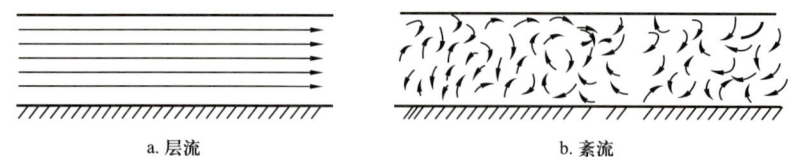

a. 层流　　　　　　　　b. 紊流

图5-3　层流与紊流

2. 横向环流

横向环流是一种螺旋流，是由表流和底流构成一个个连续的螺旋形向前移动的水流。在平直河段，水流形成两个对称的横向环流（图5-4a），主流线沿河床中心分布。在弯曲河道中，主流线随着河床弯曲。主流受惯性作用，在凹岸产生壅水现象，形成水面的横比降。水体在横断面上，两侧受到的压力不等，凹岸水体所受压力大于凸岸水体，这种压差使底部水流由凹岸流向凸岸，它与由凸岸流向凹岸的河面水流一起构成连续螺旋形前进的单支横间环流（图5-4b）。表流是辐聚水流，在凹岸处产生强烈的下降水流，是冲刷边界的主要因素。底流是辐散水流，使泥沙在凸岸发生堆积。

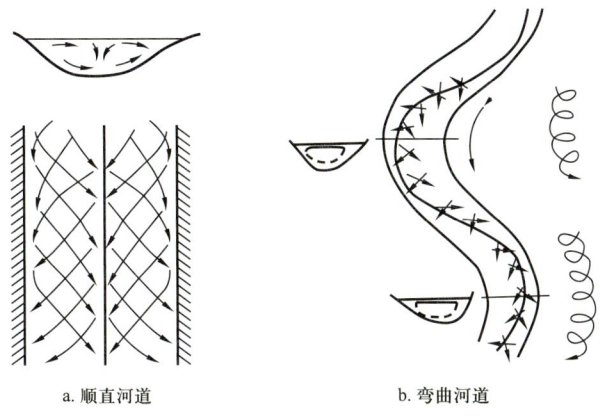

a. 顺直河道　　　　　　b. 弯曲河道

图 5-4　顺直河道与弯曲河道的水流结构

3. 急流和缓流

自然界的明渠流按弗劳德数值分为两种状态：$F>1$ 的急流和 $F<1$ 的缓流。急流内部有许多小的旋涡，以垂直侵蚀为主。缓流很少扰动底质，但是当河床底面存在各种沙波时形成陡坡。在沙波的下游侧产生旋涡，扰起沙质河床底面存在的各种沙波时，能在沙波的下游侧产生旋涡，扰起泥沙，形成陡坡。

三、流水作用

1. 侵蚀作用

流水冲刷河床物质，产生垂直底面的下切侵蚀，使河床加深；或产生朝着河岸的侧方侵蚀，使河谷展宽。

2. 搬运作用

河流泥沙按搬运方式分为三种：推移质在流水作用下，沿底面滚动或滑动的物质，主要是水流对泥沙颗粒的迎面作用力所致。物质粒级比较粗。推移质的重量与它的起动水流速度的六次方成正比。跃移质是近底部水流的不稳定旋涡所具有的向上垂直分力与迎面压力同时作用下产生的一种泥沙移动。当向上垂直分力大于颗粒的重力时，颗粒被掀起；当向上垂直分力小于颗粒的重力时，颗粒又落下。如此循环下去，泥沙颗粒呈跳跃式前进。跃移质较细，一般粒级为 0.1~0.25mm 或 0.074mm。悬移质是粒径一般小于 0.1mm 或 0.074mm 的足够细的颗粒，一旦被水流掀起后就不易沉降，在悬浮状态下被搬运。悬移质在水体中的扩散高度远比跃移质大。

3. 堆积作用

流水挟带的泥沙，由于条件改变（如河流比降减小，流速变慢，水量减少，泥沙增多等）而引起搬运能力减弱、发生堆积，形成冲积物。

河流的堆积作用有侧向加积和垂向加积两种。侧向加积使弯曲河道侧向迁移。底流搬运的推移质和跃移质不断地在凸岸沉积，形成边滩，并使凸岸向凹岸方向增长（图5-5）。侧向加积作用形成河床沉积或底积层，并构成河流沉积剖面的下部旋回。垂向加积是洪水期河水溢出河床，悬移质在岸外形成的沉积。由于沉积物在垂向上不断增厚，形成自然堤、决口扇和泛滥平原堆积等河流顶积层式漫岸沉积，构成河流沉积剖面的上部旋回。

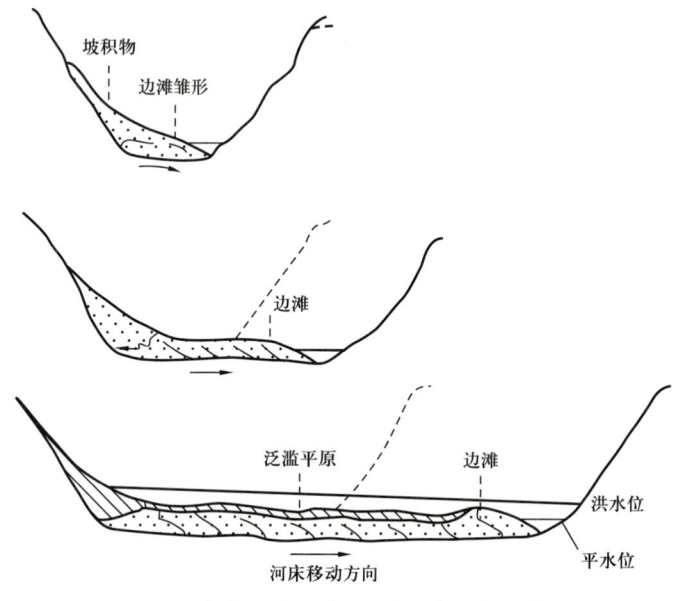

图 5-5　弯曲河道迁移过程中的侧向加积作用

第二节　现代河流沉积

一、曲流河沉积

曲流河主要发育于河流的下游段。这里远离物源区，地形坡度较小，促使河流侧积作用明显。曲流河的粗碎屑物主要分布在弯道内的深泓区和边滩中，构成带状的沙质河床沉积。细碎屑物主要分布在岸外的天然堤、决口扇和泛滥盆地中，构成片状的粉沙淤泥质的泛滥沉积。因此，曲流河沙体多被稳定的黏土层包围。

曲流河河道沙体的厚度取决于下部的蚀余滞留堆积、中部的边滩堆积和上部的天然堤堆积，相当于洪水位的深度，通常为几米、十几米或几十米。一个连续分布的曲流河沙体是由河曲侧向发育而成。在一个曲流带内，河流沙体基本上是连续分布的。曲流河沙体的宽度相当于曲流带的宽度，而曲流带的宽度大约为河曲平均幅度的两倍。曲流河沙体大致呈上平下凹的槽状透镜体，宽厚比小。沙体的底部是冲刷面，与老韵律层的泛滥沉积接触；顶部是堆积界面，被后来的泛滥沉积覆盖。因此，曲流河沙体的上下及两侧都被泛滥沉积的细粒物质所包围，形成泥包沙的宏观沉积特征，构成层状的沙体。

曲流河沉积层序明显地分为上下两部分：底组（河床）沉积和顶组（泛滥）沉积。地貌学家 E.B. 桑采尔称河流的这两部分沉积为二元结构。底组沉积是随着河道的横向迁移，沉积物产生侧向的再分布而成，以侧向加积作用为主。底组沉积由两部分组成：蚀余滞留堆积和边滩堆积。蚀余滞留堆积分布在河床的最低处，构成曲流河正韵律层的基部。它是曲流河沉积的起始，具有最粗的碎屑，又有大块的黏土，形成特殊的块状层。蚀余滞留堆积与下伏地层以冲刷面接触，往上过渡为厚层的边滩堆积。边滩堆积是曲流河正韵律层的主体，主要由沙组成，分选好。层理类型以大规模交错层理为主，向上过渡为小型沙波层理和叠覆沙波层理。最后是细粒物质的水平层理，形成于洪水退落的最后阶段（图 5-6）。

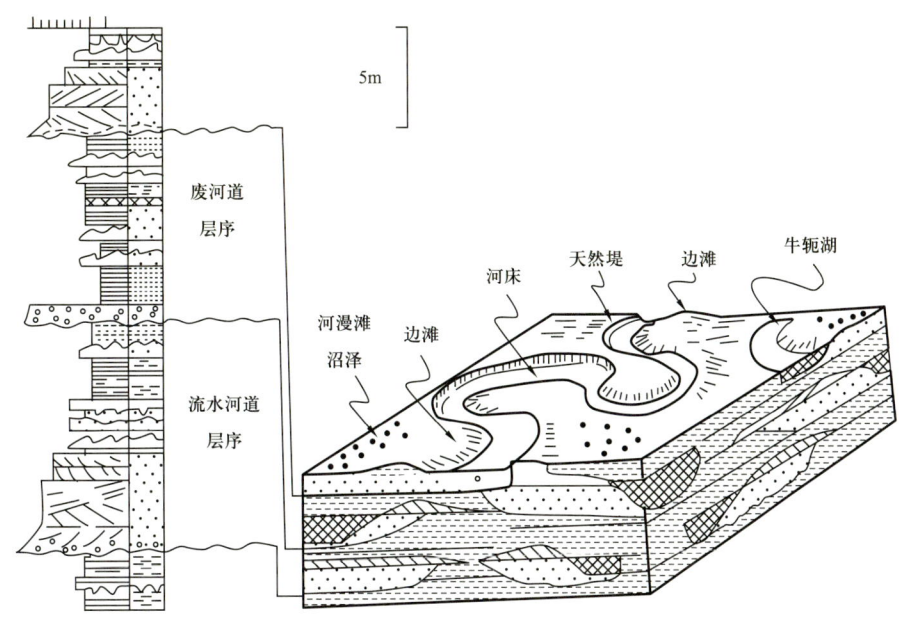

图 5-6　曲流河沉积层序

曲流河的沉积类型：

1. 河床滞留蚀余堆积

曲流河在弯道凹岸侧的河床最深，形成深泓带。两个弯道之间的顺直河段，深泓线不明显。深泓线处底部流速最大，河床中的细粒物质多被冲走，只能让粗沙、砾石等粗碎屑物堆积下来，故又称为河道底砾岩。此外，凹岸受冲刷形成的崩塌体，经底流侵蚀而残留在河床中形成黏土块、漂木、钙结核、生物残体等。河床滞留—蚀余堆积是曲流河的底部沉积，随弯道迁移而断续分布，形成厚度不大、不连续的扁平透镜体，分选差，呈块状层理。与下伏地层呈侵蚀接触，具有明显的冲刷面。

2. 边滩堆积

边滩又称点坝，它是曲流河中最显著的地貌单元，位于河曲的凸岸一侧。边滩表面是很多弓形的滨河床沙坝，它们向河流的下游方向辐聚，向上游方向散开。沙坝之间是流槽洼地，洪水时有水流通过。边滩沉积是曲流河层序的主要部分，其厚度与河流深度相当，较小的河流一般为几米，密西西比河的边滩沉积厚度达 20~25m。边滩沉积以沙砾为主。弯道底部的横向水流使河床物质从凹岸带向边滩的下游侧堆积。随着水流流速逐渐降低，边滩沉积物的粒度由下往上逐渐变细，呈正韵律。

3. 天然堤堆积

天然堤是由洪水漫出河槽，流速突然降低，悬移质沿河岸大量沉积而形成的长条形堆积体。天然堤在河床的两岸都有分布，但是在河流的凹岸发育得比较明显，在凸岸则以滨河床沙坝形式与边滩相连。天然堤最高的堤顶紧靠河床，它指示了最大的洪水位；堤面向泛滥盆地缓缓倾斜，横剖面呈楔形。华北平原的黄河天然堤宽达 2~5km，高出泛滥平原达 8~10m。天然堤沉积物主要由细沙、粉沙组成，较粗的颗粒沉积在近河床处。随着远离河床，粒度逐渐变细。沉积物在垂直方向上有不明显的正韵律性质。下部的细沙和粗粉沙层具有小型沙波交错层理和叠覆波状层理，上部的细粉沙和淤泥层具有微薄的水平层理（图 5-7）。天然堤沉积的淤泥层要比边滩的厚得多。天然堤的堆积位置较高，排水良好，粉沙的孔隙性也较好，沉积物常常被氧化成棕色。由于天然堤一般不常被水淹，堤面大多有植物生长，因此在天然堤的堆积剖面中常见植物残体和有机质残余。顶部的淤泥层受日晒或雨打，经常有干裂缝等痕迹。天然堤顶部的粉沙受风力改造，常常形成风沙层。

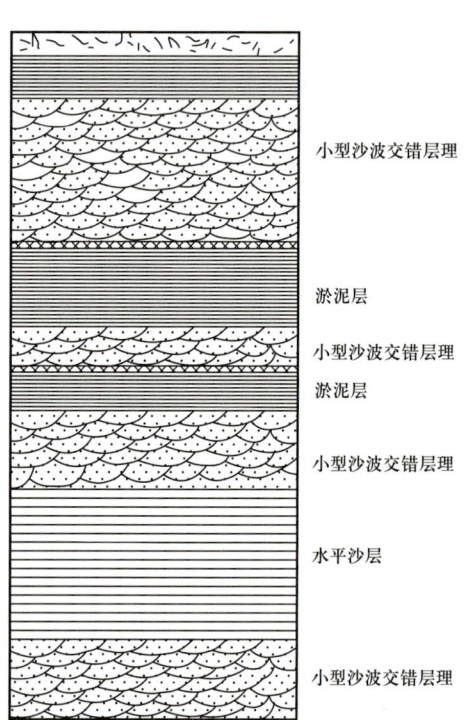

图 5-7 天然堤沉积的垂直序列（旋回层顶部大多有淤泥层）

4. 决口扇堆积

大洪水期间溢出河道的水流若使天然堤决口，大量的洪水和碎屑物穿过决口水道，向泛滥平原的低处流去。由于流速突然降低，碎屑物在决口处堆积下来，形成扇形堆积体——决口扇。决口扇沉积的粒度一般比天然堤的粗，以沙为主，顶部有淤泥层。在沉积物中经常见到漂木和动物残体。决口扇的主要沉积构造包括小型交错层理、叠覆沙波层理和一些水平层理。在决口扇沉积中还常见冲蚀—填充构造。它们有的以透镜体夹层的形式分布在天然堤沉积物中，有的分布在决口扇扇顶附近。由于天然堤与相邻泛滥盆地之间存在很大的落差，跌落下来的水流可以冲出深穴，形成厚层的透镜体，如长江中下游的决口扇沉积。决口扇的沙体常呈指状夹在泛滥盆地的淤泥层中。

5. 牛轭湖堆积

曲流河在发展过程中，其弯曲度逐渐增大，最终导致流水截弯取直而使弯道废弃，形成牛轭湖。牛轭湖堆积的特点是呈带状堆积体，底部是废弃河道的河床沙，具有交错层理。顶部是淤泥物质，由间歇性的漫槽洪水携带悬浮的细粒物质沉积而成，有机质含量高。

弯道废弃的方式有两种，它们的沉积特征各不相同。拦腰裁弯的牛轭湖在洪汛时，流水通过边滩顶部滨河床沙坝之间的流槽，冲刷出一条流程较短的新河道，而旧的弯道逐渐被废弃，如密西西比河的牛轭湖沉积。牛轭湖沉积厚层的、较低水流能量的细沙、粉沙沙，发育波状交错层理；顶部有薄层的粉沙淤泥层，代表牛轭湖的结束。拦腰裁弯形成的牛轭湖堆积体弯曲度不大，长度较小。截颈裁弯的牛轭湖处在洪水最容易冲开曲流颈的狭窄地段，洪水使河道裁弯取直。由于旧河道突然被废弃，牛轭湖的入口和出口很快被沙淤塞，流量迅速降低，在原有的河床沙上沉积了厚层的粉沙和淤泥悬浮物质，并含有比较多的有机质（图5-8）。

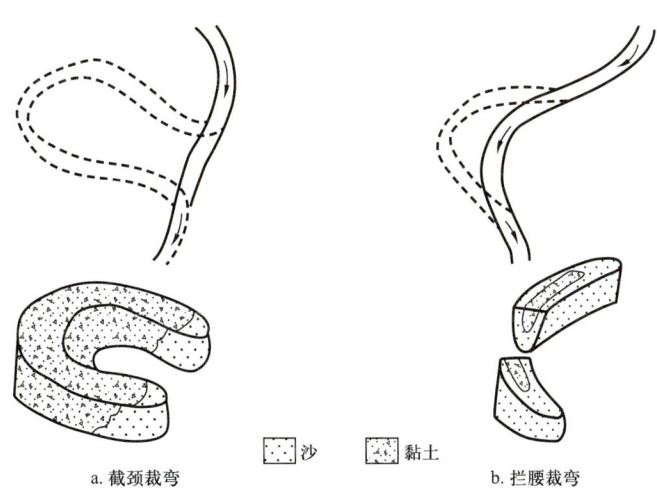

图5-8 曲流的裁弯取直方式与沉积

6. 泛滥盆地堆积

泛滥盆地是河流冲积平原中的最低部分，多半呈纵向长条形平行河道分布。洪水时越岸的水流经过天然堤和决口扇沉积了较粗碎屑物之后，细粒的悬浮物质主要沉积在泛滥盆地中。沉积速度很慢，一次洪水通常沉积1～2cm。如密西西比河8～50m厚的沉积单元中，洪泛盆地沉积的厚度只有几米。洪泛盆地沉积是河流沉积体系中岩性最细的部分，以细粉沙和黏土为主。生物扰动作用明显，层理不发育，偶尔见水平层理。由于间歇性暴露于气下，沉积物中常有干裂缝和局部的氧化痕迹。泛滥盆地沉积的性质与所在地区的气候条件有密切关系。在半干旱或干湿交替明显的地区，泛滥盆地细粒沉积物的表层受成土作用的影响，沉积物中所含的游离碳酸钙，在湿季受雨水淋溶，在干季则蒸发沉淀，形成钙结核或钙结层。这是泛滥盆地沉积的一个重要特征，它们分布在地下水面附近。华北平原和淮北平原的泛滥盆地沉积中有多个钙结层，代表了不同时期的地下水位。在湿润气候条件下，泛滥盆地中有茂密的植物，常常发育沼泽，沉积物中有机质的含量很高，可以形成泥炭，如下荆江两侧的洪洼地沉积。在华北平原也经常见厚层的泥炭，如文安洼一带，这可能与构造持续下沉有关。在炎热气候条件下，水流不畅的泛滥盆地由于强烈的蒸发作用，可以形成盐湖，沉积各种盐类。

二、辫状河沉积

现代辫状河通常出现在降水分布不均或以冰雪融化为水源的干旱区冲积扇上或出山河流段，这里河床比降和流量变率大，碎屑物堆积速度快，河道宽浅，河床易冲易淤，心滩发育，洪水时汪洋一片，枯水时河汊密布，发育很小或不发育河漫滩，沉积物一般较粗。

辫状河的径流样式是单向的，洪水期间整个河床被水淹没，表层水面呈两侧低中间高的形式，形成复合底部汇聚环流，两侧河岸遭受侵蚀，原沙坝遭到破坏而在河床中部碎屑物沉积下来，枯水期沙坝露出水面，沙坝之间汊河道形成单一环流，有利于沙坝的增生和加积。坝的发育使各个坝的上游一端沉积物较粗而下游一侧沉积物较细。由于季节性洪水泛滥后流量减小，河道中出现横流，因此在辫状河体系中可发育横向坝沉积（图5-9）。

辫状河的典型微相沉积是沙岛微相（图5-10），多由较粗的物质组成。一个沙岛的上游端坡度较陡，且有侵蚀的深槽。下游端不断堆积，因而整个沙岛不断地向下游移动。此外，沙岛还存在着侧向移动。由于辫状河流的流量变化大，流速多变，泥沙粒径较粗，在沉积过程中同时存在横向和纵向的加积和侵蚀，使沙岛堆积具有以下特征：

（1）沙岛源自心滩，由较粗的河床底质沉积开始，然后在其上部和下游部分加积较细的物质，使心滩逐渐增长加高，最后露出水面成为沙岛。所以沙岛沉积物具有在垂直方向上和往下游方向上粒径迅速变细的特点。由于辫状河流的河道多变，已经沉积在废弃河段中的粉沙和黏土，在下一次洪水中又可被冲走，故沙岛沉积往往表现为沙与砾互层，偶尔夹有薄层粉沙或黏土。在沙砾层中常夹有黏土块。

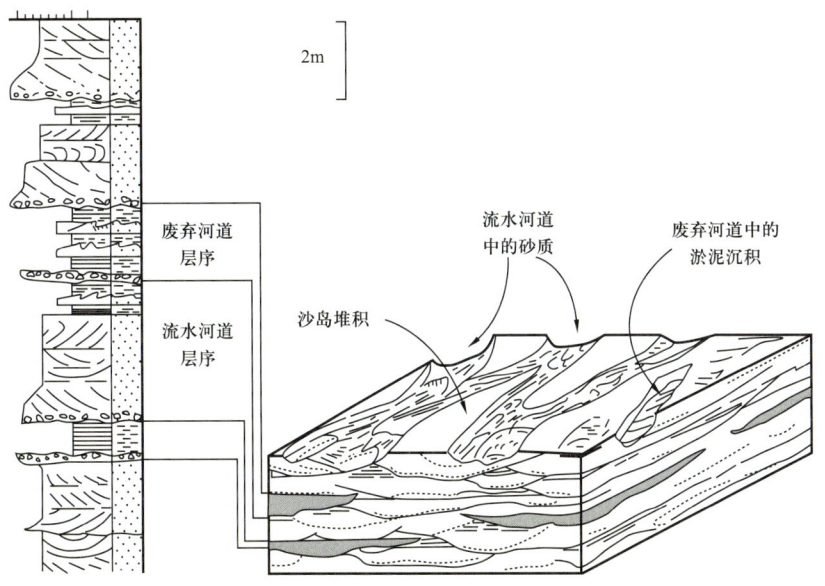

图 5-9　辫状河流的沉积岩相与垂直层序

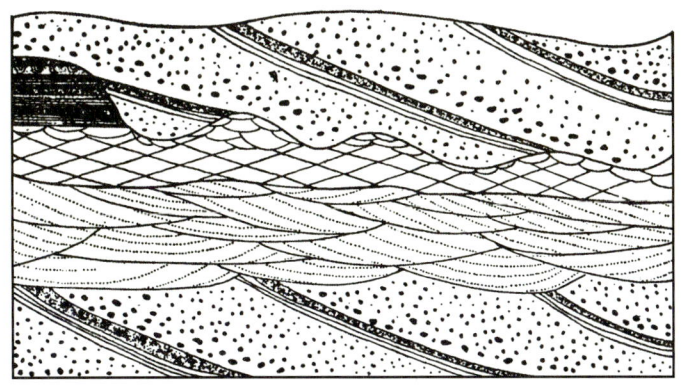

图 5-10　沙岛微相

（2）沉积物的沉积构造在垂直方向上变化很明显。底部是大型交错层理，反映了沙岛向侧方和向下游的移动。上部是由中—细沙构成的沙波层理，反映了洪水流速已经减弱。顶部是洪水退落过程中，由悬浮的粉沙黏土物质沉积形成的水平层理。

（3）每个沉积旋回底部的粗粒沉积与其下方的前一个旋回的顶部细粒沉积之间的界面很不规则，掘蚀—再填充构造很普遍。

三、网状河沉积

1. 网状河环境单元划分和沉积特征

Smith（1980，1983）通过对加拿大西部几条现代网状河流的研究，识别出 6 种沉积相：河道沉积相、天然堤沉积相、决口扇沉积相、泛滥湖泊沉积相、岸外沼泽相和泥炭沼泽相。前3种相主要与河道有关，后3种相为湿地环境。

1）河道沉积相

河道沉积相主要为由沙和砾组成的深而狭窄的条带状沉积体。底部具有明显的侵蚀面，周围被湿地环境的细粒沉积物包围。在平原区以沙质河道沉积为主，底部也可有薄的砾石层；在山区则主要发育砾质河道，河道填充的地层具板状交错层理，为多层向上变细的层序。厚而狭窄的带状沙体反映了网状河道的稳定性和以垂向加积为主的沉积型式，这与以侧向加积的曲流河道明显不同。

2）天然堤沉积相

天然堤沉积发育在河道沉积的两侧，一般厚数米，宽数十米至数千米。沉积物由纹层状细砂和粉砂薄层组成，偶夹有机质透镜体。

3）决口扇沉积相

沙质决口扇沉积在网状河流体系中极为普遍，通常是粉沙及粗粉沙组成的叶状沙席，近源厚度一般2~3m，向远源逐渐变薄（数十厘米）。粒度分布特征为：扇底部为纹层状粗粉砂和细砂，上覆有机质碎屑薄层，再往上为一向上变粗的厚层序，具流水波痕和少量高角度交错层理的中粒沙及细砾沉积物，波痕谷中薄层有机质透镜体很普遍；上部扇沉积物粒度变细，为溢岸泥质沉积，其上植被繁茂，有大量根系起着固定上部扇沉积物的作用（Smith，1983）。

4）泛滥湖泊沉积相

湿地中普遍发育有大小不等的浅水湖泊次环境。沉积物主要为纹层状黏土和粉沙质黏土，但常因生物的扰动纹层完全破坏。

5）岸外沼泽相

沼泽沉积多为生物扰动的泥质沉积物，有时由薄纹层有机质和碎屑泥沉积（粉沙质泥和泥质粉沙）组成，含有大量水生植物群。

6）泥炭沼泽相

泥炭沼泽相一般为泥炭层，厚度多变，分布面积广泛，可达数十平方千米。总体上，网状河沉积的最大特点及其与其他类型河流的主要区别是泛滥湖泊、沼泽沉积分布极为广泛，几乎占河流全部沉积面积的60%~90%。因此，厚度巨大富含泥炭的粉沙和黏土是网状河中居于优势的沉积物。

2. 网状河的沉积相模式

尽管网状河的环境单元与曲流河类似，但各环境单元沉积的组合关系与曲流河存在很大的差别。图5-11所示为加拿大西部哥伦比亚河河道与湿地横剖面图及选择的4个钻孔岩心的沉积相剖面图表示一个砂质网状河流沉积环境与沉积相分布特点。网状河表现为：河道沉积（河道、天然堤）与湿地沉积（泛滥湖泊、决口扇、沼泽和泥炭沼泽）为横向变化，即河道沉积镶嵌于湿地沉积之间。野外露头观测表现为：一个地区以河道沉积为主，以具有水流交错层理的砂岩为特色；而另一个地区的同期地层则以湿地沉积为主，以含煤的暗色泥质岩（泛滥湖泊和沼泽）夹具小型水流交错层理、水流爬升层理的薄层粉砂岩（决口扇）沉积为特色。在钻孔剖面上，也呈现出河道相（图5-11孔D）和湿地相的横向相变（图5-11孔F）。

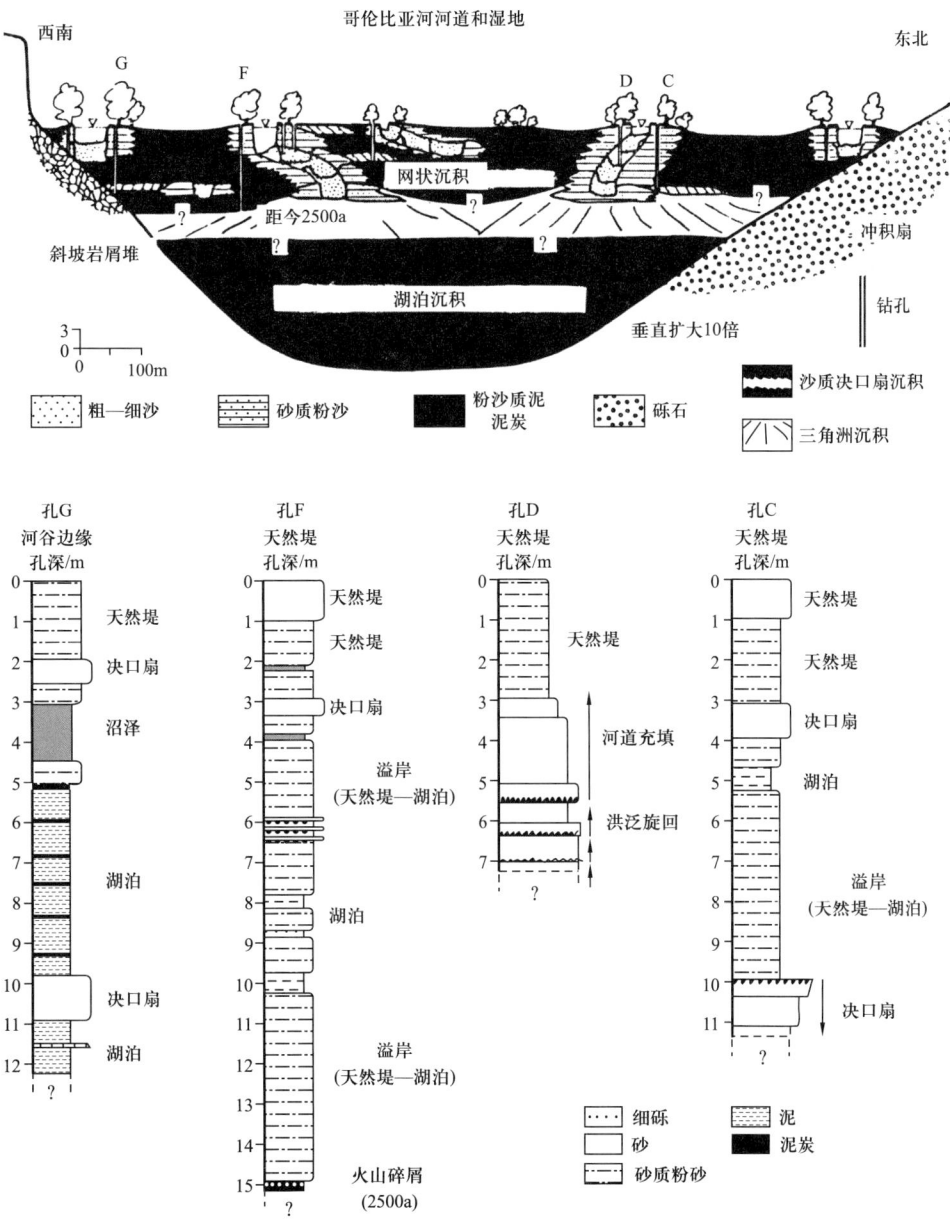

图5-11 加拿大哥伦比亚河的钻井剖面及环境解释（据Smith，1983）
G、F、D、C代表钻井剖面及其位置

四、嫩江网状河沉积实例

1. 自然地理特征

嫩江齐齐哈尔段网状河流体系位于平原地区，因地势平坦宽阔、有足够的空间供河流分汊和在横向上扩展，所以网状河流体系的规模较大；分汊系数一般较高，为3～5；河道的平均宽深比为10～15；坡降为0.014‰；弯曲度为1.48。网状河沉积的速率较高，^{14}C 测年的结果为：河道 17～47cm/100a，天然堤为 23～165cm/100a。

2. 沉积环境及相

网状河沉积常见的亚相和微相类型有网状河道、天然堤、决口扇、河间漫滩、湖泊和沼泽等（图5-12）。

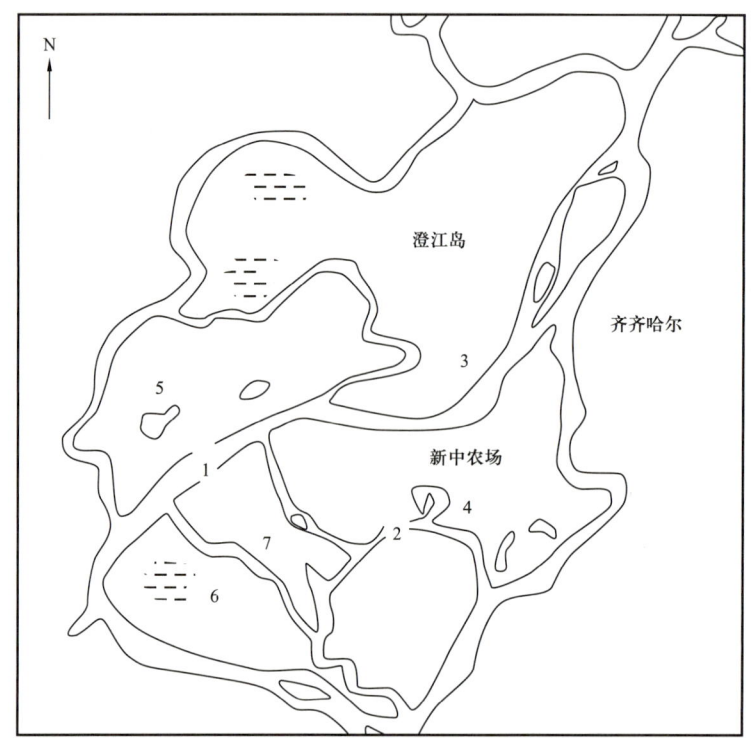

1—主河道；2—季节性河道；3—天然堤和河漫滩；4—决口扇；5—湖泊；6—沼泽；7—深槽位置。

图 5-12 嫩江齐齐哈尔网状河流体系地貌单元

该体系中网状河道发育，规模不一。有常年流水的主河道，宽度可达350m。也有季节性流水的河道，最小宽度仅10m。这些河道平面上交织呈网状，本身被天然堤控制。河道之间为广泛发育的河间漫滩。主河道为粗粒沉积，以含砾中粗沙和沙砾为主；季节性河道以中细沙沉积为主，局部为含砾沙。对三条季节性网状河道探槽进行了详细描述，截至目前河道沉积的沙体厚度仅1m。沙体内部见多次冲刷现象。沙层多具大型槽状交错层理，尤以上部层理最为发育，单个层系厚度可达13cm，单个纹层最厚为2cm。粒度的差异显示了纹层的变化。粒度概率曲线多为三段式，含有一定的滚动组分（图5-13）。沙体中间夹有薄泥层，含有生物碎屑和有机质。该泥层和天然堤中的厚泥层相连，向河道中部倾斜减薄至尖灭，为洪水末期的落淤沉积物（图5-11）。

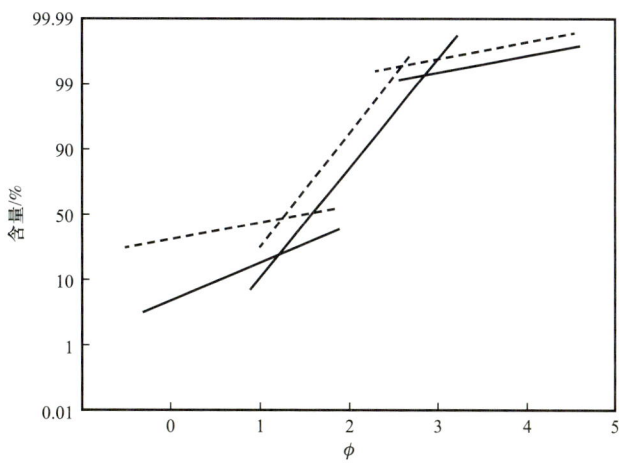

图5-13　网状河道沙粒度概率曲线

河道两侧十分发育的天然堤可与天然堤不发育的辫状河和只在凹岸发育天然堤的曲流河相区别。天然堤高出河道1~4m，宽度从几米到几十米，其上植被茂密，以泥质沉积为主。间夹薄层粉沙，泥层最厚可达30cm；具水平层理；常见植物根和叶，生物扰动强烈，河道沙体在此呈船形尖灭。

河间漫滩（江心洲）是嫩江网状河流体系中最发育的地貌单元，属湿地环境。面积占整个河流体系的85%。沉积物以细粒为主。在这些湿地上发育了网状河的典型环境，如季节性河道、废弃河道、决口扇、天然堤、湖泊和沼泽等。湖盆面积较小，为5000~20000m^2，其形状各异、有圆形、椭圆形和不规则形，常发育于天然堤的外侧。湖泊周围常伴随大片沼泽（泥炭沼），沉积物以泥质为主。沼泽常与湖泊、河道及废弃河道伴生，位于湖泊周围或天然堤外侧，洪水季节性接受粉沙级细粒沉积物。大部分沼泽上部沉积物为饱含水的黑色淤泥、富含有机质；沼泽下部的沉积物为河道或湖泊沉积物，说明其为河湖演化的产物。

3. 沉积特征

网状河沉积砂体以细砂岩为主，砂岩成熟度较高；沉积构造以槽状交错层理为主，另见波状和水平层理；岩性组合垂向呈正韵律，自然电位为钟形；粒度概率曲线主要表现为三段式，悬移组分含量较高，可能受到了后期成岩的影响；C—M图一般呈两段式，由QR和RS段组成（图5-14），为完全递变悬浮。

4. 储层砂体

网状河砂体由于岩性细、分选比较好，砂体的孔隙度和渗透率比较高。砂体剖面呈透镜状，上平下凹，厚度 15m 不等，宽度在 30～60m 之间变化。这种砂岩韵律层厚度一般较大（2～3m），发育斜层理和槽状交错层理。

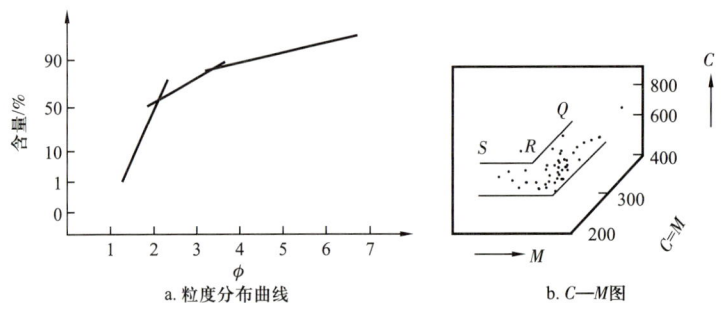

图 5-14 网状河砂体粒度特征

5. 沉积相

网状河流相分为网状河道、网状汊道和河间低地三种微相类型（图 5-15）。

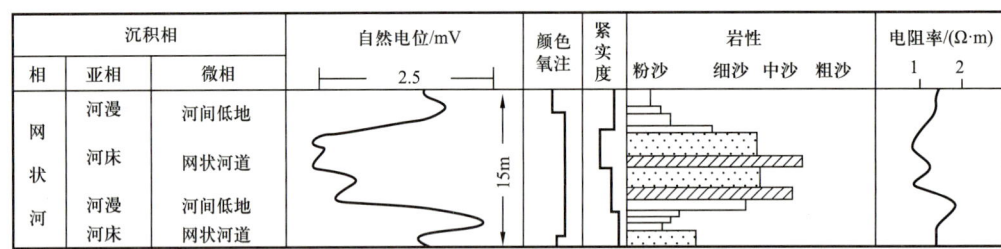

图 5-15 网状河河道沙体综合柱状图

1）网状河道微相

是网状河流相的主要微相类型，也是其主要的砂体类型。一般呈灰色、灰白色；岩性多为中、细沙；发育斜层理和槽状交错层理；垂向一般为薄的正韵律互相叠置。正韵律层之间为侵蚀冲刷面。总体上河道微相呈垂向加积的沉积特征，自然电位曲线呈高负偏的钟形、窄箱形，泥质含量低，物性较好。

2）网状汊道微相

这种微相零星分布于网状河道的周围，是河道持续时间较短的次要水流沉积的产物。沉积特征类似于网状河道沙体，但厚度小，约 2m。自然电位呈低负偏的钟形或指状形态，正韵律，由细沙和中沙组成。

3）河间低地微相

这是网状河道之间的泥质沉积，偶尔也发育薄层砂岩。河间低地类似于现代沉积环境中的沼泽、湖泊或池塘等环境。

4）相组平面展布

井下网状河成因砂体的平面展布受井网密度影响很大。黄骅坳陷段六卜油田井网密度达200m左右，为河流平面形态的研究提供了条件。平面上各相带呈网状分布，河道砂体分布窄，呈条带状，河道间为半永久性的冲积岛、泛滥平原或沼泽（图5-16）。

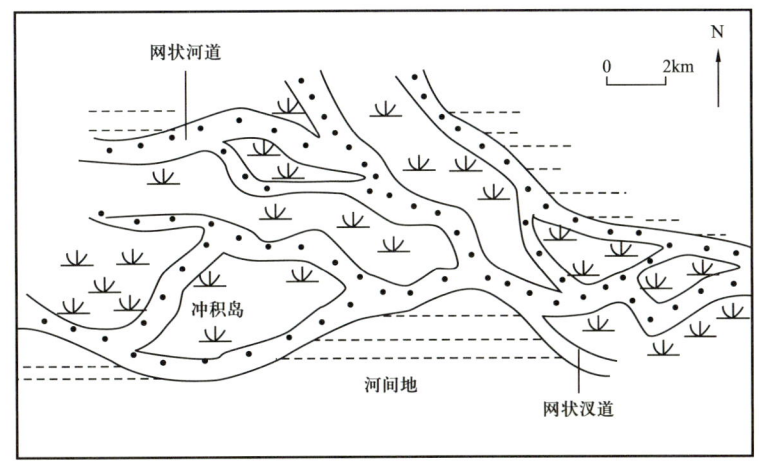

图5-16 网状河河道平面形态图

因此，网状河成因的沙体其特征表现为：岩性细，以中沙、细沙为主；砂体横剖面呈厚而窄的透镜体，平面上呈鞋带状；多条河流呈网状交织。网状河沉积由多条互相分叉又互相连接的低能沙体复合而成，以垂向加积为主。层序上表现为向上变细、但分带不明显的正韵律沉积，由多个粗韵律层组成，缺少曲流河点坝沉积的完整正韵律层。

6. 网状河沉积模式

1）环境条件

网状河出现在坡度很小的地区（坡度小于0.5），在地形坡度很平缓的冲积平原上网状河十分常见。在这些地方沉积物快速地加积，具有很高的堆积速度。为了维持这种河道样式，来自上升区的物源供给是很快的。同时为了保持较小的沉积斜坡，还需要有迅速的沉降作用。网状河的特征是有两条或更多的稳定河道，其弯曲度可高可低，这些河道分汊又合并，形成一系列复杂的网状河道。

2）流水过程

网状河的流水样式与辫状河相似，因此区分这两种河流类型是很重要的。辫状河以高宽深比为特征，而且是极不稳定的；而网状河有较低的宽深比，其河道是稳定的。网状河的特点受环境的影响，其水流呈单向流动而且变率较小，很少发生侧向迁移，以垂向的连续加积为主要特点，河道的稳定性因网状河潮湿阶地上的开阔湿地和植被而得到加强。在干旱地区，这种河流的稳定性主要是由大的加积速度和小的坡度决定的。

3）沉积特征

由于网状河的河道不是横向迁移而是垂向加积，所形成的沉积层最突出的特点是：

相之间近乎垂直接触，具有排列比较完好的空间三维组合，具有较低的宽深比；沙体内部一般有多层侵蚀面；缺乏明显的侧向加积层；具有明显的顶界面。

网状河沉积由于以垂向沉积为主，缺少横向迁移作用，因此分选作用较差，垂向层序粒度变化不大，在河道内部可发育多层叠置的板状交错层系，反映了与河道加积有关的洪泛旋回。在一系列垂向上叠置的网状河沉积物中，粒度变化不明显，既可出现正粒序也可出现反粒序变化，但大量的研究表明网状河沉积仍以不很明显正韵律的层互相叠置沉积为主。

在上述环境背景下，网状河沉积的沉积模式可概括为图5-17所示的模式。

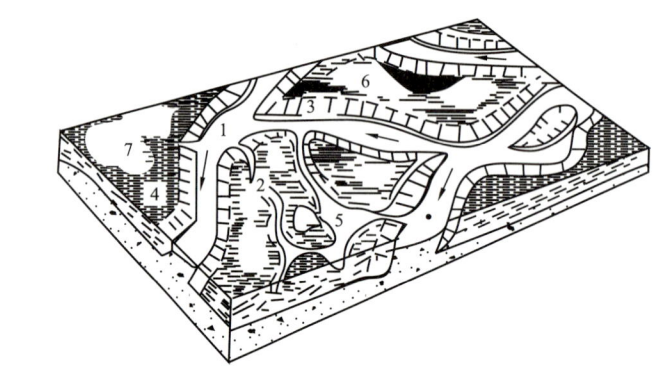

1—主河道；2—季节性河道；3—天然堤；4—河漫滩；5—湖泊；6—沼泽；7—决口扇。

图5-17　网状河沉积模式图

第三节　古代河流沉积的识别标志与案例

一、古代河流沉积的识别标志

1. 冲刷面和河床蚀余滞留沉积

河床的底部普遍发育冲刷面和河床蚀余滞留沉积，它们分布在河流正韵律层的基部，是恢复河流沉积历史的出发点。冲刷面和河床蚀余滞留沉积的发育程度随河型而不同。

网状河的形成环境比较特殊，由于在干旱和潮湿地区都可出现，因此其形成背景受到了很多因素的控制。根据现代的实例研究，笔者认为，网状河一般都和侵蚀基准面（均衡剖面或地貌面）有关，网状河常发育在沉积速度和构造下沉速度平衡的地区，而且植被都比较发育。另外，根据嫩江的研究可以看出，洪水在网状河的形成和发育过程中起到了很大的作用，洪水有助于河道的分汊及网状河流体系的形成。

网状河的沉积演化与曲流河不同，曲流河平面相带的演化是和河道的侧向侵蚀、废弃、截弯取直，以及洪水泛滥密切相关的，其垂向的正韵律层序是河道自身演化造成的，而网状河由于河道相对稳定，在演化过程中以垂向的加积或不明显的侧积为主，只有在洪水时期或湖侵、海侵的情况下才在河道沉积之上覆盖细粒沉积物。因而，在垂向上韵律层不完整、平面上环境相对稳定，造成网状河沙体垂向厚度大面积横向延展的特点。辫状河的泛滥沉积主要发生在河道中，常常被后来的洪水冲刷掉，使河床底部的沙砾质蚀余滞留沉积与下部的细沙粉沙层接触，冲刷面不醒目。网状河沙体依次叠置在稳定的河道中，沙层之间也缺乏明显的冲刷面和河床蚀余滞留沉积。

2. 向上变细的沉积层序

无论哪种河流都具有岩性向上变细的正韵律沉积特征，但是单个正韵律层的厚度和韵律层的岩性区间各不相同。曲流河和分汊河的正韵律层厚度最大，从底部的沙砾层到顶部的淤泥层，岩性差别最大。辫状河和网状河的正韵律层厚度小，通常仅几米，由砾和沙组成。

3. 单向水流交错层理

河床底部的各种堆积地形在单向水流作用下，发生纵向迁移，形成倾向下游的前积纹层，主要发育不同规模的交错层理。在垂直方向上，沉积构造随着岩性变化而变化。其顺序大致是：底部冲刷面—块状层理—大型槽状交错层理和平行层理—小型交错层理—爬升层理、波状层理和水平层理。在网状河沉积中以大型交错层理为特征，在辫状河沉积中常见高流态的平行层理。在河流相的大型槽状交错层理中，常见扁平的泥砾规则地沿斜纹层面分布。

4. 沙体几何形态

沙体的几何形态与河型有密切关系，取决于河床的宽度和深度。顺直河和网状河沙体的宽厚比最小。曲流河沙体的宽度相当于曲流带的宽度，它的宽厚比中等。辫状河沙体的宽厚比最大。

5. 沙体组合形态

河流沙体的组合形态随河型不同而不同。在平面上，辫状河沙体呈片状，曲流河沙体呈带状，网状河沙体呈鞋带状。在横剖面上，网状河沙体为上平下凸的透镜状，在同一深度上可以有几个沙体。曲流河沙体为板状，随着河床的迁移和堆积，各个沙体依次分布在不同深度处。

6. 泛滥沉积特征

河流的泛滥沉积中常有干裂缝和局部氧化的痕迹。在干旱和半干旱气候区的冲积平原上，河流的泛滥沉积物受风力改造，可以形成风成沙丘，为分选极好的粉沙层，分布在河流正韵律层的顶部。此外，有明显的干湿季交替地区，在泛滥盆地的地下水位附近经常形成钙结层。在极干热的气候区，泛滥盆地可能发展成盐湖，形成各种盐类沉积。在湿润气候区，泛滥沉积中有机质含量高，发育沼泽泥炭。

7. 粒度特征

河流沉积的分选性由中等至差。$C-M$ 图为典型的牵引流型。辫状河的粒度正态概率图形由推移体、跳跃体和悬浮体组成，曲流河的正态概率图形缺少推移体。

8. 颗粒磨圆度和微结构

以南宫县为例，河流在搬运泥沙过程中，沙砾之间互相碰撞磨蚀较弱，故河流沙的磨圆度一般较低。在河流石英沙粒的表面经常可以见到原始的贝壳状断口。

9. 矿物成分

河流碎屑物的岩矿成分成熟度中等到低，黏土矿物主要为高岭石，反映了河水的酸性环境。

10. 沙体中的生物残体

河流沙体中的植被残骸主要是树根和树干，一般集中分布在沙体底部的蚀余滞留沉积中，其走向一般与沙体的延长方向一致。很少有动物群，偶尔有少量淡水或微咸水的生物介壳。有时可含脊椎动物残骸。

二、古代河流沉积的案例

1. 准噶尔盆地古代河流沉积

1）沉积特征

（1）从沉积时期的古气候特征来看，大量的研究已表明，准噶尔盆地在侏罗系三工河组 S_3 砂层组和上八道湾组沉积时期为温暖潮湿气候，这种气候条件有助于稳定河岸及天然堤的植物生长，有利于形成发育良好的河道及湿地。

（2）三工河组 S_3 砂层组和上八道湾组沉积时期的古构造、古地貌条件有利于网状河的发育。当时处于均衡补偿阶段，既不同于八道湾组沉积早期的过度补偿（扇体和辫状河广泛发育），又不同于三工河组中上部沉积时的欠补偿状态（深湖相沉积发育），可容空间与沉积物的补给达到平衡，很低的地面坡降使河流几乎没有过剩的能量，导致河道和湿地稳定发育。

（3）三工河组 S_3 砂层组底部及上八道湾组发育泥炭沼泽环境形成的碳质泥岩和煤层，这也是网状河中的常见特征。在现代哥伦比亚河上游的岩心记录中及萨斯喀彻温河的钻井记录中都见到了沼泽环境泥炭层的沉积（图 5-18），同样在彩 401 井及其他井中也见到相似的沉积层序。

（4）三工河组 S_3 砂层组和上八道湾组沉积中没有见到分布范围大而且稳定的湖相泥岩沉积。尽管地层厚度有从东北向西南方向逐步增大的趋势，但却无明显的梯度带滨岸的响应，而岩性的变化则更无明显的规律。总之，很难确定出当时的湖域，更可能的情况是湖岸线不在工区，尚在工区的西南边。

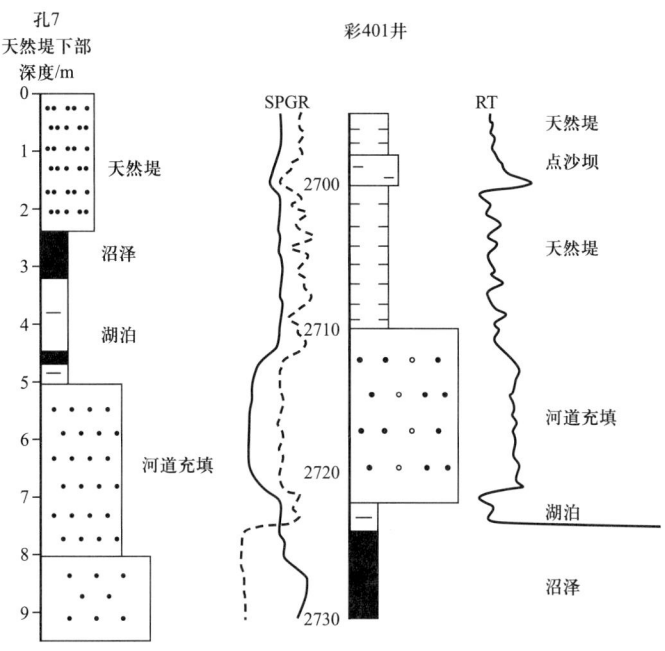

图 5-18　萨斯喀彻温河钻孔与彩 401 井沉积层序对比

从相距很近的三口井 C401 井、C17 井和 C31 井的对比图中（图 5-19）可以看出，C401 井 S 顶部的一套细粒湖泊泥质沉积，向两侧到 C17 井和 C31 井均相变为砂层（河道沉积），类似的情况极为普遍。

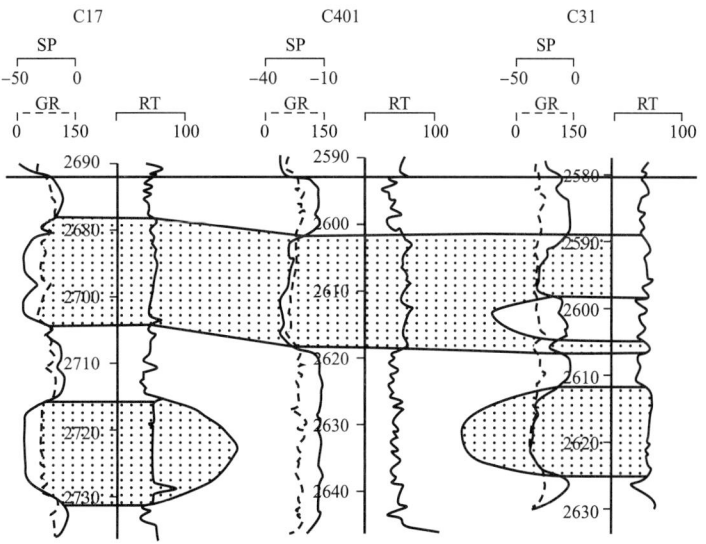

图 5-19　三工河组 S_3 砂层组泥岩与砂层的相变关系

（5）在几乎所有的钻井中，所研究层段没有见到三角洲沉积的下细上粗反旋回剖面结构，亦未见有反韵律的河口坝、远沙坝的沉积，大量发育的是呈块状或略显正韵律的河道充填砂和天然堤砂质、粉砂质沉积，以及个别薄层决口扇砂层。彩33井三工河组S_3砂层组看似为一个向上变粗层序，但明显可见是河道与堤岸的沉积组成（图5-20），而非三角洲的沉积层序。

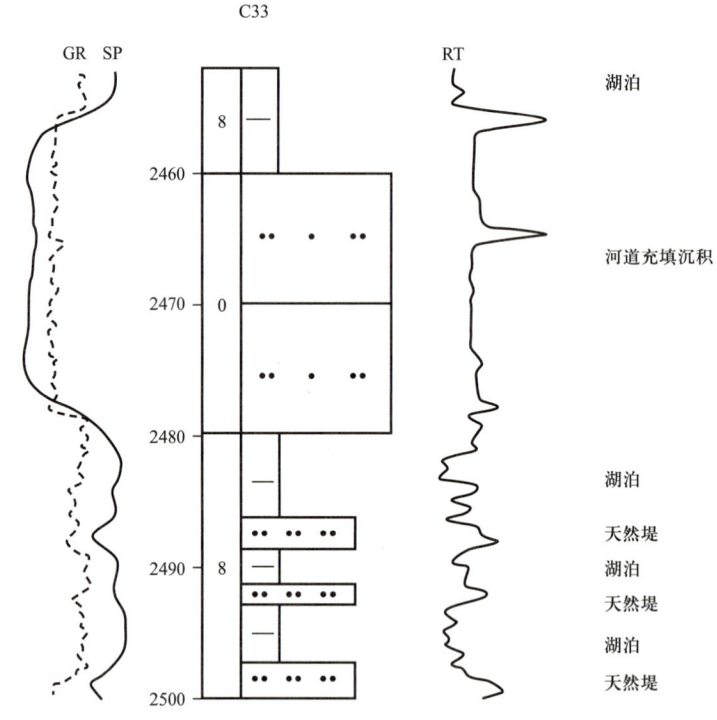

图5-20 彩33井网状河流相沉积层序

（6）砂层对比中发现。砂层延伸具有一定的方向性，呈带状分布。在河流流向的纵切面上砂层较稳定，垂直流向方向的横剖面上，砂层呈多个透镜状分布，反映属于多河道系统。

（7）砂层以细、中粒砂岩居多。沉积构造也反映较低能量的波状层理、小型槽状、板状交错层理。常见炭屑、碳质纹层，以及顺层分布的泥砾。

2）亚相、微相类型及其特征

网状河是由多个稳定的低弯度河道、发育的天然堤及广大的湿地构成。参考现代网状河沉积环境分布状况，综合研究区内三工河组S_3砂层组和上八道湾组的沉积特征，将网状河划分为三种亚相（河道，堤岸，越岸湿地）和六种微相类型（河道充填，点沙坝，天然堤，决口扇，河漫沼泽，河漫湖泊）。下面分别叙述各种亚相和微相类型的特征。

（1）河道亚相。

网状河的河道既不同于辫状河河道，又有别于曲流河河道，具有以下特征：发育的古地貌背景是地形平缓、低坡降地带；河道反复分汊、合并构成相互有联系的网状结构；河道具有低到中等的弯曲度，中到较高的加积速度。

网状河河道沉积多表现为具有较大的厚度（5~20m不等），狭窄且相互连接的条带状砂质沉积。根据其沉积作用机制可进一步分为两个微相类型，即河道充填沉积和点沙坝沉积。

① 河道充填沉积。

发育于活动河道内，以加积方式形成的砂质沉积为特征。这类沉积在工区三工河组 S_3 砂层组和上八道湾组沉积中十分常见，砂层厚度一般在 0.5~1m 之间，个别井中由砂层叠置可形成厚度超过 2m 的厚砂层。砂层一般表现为块状岩性相对较均一，以细、中粒为主，电测曲线上表现为箱状的特征（图 5-21），上下都为泥质细粒沉积所包围，河道充填沉积的岩性以细、中粒到粗粒砂岩为主。岩石呈块状，不显韵律，炭屑丰富，局部富集呈纹层。还见波状层理，常见顺层分布的泥砾。河道充填沉积中可见多个单砂层的叠覆，这代表了不同期次的填积。

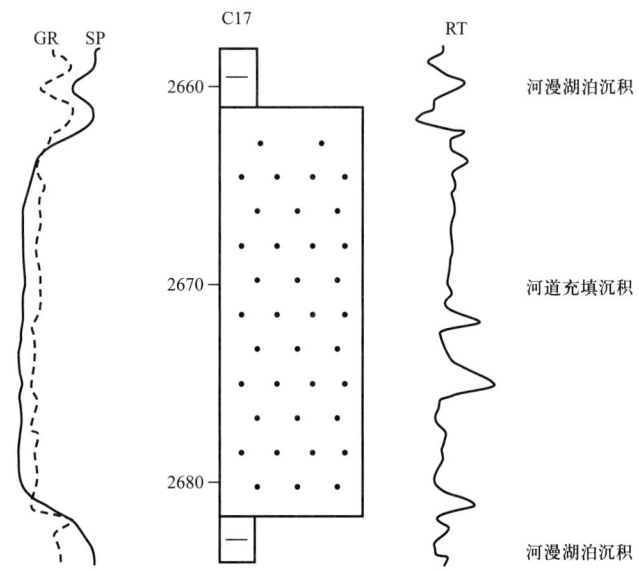

图 5-21　彩 17 井网状河道充填沉积

② 点沙坝沉积。

网状河的大多数河段具有较低的弯度，表现为垂向填积。但在个别河段仍可见到弯曲的河道，从而形成窄的点沙坝沉积。这是一种侧向加积的沉积，厚度一般很小，大多小于 5m。在电测曲线上呈现小的钟形，砂层具有明显的向上变细正韵律（图 5-22）。

彩 18 井 2706.24~2706.92m 为点沙坝沉积，岩性为中粗粒砂岩、含砾砂岩和粉砂岩，且有明显的正韵律；底部有冲刷面；岩石中发育板状交错层理、平行层理和波状层理；植物碎片丰富，见泥砾。

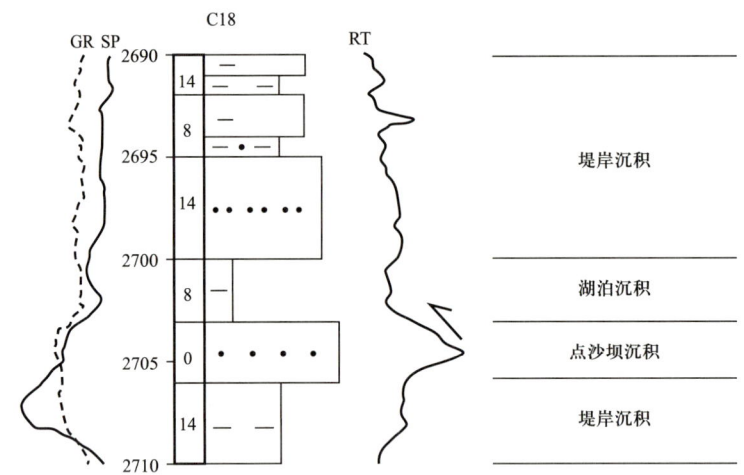

图 5-22 薄层点沙坝沉积层序

（2）堤岸亚相。

稳定的河道为河岸沉积的发育创造了条件，同时，固结的细粒河岸沉积及生长其上的植被反过来又促进河道的稳定，网状河流体系中与河道伴生的堤岸沉积十分发育。

（3）越岸湿地亚相。

在网状河体系中，发育着面积广阔的湿地，河道就是围绕或穿越这些广阔的越岸湿地分布。越岸湿地的地形高程往往较河道低，面积较河道大，常显不规则状至圆形分布。

2. 鄂尔多斯盆地延安组响水曲流河砂体

1）地层序列

中侏罗统延安组总厚 250m 左右，是鄂尔多斯盆地重要的含煤和含油气地层之一。李思田等通过对盆地侏罗系延安组的沉积体系及层序地层研究，将延安组划分为五个成因地层单元，分别代表延安组沉积期盆地充填的五个沉积体系域单元，第一成因地层单元为一典型冲积体系域单元，是由两个曲流河沉积序列所构成，响水砂体位于上部一个曲流河沉积序列的底部（图 5-23）。

响水曲流河砂体的序列厚约 11m，总体上显示粒度向上变细，层理规模逐渐变小，反映河流从开始至废弃的全过程。该体系大致可划分为三套沉积组合和六种有共生关系的成因相组成，按由上而下的次序（图 5-24）：

（1）洪泛沉积：主要为发育波状交错层理的细砂岩和粉砂岩，局部见有生物潜穴和植物根的粉砂质泥岩夹层。在断面上，同时叠覆在 3 个点坝砂体之上，说明了不同时期点坝废弃后，其侵蚀面上为悬移质的沉积物所覆盖。

（2）天然堤沉积：主要为粉砂岩和细砂岩水平互层沉积，粉砂岩中见有植物根化石和直立的生物潜穴。

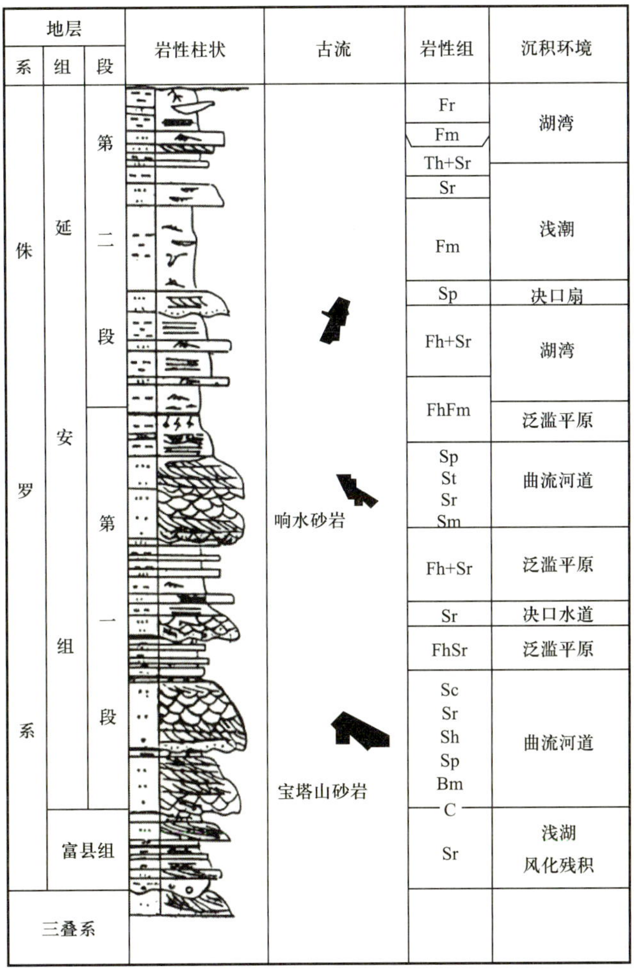

图 5-23 榆林—横山地区延安组第一段、第二段垂向层序图

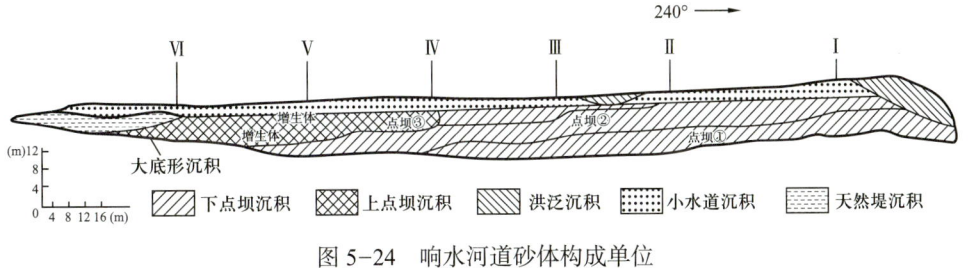

图 5-24 响水河道砂体构成单位

2）储层渗透率的分布模式

根据渗透率平均值把砂体储层划分为不同等级储层（表 5-2）。渗透率较高的以粗粒砂岩为主，属渗透性好的岩石。渗透率较低的中粒砂岩，属中等渗透性岩石。细至极细砂岩的渗透率低，属弱渗透性岩石。

表 5-2 根据渗透性划分岩石类型

渗透性等级	划分标准/mD	岩石类型	该类型取样点数	所占百分比/%
好	100~1000	粗粒砂岩	10	11.2
中	10~100	主要为中粒砂岩	34	38.2
差	1~10	细至极细砂岩和弱碳酸盐化砂岩	20	22.5
非渗透	<1	强碳酸盐化砂岩	25	28.1

一般来讲，垂向渗透率均较横向上低。已进行双向测试的样品表明，垂向渗透率值大多数为横向渗透率值的 1/4~1/2。非渗透性岩石垂向和横向渗透率值接近或相等。

曲流点坝砂体的渗透率模式（图 5-25）的特点主要有以下几点：

（1）复合曲流点坝砂体渗透率值不同，其特点是河道砂体下部高，向上逐渐降低，尤以坝顶沉积物渗透率值最低。

（2）在横断面上，早期形成的点坝砂体比晚期形成的点坝砂体渗透率值高。

（3）在单个点坝砂体中，靠上游方向的一侧渗透率值高，朝下游一侧的渗透率值较低。

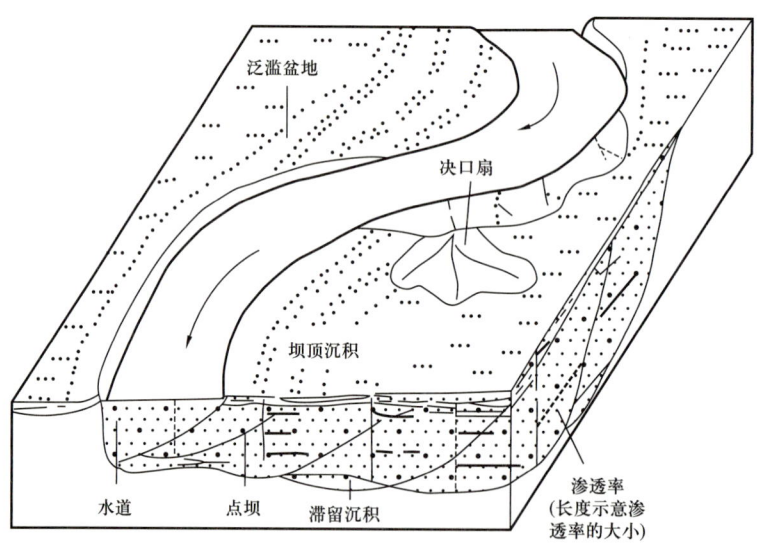

图 5-25 曲流点坝渗透率的分布模式图（依据响水砂体）

3. 茫崖凹陷

茫崖凹陷干旱气候背景下网状河流沉积体系及演化：

网状河流是由发育植被的河间地分开的、比降较小、中等弯曲、相互连通的河道组成的稳定的多河道体系。河间地是从连续的泛滥平原上切割而成的，其规模远大于河道的尺寸。Nanson 等注意到网状河流是广义的"分汊河流"范畴中的粒度细、动能低的子集团，而河流分汊可以出现在多种河流体系中。虽然广义的"分汊河流"最初是与单河道河流并列的概念，但是随着辫状河流和网状河流先后从中分出，所剩的狭义的分汊河流是和网状河流、辫状河流并列的不同河型。出于油气勘探开发的需要，人们对不同地区的网状河流的沉积特征进行了较多研究，所见的许多实例中仅有库珀溪（Coopers Creek）和红溪（Red Creek）发育在现代干旱气候带，其他的都形成于现代或古代湿润气候区。这里报道的茫崖凹陷上新统网状河流沉积体系则是干旱气候条件下，发育网状河流的一个典型的古代例证。该实例的发现表明干旱气候背景下沉积盆地中可以形成网状河道砂岩储层，从而为油气的勘探开发开辟了一个新的研究领域。

1）剖面位置及研究背景

研究剖面位于柴达木盆地西部的茫崖凹陷中，其中露头剖面位于油砂山，钻井剖面位于跃进二号油田。上新统是该研究的核心层段，有人认为上新统是三角洲沉积体系。笔者在对研究区上新统露头剖面的研究中利用结构单元分析法、对钻井资料进行了岩相转换的马尔可夫链模式对比和连井剖面的砂体形态对比，在综合研究的基础上得出下—中上新统为网状河流沉积体系、上上新统为辫状河流沉积体系的新认识。

2）露头沉积物结构单元分析

上新统沉积物的露头比较局限，难以进行侧向追踪，但可以根据局部出露的沉积物特征进行结构单元分析，从而为沉积相的判别提供必要的证据。结构单元分析是Miall首创的研究露头碎屑沉积物的一种有效方法，对于河流沉积体系的露头研究已经比较成熟。其研究要点为构成河流沉积物的一些常见要素，这有利于区分河流和其他环境中形成的沉积物，对于不同河型沉积物的判别也有重要意义。通过对油砂山上新统沉积岩露头的野外考察，共识别出以下7种结构单元：（1）河道滞留单元：常见细砾岩和泥砾分布在冲刷面上，分选极差。（2）宽浅河道单元：出现在露头顶部，因被剥蚀其层状展布往往中断。以粗、中砂岩为主，夹不连续的薄粉砂岩条带，大型槽状交错层理发育。为不完整的正韵律叠加而成，单韵律层厚0.3~2.0m不等，其顶部的细粒沉积物薄或局部缺失。具有辫状河道沉积特征。（3）窄深河道单元：横剖面上砂岩呈透镜体，上平下凹，厚2~5m不等，宽度多为60~80m。以中细砂岩为主，正韵律明显；宽厚比为10~15。具有网状河道沉积特征。（4）决口河道单元：以中细砂岩为主，呈小型透镜体产出，具有小型槽状交错层理、波状层理、爬升沙纹层理等，为网状河流的决口河道沉积体。（5）侧向加积单元：以中细砂岩为主，侧积层清晰，其加积面上可见不连续的泥质层。但侧向延伸幅度有限。在该区的带状和席状砂岩中都有发现，但在前者中更常见，它是局部河段的网状河道或辫状沙坝局部侧向迁移过程中形成的。（6）砂泥纹层单元：为极细砂岩、粉砂岩与泥岩互层的天然堤沉积物。（7）越岸泥质单元：以泥岩为主，含粉砂岩薄层，形成于河间地或泛滥平原上，其中钙结层发育。Rust认为这是干旱区河间地中的典型沉积物，抵抗流水冲刷的能力强。

3）钻井剖面沉积特征

（1）岩性垂向转换特征。

柴达木盆地油气探井的岩心都进行了时代对比分层，为研究不同时代的地层提供了可能。对跃进二号油田中南部的二十多口钻井的 N_1、N_2^1 与 E_3^1 地层分别进行了岩相转换的 Markov 链分析，发现 N_1、N_2^1 与 E_3^1 明显不同（图 5-26）。前者主要显示中砂岩—泥岩的正韵律（河道沉积）、泥岩—极细砂岩的反韵律（决口扇或决口河道沉积）、泥岩与粉砂岩的交互韵律（泛滥平原沉积）；后者以复合韵律和交互韵律为主，反映了三角洲沉积体系的基本特征。

（2）地下沉积物特征对比。

由于油砂山露头比较局限，难以追踪河道砂体的侧向展布，因此，借助岩心及测井资料对目标地层的沉积特征做进一步研究是非常有益的。茫崖凹陷跃进二号油田的井间距小，一般为 400m 左右，可以满足用测井资料来勾绘河道砂体的需要。在露头实测的古流向平均为 105°，与之基本垂直的 A′—A 剖面可作为研究古河道砂体的横剖面（图 5-27）。河流沉积体系中同期形成的砂体总是表现为河道砂体最厚、决口河道和决口扇砂体相对较薄这一特点，古河道的展布特征可以用平面图中河道砂体骨架的展布来恢复。研究区属于中—下上新统的 Ⅰ、Ⅱ、Ⅲ 油层组的砂体共划分为 38 个小层，将同一小层的平面图上砂体厚度大于 2.0m 的相邻钻井井位围圈起来，基本反映了古河道的展布特征。这些小层的河道砂体平面图与 Ⅰ-2 小层中的基本相似（图 5-27），都呈鞋带状。

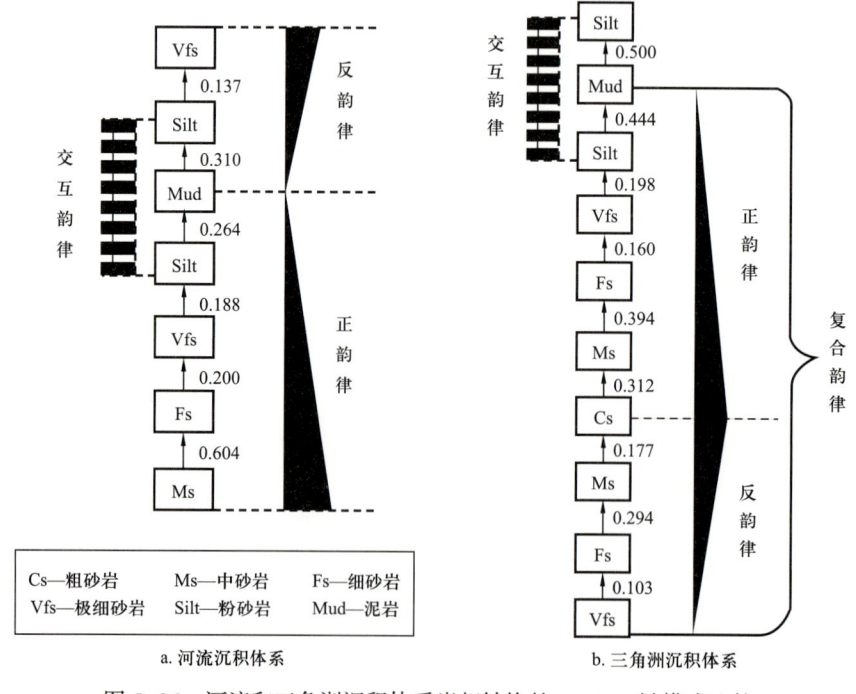

图 5-26　河流和三角洲沉积体系岩相转换的 Markov 链模式比较

第五章 河流比较沉积学

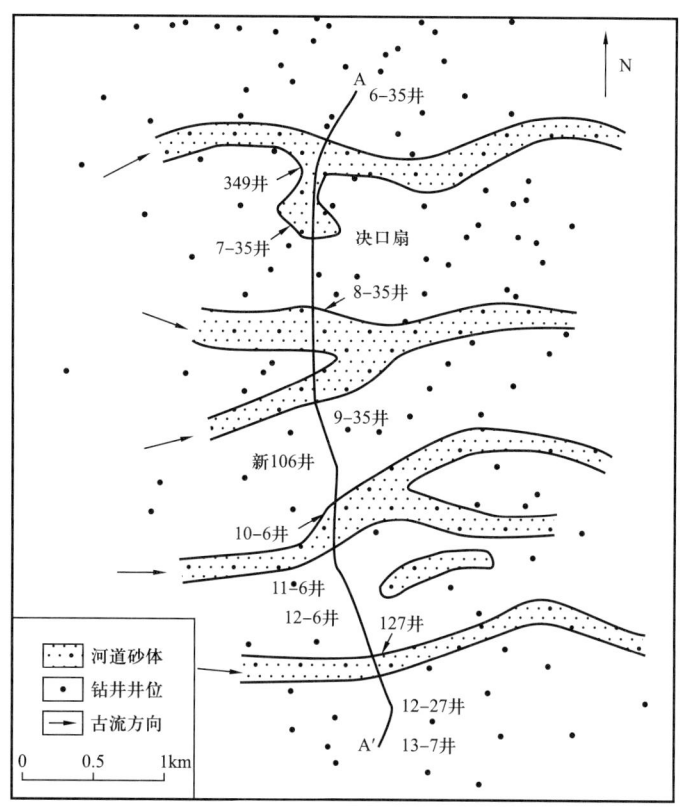

图 5-27 茫崖凹陷跃进二号油田 I-2 砂层河道砂体平面分布特征及剖面 A′—A 位置图示

如图 5-28 所示，连井横剖面 A′—A 的特点是：下部（中上新统）河道砂体彼此孤立，其间为泥岩，呈现网状河流的沉积特征；上部（上上新统）河道砂体侧向延伸很远，宽厚比大，呈现辫状河流的沉积特征。

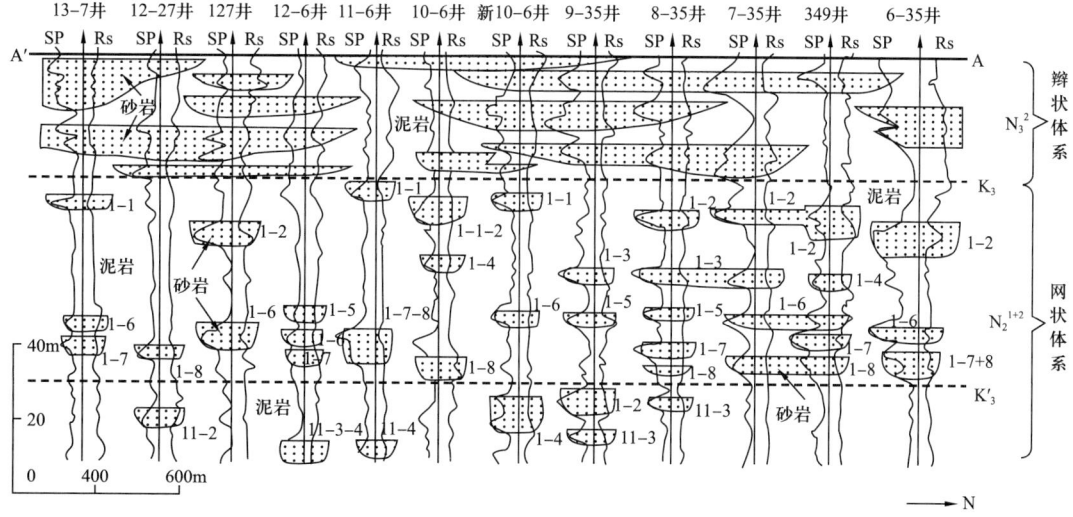

图 5-28 A′—A 钻井横剖面中河流砂体空间分布特征

— 145 —

通过露头剖面的结构单元分析、钻井岩心的岩相转换的Markov链模型和河道砂体的平面及剖面分布特征等可以看出，研究区上新统存在网状河流沉积体系。其主要证据为：河道砂体呈一个个孤立的透镜状，宽厚比小（10～15），河道砂体在横向及垂向都被泥质、粉砂质沉积物所隔开。泥质沉积物发育，常见干裂构造和钙质胶结物。尤其是识别出了带状砂岩体这一网状河道的典型沉积体。在网状河流沉积体系的上部是辫状河流沉积体系。

4）古网状河流的形成条件及河型演化分析

（1）地质构造演化特征。

柴达木盆地经历了中生代的断陷期（T_3-K）、古近纪的断陷—坳陷过渡期（E_1-E_3^1）和新近纪的坳陷期（E_3^2-N_2^2），此后为回返褶皱期（N_2^3-Q_2）。渐新世晚期（E_3^2），盆地边界断裂强烈活动，使得盆地整体稳定下沉。至早中新世（N_1^1），湖盆进一步扩大，由于西部的阿尔金山不断抬升，湖盆中心逐渐向东迁移。至早上新世（N_2^1），沉积中心移至茫崖凹陷东部和小梁山凹陷，盆地稳定沉降，一直持续到中上新世（N_2^2）末。喜马拉雅山当时的海拔高度仅为3500m左右，与青藏高原大面积隆起相对应的是昆仑山以北盆地的大面积持续沉降。显然，柴达木盆地当时的海拔高度远比现今的小。至晚上新世（N_2^3），随着印度板块向欧亚板块俯冲，使青藏高原强烈隆起，盆地周板块俯冲，使青藏高原强烈隆起，盆地周缘山系急剧抬升，青藏高原整体上抬升到4500m左右，盆地海拔也明显升高。可见，上新世网状河流发育在盆地稳定沉降的构造背景下，盆地海拔高度远小于现今的高度。

（2）盆地新近纪古气候环境分析响应盆地的构造演化，古气候也有较明显的阶段性变化。由孢粉资料确定的古气候变化如下：中新世（N_1）为亚热带温暖干旱气候，植被以草原和灌木为主；早上新世（N_2^1）为亚热带较温暖干旱气候，植被仍以草原和灌木为主，有一定的水域，对应于盆地稳定沉降阶段；中上新世（N_2^2）为亚热带干旱气候，景观为荒漠及草原类型，水域面积减小；晚上新世（N_2^3）为寒冷干旱气候。

（3）网状河流形成及演化原因讨论。

茫崖凹陷位于柴达木盆地的西部，其构造和气候演变同上。因此，其上新世网状河的出现并非偶然。① 早—中上新世研究区持续稳定下沉，这是网状河发育的基本条件；② 凹陷区上新世时的地面坡降为0.5‰～0.74‰，而河道比降应略小于该值，这同加拿大Alexandra网状河段的河道比降0.6基本接近；③ 干旱古气候使得降雨量年际分布不均匀，但森林、草原的存在可以调节流域来水来沙量，使得河水涨落缓慢、来沙均匀偏细且悬移质比例大，有利于稳定河道的形成；④ 河岸带可以发育更加茂密的草本或乔、灌木，以及悬移质在河岸和河道间区的大量沉积使得河道的稳定性增大，加上干旱气候下可能出现的钙结层，使得河道难于侧向迁移。上述因素综合作用导致了早—中上新世发育网状河流。

露头和钻井剖面都显示出辫状河流沉积体系上覆于网状河流沉积体系。显然，研究区曾发生过辫状河流替代网状河流的事件。其原因在于：从上新世以来，虽然凹陷的长轴方向的地面坡降没有明显增大，可随着盆地西部南侧的祁曼塔格山和西北侧的阿尔金山的抬升，盆地南缘和北缘向凹陷中心的坡降有明显增大的趋势，这有利于大量粗碎屑物由南、北两侧向网状河区输送。随着古气候的逐渐变冷和更干旱化，森林、草原等植被逐渐退化，使得洪水流量的变幅和变率逐步增大、流域的产沙率逐渐增加。相应地，流水施加于河岸的冲刷力也增大，河岸的抗冲能力明显削弱，河道开始发生迁移，这又导致了同是干旱气候下形成的钙结层难以连续分布，因而它阻止河道侧向迁移的能力大幅度减小。网状河流因之失去了稳定存在的条件而渐趋消亡，代之以适应其时气候、构造和水、沙条件的辫状河流（图 5-29）。

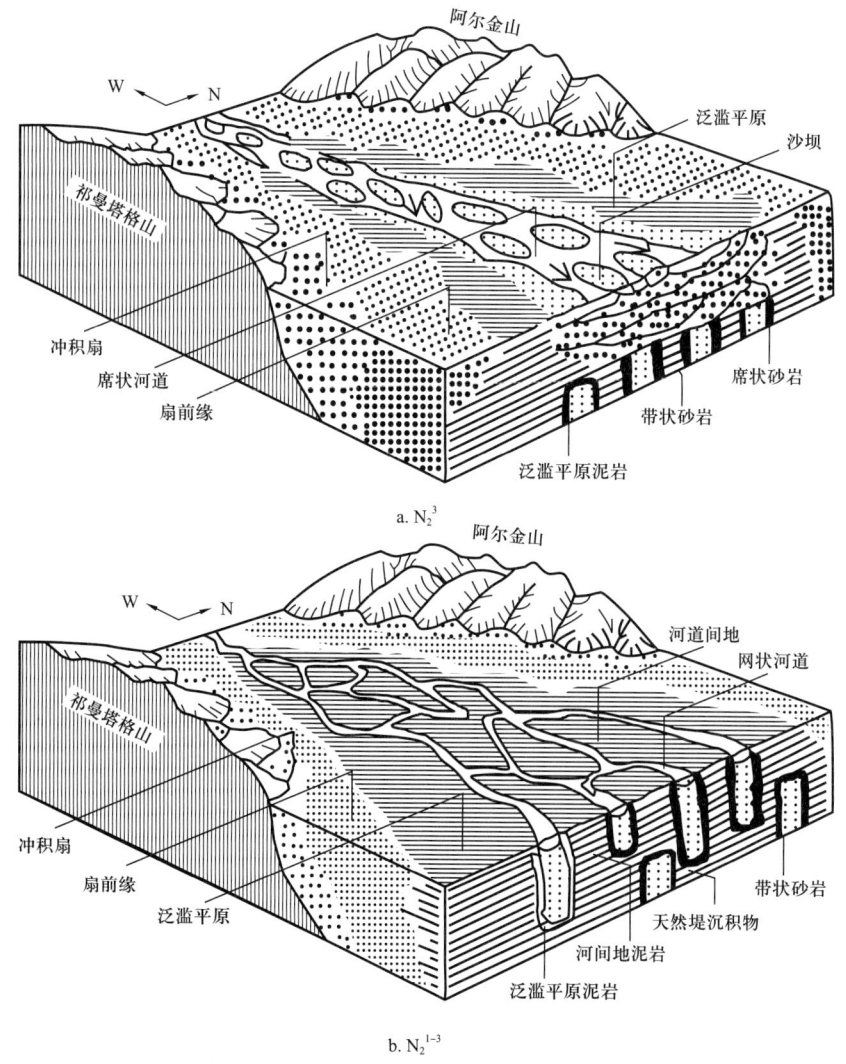

图 5-29 茫崖凹陷上新统网状河流的沉积模式及河型演化模式示意图

5）结论

柴达木盆地茫崖凹陷下—中上新统为网状河流体系，上上新统为辫状河流沉积体系。盆地基底的持续沉降和干旱温暖的古气候及与之相适应的较茂密的植被和比较连续的钙结层导致了网状河流的形成和发展，而盆地基底的相对上升和干旱寒冷的古气候及其引起的稀疏的植被导致了网状河流的消亡和辫状河流的形成。网状河流沉积体系的发现是该区油气储层研究方面的新进展，对于该区砂岩储层中油气的勘探和开发具有重要意义。

第四节　国外几个油气田的河流沉积实例

一、油气田河流砂体的电测曲线特征

当河流横越它的河曲带来回移动时，它就切割到老的点沙坝沉积中并使沉积物重新分配。新河道可能没有切到老河道的底面。因此，在一个厚的冲积剖面内，层序能够全部或部分地重复几次，但总是按一定顺序变化的。这个粒度变化自下而上由粗变细的顺序，是冲积沉积物的特点。通常反映在自然电位曲线上呈钟状，或在重叠多次但层序又不完全时则呈块状。这些具有切割和充填砂岩河道沉积特点的形状，通常在砂岩层的底部显示有一个明显的偏斜，它表明是一个突然的侵蚀接触。随着向上去粒度减小，自然电位曲线的偏斜也减弱而形成钟状。在砂岩体粒度是均一的情况下，如三角洲分流沉积的砂体和那些由于不断的切割和沉积作用形成的点沙坝复合体，自然电位的曲线形状呈圆筒状或块状。充填河道的冲积砂岩体常是后面这种型式，如图5-30所示。

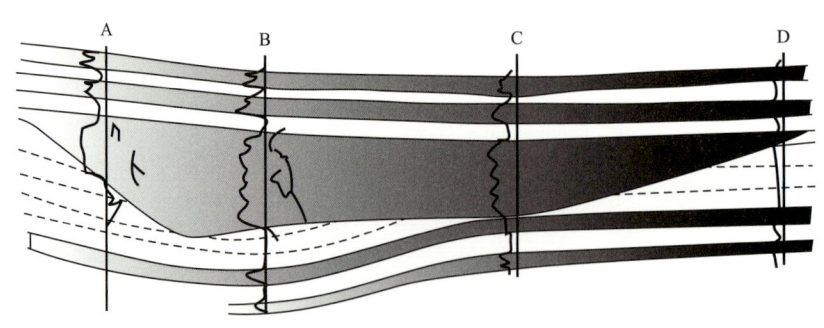

图 5-30　电测井剖面示意图

自然电位曲线表示出岩层渗透率的大小，它除受方解石等胶结作用和其他成岩作用的影响外，一般与原来砂粒中基质里的泥质含量有关。通常是砂粒越粗，泥质含量越少，渗透率越高。基质的次生胶结作用和砂岩的强烈压实作用，也将影响渗透率和自然电位曲线的偏斜程度（图5-31）。

图5-31中A、B、C三个例子，都显示了冲积砂岩的粒度自下而上由粗变细，自然

电位曲线呈典型的钟状特点。这些砂岩在成因上被解释为点沙坝沉积。D、E、F 三个例子在自然电位曲线上具块状或圆筒状特点，为粒度均匀的砂体，或粒度递变层遭受连续切割的砂体。这三个砂岩在成因上被认为是三角洲分流砂。通常，在河流的中游和上游的冲积砂会显示出点沙坝型明显的粒度递变作用；而在河流的下游，特别是三角洲分流中的砂层，粒度递变作用大为减弱，粒度通常很均匀。

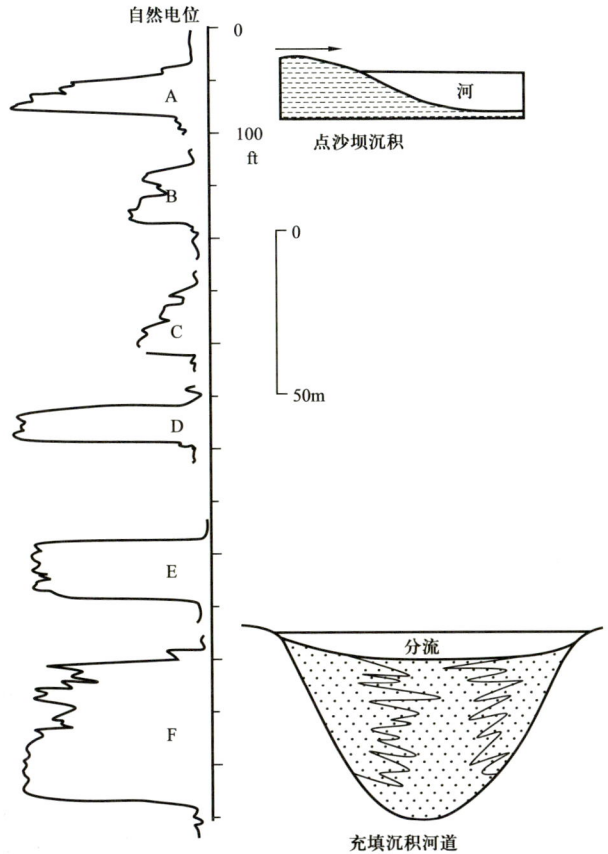

图 5-31 电测井自然电位曲线与点沙坝及河道充填沉积的概略剖面。表示钟状和圆筒状的自然电位曲线及其与冲积和三角洲点沙坝及河道充填沉积的关系。箭头表示点沙坝生长的方向
A—路易斯安那州威斯纳油田上白垩统土斯卡鲁萨砂岩；B—得克萨斯州西里桑油田渐新统 19-B 砂岩；C—阿尔伯达省卡邦油田下白垩统布莱莫尔砂岩；D—密西西比州小溪油田上白垩统土斯卡鲁萨"Q"砂岩；E—路易斯安那州西湖威雷特油田中新统"M"砂岩；F—路易斯安那州三角洲鸭俱乐部油田中新统"S"砂岩

二、沉积特征

1. 南塞攀斯油藏

南塞攀斯油藏（图 5-32）是一个明显的弓形河道，宽达 2km。含油气范围的长度为 60km。平均孔隙度为 20%，平均渗透率为 100mD。

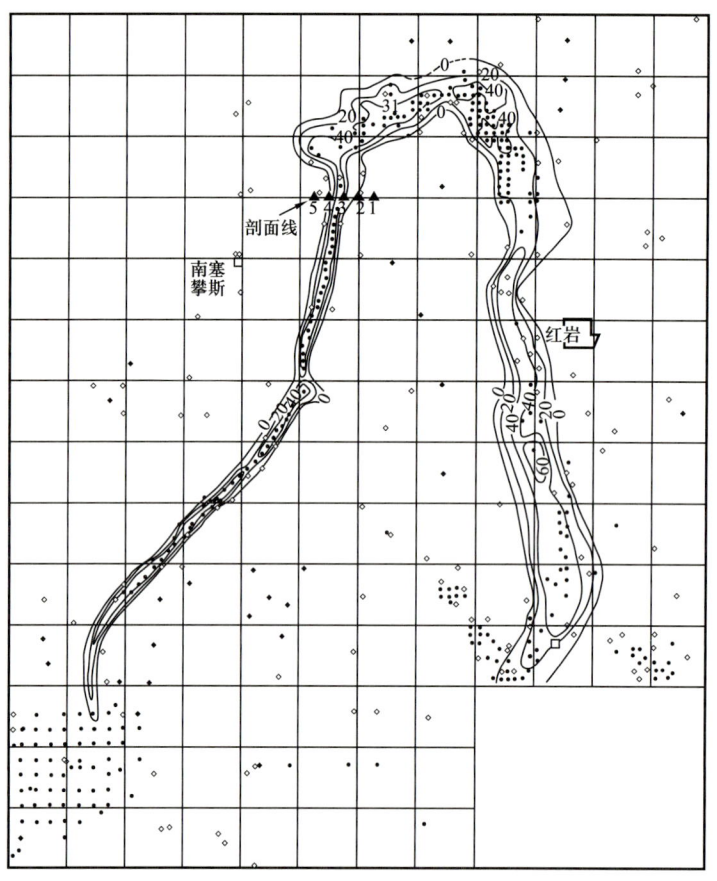

图 5-32 南塞攀斯油藏

2. 纳霍卡蒂亚油田

印度阿萨姆邦的纳霍卡蒂亚油田的原油，是从渐新统巴赖尔统上部 300m 层段内的砂岩中产出的。这些砂岩是河道砂成因（图 5-33），它们沉积在三角洲上段的很平坦的粉砂和泥质泛滥平原上。单独的河道砂厚 30m，宽度大于 450m，与形成于河流泛滥平原上沼泽中的薄煤层和褐煤成互层。在纳霍卡蒂亚油田已辨认出 50 多个河道砂岩体，在一些地方，两个或更多的河道砂岩体彼此叠置（图 5-34），形成了厚度大于 50m 的砂岩单元。许多砂岩体的电测曲线都显示出典型的钟状特征，表示粒度下粗上细地递变。

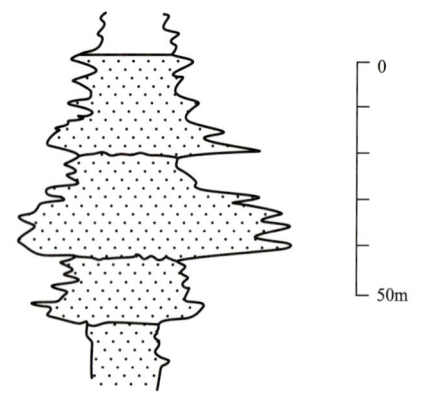

图 5-33 印度阿萨姆邦的纳霍卡蒂亚油田渐新统巴赖尔统内复合河道砂层的电测曲线。三个分隔开的河道互相叠置，每个砂体的粒度递变都是自下而上，从粗砂变为粉砂。注意每个砂体电测曲线的钟状特征（据 Azad et al.，1971，重绘）

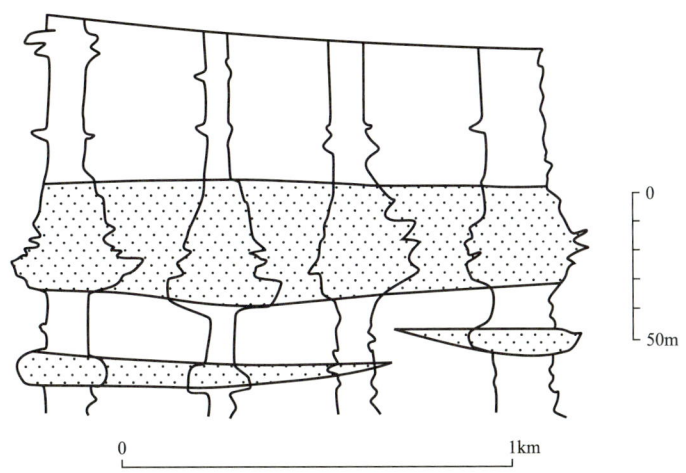

图 5-34　印度阿萨姆邦纳霍卡蒂亚油田渐新统巴赖尔统内含油河道砂层的电测剖面
（据 Azad et al., 1971，重绘）

石油的聚集同时受地层和构造两个因素的控制。构造因素可能对石油的运移方向和聚集的范围起重要的控制作用。在局部地区，石油在圈闭内的聚集受断层和河道砂岩体的尖灭所控制。原油为蜡砂质，重度 33°API，被认为是在下伏的始新统海相页岩和石灰岩中生成的。

第五节　我国几个油气田与煤田网状河流沉积

一、武强油田

武强油田位于饶阳凹陷的东部陡坡带，杨武寨构造带北段，东邻杨武寨东注槽，西南部与虎北洼槽相接，北连元昌棱构造，是油气富集区带之一。强 2—强 19 区块位于武强油田的中南部，构造位置处于杨武寨背斜构造带中部。

1. 区域地质概况

武强油田强 2—强 19 断块沙二段、沙三段主要发育河流—三角洲相沉积，研究区沉积盆地小，物源方向多样：沙三段到沙二段受构造隆起影响，沉积类型复杂，通过取心井、录井、测井资料观察，沙三段到沙二段泥岩颜色从灰色深灰色逐渐向灰绿色再向紫红色变化，反映出水体逐渐变浅，沉积环境从还原到氧化转变；沙二段反映水上沉积的特点。笔者以沉积学理论为指导，以古地貌恢复为基础，以多地震属性融合为手段，以岩—电—震综合分析为依据，通过连井相、平面相分析，确定强 2 断块沙二段沉积类型为网状河沉积。

2. 网状河三角洲相

1）沉积相标志

（1）泥岩颜色。

沙二段泥岩颜色自下而上由灰绿色到紫红色，水体逐渐变浅，由弱还原环境向氧化环境转变；夹深黑色、褐黑色碳质泥岩，反映的是沙三段到沙二段由三角洲相向河流相沉积环境转变。

（2）岩石类型。

沙河街组岩性以中细砂岩到粗砂岩为主，常见泥岩与砂泥互层，分选中等，碎屑岩颗粒磨圆呈棱角状、次棱角状，杂基含量为10%~25%，成分成熟度较低，结构成熟度中等，多为颗粒支撑，也可见杂基支撑，这些特点反映出一种离物源较近的牵引流沉积环境。

（3）粒度特征。

其粒度概率曲线常表现为四种特征，其中"一跳一悬夹过渡"式、高斜两段式最为普遍：

① "一跳一悬夹过渡"式（图5-35）。

其中跳跃组分中值在2~3之间为细砂岩，含量可达50%，斜率较大，分选性较好；过渡组分中值在3~4之间，为粉砂岩，含量约25%，斜率较低，分选性较差；悬浮组分中值大部分大于4，含量约15%，概率曲线斜率很低，分选极差。总体上看，其反映洪水期河流能量增强、携带碎屑过多、沉积物快速堆积的特征。

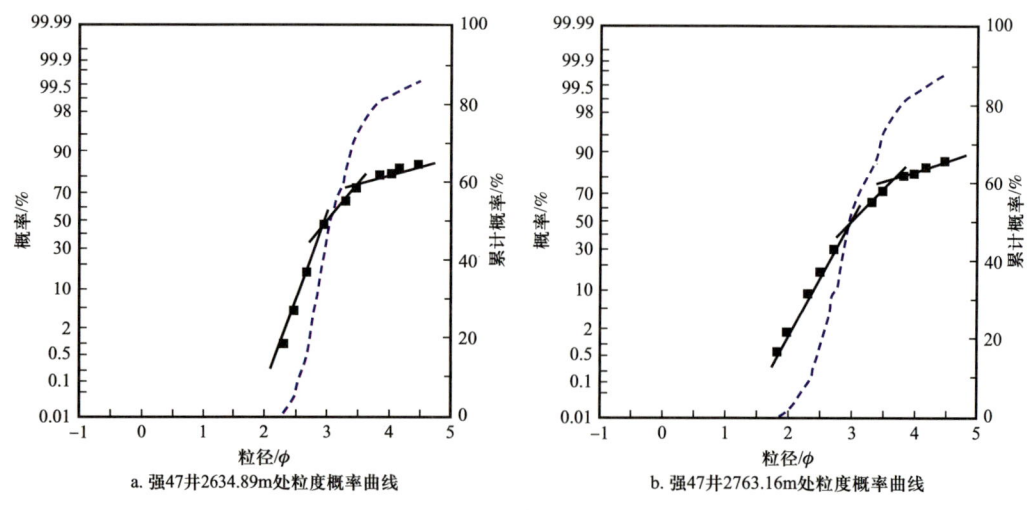

a. 强47井2634.89m处粒度概率曲线　　b. 强47井2763.16m处粒度概率曲线

图5-35 "一跳一悬夹过渡"式粒度概率累计曲线

② 低斜两段式。

跳跃次总体的含量70%~85%，概率曲线的斜率较高，分选性较好，悬浮次总体的含量为15%~30%，概率曲线的斜率很低，交切点的中值在2.6~3.0之间。概率累计曲线呈 S 形态，曲线斜率较大，分布范围很小，反映了季节性洪水后期水动力减弱的沉积特点。

③ 高斜两段式。

跳跃次总体的含量 75%～90%，概率曲线的斜率较高，分选性较好，悬浮次总体的含量为 10%～25%，交切点的中值在 2.6～3.0，概率累计曲线呈 S 形态，曲线斜率较大，分布范围较低斜两段式小，反映牵引流沉积环境特征。

④ 三段式。

该类粒度曲线的特征是，粒级分布范围较大，概率曲线整体呈直线形，分选较差，这种粒度曲线反映洪水作用下沉积物快速沉积的特点，中值范围在 2～5 之间，斜率较低，分选差。

2）测井相标志

强 2—强 19 区块的测井曲线以钟形、指形为主，箱形少量发育，单砂体整体较薄，砂岩主要以细砂岩为主、粉砂岩为次。纵向上，表现为泥多砂少的特征。

3）低坡降和稳定的河岸是网状河形成的必要条件

从古地貌恢复可以看出，沙段沉积时，强 61 断块活动较强 2 断块制然，强 6D 强 47 之间降起，强 2 到强 19 断块间较平坦，强 2、强 19 的物源来自北部，强 61 的物源来自南部，沙段沉积时期，随着构造活动加强，强 19 带隆起，强 2 带的坡降较小，物源来自北部，受北部受杨五塞同沉机斯层以及古隆起影响。沉积区具有稳定的河，具备网状河形成的条性。

4）沉积微相类型

（1）网状河沙坝微相：发育在网状河道的中心部位，为高能环境下河流垂向加积的产物，特点是砂体单层厚度一般大于 4m，最厚达 10m。岩性以中砂岩为主，沉积以正韵律为主，也可见反韵律和复合韵律。自然电位曲线常见有箱形和钟形。

（2）网状河道微相：岩性多为中、细砂岩，发育斜层理和板状交错层理，正韵律层之间为侵蚀冲刷面，总体以垂向加积为主，自然电位曲线呈高负偏的钟形、窄箱形及齿化箱形。

（3）网状汊道微相：零星分布于网状河道周围，是河道持续时间较短的次要水流的产物。沉积特征类似于网状河道砂体。岩性以细—粉砂岩为主，砂体规模较小。

（4）网状河天然堤：为水位较高的洪水携带的产物，自然电位曲线形态显示为指形。

（5）河漫沼泽：分布在河道两侧，岩性与河道间相似，以泥质沉积为主，自然电位曲线接近泥岩基线（图 5-36）。

5）沉积微相平面展布

通过单井相、连井相、地震相"三相"组合的综合研究，编绘了沙二段平面微相图。

网状河三角洲平原沉积,河道交织成网状分布。河道中部,沙坝较为发育。砂体厚度、物性都较好,自然电位曲线常呈箱形、箱形和钟形叠加、钟形,与河道砂体相连通;河道边部天然堤发育。

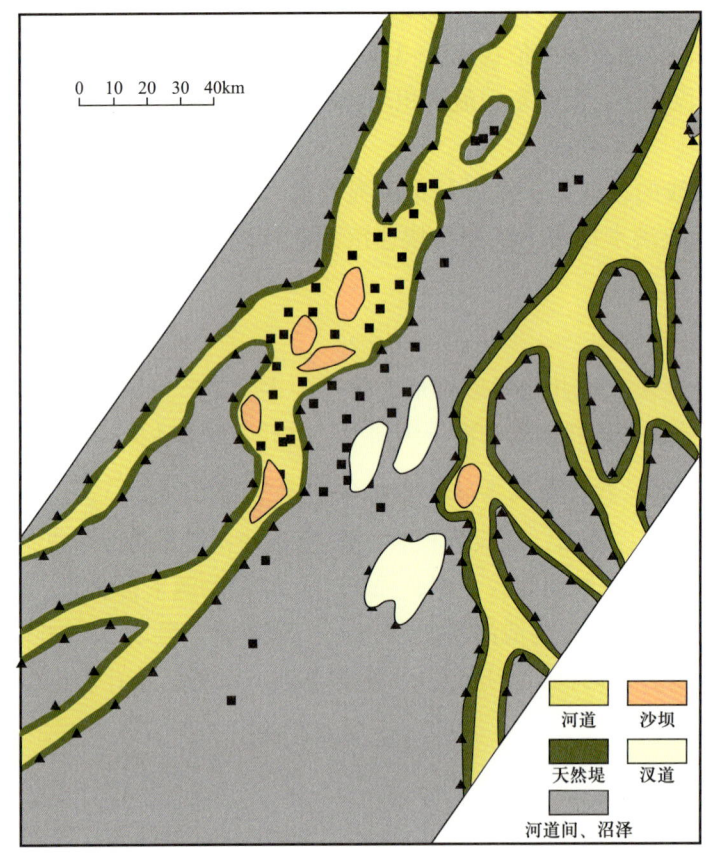

图 5-36　武强油田强 2—强 19 断块沙河街组 I 油组 4 小层沉积微相图

韵律层由两部分组成:下部为河槽沉积的正韵律层;上部为沙坝沉积的交互韵律层。由于网状河沉积的多变性,在地层层序中有时看不出粒度的变化,有时在垂向呈反韵律变化。本区网状河以正韵律沉积为主,只是韵律层缺少细粒沉积。

由于测井曲线具有多解性,仅仅根据测井曲线形态很难准确判断其沉积微相类型。所以综合运用砂体的几何形态、平面展布和测井曲线特征将枣 0、枣Ⅲ油组的河流沉积划分出辫状河沙坝、辫状河道、河道间、泛滥平原和废弃河道五种沉积微相。

二、黄骅油田

黄骅油田位于孔店构造带与乌马营构造带之间,油田总体为东西向断鼻地层南倾,倾角为 2°~3°。

1. 沉积特征

1）沉积背景

黄骅坳陷孔一段是始新世沉积旋回的晚期沉积。枣 0 油层组沉积期，全区形成干旱平原或准平原，古地理—构造活动趋于平静，物源方向来自西北。此时东部地区已成为膏盐湖沉积区。

2）岩石类型及组合

枣 0 油层组主要为细—粗粉砂岩，成分以长石、石英为主（平均含量分别为 35%、49%）。岩屑含量 15% 左右，主要为酸性及少量中性火成岩块。胶结物以泥质、碳酸盐为主，含量达 13%。

3）粒度特征

通过区内岩心观察发现，枣 0 油层组沉积时地势平坦，水体能量较弱，故沉积物较细，属细砂—粉砂粒级，标准偏差大部分为 1.06～1.34。粒度概率曲线多数呈两段式，个别为三段式。跳跃组分总体含量为 20%～80%，悬浮组分总体含量约 20%。缺少滚动组分，跳跃总体斜率较大，说明分选较好。C—M 图亦呈两段式，只有 QR 和 RS 段，表明沉积物以悬浮和渐变悬浮搬运为主（图 5-37）。

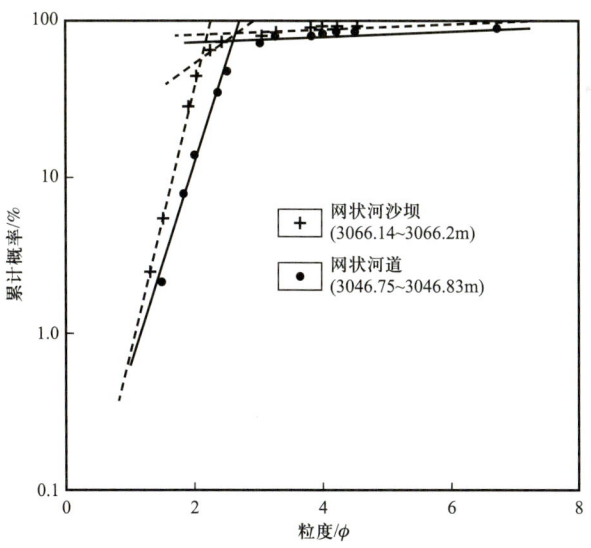

图 5-37　段 39-40 井网状河沉积粒度概率曲线

4）沉积韵律

枣 0 油层组底部主要为细砂岩，向上渐变为细—粗粉砂岩。由于水流能量较弱，岩性向上变细。另外，冲刷面之上仅有原地侵蚀、切割、垮塌面，仅有原地沉积的泥砾（图 5-38）。

5）沉积构造

常见弧形斜纹层理、波状层理、不规则波状层理、水平纹层理。层面富集云母片、炭屑等悬浮物质，生物扰动构造发育、有虫孔构造。有时见虫迹。最上部为扰动和压实构造，以及发育各种小型—微型水流构造的天然堤和泛滥平原沉积（图5-38）。

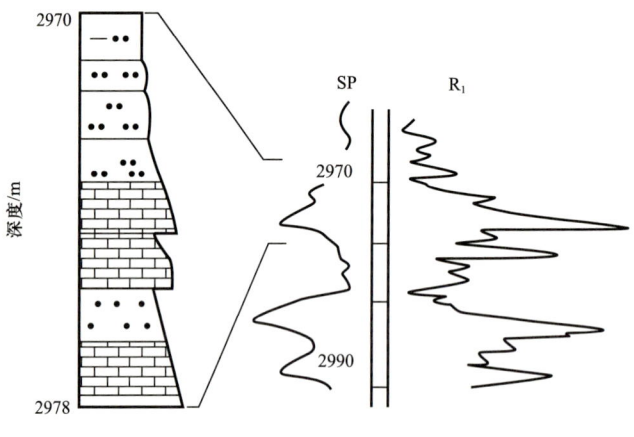

图 5-38　官 2215 井沉积韵律图

6）生物化石

泥岩多为暗色，含较多炭化植物碎片及碳质条纹，部分井有泥灰岩。

7）砂体展布

枣 0 油层组 16 个单砂体呈条带状或网状及北西—南东向展布，西厚东薄，与物源来自西北一致，砂岩厚度变化不大（图 5-39），反映水动力条件相对稳定。由于泛滥平原、

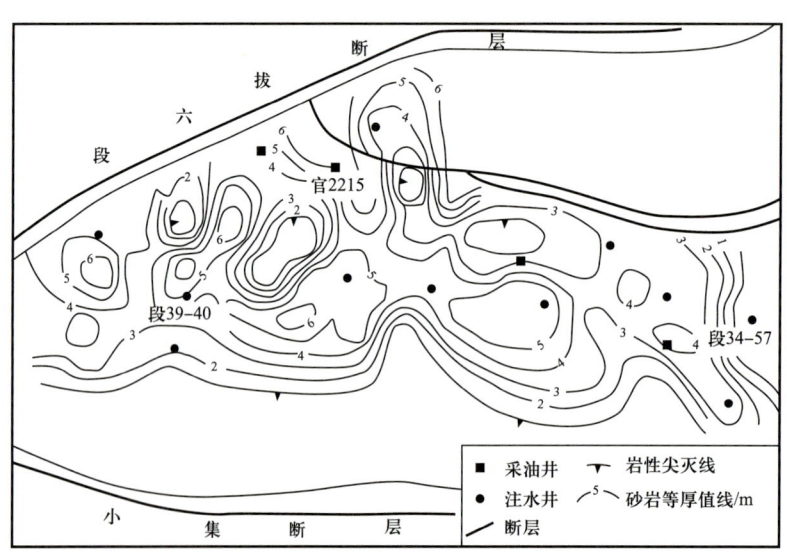

图 5-39　枣 0 油层组 5^2 砂体砂岩等值线图

天然堤等较发育，剖面呈泥岩为主的砂泥岩（砂泥比为 1∶1.8）互层特征，明显有别于辫状河"砂包泥"特征。砂体横剖面形态呈透镜状或"豆荚状"，其间被泛滥平原和河道间的泥质沉积分隔。

2. 沉积微相类型及其平面展布

1）沉积微相类型

根据岩心观察，结合录井图、测井曲线和生产动态资料分析，将本区枣 0 油层组网状河沉积划分出 6 种沉积微相。

（1）网状河沙坝微相。发育在网状河道的中心部位，为高能环境下河流垂向加积的产物。特点是砂体单层厚度一般大于 4m，最厚达 10m；岩性以细—中砂岩为主，偶见粗砂岩；成分复杂，发育有槽状和板状交错层理；砂体孔隙性最好，孔隙直径大、面孔率高达 13.8%（其他微相孔隙性很差，天然堤、河道间面孔率分别为 6% 和 2.4%）；沉积以正韵律为主，也可见反韵律和复合韵律；自然电位曲线常见有箱形、钟形（图 5-40）。

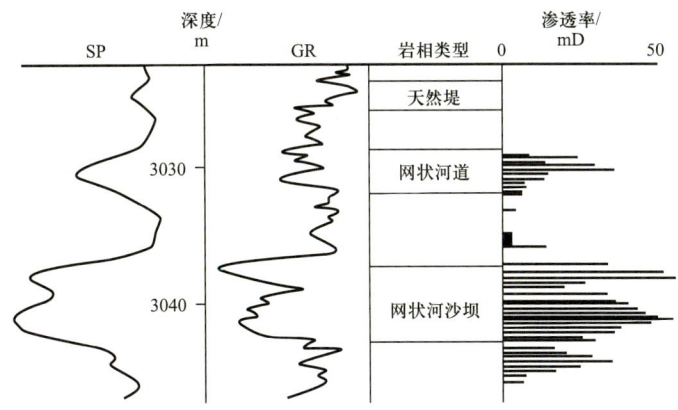

图 5-40　网状河测井相模式（段 34-57 井）

（2）网状河道微相。是网状河流的主要微相类型，也是主要的砂体类型。岩性多为中、细砂岩，一般呈灰色、灰白色，发育斜层理和板状交错层理，垂向上为薄的正韵律叠置，正韵律层之间为侵蚀冲刷面，总体以垂向加积为主，自然电位曲线呈高负偏的钟形、窄箱形及齿化箱形，反映多期河道切割叠加。

与曲流河和辫状河不同，网状河的多河道平面上呈网结状或鞋带状分布，被伸长状的泛滥平原或网状河沙坝分割。河道由西向东变窄，一般为 200~500m。

（3）网状汊道微相。零星分布于网状河道周围，是河道持续时间较短的次要水流的产物，沉积特征类似于网状河道砂体，岩性以细—粉砂岩为主，砂体规模较小，一般宽 100m、长 300m 左右。自然电位呈低负偏的钟形或指状，为低能环境的产物，储层物性次于网状河沙坝和网状河道（表 5-3）。

表 5-3　枣 0 油层组不同微相储层物性参数表

微相类型	孔隙度 /%	渗透率 /mD	变异系数	突进系数	级差
网状河沙坝	19.5	59.5	0.70	6.1	49.0
网状河道	15.5	34.5	0.73	3.1	26.0
网状河汊道	13.3	12.4	0.68	2.5	17.7

（4）河道间微相。被网状河道包围，主要是网状河道之间的泥质沉积，偶尔发育薄层粉砂岩；自然电位幅度低，接近泥岩基线。这种一元细粒结构有别于辫状河的一元粗粒结构和曲流河的二元结构。

（5）天然堤微相。为水位较高的洪水期河水携带的细、粉砂级物质沿河床两岸堆积所形成的，以泥质沉积为主，中间夹薄层粉砂，砂体较薄。孔隙度、渗透率都较低。自然电位曲线形态显示为指形—齿形，反映间歇性水流沉积作用的特点，天然堤是本区网状河流体系中较发育的微相，主要分布在河床两岸，一般宽几十米。

（6）泛溢平原。分布在河道两侧，岩性与河道间相似，以泥质沉积为主。自然电位曲线接近泥岩基线。

本区天然堤和泛滥平原分布较为广泛，这也是网状河与其他类型河流沉积的主要区别，天然堤和泛滥平原的发育使河道侧向迁移受到限制，因此，网状河道一旦形成就相对比较稳定。

由于本区网状河沉积期地势平坦，加上区域构造环境稳定，所以决口扇不发育。

2）沉积微相的平面展布

从枣 0 油组砂体沉积微相图看出（图 5-41），由于本区靠近物源西部，网状河沙坝发育、延伸距离远，河道较宽，向东部沙坝规模变小，河道也变窄，河道间沉积主要分布

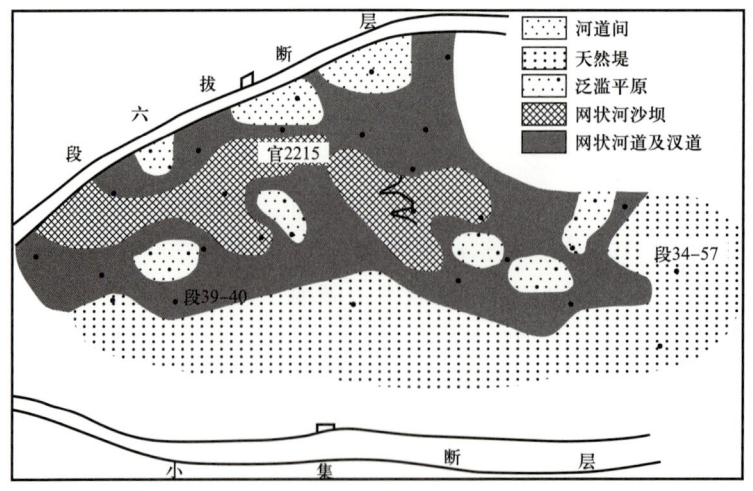

图 5-41　枣 0 油组 2^2 砂体沉积微相平面分布图

在网状河道两侧，以北西—南东方向展布较多，天然堤和泛滥平原主要发育在东部，反映沉积能量由西向东减弱。

第六节　加拿大洛伊德敏斯特地区的网状河沉积油藏

一、地质概况

本节所讨论的层段是 Vigrass（1977）所划分的曼维尔群（阿尔布阶）上部，它是加拿大大平原中部地区下白垩统曼维尔群最上部的地层（图 5-42）。地下地层的划分一般是不准确的，而曼维尔群的地层划分更是分歧很大。本节所用的地层格式是依据石油工业部目前所用的三个地层单位之间的成因关系（Vigrass，1977；Putnam，1980）。

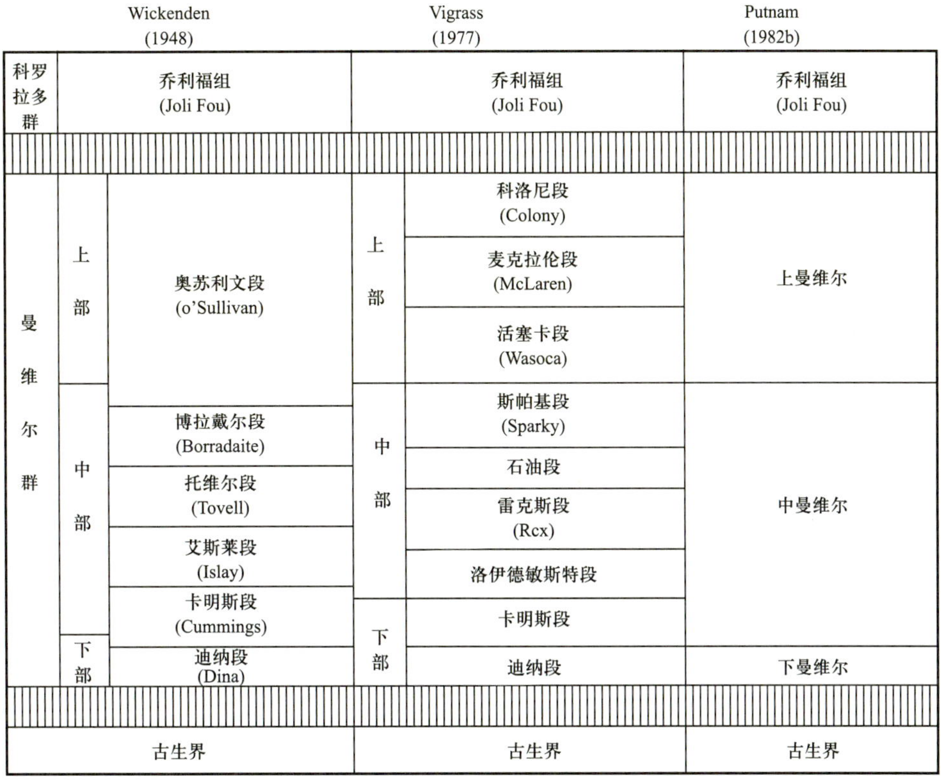

		Wickenden (1948)		Vigrass (1977)		Putnam (1982b)
科罗拉多群		乔利福组 (Joli Fou)		乔利福组 (Joli Fou)		乔利福组 (Joli Fou)
曼维尔群	上部	奥苏利文段 (o'Sullivan)	上部	科洛尼段 (Colony)		上曼维尔
				麦克拉伦段 (McLaren)		
				活塞卡段 (Wasoca)		
	中部	博拉戴尔段 (Borradaite)	中部	斯帕基段 (Sparky)		中曼维尔
		托维尔段 (Tovell)		石油段		
		艾斯莱段 (Islay)		雷克斯段 (Rcx)		
		卡明斯段 (Cummings)		洛伊德敏斯特段		
	下部	迪纳段 (Dina)	下部	卡明斯段		下曼维尔
				迪纳段		
古生界				古生界		古生界

图 5-42　洛伊德敏斯特地区曼维尔群的地层名称（据 Putnam，1982b）

二、岩性描述

1. 粗粒河道充填沉积

粗粒河道沉积主要由极细粒至粗粒、分选良好、次棱角到次圆形的砂岩组成。砂岩一般是易碎的。在已发生石化作用的地方，砂岩被菱铁矿、方解石和（或）白云石胶结。某些砂岩内存在油渍和胶结物。

河道砂岩具有各种沉积构造，例如棱角状冲裂碎屑（一般由灰色粉砂岩、灰色页岩、煤或泥铁矿组成）、高角度交错层、波痕、爬升波痕、平行层，以及块状层。在一些井内，页岩和粉砂岩的碎屑可以在几米厚的层段中大量出现（图 5-43 和图 5-44）。这些碎屑很少呈叠瓦状，往往杂乱地排列在砂质基质内。富含这种碎屑的层一般出现在净砂岩层之上，未必是底部的滞留沉积。覆盖在角砾层上的通常是倾斜的和滑塌的（但不是角砾化的）泥质粉砂岩，后者又被平铺的泥质粉砂岩覆盖。河道砂岩内出现的沉积构造与岩性的垂向序列，很少显示不同的型式。页岩和粉砂岩披覆层或夹层在河道砂岩内极少。根据测井资料，河道砂岩一般是单个的、大型的、向上变细的层序。

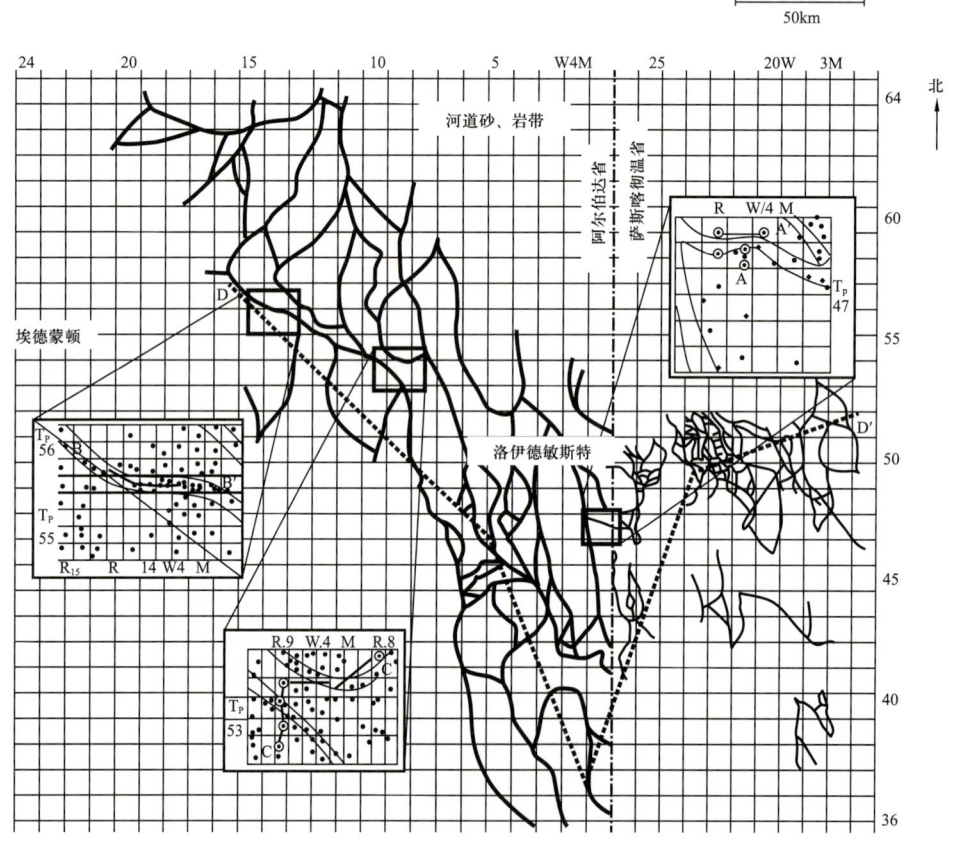

图 5-43　洛伊德敏斯特地区的位置示意图

河道砂岩与下伏岩层（通常是煤层）早突变接触或侵蚀接触，与上覆岩层一般呈渐变接触，但也可以是突变的。

2. 河道间席状砂岩

河道间砂岩的成分基本上与河道砂岩相同。不过，相对于河道砂岩来说，河道间砂岩的分选性较差。

河道间砂岩内的沉积构造也与河道砂岩内的相同，此外，它还具有薄的（小于10cm）正递变层和植物根构造。最常见的沉积构造是水流波痕和爬升波痕。河道间砂岩与粉砂岩、泥岩、页岩及煤层成互层。岩性间的接触关系可以是突变的，也可以是渐变的。河道间粉砂岩、泥岩和页岩一般呈平行层状，并且往往显示弱至强的生物扰动。这些岩石常常含碳质，并长有植物根。沿着岩层的裂开面可见保存完好的植物叶片和木屑。

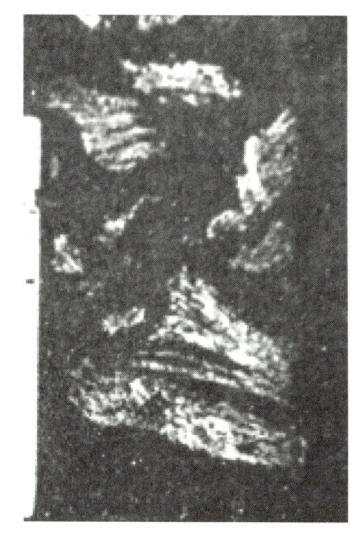

图 5-44　粉砂岩和页岩的角砾嵌在饱含油的细粒砂质基质内

第七节　南莫坎姆气田河流相沉积油藏

一、沉积环境

南莫坎姆气田是东爱尔兰海油气田中最大的气田（图 5-45）。南莫坎姆气田的产气层为下三叠统的 Sherwood 砂岩群，包括 Ormskirk 砂岩及下伏的 St Bees 砂岩。Ormskirk 砂岩是南莫坎姆气田的主要产层，厚度大于 265m。下分四段，包括底部的以风沙为主的 Thurstaston 段，其上片状水流沉积为主的 Delamere 段，再上以河流河道砂为主的 Frodsham 段，以及最上面的干盐湖相的 Keuper Waterstones 单元。St Bees 砂岩厚达 940m，是以片流沉积为主、河道沉积为辅的一套地层。1990年代中期，对岩心的研究发现 Ormskirk 砂岩的沉积主要受气候干湿循环的影响，表现为河流（或者湖相页岩）与风沙沉积交互。因此，气候旋回提供了储层分层及地层对比的基础。测井曲线及声波阻抗可以在全气田甚至全盆地范围内对比。1998年修订的分层方案以岩性为基础将 Ormskirk 砂岩分为 4~5 层，与早期四分的岩性地层划分方案相仿。

Sherwood 砂岩群沉积于半干旱环境，其沉积以河流相为主（约占储层段的90%），其余为风沙沉积。Meadows 和 Beach（1993）识别出七种相类型和四种相组合。河流相主要包括主河道砂岩相（F1）与次河道砂岩相（F2）。主河道相代表永久性河流的存在，形成叠置的交错层状河道砂，一般 2m 深。交错层理的变化指示迁移性沙坝形态、沙坝顶的改变或辫状河流。次河道砂缺失沙坝形态，且一般较薄（小于1m），代表暂时性河流，并且改造风成砂及片状水流沉积（图 5-46）。

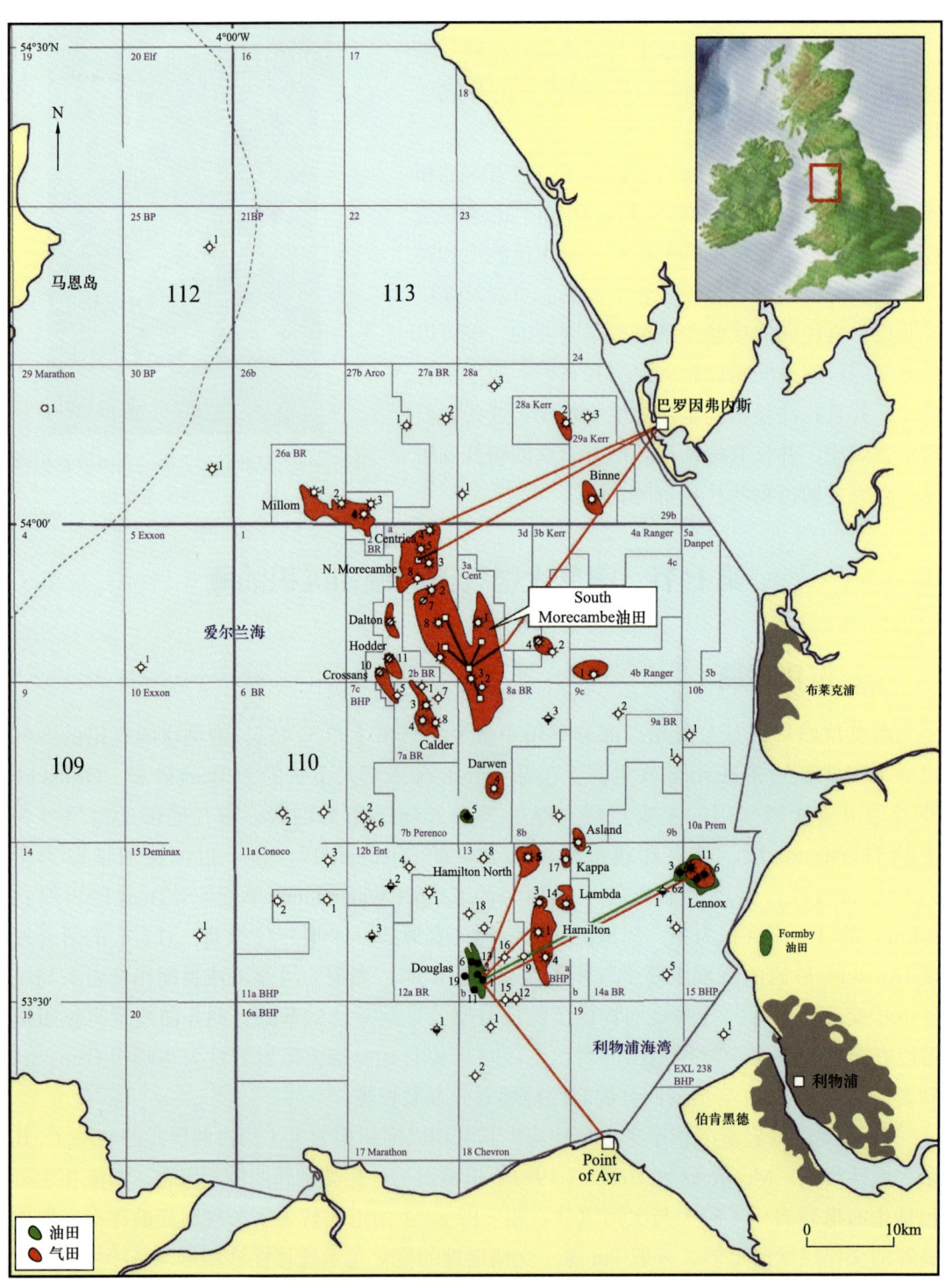

图 5-45 东爱尔兰海油气田分布，南莫坎姆气田是最大的气田（据 Bastin et al.，2003；Yaliz and Chapman，2003）

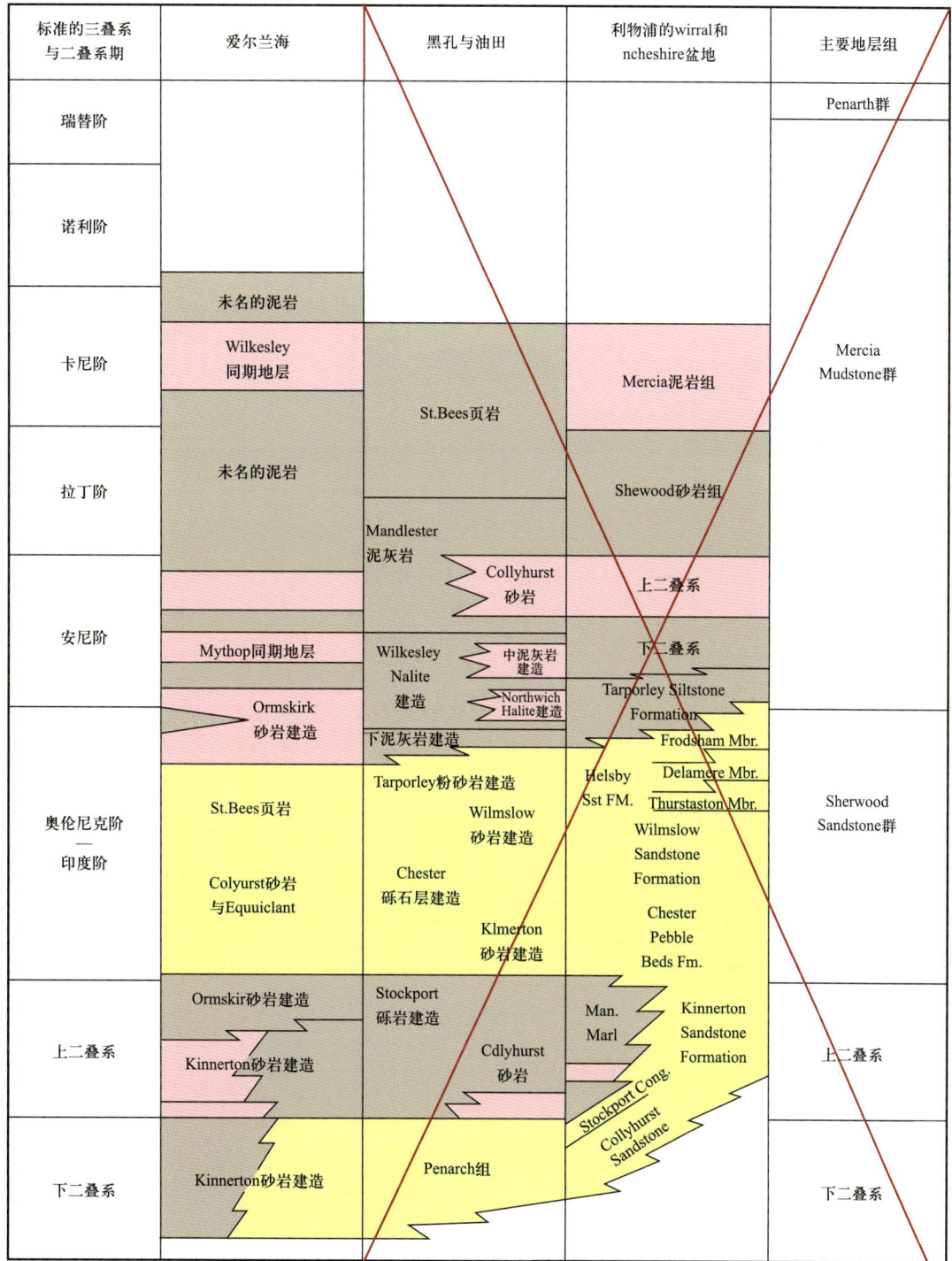

图5-46 爱尔兰海二叠系—三叠系地层划分

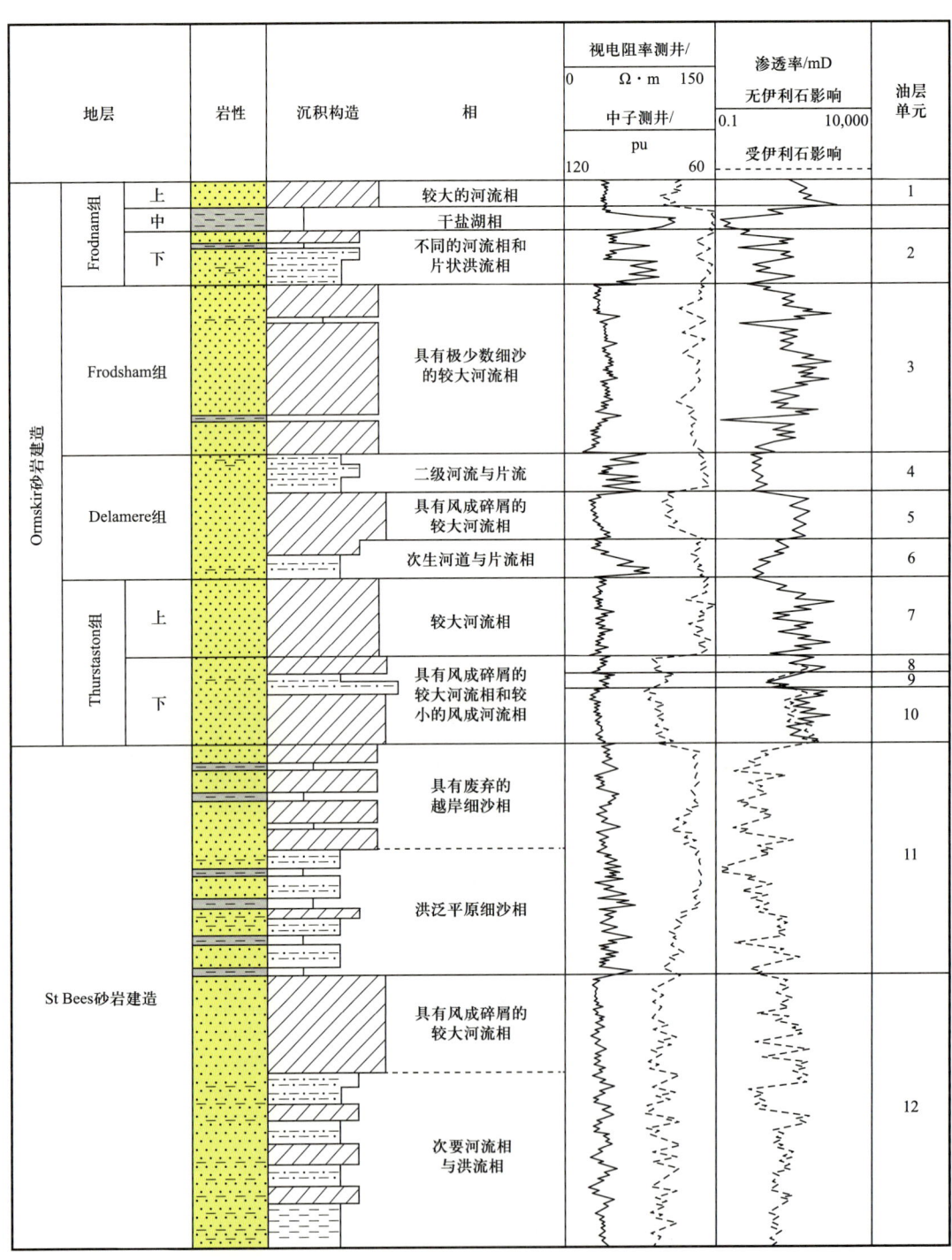

图 5-47 南莫坎姆气田 Sherwood 砂岩综合地层柱状图（Stuart and Cowan，1991）

南莫坎姆气田 110/2a-F1 井的 Sherwood 砂岩的岩心照片显示了代表永久性河流体系的辫状河道相的交错层理（图 5-48）。

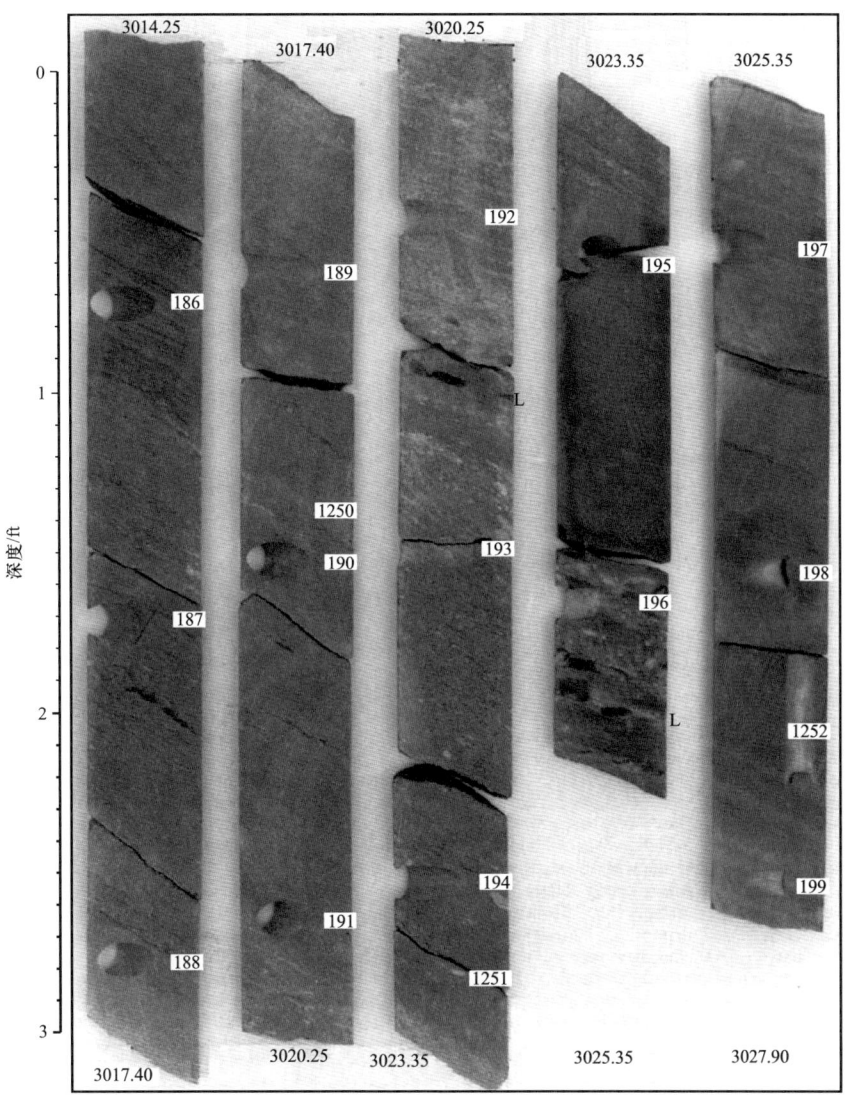

图 5-48　南莫坎姆气田 110/2a-F1 井 Sherwood 砂岩岩心照片（据 Cowan，1993）
显示代表永久性河流体系的辫状河道相的交错层理，L 表示多滞留沉积的砾岩

南莫坎姆气田发育片流沉积与辫状河道沉积（图 5-49）。主河道相系由来自盆地东边的大型辫状河沉积而成，河流的推进与后撤受控于断层运动或气候变化。在 Ormskirk 砂岩沉积早期，断层使得河道及其支流向西改道。在 Ormskirk 砂岩沉积晚期，东部断层的复苏导致主河道向盆地边缘迁移。河流运移方向是从东南向西北，而风沙沉积源自东部。片流沉积远离河道砂，因此在河流后撤阶段成为主要的沉积。古流向主体是向西，但在 Ormskirk 砂岩沉积的早期更多的是向北西，到晚期则转为南西（图 5-49）（Cowan et al.,

1993）。这种古流向特征与陆上以北向为主的特征形成鲜明对比，说明东爱尔兰海盆地在三叠纪是与陆上的盆地分隔开的（Stuart and Cowan，1991）。

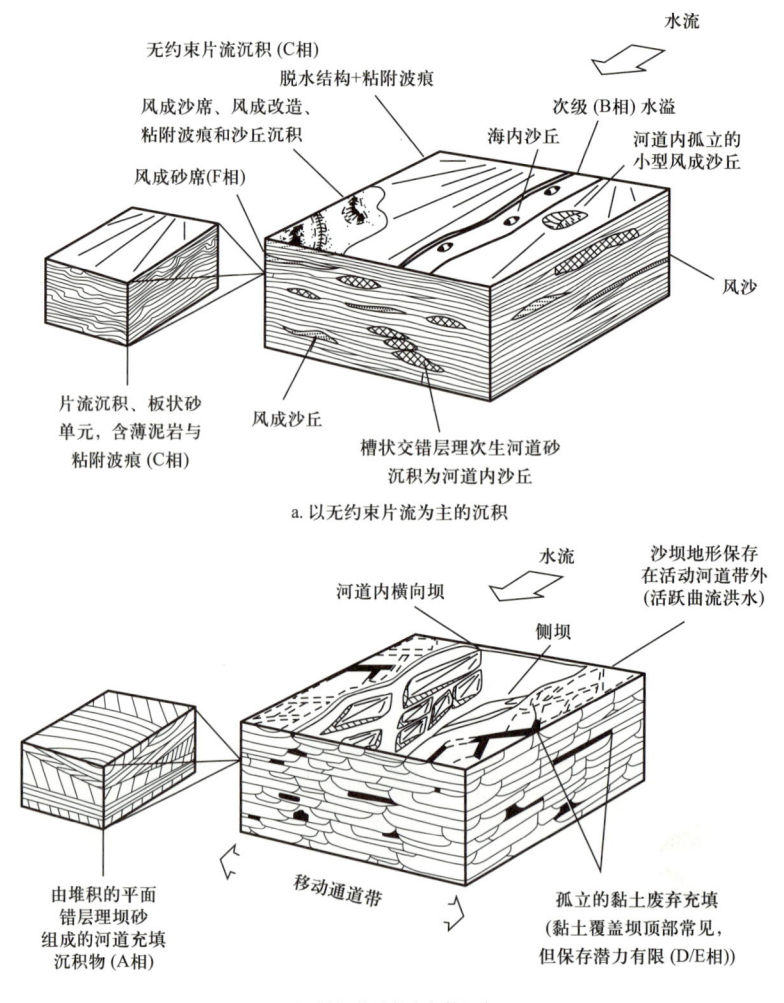

图 5-49 片流沉积 a 与辫状河道相 b 的沉积模式示意图（据 Stuart and Cowan，1991）

南莫坎姆气田的砂岩中发育暂时性河流的次生河道沉积，其 110/2aF1 井的 Sherwood 砂岩中具有高的孔隙度，发育具有波状纹理的片流沉积及平行层理的风沙沉积（图 5-50）。

风沙相主要有沙丘（A1）和风成沙席（A2）。前者一般高 1m 以上，由磨圆好的砂组成，形成中—高角度交错层理。风成席状砂的成分与沙丘砂相同，但沉积构造为细纹层的交错层理，显示干湿相的交互（图 5-51）。这些是 Ormskirk 砂岩的主要特征，其中的湿润相席状砂被解释为碎屑萨布哈沉积（Herries and Cowan，1997；Bastin et al.，2003）。片流沉积相（S1）也是储层的主要部分，代表决口扇和快速卸载沉积。富含云母的泥质披覆层及干裂缝指示悬浮细颗粒沉降及沉积物的干燥过程，尽管由于松软沉积物的形变和生物扰动作用，致使原生沉积构造难以保存，但仍有 10m 以上厚度的细粒沉积得以保存,故难以用决口扇沉积来解释。第三大类沉积是干盐湖(playa),也可以分为两个亚相:干盐湖相(P1)及干盐湖边缘相(P2)。干盐湖相沉积由黏土和粉砂夹薄的沙质纹层构成,具波浪改造、干裂痕及少量蒸发盐成分。干盐湖边缘相呈现干盐湖和席状砂的双重特征,因湖面的扩张与收缩而产生二者的交互成层(Meadows and Beach,1993)。

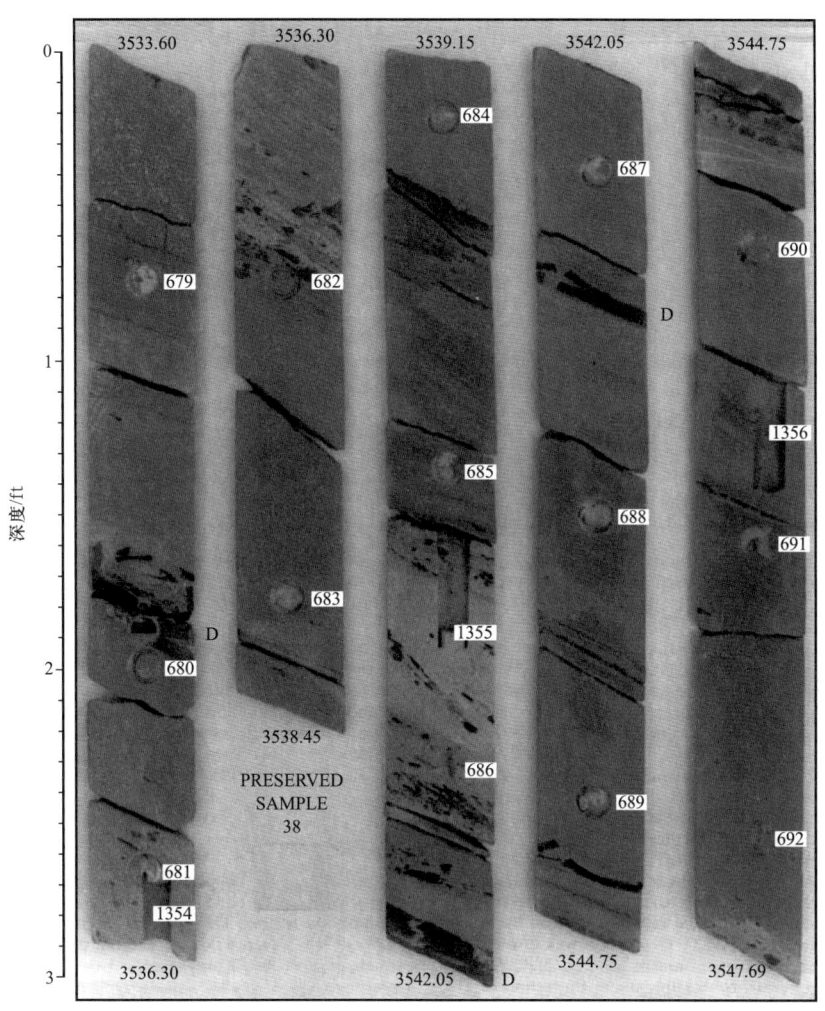

图 5-50 南莫坎姆气田 110/2a-F1 井 Sherwood 砂岩中代表暂时性河流的次河道相岩心照片
(据 Cowan,1993)
常见废弃河道的黏土披覆构造(D)及泥砾

南莫坎姆气田的 Sherwood 砂岩中具有高的孔隙度,发育波状纹理的片流沉积和具有平行层理的风沙沉积(图 5-52)。

东爱尔兰海盆地的早三叠世古地理包括 Ormskirk 砂岩沉积早期和砂岩沉积晚期(图 5-53)。

爱尔兰海盆地早三叠世古地理时期发育早期和晚期的 Ormskirk 砂岩,Sherwood 砂岩古河道的主要古流向向西(Cowan,1993;图 5-54)。

图 5-52 南莫坎姆气田 110/2a-F1 井 Sherwood 砂岩中具波状纹理的片流沉积及其互层的具平行层理的风沙相（棕色）岩心照片（据 Cowan, 1993）

图 5-51 南莫坎姆气田 110/2a-F1 井 Sherwood 砂岩中高孔隙度风沙沉积岩心照片（据 Cowan, 1993）显示颗粒大小的纹层及零散出现的白云石胶结物（白色）

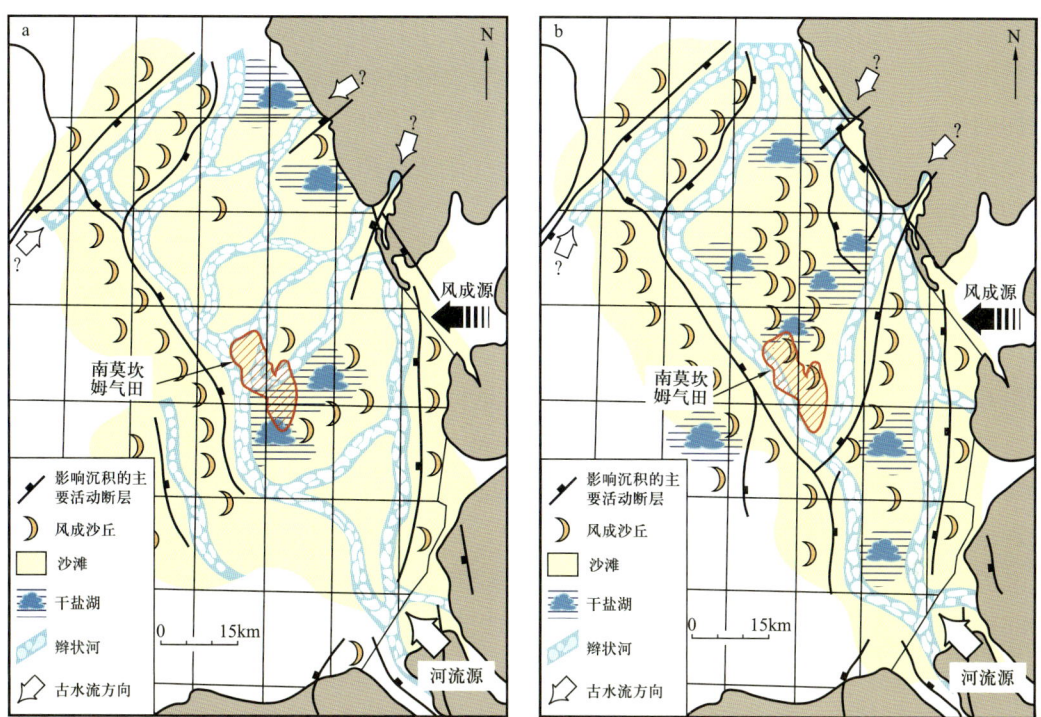

图 5-53 东爱尔兰海盆地早三叠世古地理：a. Ormskirk 砂岩沉积早期；b. Ormskirk 砂岩沉积晚期（据 Meadows and Beach，1993）

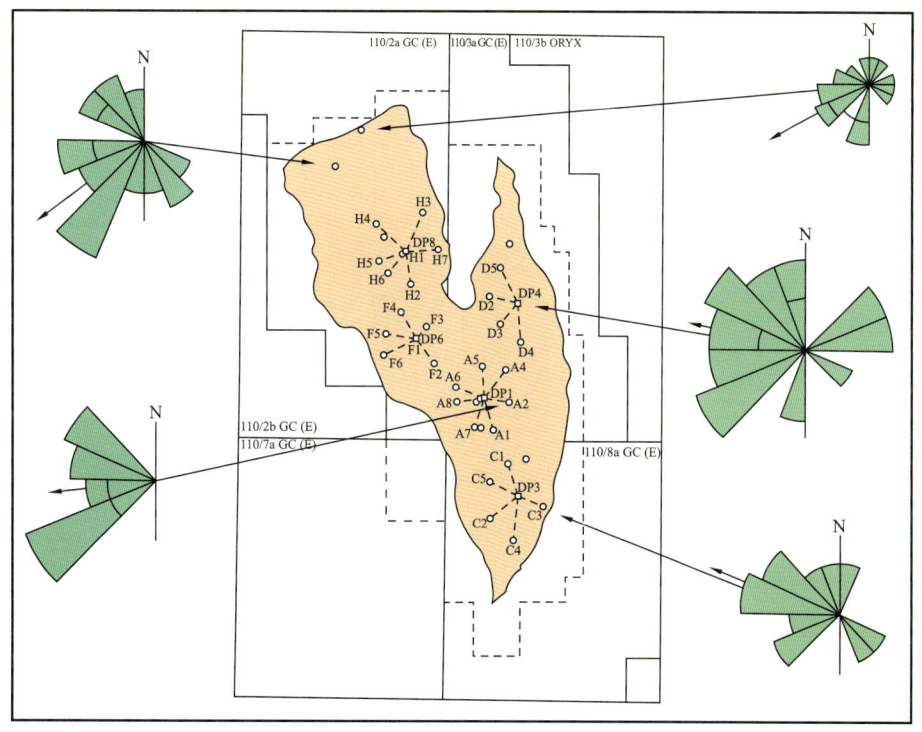

图 5-54 南莫坎姆气田 Sherwood 砂岩主河道相古流向玫瑰图（据 Cowan，1993）

向上变干的沉积旋回出现在整个 Ormskirk 砂岩中,且可根据岩心和测井曲线在全盆地范围对比。在旋回的较为干旱的阶段,有两个关键控制因素:一是地下水位相对于沉积面的位置,二是风沙输入量。此二因素的平衡至为关键:高水位和(或)低风沙输入量导致广泛的碎屑萨布哈的发育,而偏干旱的气候条件和(或)高沉积物输入则导致风成沙席及沙丘的发育(Bastin et al.,2003)。

二、储层构架

南莫坎姆气田的储层主要由叠置混合的辫状河道砂体构成,也有重要的风成沙及片流沉积层。储层平均地层厚为 490m(最高 1200m)。砂地比为 0.6~1.0(平均 0.8),因此,砂层厚平均为 390m(Ebbern,1981;Cowan,1993;Bastin et al.,2003)。有效厚度约为 300m。在没有伊利石胶结的层段,储层表现为连通很好的块状架构,具有良好的压力连通。单个储层由主河道相或片流沉积为主,二者的指状交互则产生储层南部不同程度上的非均质性。河道砂体的优势延伸方向是东西向,厚约 2m,宽 140~300m(Bushell,1986)。干盐湖、碎屑萨布哈及废弃河道相构成局部低渗透夹层,但其横向延伸连续。唯一例外是位于整个储层顶部的一套厚达 10m 的干盐湖沉积,称为 Keuper Waterstones(图 5-55)。气田内的断层不封闭,但影响垂向波及范围及单井产能。

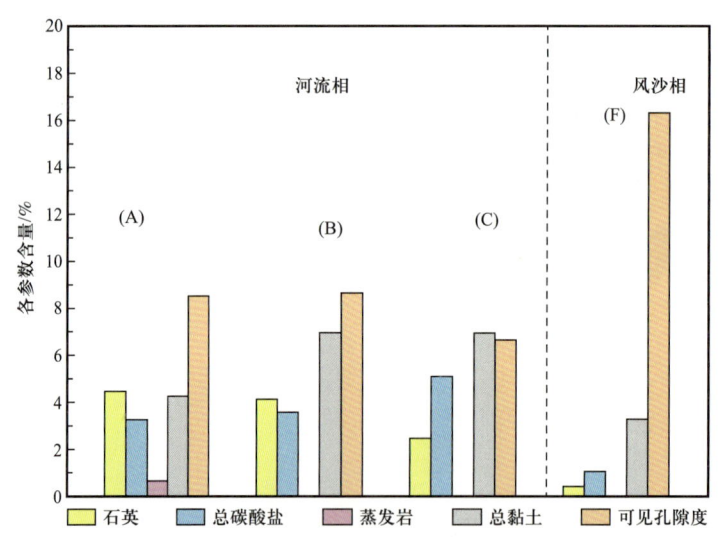

图 5-55 按沉积相划分的自生矿物及孔隙度分布直方图(据 Cowan,1993)

在生产前期及生产早期,为了气藏模拟,所采用的储层划分方案是基于孔隙空间中的自生片状伊利石是控制储层分层及生产表现的关键因素这样的认识。基于此认识,将整个气田分成受伊利石影响的西部区块及不受伊利石影响的东部区块。而在西部区块内又按照岩性进一步细分,以反映更细的渗透率变化。这样的分层体系可以充分解释气田在调峰期低产量时的生产表现。在气田生产的后期,无伊利石的 Ormskirk 砂岩则需要更为细致的分层方案。研究发现,1998 年基于气候旋回及其相应的岩相而形成的 4~5 层的分层方案，能够反映无伊利石层段细微的渗透率变化，因此适合于该层段的气藏模拟（Bastin et al.，2003）。

三、储层物性

占 Sherwood 砂岩群大多数的河流相沉积是分选差、棱角状至次圆状、细至中粒的岩屑亚长石砂岩及长石岩屑砂岩，其中石英占 70%～90%，钾长石占比小于 15%，此外还有 15% 的云母和岩屑。颗粒被伊利石、石英及碳酸盐胶结。与此相对的是，风沙相由分选及磨圆极好的颗粒构成，局部受河流相改造而使储层物性更好（图 5-56）（Stuart and Cowan，1991）。储层性质主要受控于沉积相类型及其分布，胶结与压实也有重要的影响。

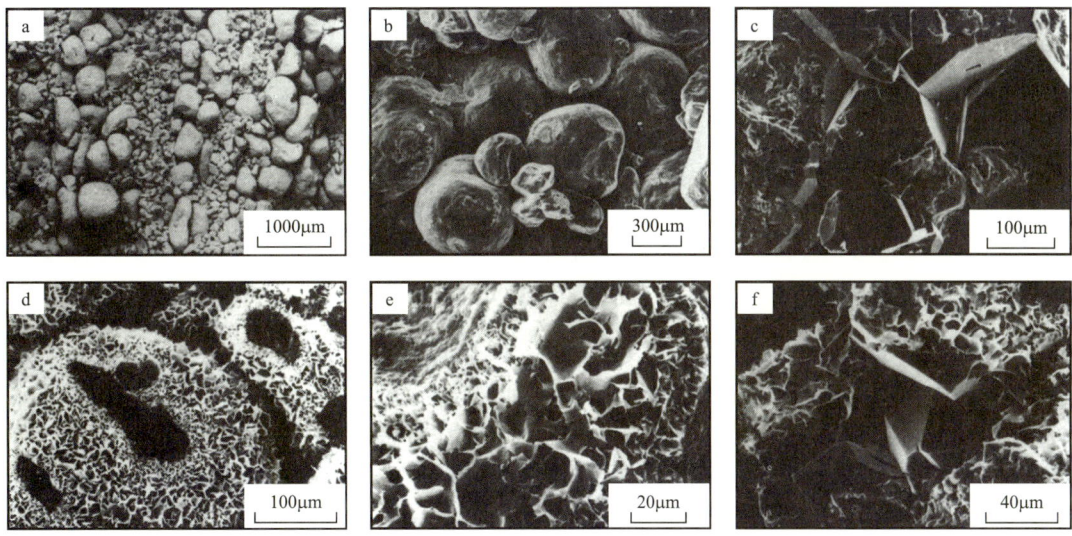

图 5-56 Sherwood 砂岩扫描电镜照片（据 Stuart and Cowan，1991）
a. 以圆的颗粒及双模式粒径分布为特征；b. 取自伊利石层段的磨圆良好的河道砂，可能是被改造的风成砂；c. 无伊利石层段因石英增生导致孔隙度下降；d. 受伊利石影响层段的河道相，片状伊利石堵塞孔隙；e. 明显晚于片状伊利石的石英增生；f. 片状伊利石的放大照片，显示其尺寸在孔隙中心明显增大

成岩作用始于三叠纪，即沉积发生之后不久，包括碳酸盐胶结物沉积及石英增生，二者都造成孔隙度的减小。随后而来的酸性孔隙水的循环淋蚀部分早期碳酸盐胶结物，形成重要的次生孔隙。侏罗纪时的油气充注，改变了孔隙水化学组成，使得 pH 值升高，从而导致水层中大量的伊利石沉淀，并成为古气水界面的明显标志，现被称为"片状伊利石顶面"。在气田南部一些井中，片状伊利石之下还有纤状伊利石。不过大多数井中，片状伊利石之下就没有伊利石了。后来多期生成的天然气将气水界面向下推移，进入伊利石带充填（图 5-57）（Bushell，1986；Stuart and Cowan，1991）。在伊利石沉淀之后，南莫坎姆气田的构造受到淋滤，导致普遍的石英胶结物沉淀。有证据表明，较年轻的二期古气水界面的存在，可以观察到以低磁性为标志，其分布恰好与现今气田的边界吻合。

Morgan（1998）提出，油气与盆地流体的混合引起铁镁矿物（磁黄铁矿）的沉淀，从而造成相应的磁性低。

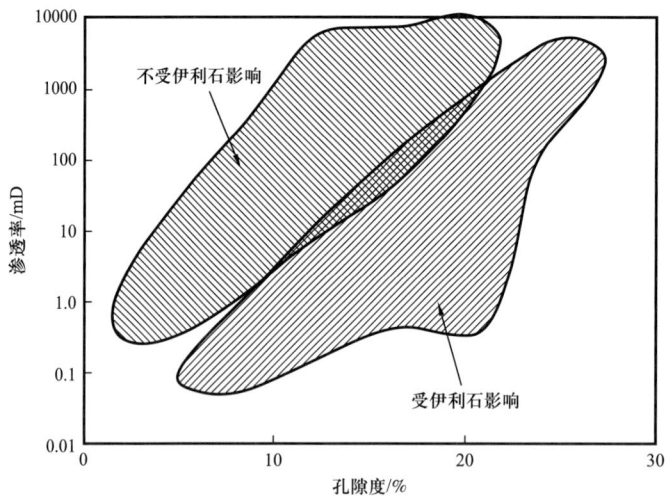

图 5-57　南莫坎姆气田孔隙度—渗透率交会图（据 Stuart and Cowan，1991）
显示有伊利石影响与无伊利石影响的差别

流体源自气田北方，大约在隆升开始时形成，或者是由与岩浆活动有关的热流值升高引起。

储层的孔隙度为 6%～30%，渗透率为 0.1～10000mD，并且反映沉积相和成岩作用。虽然风沙相只占储层的 10%，但其孔隙度为 20%～30%，渗透率通常大于 1D（局部大于 11D），所以能够贡献 70% 的产量（Cowan，1993）。较低的孔渗性是由两个因素造成的：其一，干盐湖和泥质的废弃河道沉积；其二，胶结物，尤其是石英、碳酸盐及伊利石的存在。碳酸盐胶结与石英增生对降低储层质量有特别重要的负面作用。伊利石胶结主要发生在气田的西部和北部，在东部则完全消失。搭连颗粒的伊利石对于降低渗透率有着重大的影响。因此，储层可以分为受伊利石影响的层段和不受伊利石影响的层段，二者由片状伊利石顶面分割开来。

受伊利石影响的层段，在气田北部其厚度大于 300m，而在南部则只有 140m。孔隙度在不受伊利石影响的层段为 14%，与受伊利石影响的层段接近（12%），但前者的渗透率则比后者高 2～3 个数量级。在受伊利石影响的层段，渗透率为 0.1～100mD（平均 0.8mD）；而在不受伊利石影响的层段，渗透率为 5～10000mD，平均 200mD（Stuart and Cowan，1991）。值得注意的是，伊利石对孔渗性的影响，在不同的沉积相中是不均匀的。对于孔隙度高的相类型（如风沙相），孔隙达桥的伊利石胶结物的影响，比起碎屑萨布哈/干盐湖边缘相要低；河流相所受的影响则深浅不一倍（图 5-57 和图 5-58）。因此可以得出结论，沉积相类型及其分布是控制储层物性的主要因素（Meadows and Beach，1993）。

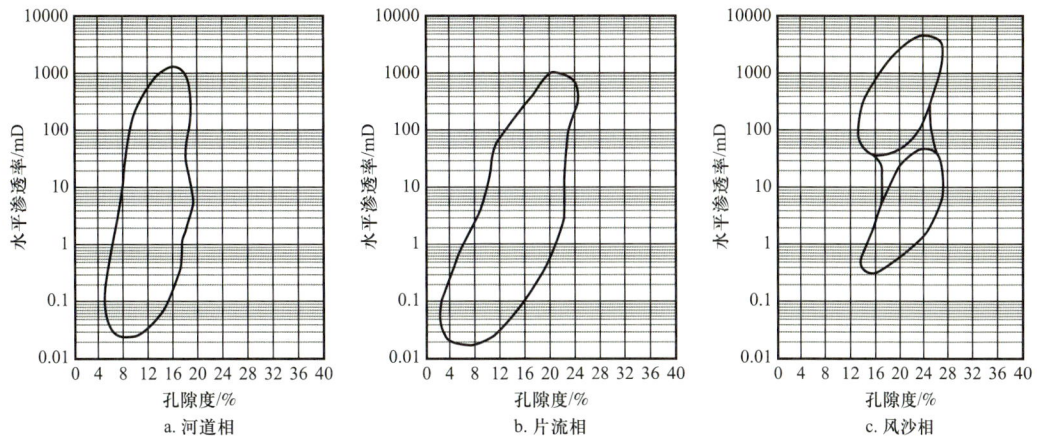

图 5-58 南莫坎姆气田两口井三种不同沉积相的孔隙度—渗透率交会图（据 Meadows and Beach，1993）

第八节 酒西盆地玉门老君庙油田中新统 M 油藏辫状河沉积

老君庙油田是玉门石油管理局的主力油田，M 层是该油田的一个重要油藏，M 层厚度为 60~70m，整个剖面连续含油。M 油藏自 1960 年投入注水开发以来，至今仍有半数油井处于无水和低含水状态，油水井的工作厚度小、纯油面积大，具有很大的开发潜力。但是，M 油藏开发程度低，也正说明它的开发难度大。M 层是巨厚的块状砂岩，岩性单一，全部层段为不同粗细的砂岩，无泥岩夹层，加上其中裂缝非常发育，这就给 M 层沉积相的研究带来了很多困难，同时也严重影响了油田开发中的注水驱油效率。

前人对 M 油藏已做了大量工作，分别根据测井、录井、粒度分析及油水动态等资料探讨了 M 层的沉积环境与沉积特征，提出了开发层系的划分方案，分析了井下裂缝的分布规律，并推测了井下油水流动方式。这些工作都为 M 油藏的进一步研究提供了有益的启示。

为了摸清 M 层的沉积特征及其与储层物性的关系，为今后油藏的注水开发和调整挖潜提供科学依据，著者受玉门石油管理局研究院的委托，承担了"老君庙油田 M 油藏沉积相研究"课题。课题包括三项内容：（1）M 油藏纵向相序模式及物性、含油性、电性的垂向分布规律及其相互关系；（2）M 油藏相、亚相、微相的水平组合及物性、含油性、电性的水平分布规律；（3）M 油藏砂体沉积模式及油砂层性质与特征。

一、区域地质背景

老君庙 M 油藏是一个受逆掩断层及扭性断裂分割的背斜型砂岩油藏。在控制油田的形成和分布特征的诸因素中，岩相是基础，构造是主导。在影响储层物性及其层间变化规律的基本因素中，沉积相是决定性因素，但又受到了后期构造活动的改造和破坏。两者共同构成了老君庙 M 油藏的地质背景条件（图 5-59~图 5-61）。

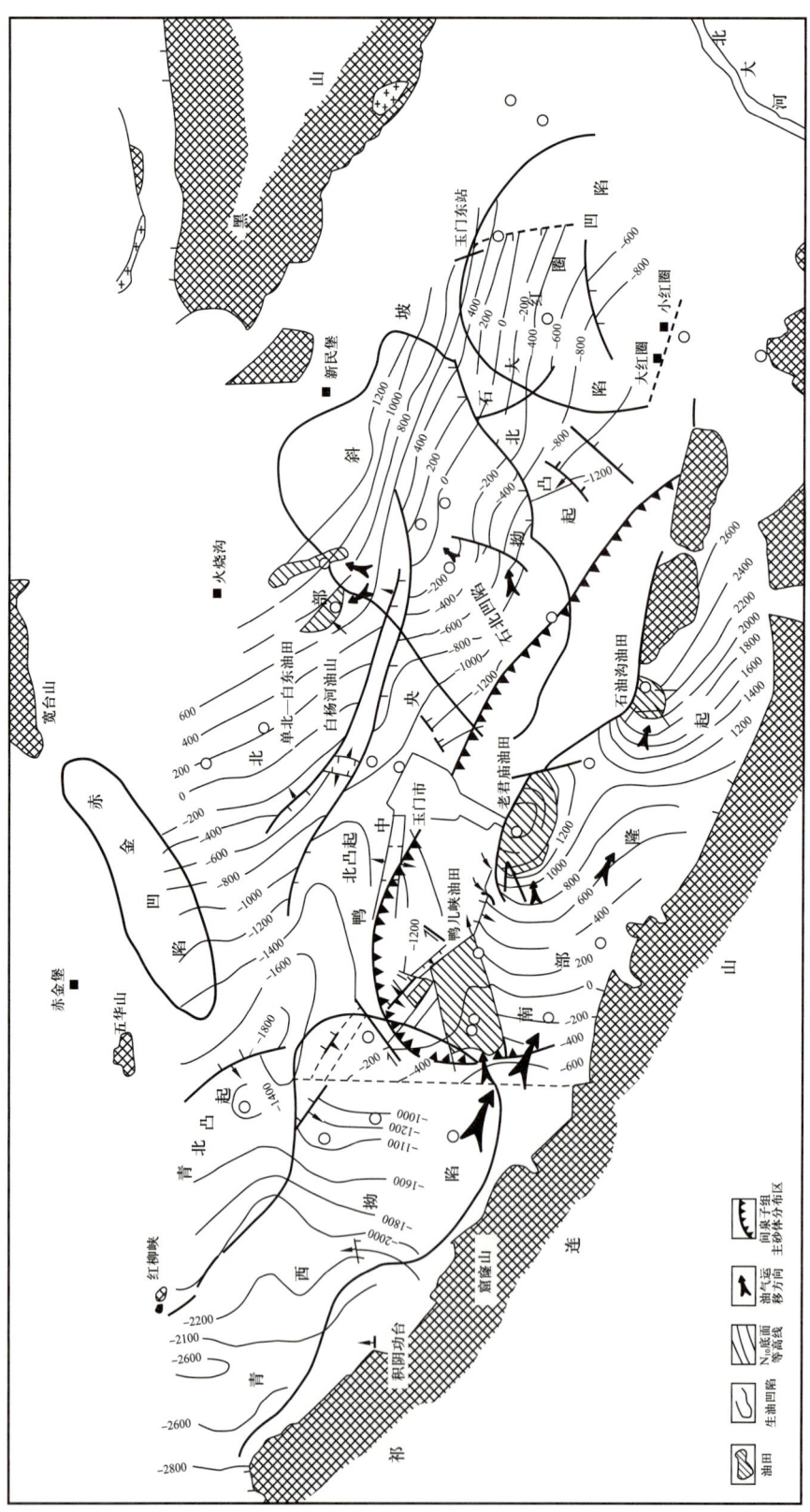

图 5-59 酒西盆地构造略图

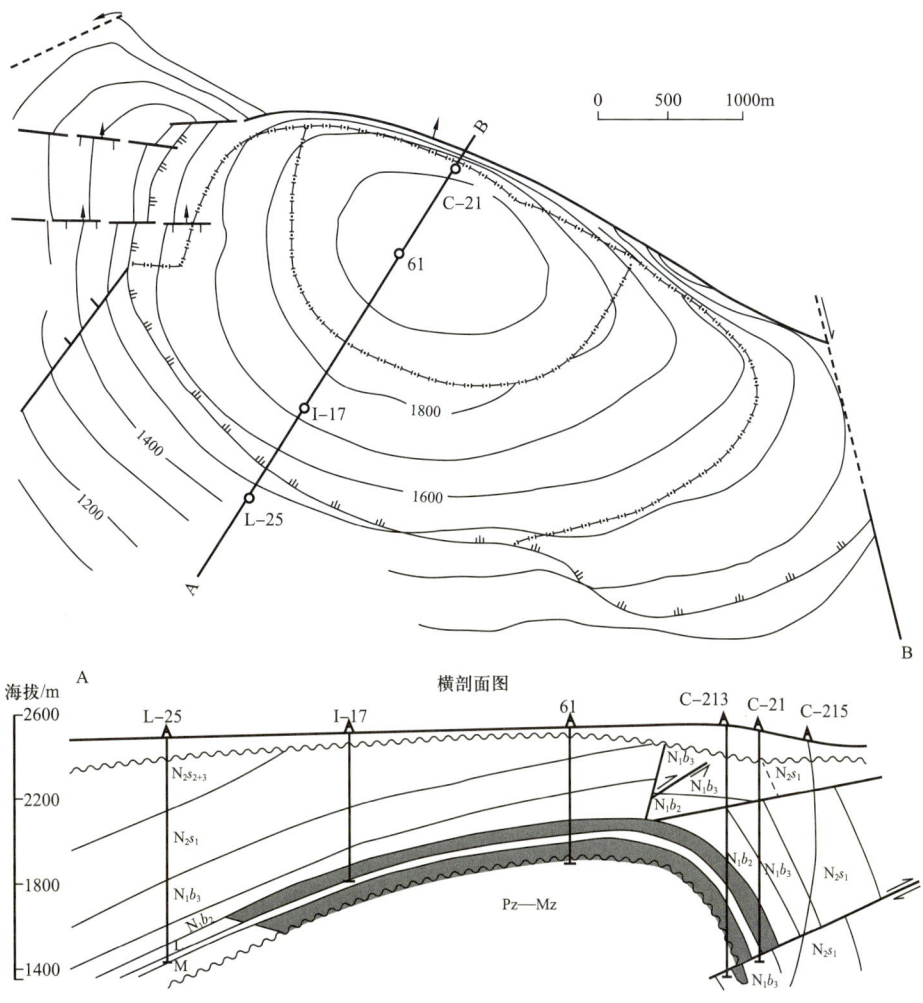

图 5-60 老君庙油田 M 层构造图

二、酒西盆地的新生界

酒西盆地为新生代的断陷盆地，自渐新世起开始接受沉积，堆积了从渐新世（E）到全新世（Q）各个时代的地层。现将盆地内的新生界从老到新分别叙述如下。

1. 古近系渐新统火烧沟群（E_3h）

总厚度 300~900m，主要分布于屠马城、火烧沟、红柳峡一带，与下伏白垩系为不整合接触。自下而上又分为三组：（1）鄯马城组 E_3h_1 以棕红色砾岩、泥岩为主，有时为砾状砂岩。分选不好，磨圆度差，呈棱角状。砾石成分主要有灰绿色变质岩、花岗片麻岩等，有时夹砂岩透镜体。砂粒成分以石英为主，胶结疏松。（2）乔家组（E_3h_2）以灰白、褐黄色砂岩为主，夹棕红色钙质泥岩。砂岩中有递变层理和交错层理。砂岩成分中石英占 70%，长石占 20%，变质岩屑不多，主要为中—细砂，个别地段为砾状砂岩或砂

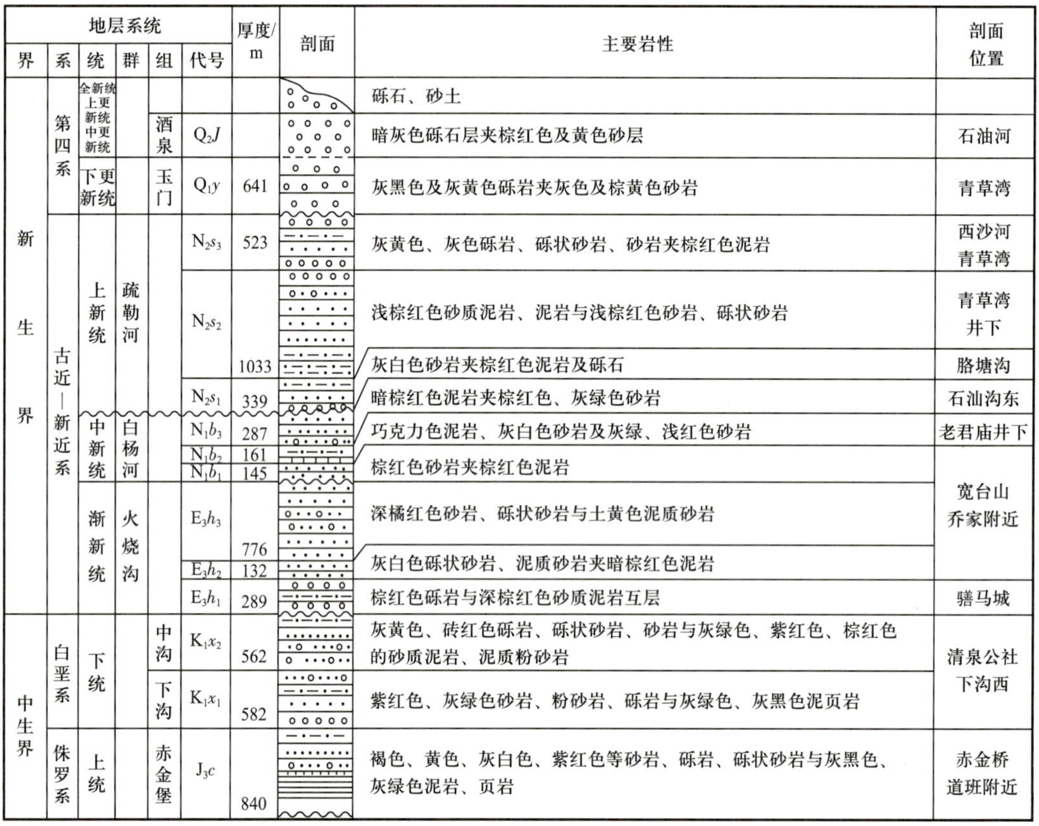

地层系统				代号	厚度/m	剖面	主要岩性	剖面位置
界	系	统	群 组					
新生界	第四系	全新统 上更新统 中更新统	酒泉	$Q_2 j$			砾石、砂土	
							暗灰色砾石层夹棕红色及黄色砂层	石油河
		下更新统	玉门	$Q_1 y$	641		灰黑色及灰黄色砾岩夹灰色及棕黄色砂岩	青草湾
	古近—新近系	上新统	疏勒河	$N_2 s_3$	523		灰黄色、灰色砾岩、砾状砂岩、砂岩夹棕红色泥岩	西沙河 青草湾
				$N_2 s_2$			浅棕红色砂质泥岩、泥岩与浅棕红色泥岩、砾状砂岩	青草湾井下
					1033		灰白色砂岩夹棕红色泥岩及砾石	胳塘沟
				$N_2 s_1$	339		暗棕红色泥岩夹棕红色、灰绿色砂岩	石油沟东
		中新统	白杨河	$N_1 b_3$	287		巧克力色泥岩、灰白色砂岩及灰绿、浅红色砂岩	老君庙井下
				$N_1 b_2$	161			
				$N_1 b_1$	145		棕红色砂岩夹棕红色泥岩	宽台山 乔家附近
		渐新统	火烧沟	$E_3 h_3$			深橘红色砂岩、砾状砂岩与土黄色泥质砂岩	
					776			
				$E_3 h_2$	132		灰白色砾状砂岩、泥质砂岩夹暗棕红色泥岩	
				$E_3 h_1$	289		棕红色砾状砂岩与深棕红色砂质泥岩互层	骟马城
中生界	白垩系	下统	中沟	$K_1 x_2$	562		灰黄色、砖红色砾岩、砾状砂岩、砂岩与灰绿色、紫红色、棕红色的砂质泥岩、泥质粉砂岩	清泉公社 下沟西
			下沟	$K_1 x_1$	582		紫红色、灰绿色砂岩、粉砂岩、砾岩与灰绿色、灰黑色泥页岩	
	侏罗系	上统	赤金堡	$J_3 c$	840		褐色、黄色、灰白色、紫红色等砂岩、砾岩、砾状砂岩与灰黑色、灰绿色泥岩、页岩	赤金桥道班附近

图 5-61 酒西盆地地层柱状剖面图

泥岩互层。（3）红柳峡组（$E_3 h_2$）是暗红色砾状砂岩及砂岩，成分同上。其特征是层理不明显，岩性变化较大，一般以红柳峡和乔家为中心，红柳峡以西的粒级变细，在宽台山以东和以南也有变细的趋势。

2. 新近系中新统白杨河群（$N_1 b$）

白杨河群地层岩性稳定，出露广泛，不整合于一切老地层之上，自下而上分有：

间泉子组（$N_1 b_1$）的厚度 100~140m，按岩性变化分为三段：下部（M层）是棕红色似块状砂岩，按岩性、沉积构造及黏土矿物等垂向分布，从下往上分为 M_1、M_2 和 M_3。M_1 以含砾极粗砂岩为主，主要发育块状层理和递变层理，砂砾主要成分是石英、燧石等，磨圆分选好，碳酸盐含量高，胶结致密，为冲积扇沉积。M_2 以中细砂岩为主，层理主要是中、小型斜层理，砂粒主要成分是石英，夹有少量暗色矿物和变质岩屑，磨圆分选较好，是辫状河流的河床沉积。M_3 以细砂—粉砂岩为主，主要发育小型斜层理，为越岸泛滥沉积。

石油沟组（$N_1 b_2$）的厚度 40~110m，按岩性分为两层：中部（L—M层）是棕红色泥岩、细砂岩和粉砂质泥岩，含钙质结核。上部（L层）是棕红色、灰白色砂岩、泥质砂岩夹棕红色泥岩，砂岩中的矿物成分以石英为主，少量长石，燧石较少。下部（C层）是暗棕色或巧克力色泥岩夹天青色薄层砂岩。砂岩中含白云岩较多，风化后成片状，有的呈大块崩裂。表面浸集成铁黑色，下部有网状石膏脉穿插切刻和硅质充填。靠近下部砂岩层逐渐变厚，为灰绿—浅红色细砂岩，主要由次棱角状石组成，小型斜层理发育，层内夹有泥条。上部（B层）是棕红色泥岩与浅红色细砂岩互层，泥岩层稳定，砂岩上薄下厚，为黄—绿灰色的中—细砂岩，以石英为主，含有浅紫色及暗绿色变质岩屑，分选磨圆较好，交错层理发育，含有泥球。

干油泉组（N_1b_3）的厚度260~280m，按岩性分为两段：下部（K层）是灰白色钙质砾状砂岩、浅红色中—粗粒砂岩，向上为棕红色中砂岩夹泥岩，砾石以变质岩为主。上部是深棕红色泥岩与浅棕色中细砂岩、粉砂岩互层，主要是石英和燧石，但云母较多，交错层理发育。

新近系上新统疏勒河群（N_2s）与下伏地层为不整合接触，自下而上分为三组：（1）弓形山组（N_2s_1）的总厚度300~340m。其下部是棕色、棕褐色泥岩与浅黄色中—粗粒砂岩、砾状砂岩互层，砂岩成分同上，含泥球较多，顶部有30m厚棕褐色泥岩层是共特征。上部是灰白、浅棕色中—粗粒砂岩与棕红色泥岩互层，泥岩表面有滑或，风化后呈叶片状，砂岩中偶含"泥球"。（2）胳塘沟组（N_2s_2）的厚度600m，自下而上岩性由细变粗，下部以浅棕色泥岩、砂质泥岩、粉砂岩为主，夹薄层砾岩。中部为浅黄—土黄色砂岩、粉砂岩及砂质泥岩夹白色砾状砂岩。上部为灰色岩夹棕黄色砂岩和砂质泥岩薄层，砾石呈棱角状，成分较复杂。（3）牛路套组（N_2s_2）的厚度为400~550m，出露少，主要为棕灰—浅灰色砾岩、砾状砂岩夹砂质泥岩薄层。

第四系（Q）自下而上分两组：玉门组（Q_1y）的厚度200~600m，主要分布在盆地南部。岩性为灰色厚层砾岩夹黄色、灰红色薄层砂岩，砾石成分复杂，分选不好，胶结致密，砾石粒径一般20~40cm，最大有60~80cm。与古近系—新近系为不整合接触。酒泉组（Q_{2-4}）的厚度100~400m，分布在台地上呈眉状堆积，砾石成分主要是绿色和紫色变质岩、乳白色石英岩，还有花岗岩，多呈棱角状，分选差，砾径一般3~5cm，最大40cm。

三、老君庙地区的新构造

酒西盆地是在中生代区域构造的背景上发展起来的新生代断陷盆地。大地构造上位于北连加里东褶皱带和阿拉善前寒武纪结晶地块之间的交接部位。活动构造体系上，本区处于祁吕—贺兰山山字形构造体系西翼反射弧与河西系的复合处。它们是新生代以来，由于西伯利亚板块向南推挤作用减弱，印度板块向北强烈推挤和西太平洋板块俯冲的联合作用，发生近南北向的右旋剪切扭动的产物。

从次一级构造看，老君庙背斜位于祁连山北翼的老君庙构造带上。后者受近南北向强烈挤压，导致北东向和北西向的剪切作用，形成由东向西逐渐降低的三个台阶，在台阶内又发育更低序次的区块；在南北方向上形成三个带：南翼单斜带、老君庙背斜带和北缘逆冲断裂带。老君庙构造位置如图5-62所示。

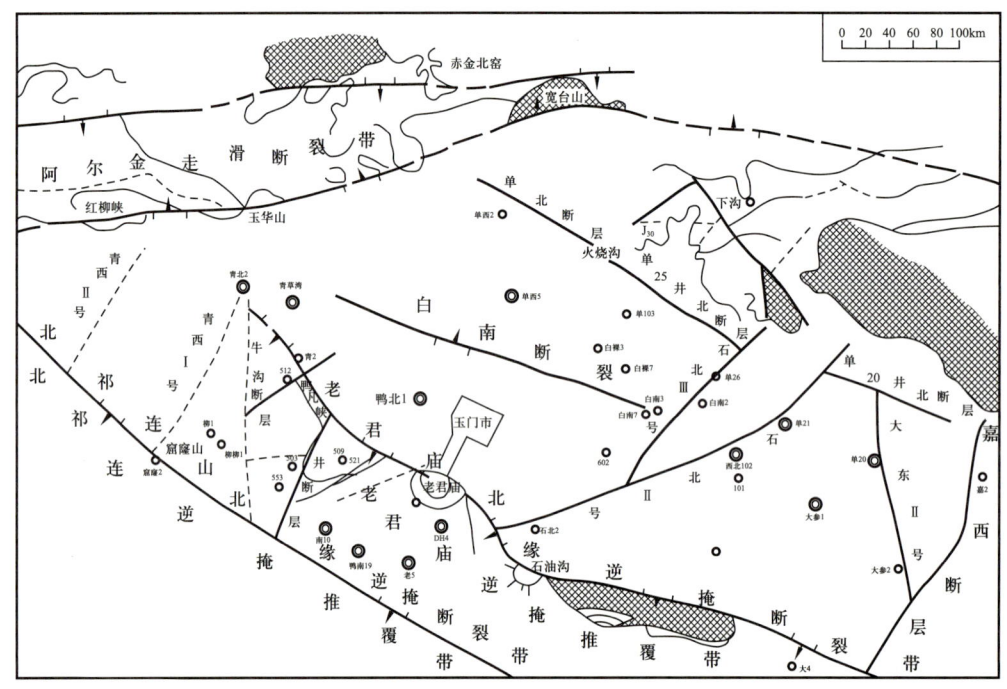

图 5-62　酒西盆地构造简图

老君庙背斜在南北方向上受强烈挤压，东西两侧又被派生的北东、北西向扭性断裂阻挡，在构造上表现为一箱背斜。轴向290°，构造闭合高度达700m。该背斜北陡南缓，北翼倾角70°～90°，局部倒转；南翼倾角15°～20°。边部发育五条断层，东侧为右旋平移断层，西侧为左旋逆平移断层，其余均为逆断层。北翼和东端受断层遮挡，西部和南翼为边水封闭。

老君庙背斜构造带的形成是与整个酒西盆地的形成和发展分不开的，特别与北祁连北缘逆冲断裂带的发育紧密相关。酒西盆地的发育历史主要经历了燕山和喜马拉雅两个构造旋回期。在下白垩统沉积后，受燕山运动Ⅲ幕的影响，白垩系发生褶皱和断块隆起，开始遭受风化录剥蚀，以致缺失了晚白垩世沉积。继而在北西—南东向区域挤压应力作用下，盆地内形成一系列垂直主压应力方向的北北东向压性或压扭性断裂，例如盆地内控制白垩纪凹陷边界的北北东向压性结构面，以及鸭西509断层、石北Ⅰ号断层、石北Ⅱ号断层、青西Ⅰ号断层和大东Ⅰ号断层等。

喜马拉雅期，区域构造应力发生了明显转变。在近南北向主压应力作用下，北祁连再次强烈抬升，盆地进入山前坳陷阶段。盆地内广泛发育了古近—新近纪沉积，尤以上古近系—新近系更为普遍。古近纪—新近纪末期的构造运动使盆地外缘的逆掩推覆的距离加大，早期形成的北东、北北东向压性断裂，在后期北西—南东向拉张应力作用下，断裂的性质发生了明显转化。例如早期形成的控制白垩纪凹陷边界的北北东向压性或压扭性结构面，在拉张应力作用下转化为张性或张扭性断裂，上文提到的509断层为一例。

另外，受喜马拉雅运动的影响，除发生断裂外，早期沉积的古近—新近系亦发生了强烈的褶皱变形，以致老君庙背斜北翼的地层产生局部倒转。在盆地中央和北部地区，因褶皱减弱，形成向斜和单斜构造。

四、沉积特征

沉积特征是划分岩相的依据。M层的沉积特征资料取自44口取心井的岩心观察和L287井、925井的289个岩心样品的实验分析，其中包括结构、沉积构造、岩矿和地球化学等特征。根据各种沉积特征的研究，M层由三个时间地层单元M_3、M_2、M_1组成，分别以冲积扇相、辫状河流相的河床亚相和辫状河流相的越岸泛滥亚相为主。

沉积岩中的化学元素与矿物成分是了解沉积物形成时期的化学与物理环境条件的重要依据。化学与矿物成分又是影响沉积岩颜色的主要因素。M层物质成分的研究包括元素地球化学、岩石薄片特征、重砂矿物及黏土矿物分析等四部分。

1. 元素地球化学特征

根据22种常量元素和微量元素测定，它们的分布有明显的差异。其中SiO_2、Al_2O_3、P_2O_5、Sr、Be、Co、Pb、CaLi的含量，L287井显著地高于925井；MgO、CaO、MnO的含量则相反。低价铁（Fe^{2+}）与高价铁（Fe^{3+}）之比是环境氧化还原条件的重要指标。Fe^{2+}/Fe^{3+}比为0.05~0.26，说明M层是在氧化环境下，铁元素形成赤铁矿或褐铁矿，沉积物被染成棕红色。L287井的样品在以高价铁为主的地层中，夹有灰绿色地层。它们的低价铁含量接近或超过高价铁，Fe^{2+}/Fe^{3+}增大是高价铁在局部层段发生还原作用的结果。

Mn是变价元素，它在水中的迁移能力取决于其化学状态。在棕红色氧化层中，氧化锰的平均含量为0.03%。变价微量元素Co、Cu在氧化环境中易于迁移，所以在沉积物中的含量低；在还原环境中不易迁移，故在沉积物中的含量高。Co、Cu的含量在还原和氧化环境下分别为13.2μg/g、24.7μg/g和9.7μg/g、13.7μg/g。

Al_2O_3是风化壳中的稳定成分，很难迁移；SiO_2在弱酸性和中性介质中能部分被迁走。M层下部的SiO_2/Al_2O_3比值低，这是因为作为M层基底的白垩纪地层经过长期的风化，Al_2O_3在M层的早期沉积中最富集。随着富铝风化壳被剥蚀，后来搬运来的低铝风化物质形成上部M层的沉积物。故剖面上自下而上，SiO_2/Al_2O_3比值逐渐增大。此外，L287井的平均SiO_2/Al_2O_3比值为2.05，明显地小于925井的2.20。这说明M层在较长的时期内接受附近风化壳物质的供给。

2. 颜色特征

M层的颜色分原生色与次生色两种。原生色反映了沉积物形成时期的环境，特别是气候条件；次生色则与成岩时期的地层条件有关。通过44口取心井全部岩心的颜色观察，M层的颜色及其分布有以下特征：（1）以棕红色为主，其次为褐色和棕褐色，灰白色和灰绿色较少出现。（2）大部分井的岩心是棕红色与褐色、棕褐色相间分布，灰白色和灰绿色仅限于本区东部的L287井、918井、H263井、951井、921井等井。（3）褐色和棕褐色通常分布在渗透率较高、含油性较好的层段中，以M层的中、上部较多，不规则，呈花斑状向棕红色过渡。

下面就M层颜色的成因及其环境意义进行讨论。根据L287井和925井的20个岩样的全铁分析，棕红色、褐色和棕褐色层的氧化还原系数FeO/Fe_2O_3比值平均为0.138，铁元素主要以高价氧化铁的形式出现。此外，氧化锰（MnO）的含量也较高，平均为0.03。可见，M层是在陆地氧化环境下形成的。棕红色层与褐色、棕褐色层的FeO/Fe_2O_3比值和MnO含量无明显的差别，这意味着其中某些颜色是后期形成的。若将M层岩心的松散样品用酒精苯洗油，洗去油的样品都呈棕红色，可见，褐色和棕褐色是油浸的结果，是油将棕红色染成褐色或棕褐色。褐色和棕褐色多分布在中—细砂粒的地层中，正是因为这种地层的渗透性高、含油性好的缘故，如926井的535～536m层段，G236井的541～543m层段。此外，岩心中的张裂缝能改善储层的物性，裂缝附近的岩心多被油浸染成褐色或棕褐色，如G236井的545m深处为渗透率较高的细砂—极细砂，其中又发育张裂缝，使该段含油达三级，含油饱和度为70.93%，呈深褐色。灰白色和灰绿色的层段中，FeO/Fe_2O_3，此值平均达1.368，铁元素主要呈低价的形式，氧化锰的含最低，平均为0.01。因此灰白色和灰绿色是该层段曾经处于还原环境的标志。但是这种还原条件并非出现在M层沉积时期，而是出现在沉积物形成以后，是次生色。其证据是灰白—灰绿色与棕红—棕褐色交界处，颜色呈花斑状，有许多棕色斑块，这是原始棕色层受流水还原作用影响，残存的原生色。如果这个结论是正确的话，可以进一步推论：M层的灰白—灰绿色层是底水作用的结果。前面已提到过，灰白—灰绿色集中分布在老君庙油田的东南部的一些井中，而且主要分布在上部M层中。在后面的沉积相组章节将会提到，上部M层属干河流沉积，其主要流向为南东往北西。因此这些井处于背斜构造的翼部，又处于有利的相带上，易受底水的作用，使棕红色和棕褐色还原成灰白色和灰绿色。

3. 岩石薄片特征

在L287井和925井中各取三个样品做岩石薄片鉴定，采样部位分别位于M_1、M_2、M_3中。鉴定项目包括轻矿物、岩屑、重砂矿物、胶结物、支撑类型、粒度与磨圆度等。鉴定结果见表5-4。它们具有以下特征：（1）碎屑物中以轻矿物石英为主，占50%～70%。石英颗粒具单晶和多（复）晶形，以单晶为主。具波状消光，有的有气、液包体。单晶颗粒中常见裂理。（2）长石占碎屑物的10%～15%。主要成分是微斜长石和中酸性斜长石，时有条纹长石等。颗粒较小，边部常有蚀变现象，形成云母或有高岭土化现象。（3）岩石占20%～40%，其成分包括碳酸盐岩、泥岩、石英岩、角岩、片岩、花岗

表 5-4　L287 井和 925 井岩石鉴定结果

样号号层位		石英		长石		岩屑		杂基
		占碎屑的比例/%	特征	占碎屑的比例/%	特征	占碎屑的比例/%	特征	
L287 井	17（M$_1$）	65	单晶为主，较少多晶，具波状消光，有些含气液包体，单晶具裂理	15	主要为微斜长石，中酸性斜长石，有条纹长石，有的边部蚀变成黏土	20	主要为泥岩，其次为片岩、燧石、石英岩，偶见白云岩	泥质，部分铁质
	68（M$_2$）	70	单晶与多晶两种，后者少，石英具波状消光，含包体	10	微斜长石和中酸性斜长石，高岭土化，边部也有蚀变	20	主要为泥岩、燧石、细砂岩，次为角岩，极少量碳酸盐岩	泥质，少量钙质
	121（M$_3$）	70	具单晶与多晶形态，波状消光，有裂理	10	微斜长石，中酸性斜长石，偶见条纹斜长石	20	泥岩、燧石为主，其次为斑岩和石英岩	泥质，钙质
925 井	132（M$_1$）	70	单晶与复晶形，单晶，波状消光，具裂理	10	中酸性、微斜长石，蚀变强，绢云母化，高岭土化	20	燧石、角岩和石英岩	钙泥质
	83（M$_2$）	65	单晶为主，后者少，波状消光，具裂理	10	中酸性、微斜长石，蚀变强，绢云母化，高岭土化	25	石灰岩和白云岩为主，少量火山岩、花岗斑岩、泥岩和角岩	钙质
	11（M$_3$）	50	单晶及多晶，后者少，含包体，具裂理	10	微斜长石和中酸性斜长石	40	白云岩为主，其次为岩屑、燧石、花岗斑岩等，有大量火山岩	钙质

岩等。岩石成分在 L287 井和 925 井之间，以及该两井的 M_1、M_2、M_3 中都有不同。925 井的岩石中以碳酸盐岩含量为最高，尤其在 M_1 中。M_3 中的碳酸盐岩有所减少，M_2 中很少见碳酸盐岩。此外，M_2 中有大量火山岩，M_1 中仅有少量，M_3 中未见火山岩；该井中还常见山泥岩轻变质形成的角岩岩府。L287 井中含有相当多的泥岩岩屑，碳酸盐岩主要见于 M_3 中，M_2 中只有极少量。（4）925 井以钙质胶结为主，尤其在 M_1 和 M_2 中，由 M_2 向 M_1 逐渐过渡为钙泥质胶结。L287 井以泥质胶结为主，只有极少量的钙质胶结物。（5）岩石颗粒主要呈支撑型结构；颗粒磨圆度中等（表 5-5）、颗粒分选性较差。

表 5-5　L287 井各级磨圆度通计表　　　　　单位：%

层位	样号	各级磨圆度的百分含量				
		0 级	I 级	II 级	III 级	IV 级
M_1	L_4	0.5	7	79.5	13	
	L_{14}	0.5	27.5	65	7	
	L_{23}	3	31.5	65	0.5	
	L_{28}		9.5	75.5	15	
	L_{32}	3.5	29	49.5	17	1
	L_{44}		5.5	74	19.5	1
	L_{51}	0.5	29.5	67	3	
M_2	L_{65}	2.5	30	52.5	15	
	L_{74}	3	25	71.5	0.5	
	L_{79}		10	75	15	
	L_{85}		13.5	83	3.5	
	L_{94}	3	20.5	74	2.5	
	L_{100}	0.5	9.5	78	12	
	L_{107}		10	78	12	
M_3	L_{111}		11.5	79	9.5	
	L_{128}	0.5	17	80	2.5	
	L_{187}		14.5	73.5	12	
平均		1	17.6	71.7	9.6	0.1

从以上岩石薄片鉴定结果，可以得到以下几点认识：（1）从石英、长石、岩屑所占的百分比分析，岩石可定名为长石砂岩。（2）从岩石类型及石英、长石、岩屑的结晶、

光学和变形特征看，M层的母岩为沉积岩、火成岩和变质岩共同组成。（3）分选性与颗粒磨圆中等的特征标志着M层中有沉积物的二次轮回的机理。（4）根据碳酸盐岩屑和泥岩岩屑的分布，L287井的M_2和M_3层的沉积具有与该井的M_1及925井不同的物源。（5）颗粒支撑结构表明M层属于拖曳流沉积。

4. 重砂矿物特征

M层重砂矿物分布具有以下特征：

（1）主要重砂矿物有11种，按其抗风化性，可以分为以下四类：极稳定矿物：电气石、锆石、金红石、锐钛矿、白钛矿和褐铁矿；稳定矿物：钛铁矿、石榴石；次稳定矿物：绿帘石；不稳定矿物：黄铁矿、方铅矿。其中，极稳定矿物占18%，稳定矿物占76%，不稳定矿物最少，仅占4%（表5-6）。

表5-6 L287井与925井M层非铁磁性重砂矿物百分含量表　　　单位：%

井号	样号	电气石	锆石	钛铁矿	金红石	褐铁矿	白钛矿	石榴石	锐钛矿	绿帘石	黄铁矿	方铅矿
L287井	6	3	2	40	2	10	5	40				
	30	5	20	15	15		2	40	1			
	56	3	3	30	2	5	3	30	2			
	81	3	3	30	3	20	5	30				1
	121	2	1	40	1	1		25				
	141	1	2	30	2	20	1	40	1			1
925井	140	2	3	45	1	1	1	45			1	
	108	5	11	45	3	5	1	40				1
	83	4	3	45	3	1	3	40				
	66	2	1	40	3	5	3	45			1	
	44	2	3	45	3	3	2	40				
	25	2	2	45	3	5	1	40		微	1	1
	4	2	2	45	3	5		40			1	2

（2）两口井的重砂矿物组合差别不大，都属于石榴子石—钛铁矿—锆石—褐铁矿类型，矿物成熟度比较高，说明M层物源区岩石风化较深。

（3）从电气石、锆石、金红石等极稳定矿物及黄铁矿等不稳定矿物的垂向分布看，矿物成熟度从M_0向M有增高的趋势，说明M层沉积物的来源远近程度是有变化的。

5. 沉积构造特征

原生沉积构造是形成沉积物的环境条件的重要特征。由于沉积环境的动力条件和气候条件的变化，不同粒度大小、矿物成分和化学性质的沉积物不断叠加和更替，导致沉积剖面中出现层理现象。M层是粗碎屑沉积，动力条件是形成沉积层理的主要因素。在粗碎屑沉积中，细纹层通常不太发育，这给岩心观察中区别层理类型和测定层理要素带来困难。即使如此，M层的岩心，经细心观察，还是可以认识到它是具有多种层理类型的沉积，反映了环境条件。

M层的层理有以下几种：

（1）块状层理。沉积物颗粒粗，以粗砂、细砾为主，也混杂有不少细砂、粉砂和黏土成分，分选很差。块状层中不发育细纹层，整层是一个粗细混杂的块状体。厚度较大，单层厚度一般在0.5m左右，个别厚达2m。块状层是在水流作用较强，碎屑物来源丰富的条件下快速沉积的产物。因此块状层的底部往往出现冲刷面，形成冲刷—填充构造。M层中，块状层主要分布在M_3冲积扇沉积中，往往组成洪水正韵律的底部层。在M_3的河床正韵律层的底部也常常可以见到。块状层在每口井中的平均厚度约占M层的20%。

（2）递变层理。M层中的递变层理都属于正递变，下部沉积物和平均粒径大，通常为砂砾岩，粗碎屑也多，分选很差；向上平均粒径迅速减小，常变为中细砂岩，粗碎屑也逐渐减少，分选较好（图5-63）。

这种递变层的成因是由富含碎屑物的水流在沉积过程中流速迅速降低所致。其厚度一般不超过半米，个别可达1m左右。递变层也主要分布在冲积扇沉积中，在河床沉积的底部也常发育。

（3）斜层理。这是M层中占优势的层理类型，是在单向水流作用下，床面的沙波发生迁移，沉积物侧向堆积而成。堆积体的最小层理单位是纹层，若干个互相大致平行的纹层构成一个层系（图5-64）。斜层理的纹层面与上、下层系面相交。一个层系中的纹层基本是连续沉积的，故纹层面不显著，成岩后很难分开；层系面则是岩性不连续面，由冲刷而成，受力易分开。

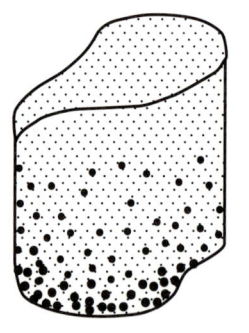

图5-63 递变层理素描图

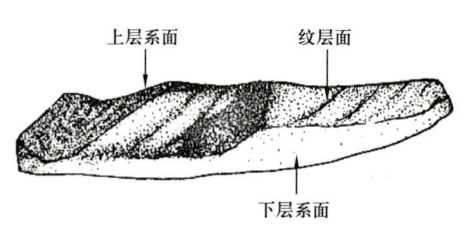

图5-64 斜层理层系素描图

M层构成层系的都是砂岩，粒度差别不大，很难识别纹层。但是层系面受构造力后大多裂开，因此，层系面的形态和产状是区别M层层理类型的重要标志。层系的厚度相当于沉积时的沙波高度。由于沙波的高度与当时的水深有关，大型沙波只出现在深水环境中，浅水区只形成小沙波。因此，斜层理的规模或层系厚度是流水深度的函数。通常把层系厚度大于3cm的斜层理称为中型斜层理，小于3cm的称为小型斜层理。此外，斜层理的形态与水流的流态有关。水深或流速小的环境，床面沙波的存线平，形成规则的板状斜层理。板状斜层理的层系面平直，上下层系面平行，层系厚度比较稳定。水浅或流急的环境，床面沙波的线分裂成舌形或新月形，形成楔状、槽状斜层理。槽状斜层理的层系面弯曲，并互相交切，故层系厚度在水平方向上变化很快。在平行水流的方向上，槽状层理的层系面呈低弧度的弧形，向下游倾斜；在垂直水流的方向上，层系面呈高弧度的弧形（图5-65）。楔状斜层理属于过渡类型，由弯曲沙波迁移堆积而成。其上、下层系面平直并呈低角度楔形相交（图5-66）。

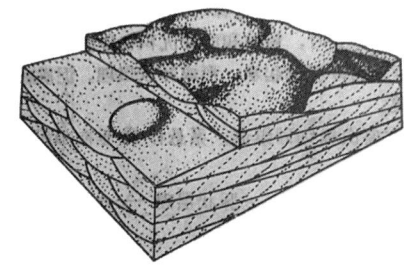 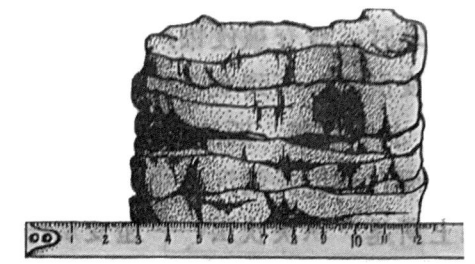

图5-65　槽状斜层理素描图　　　　图5-66　楔状斜层理素描图

M层中分布最广泛的是小型槽状斜层理和小型楔状斜层理，尤以小型槽状斜层理为最多，占斜层理总数的50%以上。岩心中的小型斜层理都沿层系面裂开，呈"烧饼状"。"烧饼"的厚度相当于层系厚度，通常在3cm以下。槽状层系的厚度一般比楔状层系的厚度略大。饼状岩心由小型层系构成，其根据是：① 层系面是岩性不连续面，受力后易裂开；② 上、下层系面都呈弧形，或都呈平直形；③ 层系由一系列纹层组成，纹层面与层系面斜交。

在饼状岩心的层系面上，都发育相互平行的线状洼槽，类似于平行层理层面上的线理。那么，斜层理的层系面上怎么会出现线理呢？它是否是线理呢？解决这个问题要仔细研究线状洼槽的产状与层系面产状的关系。由于老君庙背斜隆起，M层小型斜层理的层系面在井下都以几度到十几度的角度倾斜。层系面上的线状洼槽的走向与层系面的倾向完全一致（图5-67）。既然层系面的倾向是受穹窿背斜构造控制，线性洼槽的成因也与构造有关，而不是沉积起因的。推测它们是地层在背斜隆起时受剪切力的作用，沿层系面发生破裂而错动，在层系面上形成同方向的擦槽。

小型层系中的粒度多为中砂和细砂，其中楔状层系的粒度通常又比槽状层系的细，分选较好。小型斜层理主要分布在M_1和M_2中，它们形成在辫状河流的浅水区，如沙坝和沙岛等地貌部位上。

M层的中型斜层理大多分布在河流沉积的正韵律层中，层系厚度为3~5cm，主要以槽状层形式出现（图5-68），发育中型斜层理的砂岩层一般为中砂—粗砂级。这些特征反映了当时处于水较深、流较急的河槽沉积环境。

 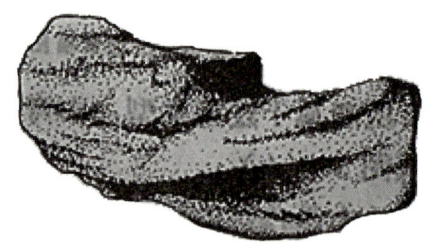

图5-67　饼状岩心层系面上的线状洼槽　　　　图5-68　中型斜层理素描图

（4）平行层理。这是在水浅流急环境下的高流态的沉积层理，由沉积物在平坦的床面上平行堆积而成。纹层平而且互相平行，层系面上发育线理。平行层理砂层以粗中砂成分为主。它在M层中所见不多。

（5）脉状层理。发育在砂层中的泥质薄透镜体。在砂体沉积过程中，水流活动时，沙以沙波形式搬运和沉积，粉砂和淤泥保持悬浮状态；水流停止时，粉砂和淤泥沉积在沙波上；水重新活动时，沙坡被侵蚀，波谷中的薄层泥被新来的沙埋藏起来，形成脉状层理。泥质状体的厚度很小，不到0.1cm。在M层中很少见。

（6）水平层理。低流态条件下的沉积层理。主要由极细砂组成，系悬移质垂向加积而成，多出现在河床泛滥沉积中。

综上所述，从块状层理—平行层理—斜层理—脉状层理—水平层理，其形成的环境流态逐渐降低。层理在M层中的分布为：

M_1层内以小型斜层理为主，间有脉状和水平层理，说明当时水流缓，流速比较稳定。

M_2层中以中型和小型斜层理为主，间有平行层理和水平层理，表明当时水较深，流急，水位和流速不太稳定。

M_3层以块状层理和递变层理为主，反映当时水浅流急，而且流速变化迅速。

6. 粒度特征

碎屑沉积物的粒度大小和粒级分布特征是衡量搬运介质的性质和能量，以及沉积物来源和移动方向的一种尺度。M层的粒度资料是从L287井和925井采集的289个岩样分析得出的。通过绘制频率曲线、正态概率累计曲线和C—M图，以及计算平均粒径、标准离差和偏度等粒度参数（表5-7），提供了M层沉积时水动力条件的资料。

1）频率曲线

频率曲线是定性描述粒级分布特征的一种图形，它们具有以下特征：

以单峰（即单众值分布）为主。在全部样品中，单峰型频率曲线占95%以上。仅有的几个双峰型曲线（即双众值分布），其众值粒径也相差不大（图5-69），这说明M层是单一物源的单向水流沉积而成。

表5-7　M层粒度特征一览表

层位	井号	平均粒径/ϕ	泥质含量/%	分选系数	偏度	细截点粒径/ϕ	悬移粒质含量/%	跃移质斜率/(°)	频率曲线特征	正态概率累计曲线特征
M_1	925	3.27	7.75	1.81	0.70	3.19	36.15	54.69	窄单峰为主，粒级范围一般 $1.5\phi \sim 4.5\phi$	多两段式，缺推移质，悬移质含量一般较少，跃移质斜率较大
M_1	L287	3.49	14.06	2.48	1.03	3.65	36.87	47.83		
M_2	925	3.23	11.61	2.18	0.80	3.74	36.08	47.00	多单峰，较宽，多突	
M_2	L287	3.36	13.79	2.60	0.88	3.87	33.10	43.63		
M_3	925	2.53	9.05	2.51	0.76	2.55	42.30	49.53	多宽平单峰及少量双峰曲线（粒径相差不大），粒级范围一般 $-1.5\phi \sim 5.5\phi$	两段式与多段式，悬移质含量一般较多。跃移质斜率较小
M_3	L287	3.46	14.58	2.66	0.92	3.73	33.34	44.26		

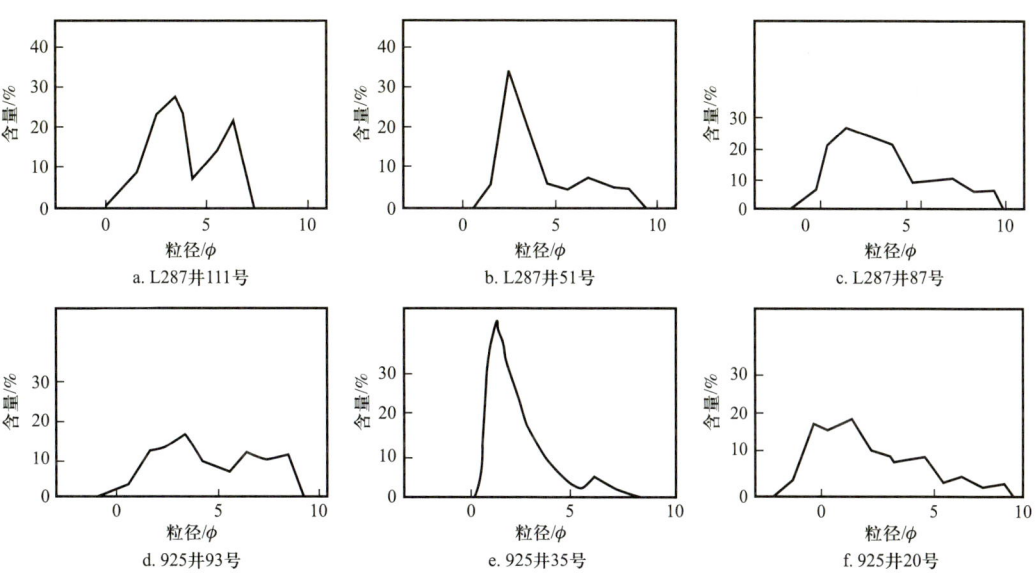

图5-69　样品中以粗组分为主，呈正偏态。这说明当时的流水作用较强，沉积物的粒度集中在粗粒部分

单峰的峰态大多具有宽、矮、多尖的特征。在宽矮的单峰上有多个小尖突，这说明水流的流速变化频繁，沉积物的分选差。

M层的上部和下部岩心样品的粒度频率曲线，其特征也有所不同。上部岩样的频率曲线的单峰较窄，粒级范围较小，为$1.5\phi \sim 4.5\phi$，众值粒径较细。下部岩样的频率曲线单峰宽平，粒级范围为 $-1.5\phi \sim 5.5\phi$，众值粒径较粗。可见，下部 M 层沉积时的水流急且不稳定，上部 M 层则在比较平稳的水流中沉积而成。

2）正态概率累计曲线

正态概率累计曲线图形用于分析沉积物的移动状态，是恢复古水流条件的重要依据。M 层岩样的正态概率累计曲线具有以下特征：

大部分曲线为两段型，即由跃移组分和悬移组分构成，缺失推移组分（图 5-70a），这是辫状河流沉积的一种粒度特征，主要出现在 M 层的中上部；部分曲线多段型，其跃移组分和悬移组分都由两段以上组合而成（图 5-70b），反映了冲积扇上不稳定的洪流作用的特点。一般分布在 M 层的下部；悬移质的百分含量可达 30%～50%，反映了洪流作用的性质。M 层下部岩样中的悬移质百分含量比中上部岩样的高。跃移组分的斜率一般为 50°～60°，悬移质的斜率在 20° 左右。斜率在 L287 井和 925 井的垂直剖面中，自上而下变小（表 5-7），这说明 M 层沉积自上而下分选性变差。细截点粒径一般位于 $3\phi \sim 4\phi$ 间，即跃移组分和悬移组分的分界粒径为细砂和极细砂，而且自下而上细截点粒径有变细的趋势。

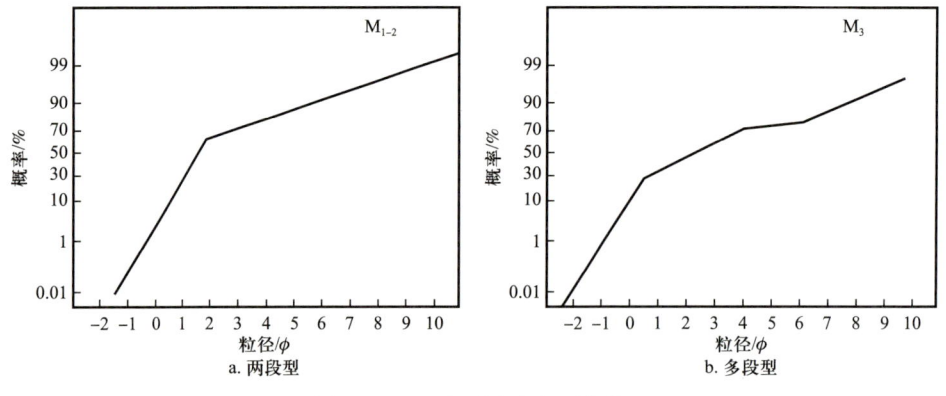

图 5-70 两段型及多段型曲线

正态概率累计曲线的特征表现为：上部 M 层以两段型为主，悬移组分含量低，斜率大，细截点粒径细。这表明水流较平稳，流速较小。下部 M 层则以多段型为主，悬移组分含量高，斜率小，细截点粒径粗。这反映水流流速大而且不稳定。

平均粒径 M_z、标准离差 σ、偏度 SK 和泥质百分含量等特征如下：

平均粒径 M_z 是衡量沉积介质能量高低的一种尺度。一般来说，粗碎屑沉积属于高能环境，细碎屑分布在低能环境中。但是，如果在某个沉积区域内，同时存在数个物源的话，平均粒径还能作为沉积物源的指标。L287 井粒径的分布范围很窄，在 $2.75\phi \sim 4.25\phi$ 之间，平均为 3.5ϕ 左右。925 井粒径的分布范围要大得多，在 $1\phi \sim 6\phi$ 之间，平均在 3ϕ 左右。这说明：L287 井与 925 井的碎屑物来源不同；两口井所处沉积环境中，沉积介质能量不同；L287 井的沉积环境比较单一，而 925 井经历的环境条件比较复杂。

标准离差值大小反映沉积物的分选程度。按照福克（1957）提出的按沉积物分选程度分级的方案，L287 井和 925 井岩样的值均在 1.5 以上，都属于分选差的类别，925 井的平均值为 1.804，L287 井为 1.954。可见，L287 井的分选性比 925 井更差些。

M 层的分选性与平均粒径的关系，就整体而言不显著。但是将 M 层分为三层来分析，它们存在着一定的关系。以 925 井为例（图 5-71a），M_3 的分选性比较好，其标准离差与平均粒径呈明显的正相关。M_1 的分选性中等，标准离差与平均粒径也大致正相关。M_2 的分选性较差，分选性与粒径的关系不明显。L287 井的分选性与平均径无明显的相关性（图 5-71b）。

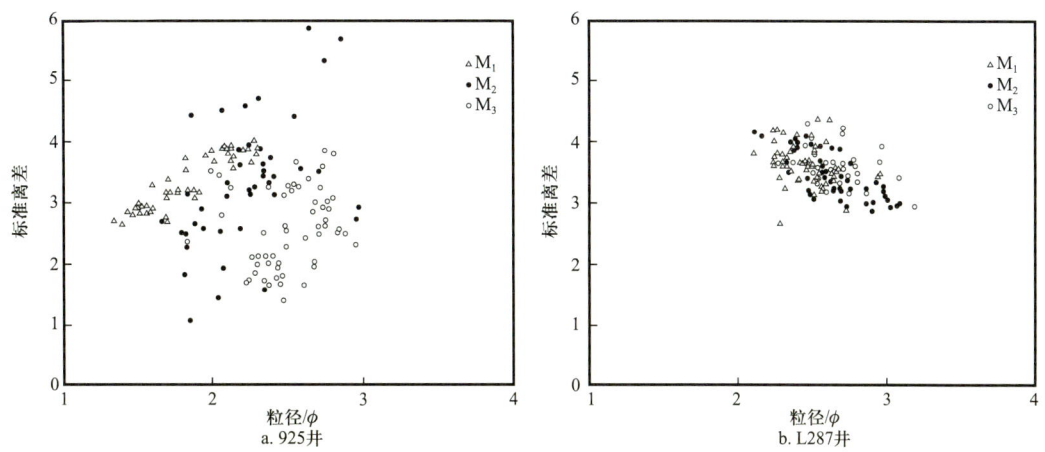

图 5-71　925 井与 L287 井分选性与平均粒径关系散点图

偏度 SK 值的大小反映沉积物粗细分布的对称程度。L287 井和 925 井的 SK 值均远大于零值，其中 L287 井的平均 SK 值为 1.316，925 井的平均 SK 值为 1.313，都属于极正偏态级，即沉积物中绝大部分为粗碎屑。这是洪水沉积的粒度特征。

泥质百分含量在 L287 井和 925 井中有明显差别。L287 井的平均泥质含量为 14.1%，比 925 井的 9.5% 泥质含量高得多，表明了 L287 井的 M 层较靠近物源区，沉积物的机械分异程度低，以致母岩中泥质成分高。

3）C—M 图形

利用中值粒径（M）和 1% 累计含量的粒径（C）编制 C—M 图形，分析沉积物的搬运机制。从 925 井的 C—M 图（图 5-72a）看，M 层沉积时的水动力条件和沉积物搬运状态有很大差别。

M_3 的 C—M 点主要在 OP 段，沉积物以滚动搬运作用为主，含有一些悬浮物。M_1 的 C—M 点多分布在 QR 段，以跃移搬运为主。M_2 的搬运状态比较复杂，既有滚动搬运，又有跃移搬运，还有悬浮搬运。这说明 M_3 是近源的低密度洪流粗碎屑沉积；M_1 是洪水泛滥时由高浓度的悬浮流越岸漫流沉积而成；M_2 则是河床中水流的流速随着洪水涨落而急剧变化所形成的沉积。L287 井的 C—M 图表明，M 层沉积的搬运方式差别小，不发育 OP 段，以含有一些滚动沉积物的递变沉积为主（图5-72b）。结合前述L287井中泥质含量较高、颗粒较细、分选差的特征，此井的M层主要是近源的高密度流沉积的产物。

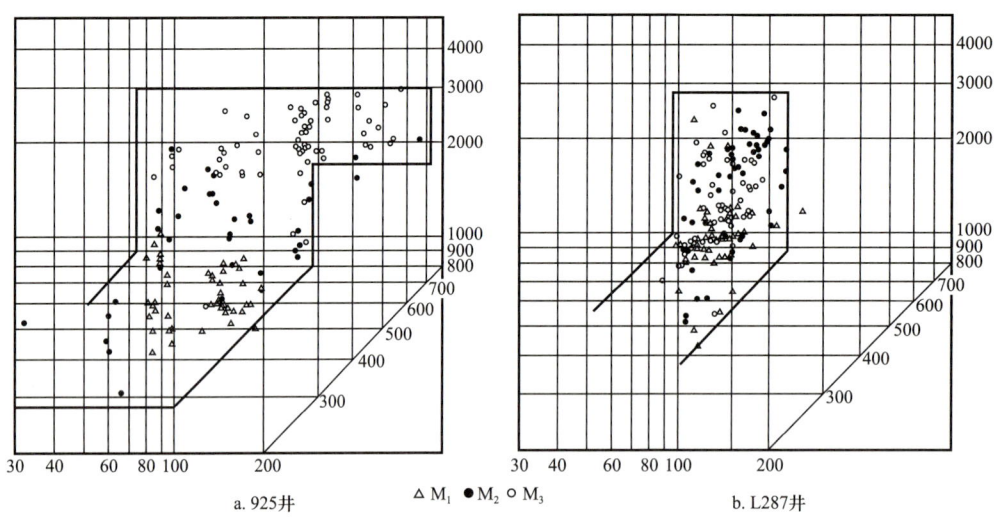

图5-72　925井和L287井 C—M 图

7. 沉积韵律与旋回特征

环境因素的周期性变化，使岩性、层理、颜色、化学成分等沉积特征在垂直剖面中作各种规律的重复分布，形成沉积韵律和旋回。由不同岩性层构成的韵律和旋回现象对环境条件的变化反映最明显，它是M层砂体的主要环境标志。

M层岩性韵律和旋回分析是根据40口取心井的岩心观测所作的岩性柱状图进行的，为了便于研究，岩心观测时将岩性划分为22个等级：黏土（Y）、粉砂质黏土（SY）、黏土质粉砂（YS）、粉砂（S）、极细粉砂（VFS）、粉砂细砂（SVF）、极细砂（VF）、细砂极细砂（FVF）、极细砂细砂（VFF）、细砂（F）、中细砂（MF）、细中砂（FM）、中砂（M）、粗中砂（CM）、中粗砂（MC）、粗砂（C）、极粗砂粗砂（VCC）、粗砂极粗砂（CVC）、极粗砂（VC）、含砾极粗砂（GVC）、砂砾岩（VCG）、砾岩（C）。在L287井和925井中，这样的岩性层分别有152个和175个（表5-8至表5-10）。

表5-8　岩性转移概率

岩性	VF	F	M	C	VC
VF	0	0.57	0.29	0.14	0
F	0.22	0	0.67	0.11	0
M	0	0.76	0	0.24	0
C	0	0.13	0.69	0	0.19
VC	0	0.33	0.33	0.33	0

表 5-9　L287 井岩性转移频数表

岩性	S	VF	F	M	C	VC	合计
S	0	0	1	0	0	0	1
VF	1	0	15	1	0	0	17
F	0	18	0	11	6	0	35
M	0	0	14	0	8	0	22
C	0	0	5	9	0	3	17
VC	0	0	0	1	3	0	4
合计	1	18	35	22	17	3	96

表 5-10　925 井岩性转移频数表

岩性	S	VF	F	M	C	VC	合计
S	0	0	1	0	0	0	1
VF	1	0	15	1	0	0	17
F	0	18	0	11	6	0	35
M	0	0	14	0	8	0	22
C	0	0	5	9	0	3	17
VC	0	0	0	1	3	0	4
合计	1	18	35	22	17	3	96

1）韵律特征

岩性的韵律现象是由动力条件的周期变化造成的。

韵律层的岩性与厚度分为以下几种（图 5-73）：（1）宽岩性区间的薄正韵律层。组成韵律的岩性粒度粗，从极粗砂至中砂。韵律层薄，通常不到 1m。在剖面中，这种薄正韵律层连续叠置在一起，这反映了水浅、流急、流速变化快，河床迁徙多变的沉积环境，如山前冲积扇的辫状河沉积。（2）宽岩性区间的厚正的韵律层。韵律层的岩性较细，从粗砂至细砂；韵律层的厚度可达 2m。在单个韵律层或几个韵律层组成的韵律层组上往往沉积细粒的互层。这种沉积特征表明当时处于水深、流缓、水流比较稳定的环境，如辫状河的主河槽沉积。（3）窄岩性区间的薄正韵律层。它与第 1 类韵律层的区别是岩性较细，以中、细砂为主。岩性区间窄，从中砂至细砂。韵律层上面往往有细粒的互层。这种正的韵律层代表了洪水泛滥环境中汉河槽的间歇性水流沉积。（4）岩性较细的薄交互韵律层。由中砂和细砂交互构成，常常叠置在宽岩性区间的厚正韵律层上面。交互韵律层较薄，一般小于3m。这种交互韵律层形成在主河床附近，经常处于受洪水泛滥影响的低位沉积环境中，如辫状河床中的沙坝沉积。（5）岩性较细的厚交互韵律层。由细砂和极细砂互层，沉积厚度可达5~10m，单个岩性层的厚度也往往较大。这种韵律层形成在离主河床较远的高位泛滥环境中，如辫状河边缘经常暴露在气下的沙岛沉积。

以上五种是M层中最基本的韵律类型，称为Ⅱ级韵律类型，它们形成的周期比较短，是沉积物生成环境的最直接的标志，是沉积微相划分的主要依据。Ⅱ级韵律层在M层中的分布是有一定规律的。第1类主要出现在M_3中，第2类和第4类主要分布在M_2中，第3类和第5类则以M_1为主。

不同级别和类型的沉积环境在平面上是按一定规律组合在一起的。随着时间的推移，这些沉积环境水平方向发生不同程度的迁移，使上述Ⅱ级的韵律层在垂直剖面中以不同方式组合，岩性出现较长周期的变化。例如在河床环境中，随着主河槽的来回摆动，在剖面中由岩性较细的正韵律层逐渐过渡为较粗的正韵律层，然后又重新变细。把这种韵律层间的岩性周期变化称为Ⅰ级韵律类型，它们多呈复合韵律形式。这种Ⅰ级的复合韵律在M_2的河床亚相中出现最多。

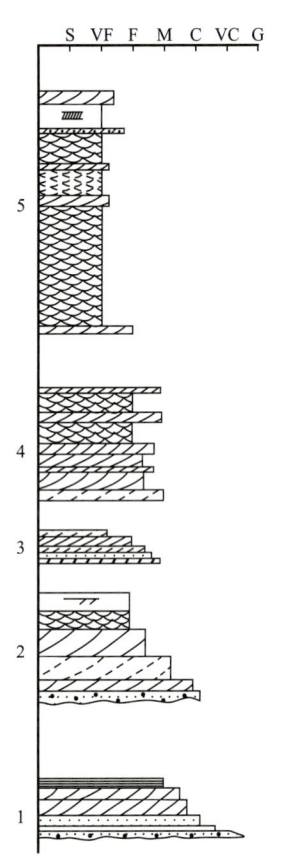

1—冲积扇沉积；2—辫状河主河槽沉积；3—辫状河汊河槽沉积；4—辫状河沙坝沉积；5—辫状河沙岛沉积。

图5-73 沉积韵律层类型

2）旋回特征

岩性旋回是岩性长周期的规律变化，通常由长周期变化的环境因素（如构造运动、气候条件）引起。M层的岩性旋回按周期的长短分为两种：Ⅰ级岩性旋回和Ⅱ级岩性旋回。Ⅰ级岩性旋回有多种类型，正旋回型是主要的，即本区范围内，M_3、M_2、M_1沉积时期分别主要处于冲积扇、河床和泛滥环境。其他几种旋回型的分布范围很小，限于M_2沉积时的河前低地和河间洼地带，以及M_1沉积时位于东北角的主河槽带。Ⅱ级岩性旋回分为三层，相当于M_3、M_2和M_1层。M_3的岩性呈明显的正旋回性质，就总体而言，岩性由下往上变细。下面将要提到，M_3是冲积扇沉积。岩性的正旋回性标志着M_3的冲积扇沉积是一种退覆沉积，即M_3发育过程中，冲积扇是向山地方向逐渐后退的。M_2的岩性大多呈复合旋回性质，岩性由下往上变粗再变细。M_2是辫状河流的河床亚相，岩性的复合旋回性表明M_2起始时，上河道不在本区，以后才逐渐进入。到M_2的后期，主河槽又运出本区。M_1的岩性呈不明显的正旋回性质，岩性比较稳定。个别取心井的M_1，岩性呈复合旋回，本区南部和东南部的取心井，M_1 的顶部又有变粗的趋势。

整个 M 层的岩性呈正旋回。M 层最主要的 I 级旋回类型，表明本地区的 M 层沉积环境的构造条件是由活跃逐渐趋于稳定的，由扇缘亚相、河床亚相发展至泛滥亚相。

五、沉积相模式

1. 沉积相、亚相和微相的划分

M 层就整体而言，是一种陆源氧化环境中的流水沉积。其特征为：
（1）以棕红色为主，岩样中高价铁的含量远大于低价铁，FeO/Fe_2O_3 比值在 0.26 以下。（2）正态概率曲线以两段型为主，由跃移组分和悬移组分构成；$C—M$ 图形包括滚动与悬移、悬移与滚动，以及递变悬浮三部分。（3）为颗粒支撑型结构。（4）岩性垂向分布以正韵律为主，层理类型的分布也具有韵律性。

2. 沉积相类型

M_3 以冲积扇相为主，M_2 和 M_1 为辫状河流相。

（1）冲积扇相。

沉积特征为：颗粒粗，岩性集中在粗碎屑部分，以中粗砂为主，混杂砾石，但大多为细砾，泥质含量较高。沉积物分选差，频率曲线宽平，正态概率曲线型式除缺少推移组分的两段型外，还时见多段型。正韵律层的厚度小，一般不超过 1m，韵律层中岩性变化快，岩性区间小，通常为极粗砂—中砂。韵律层的底部常出现冲刷面，偶见含泥砾的滞流沉积（图 5-74）。

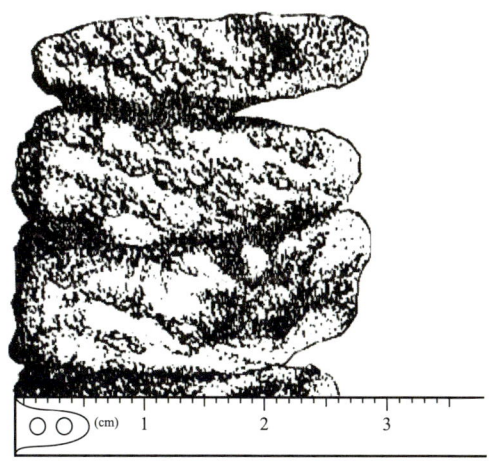

图 5-74 冲积扇相沉积特征

根据上述特征，M_3 属于堆积地形坡度大、流急水浅、河槽经常改道、靠近物源区的冲积扇沉积。但是，它们缺乏冲积扇的扇顶亚相的厚层混杂堆积，又缺乏扇中亚相常见的筛滤沉积，本区的 M_3 沉积实际上属于冲积扇相的扇缘亚相。

（2）辫状河流相。

沉积特征为：① 颗粒细，以中、细砂为主，但泥质含量低。② 正韵律层的厚度大，一般在2m以上，厚者达10m。岩相区间较窄，为粗砂—细砂；正韵律层的底部以块状层和递变层理为主，往上过渡为中型斜层理和小型斜层理。正韵律层的厚度大，一般在2m以上，厚者达10m；岩性区间较窄，为粗砂—细砂组正韵律层，代表了辫状河流中水深流急、流向比较稳定的河槽沉积。③ 正韵律层的上面大多有厚层的交互韵律层，由中砂—细砂或极细砂—细砂间互构成。层理以小型斜层理为主，偶尔可见水平层理和脉状层理。这是河流洪水位时的泛滥沉积。④ 沉积物的分选较好，属于两段型，缺少推移组分；$C—M$图形中处于悬浮与滚动及递变悬浮段中。⑤ 韵律层顶部以细砂为主，很少出现极细砂和粉砂，未见任何泥岩层。

可见，M_2和M_1的沉积环境是位于冲积前方的游状河流，与冲积扇比较，这里的水较深，河槽较固定，水流较平稳，离物源区较远。

3. 沉积亚相类型

M_2为辫状河流相的河床亚相，M_1为越岸泛滥亚相。

1）河床亚相

河床亚相的特征：粒度较粗，平均为细中砂岩。但是岩性的变化范围很大，从砾岩到粉砂岩都有，这是因为河床亚相中既有粗颗粒的主河槽沉积，也有细颗粒的沙坝沉积。以正韵律层为主，经常由若干个正律层叠置在一起。正韵律层上面的交互韵律层相对较薄。层理类型以中型斜层理、递变层理和块状层理为主，也有不少小型斜层理。

这表明M_2沉积时期，本区是辫状河流的河床经常通过的地方，以深水的河槽沉积为主，河床中还发育一些低平的沙坝。沙坝在洪水位时多被淹没，受洪水的冲刷改造，故沙坝也不稳定。

2）越岸泛滥亚相

越岸泛滥亚相特征：粒度集中在较细粒级，平均粒径为细砂。以厚层的交互韵律层为主，其间散布一些正韵律层，正韵律层的厚度较小。层理类型以小型楔状和槽状斜层理为主，还经常出现层理性质不明显的厚层隐层理。

这些特征表明本区在M_1沉积时期已少有主河槽通过，主要处于洪水漫出河床的越岸泛滥沉积环境，以沙岛沉积为主，其间发育间歇性的汊河槽沉积。

4. 沉积微相类型

M_3的扇缘亚相由急流浅河微相、扇缘低地微相和扇间洼地微相构成；M_2的河床亚相由主河槽微相和沙坝微相构成；M_1的越岸泛滥亚相由汊河槽微相、沙岛微相构成。

1）冲积扇急流浅河微相

这是冲积扇缘亚相中的主体沉积。位于冲积扇缘的交叉点以下，洪水漫出河槽，在扇面形成放射状的水流。它们的河槽浅，洪流急，形成的沉积物颗粒粗（0ϕ 左右），分选差、泥质含量高、不发育细纹层。全层几乎都由正韵律层构成，但是韵律层的厚度较小，通常小于 1m。韵律层底部为细砾岩或含砾极粗砂岩，顶部大多为中砂岩。韵律层顶部缺少细砂质的泛滥沉积，这是因为扇面洪水河槽频繁迁徙，顶部的细沉积物易被后来的洪流冲刷掉。因此，急流浅河微相的岩性主要集中在粗碎屑部分，分布比较均匀。偶尔在韵律层顶部有细碎屑沉积。

2）扇缘低地微相

它们分布在急流浅河微相带的下方，由漫洪堆积而成，呈窄带出现。岩性的垂向分布仍以薄正韵律层为主，但是岩性明显变细，为细、中砂岩。正韵律层的顶部时常出现细碎的漫洪沉积。

3）扇间洼地微相

这是两个冲积扇之间的低地沉积。洪水泛滥时，扇间低地水深流急，沉积粗碎屑物；洪水过后，低地中的细碎屑物逐渐沉积下来。一次大洪水事件形成一个正韵律层，其特点是韵律层较厚，1～2m；岩性区间大，从底部的极粗砂岩到顶部的极细砂岩或粉砂岩。沉积物的分选性较好，常发育中、小型斜层理。

4）辫状河主河槽微相

这是辫状河流中地形部位最低、水最深、水流作用最强的部分。沉积物粗，平均岩性为中粗砂岩；发育正韵律层，厚度一般为 1～2m；发育中型斜层理，有时见泥球沿纹层面分布。

5）辫状河沙坝微相

这是辫状河河床中的坝形堆积体，洪水时被淹，平水时露出水面。它们主要分布在主河槽的两侧，有时也出现在主河槽中。沉积物以中细砂岩为主，多形成小型槽状斜层理，随着各次洪水泛滥势力的强弱变化，形成粗细相间的交互韵律层。其岩性单层较薄，一般不大于 1m。由于河槽的迁徙，沙坝沉积不稳定，交互韵律层的厚度有限，通常在 2m 左右。

6）辫状河汊河槽微相

高位洪水越出河床后，沿低地流动形成暂时的短程的河槽，谓之汊河，它们在本区主要出现在 M_1 沉积时期，形成薄的正韵律层，厚度一般小于 1m。岩性偏细，以中砂岩为主，汊河槽正韵律层往往单个地或少数几个叠置在一起分布在泛滥的沙岛细沉积物中。

7）辫状河沙岛微相

这是辫状河流中分布在高地形部位上的一种稳定的泛滥沉积。沉积物的岩性细，主要由细砂岩与极细砂岩或中砂岩构成交互韵律；分选性好；发育小型槽状和楔状斜层理。沙岛微相的重要特征是无论岩性单层还是交互韵律层其厚度都很大，个别达 3m。在沙岛微相中有时能见连续厚度达 10m、分选极好、无层理现象、致密块状的细砂岩层，可能是平水期暴露于气下的沙岛沉积经风力改造形成的风沙沉积，分布在沙岛沉积的顶部。

六、M 层沉积相组

M 油藏是厚层块状砂岩油藏，岩相横向变化快，非均质性强，水流态各异。细分小层既不可能，也难以实际应用。研究表明，作为三个时间地层单元，M_1、M_2 和 M_3 具有各自的沉积类型、物性特征和流态模式。下面按剖面沉积相带和平面沉积相带进行叙述。

1. 平面沉积相组

1) M_1 冲积扇沉积相组

M_1 沉积时期发育东、西两个冲积扇，古水流方向都由南南东向北北西。西扇规模大，面积约 $6km^2$，轴部发育急流浅河微相，扇缘为低地微相。东扇规模小，面积 $2.7km^2$。两个扇之间分布扇间洼地微相。

2) M_2 辫状河河床沉积相组

主河槽微相呈宽带状、由南东东向北西西贯穿本区的中部，沙坝微相主要分布在南、北两侧。东南端仍受东冲积扇沉积的影响。

3) M_3 槽状河越岸泛滥沉积相组

沙岛微相连片地分布在本区的中部和西南部，其中断续分布一些汊河槽沉积。东北部仍有主河槽通过，发育主河槽微相。

2. 剖面沉积相组

在顺水流方向的纵剖面上，M 层中主要发育冲积扇相。它们几乎都由正韵律层组成，韵律层的厚度小，岩性粗，水平相变迅速，呈典型的厚层块状砂砾岩。辫状河河床亚相主要发育在 M 中，在纵剖面的 M 中主河槽微相与沙坝微相相间分布，井间可以大致对比，分布比较稳定，有 3~4 套主河槽—沙坝沉积韵律。

在 M 层的横剖面中，处于中部的主河槽相带，以主河槽砂体为主，水平连续分布面积较大，其间夹以沙坝砂体。两侧的沙坝微相带沙坝砂体连片分布，其中圈闭一些透镜状的河槽砂体。M 层主要由厚层的沙岛沉积组成，间以汊河槽沉积的薄层透镜体。

老君庙油田 M 层的岩相剖面图如图 5-75 和图 5-76 所示，渗透率剖面图如图 5-77 至图 5-79 所示。

综上所述，老君庙油田的 M 层由两种沉积相、三种亚相、七种微相构成，它们分布在不同层位中，具有不同的沉积特征（表 5-11 和图 5-80）。

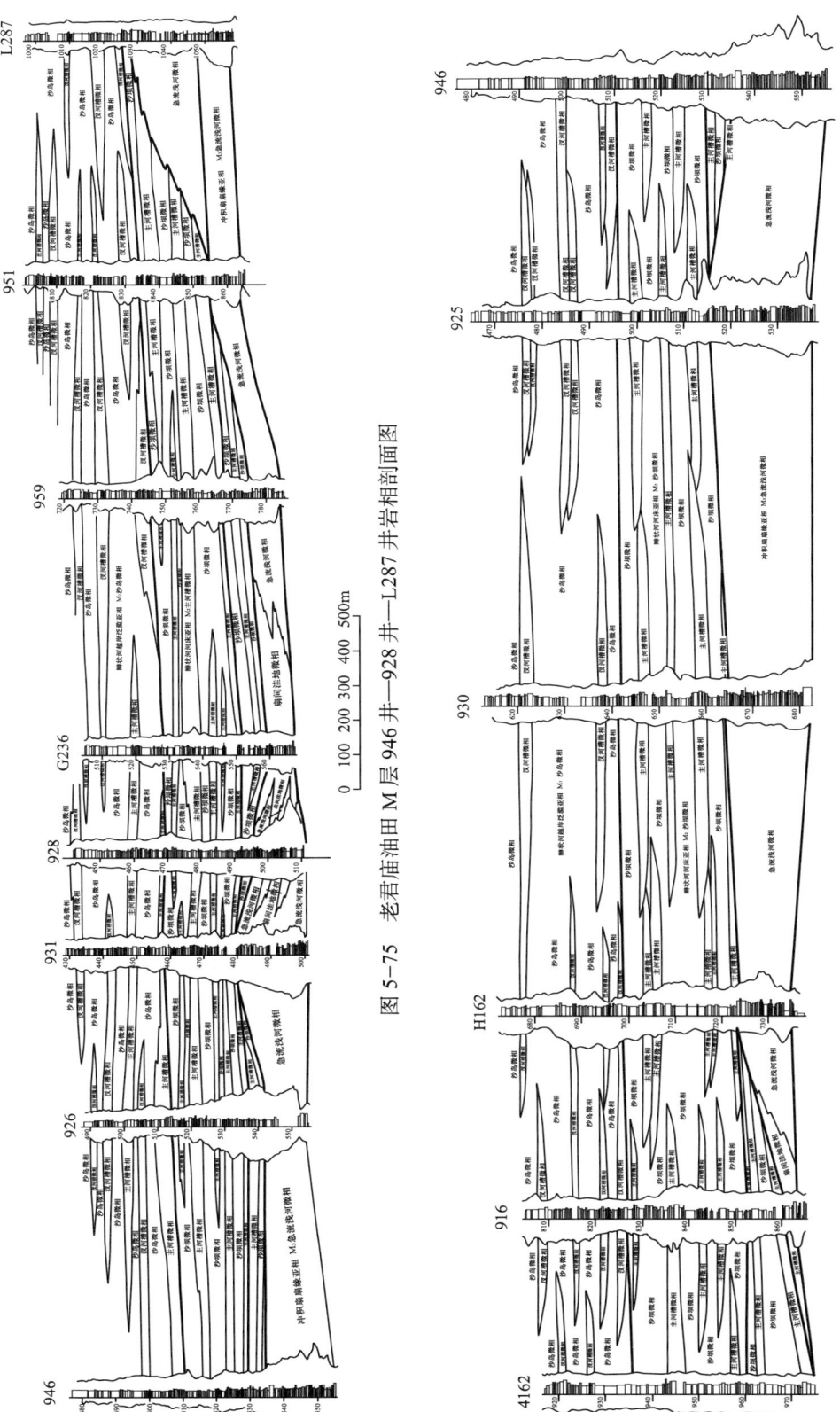

图 5-75 老君庙油田 M 层 946 井—928 井—L287 井岩相剖面图

图 5-76 老君庙油田 M 层 4162 井—946 井岩相剖面图

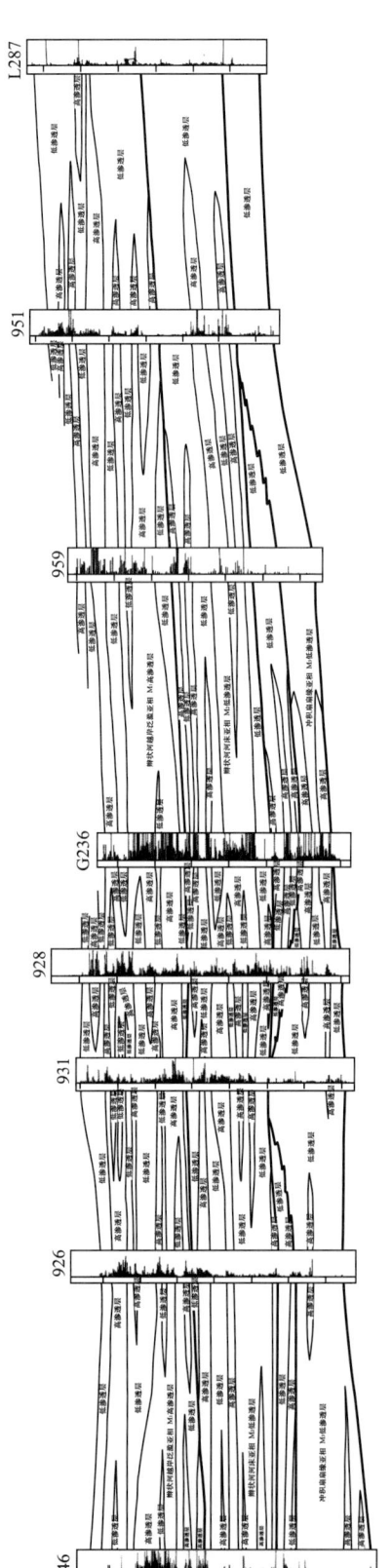

图 5-77 老君庙油田 M 层 946 井—928 井—L287 井渗透率剖面图

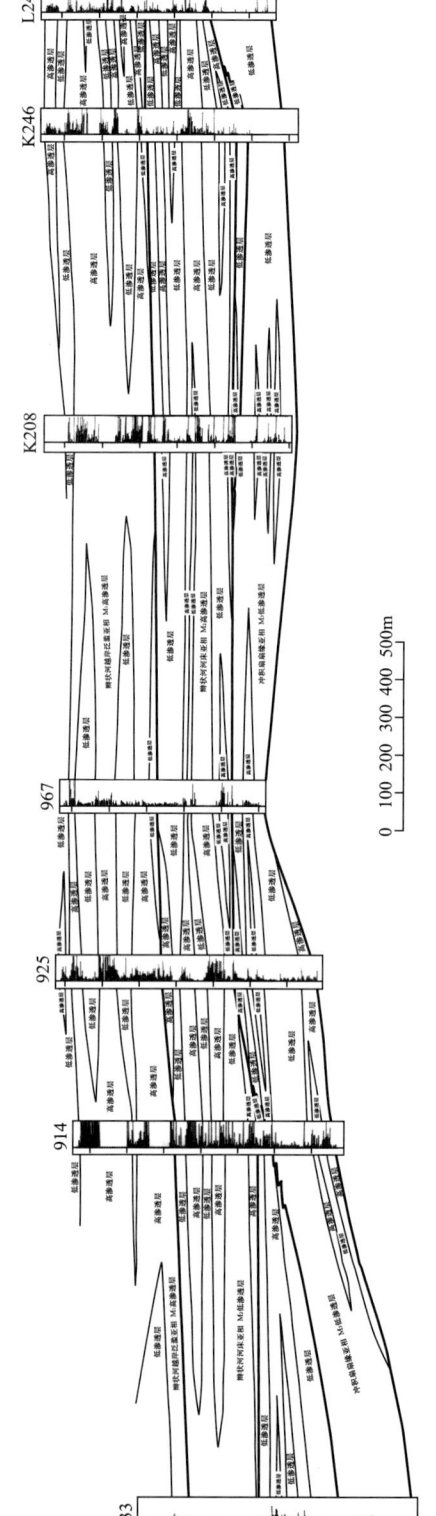

图 5-78 老君庙油田 M 层 933 井—967 井—L246 井渗透率剖面图

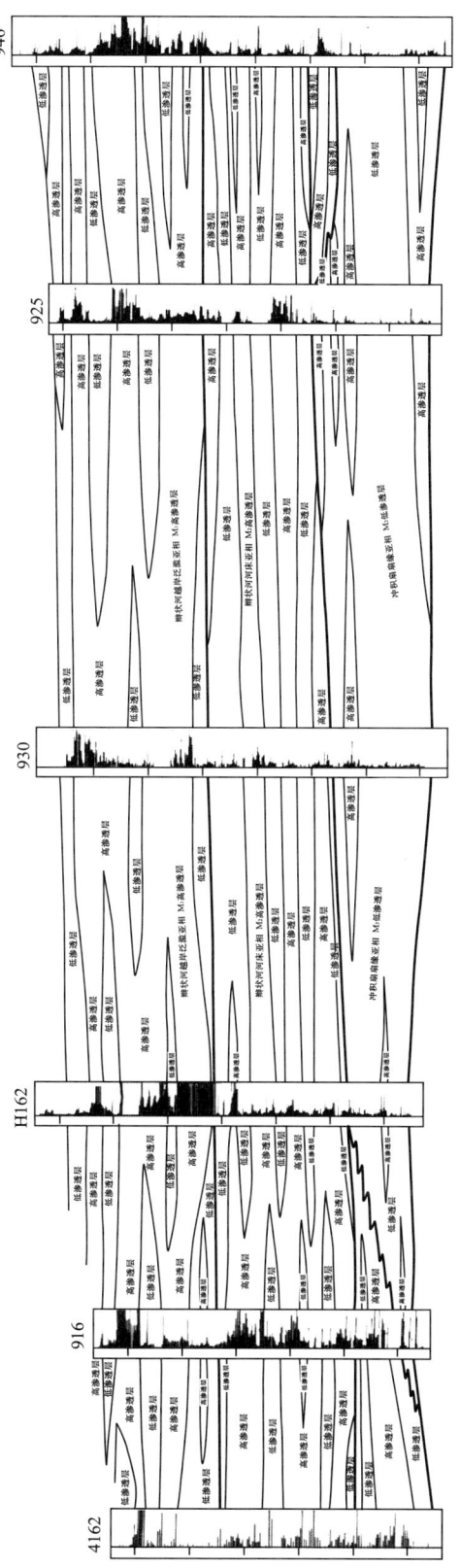

图 5-79 老君庙油田 M 层 4162 井—946 井渗透率剖面图

表 5-11 沉积相类型及其特征一览表

相	亚相	微相	分布	岩性层厚/m	韵律层厚/m	底粒及粒度区间/φ	层面特征	韵律类型	频率曲线	正态概率曲线	分选系数	偏度	C-M图	层理类型	曲型韵律层图例
冲积扇相	冲积扇缘亚相	急流浅河	M_3	0.1~0.3	1.0~2.0	0 (-1) -1.5~5.5	底部有冲刷面	I	单峰;平宽多突	F_{-1-0}跃 移质斜率 50°左右	1~2	>0.1	OP-PQ	块状递变中斜	L287 1050.4~1052.0m
		扇缘低地	M_3	0.2~0.3		1 1~2		过渡		同上	—	—		平行(少)	925 530.9~531.6m
		扇间洼地	M_3	0.3		1 0~1		过渡		同上	—	—			925 518.6~519.3m
辫状河流相	河床亚相	主河槽	M_2	0.2~0.5	1.0~2.0	1 1~2	底部有冲刷面	I	有主突的宽单峰	F_{1-0} 57°左右	2左右	>1	QR-PQ	中小斜槽状楔	925 512.8~513.6m
		沙坝	M_2	0.5~1.0	1.0~2.0	3		II或IV		同上	—	—		小斜楔状槽状	925 513.5~815.6m
		废弃河	M_{1-2}	0.1~0.2	0.5	1 (2) 2~8		III		同上	—	—		脉状水平	916 844.3~844.4m
	越岸泛滥亚相	汊河槽	M_1	0.5~1.0	0.5~1.0	2		IV	较对称单峰	F_{40} 57°左右	—	—		小斜中斜	L287 1008.3~1008.9m
		沙岛	M_1	1.0~2.0	5.0~10.0	2 2~4					2~3	—		小斜槽状楔状	L237 1010.5~1012.8m
		风沙	M_1												

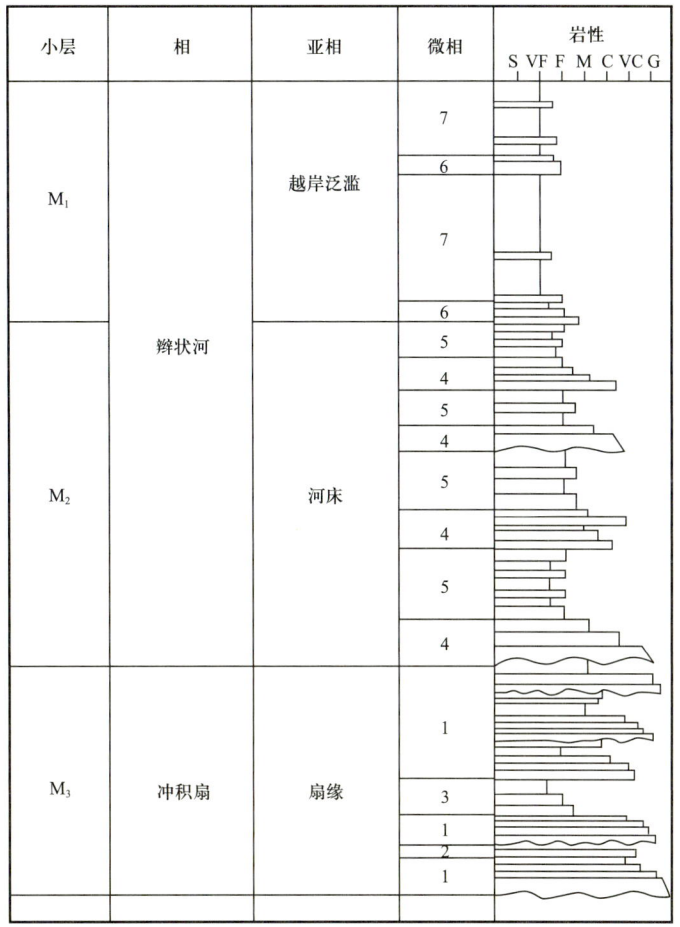

1—急流浅河微相；2—前缘低地微相；3—扇间洼地微相；4—主河槽微相；5—沙坝微相；6—汊河槽微相；7—沙岛微相。

图 5-80 M 层沉积相序模式

七、M 层沉积相序

1. 测井解释沉积层序

为了配合沉积相的研究，可以尝试用测井资料解释沉积层序。研究选用岩性观察的编码值来表示岩性，将岩性分为八级：黏土、粉砂、极细砂、细砂、中砂、粗砂、极粗砂和砂砾石等，并分别用 1、2、3、4、5、6，7、8 表示。

由于岩性编码与测井值之间尚无明确的数量关系，故采用多次回归的方法，用测井值的高次幂去逼近岩性编码。为了消除测量技术条件不一致等人为因素造成的影响，计算时首先对测井值进行正规化处理，求出相对值 ΔGR、ΔNG。经过多种方案的试算，结果表明，用 ΔGR 和 ΔNG 的二次幂去拟合岩性编码效果最佳。数学关系式为：

$$GRA=14.738-20.664\Delta GR-23.652\Delta NG+6.6628\Delta GR^2+15.715\Delta NG^2+20.029\Delta GR\Delta NG \quad (5-13)$$

其中 GRA 代表岩性编码，拟合优度 R^2=0.9777，复相关系数 R=0.9887，说明回归效果是非常好的。F 检验同样说明回归效果十分显著。

若没有中子伽马测井，可用自然电位代替，计算公式为：

$$GRA=26.211-188.29\Delta GR+4.6662\Delta sp+515.43\Delta CR^2+6.5558\Delta sp^2-35.001\Delta GR\Delta sp-457.08\Delta GR^3+0.0807\Delta sp+74.342\Delta GR\Delta sp-22.865\Delta GR\Delta sp^2$$

（5-14）

该式的拟合优度 R^2=0.4860，复相关系数 R=0.6971。

2. M 层沉积相序类型

老君庙矿区的 M 层，从旋回特征来看，可以归纳为两大类型：Ⅰ级正旋回和Ⅱ级完整旋回。其中Ⅰ级正旋回一般由两个或三个Ⅱ级的正旋回在垂向上叠置而成，主要特点是在总体上岩性自下而上逐渐变细，Ⅱ级旋回的岩性区间向上逐渐减小，以 938 井、F17 井和 925 井等最为典型（图 5-81）。

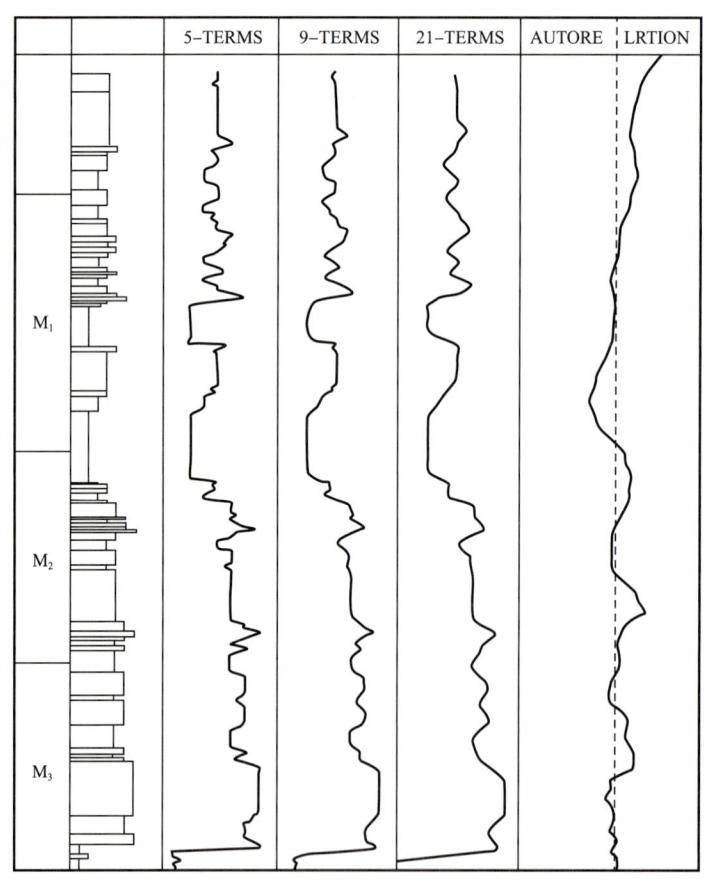

图 5-81　925 井测井解释岩性分析剖面图

从滤波曲线看，Ⅰ级、Ⅱ级旋回在 21 项滤波曲线上反映最明显。整个剖面构成一个复杂的正旋回。从曲线的次一级起伏看，可以明显地分为三段，即三个Ⅱ级旋回。

顶部旋回从总体上看仍构成一个较为完整的正旋回。细分之，该旋回实际上是由一系列的互层或韵律层所构成。但总的趋势是向上粒度逐渐变细，韵律层或岩性层的厚度逐渐增厚。中部的旋回由两个复合韵律组成。两者相比，厚度相近，但下部的复合韵律较上部的岩性区间大。下部旋回从各条滤波曲线来看，总的形态特征更接近于上部旋回而有别于中部的旋回，但岩性较上部旋回要粗得多。

图 5-81 的最右侧一道为 925 井的自相关系数图。图的纵坐标代表滞后，横坐标为自相关系数。很明显，除滞后值较小时，自相关系数较高外，尚有两处出现了正的极大值（经检验，相关关系明显），这一现象进一步说明：在 925 井剖面中，确实存在三个Ⅱ级旋回。当滞后接近或达到旋回的周期时，自相关系数便达到最大。这两个高值点就代表了地层序列的周期，周期的波长为 25m 左右。

F17 井总体上看也是一个复合正旋回（图 5-82），但Ⅱ级旋回只有两个，每个Ⅱ级旋回又分别由两个复合韵律构成。这一点在 21 项滤波曲线上反映最明显。自相关系数曲线上只有一个高值点，也说明该剖面是由两个Ⅱ级旋回组成，构成Ⅱ级旋回的复合韵律也具有类似于 925 井的特点，上部复合韵律较之下部的岩性细，岩性区间减小。

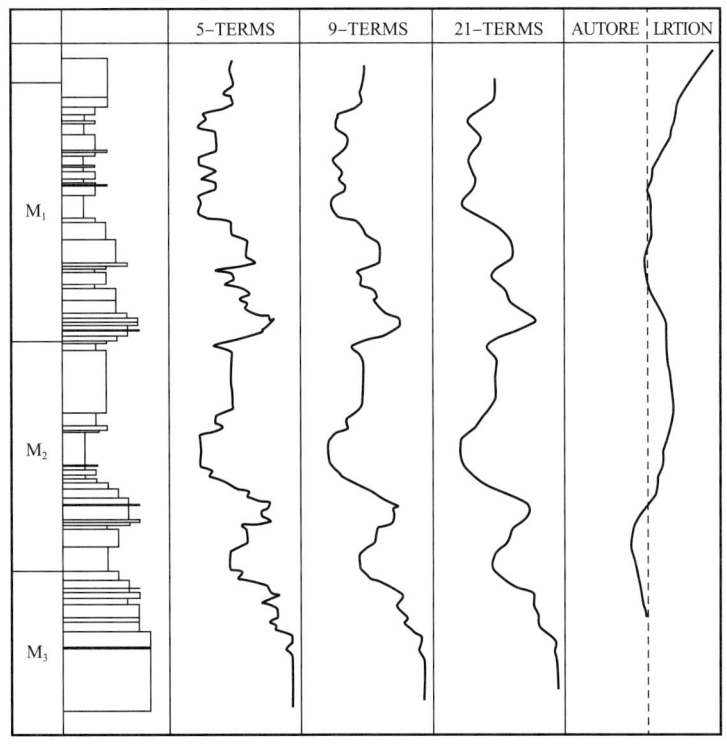

图 5-82　F17 井测井解释岩性分析剖面图

以上通过对 925 井和 F17 井的分析，简单介绍了老君庙 M 层的主要旋回类型。除复合正旋回外，也有少数剖面具有完整旋回的特点。如 E208 井和 B151 井等，最粗的岩性或岩性区间中，最大的韵律层出现在剖面中部的 M_2 中（图 5-83 和图 5-84）。很显然，

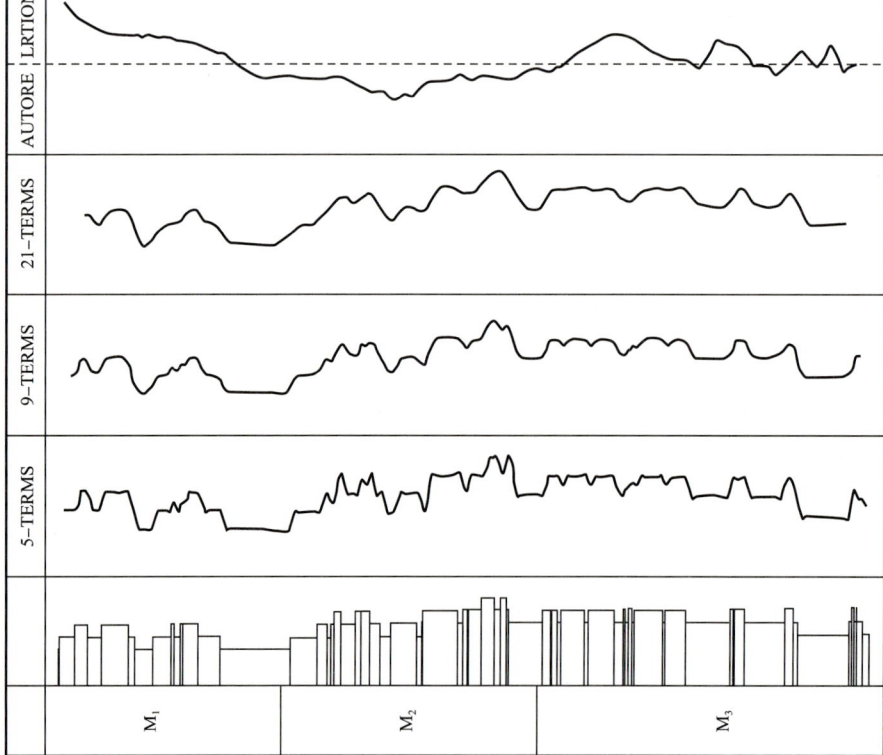

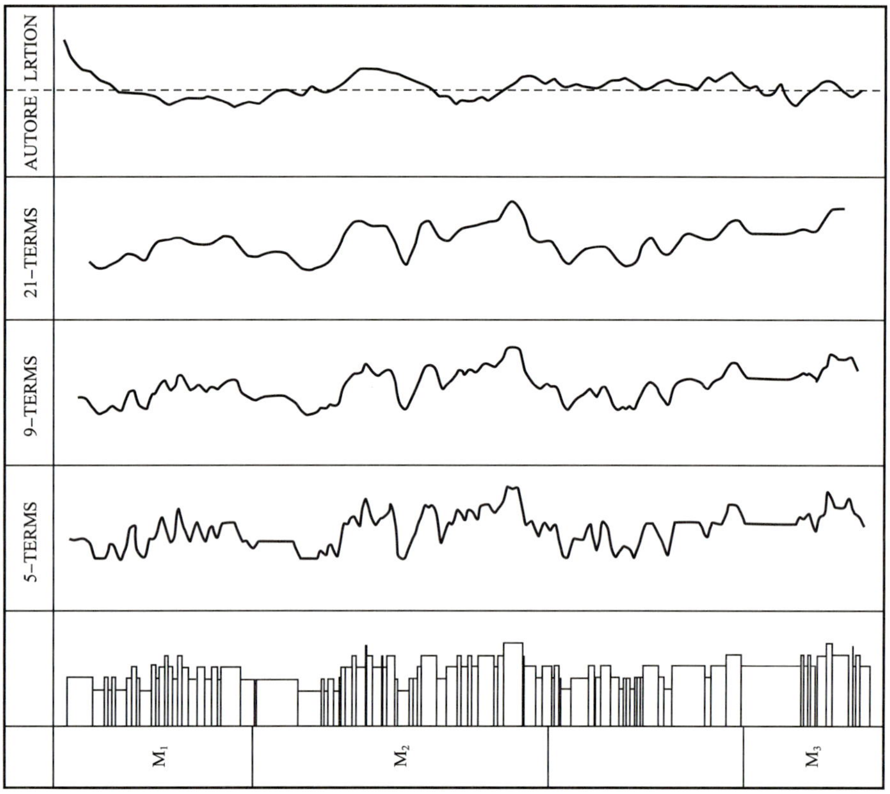

图 5-84 B151 井测井解释岩性分析剖面图

图 5-83 E208 井测井解释岩性分析剖面图

不同的旋回类型反映了不同的发育历史。具有 I 级正旋回特点的剖面一般分布在 M_3 沉积时期冲积扇主体发育的部位，它们的发育历史一般是冲积扇→辫状河主河槽+沙坝→汊河槽+沙岛。具完整旋回特点的剖面一般分布在 M_3 沉积时期的扇间洼地或扇缘区，它们发育历史为扇缘（或扇间洼地）→辫状河主河槽→沙坝→汊河槽→沙岛。

3. M 层沉积相序模式

M 油藏作为厚层块状砂岩油藏，长期以来被认为是冲积扇沉积的产物，没有看到 M 层中上部与 M 层下部之间明显的岩相差异，从而限制了对 M 层物性细微特征的认识，影响油藏的开发效果。据近几年来对 M 油藏开发沉积相的再研究，认为老君庙 M 层由冲积扇相演变为辫状河流相，主要发育了冲积扇扇缘亚相、辫状河河床亚相和泛滥亚相，包括了急流浅河、前缘低地、扇间洼地、主河槽、汊河槽、沙坝及沙岛等微相砂体（图 5-80）。

八、M 层沉积时期的地形演化与砂体厚度

研究沉积地层的古地形演化历史，首先要对沉积地层的时间单元作适当的划分。时间地层单元通常与岩相界线交切，其交切程度与研究区内沉积相的类型及相变的程度有关。例如冲积扇地区的地形起伏大，水平相变迅速，时间地层单元界线与岩相界线多以高角度相交（图 5-85 至图 5-90）。

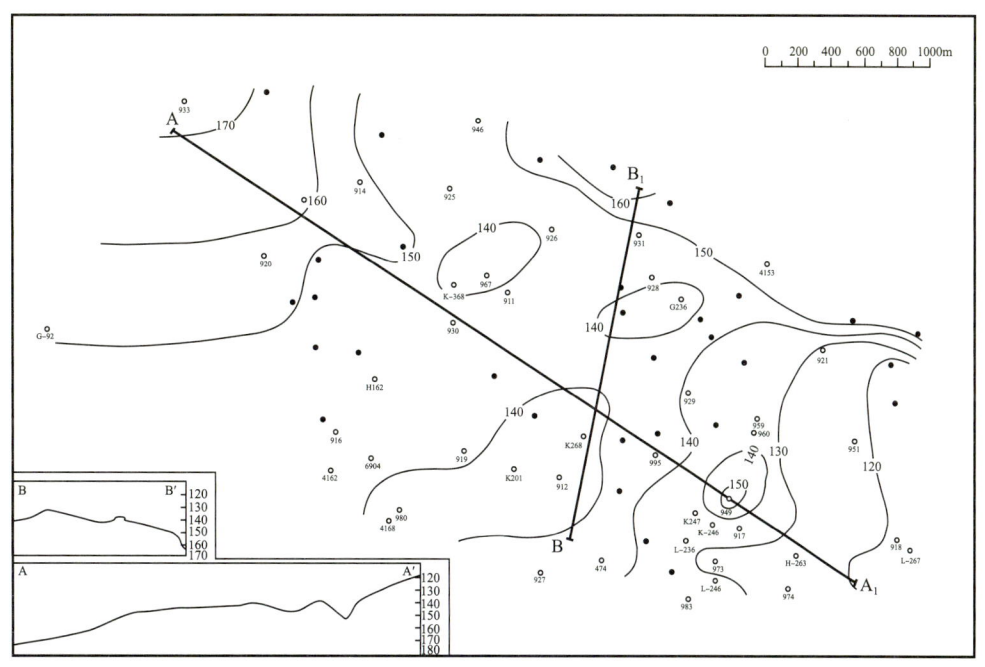

图 5-85　M 层底面地势图

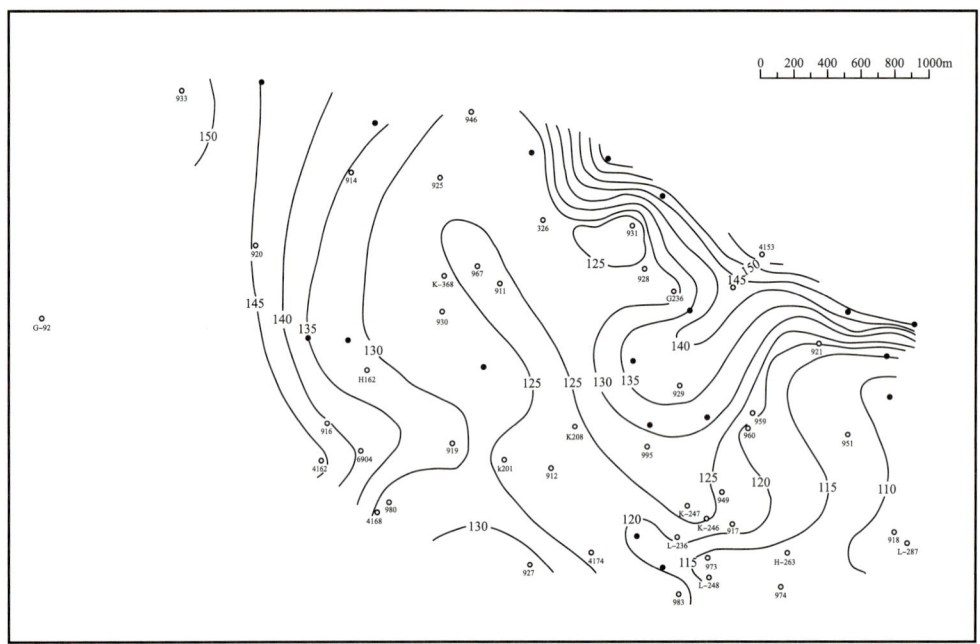

图 5-86 M₃ 顶面冲积扇地势图

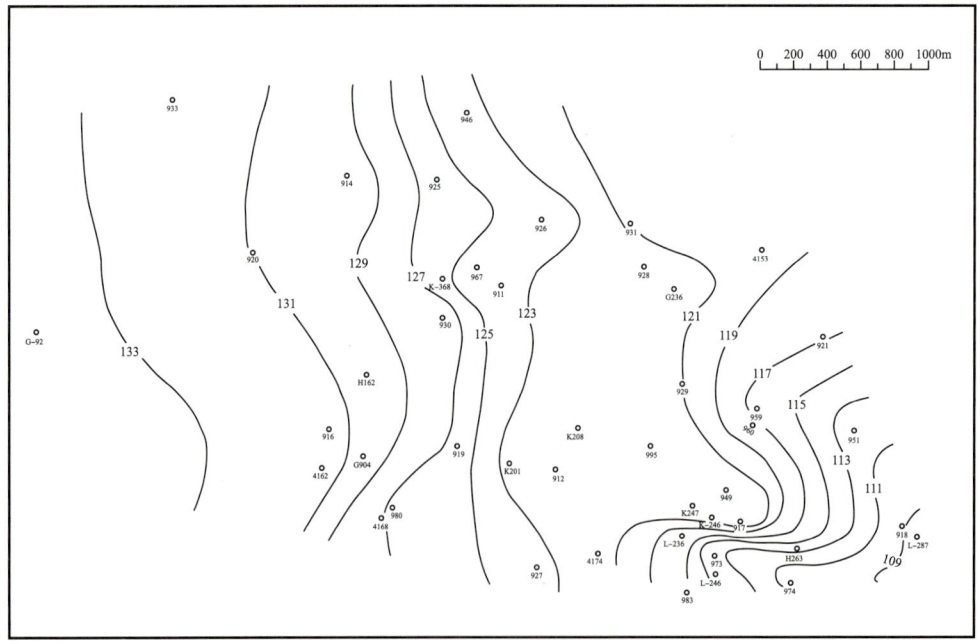

图 5-87 M₃ 时间单元地层顶面地势图

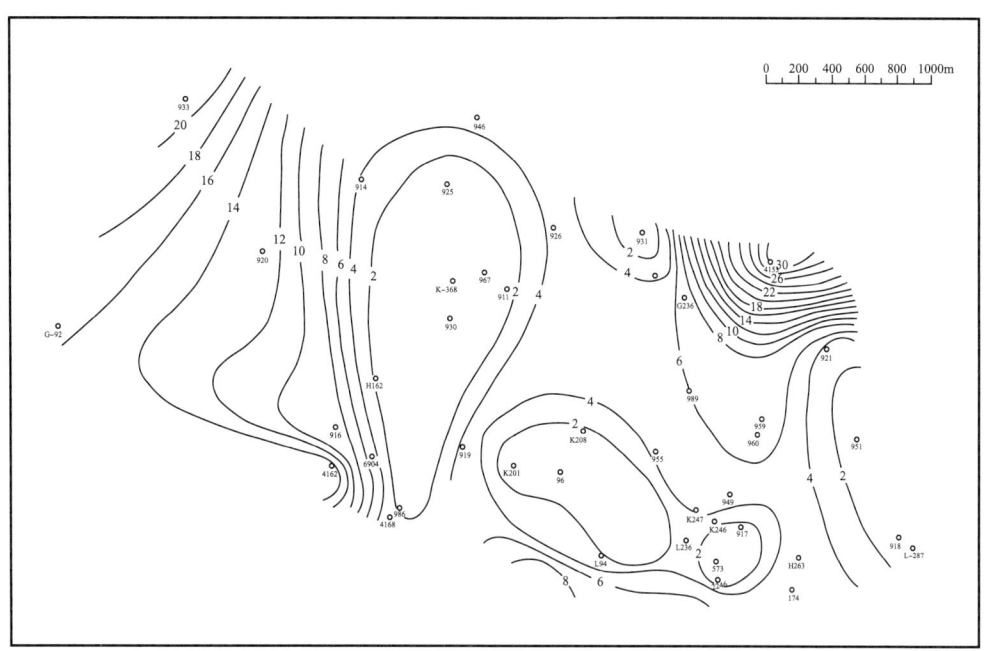

图 5-88 M₃河流相沉积等厚图

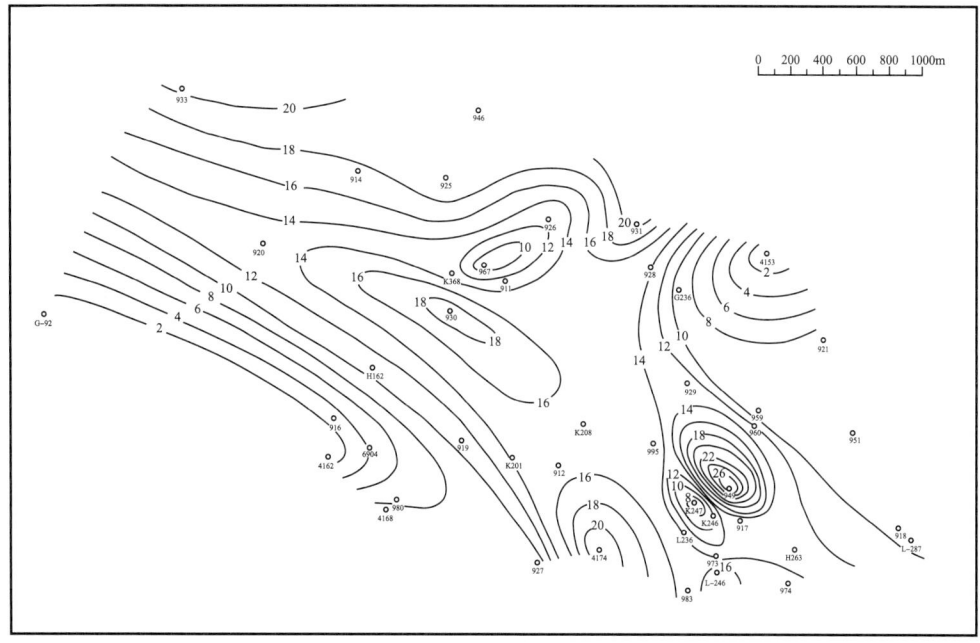

图 5-89 M₃冲积扇相沉积等厚图

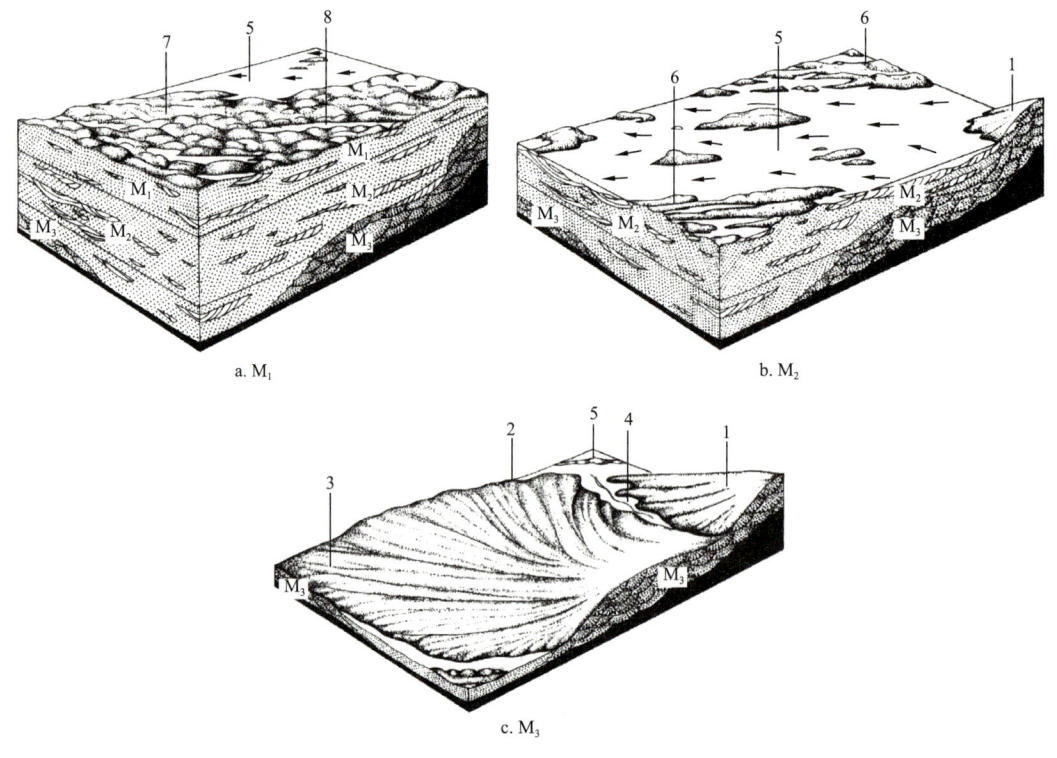

图 5-90 M 层沉积相模式块状图

九、M 层胶结类型与胶结模式

1. 胶结类型

（1）泥质胶结。泥质填隙物是与砂砾同生沉积的。M 层的泛滥沉积区，如 M_1 的扇间洼地微相带和 M_3 的沙岛微相带，泥质含量较高，又常处于气下环境，泥质填隙物蒸发干缩，产生孔缝，孔缝常被盐类充填，使沉积物被埋藏时不易压实闭合。以后被地层水溶解，干缩孔缝得以保存。它们受构造作用的影响，可以形成串通的裂缝。这是 M 层泛滥沉积相带渗透率高的重要原因。

（2）钙质胶结。M 层的主流沉积区，如 M_1 的急流浅河和低地微相带，泥质含量较低，砂岩主要呈颗粒支撑，压实作用不明显。当沉积物被浅埋藏后，富含碳酸盐的地层水进入，形成白云石和方解石胶结，这是 M 层主流沉积相带渗透率低的原因。泛滥沉积由于富碳酸盐地层水不易进入而保留较多的原生粒间孔隙，使渗透率相对较高。

2. 胶结模式

砂岩的胶结作用是查清 M 层沉积相与物性关系的重要环节。现代的河流沉积，含水层主要分布在河槽沉积的粗碎屑层中。在非碳酸盐胶结型的河流砂岩正韵律层中，高渗透层出现在韵律层的下部。M 层砂岩主要是碳酸盐胶结，渗透率的分布正好与之相反，高渗透层出现在河流沉积上部的交互韵律层中。

M层的胶结类型和胶结物的分布模式与沉积物源及沉积岩相有密切关系。东部低产区受其东南方向泥质母岩物源的影响，砂岩属于泥质胶结型，如L287井的平均泥质含量为14.7%，碳酸盐的含量却很低，平均为0.1%（图5-91）。

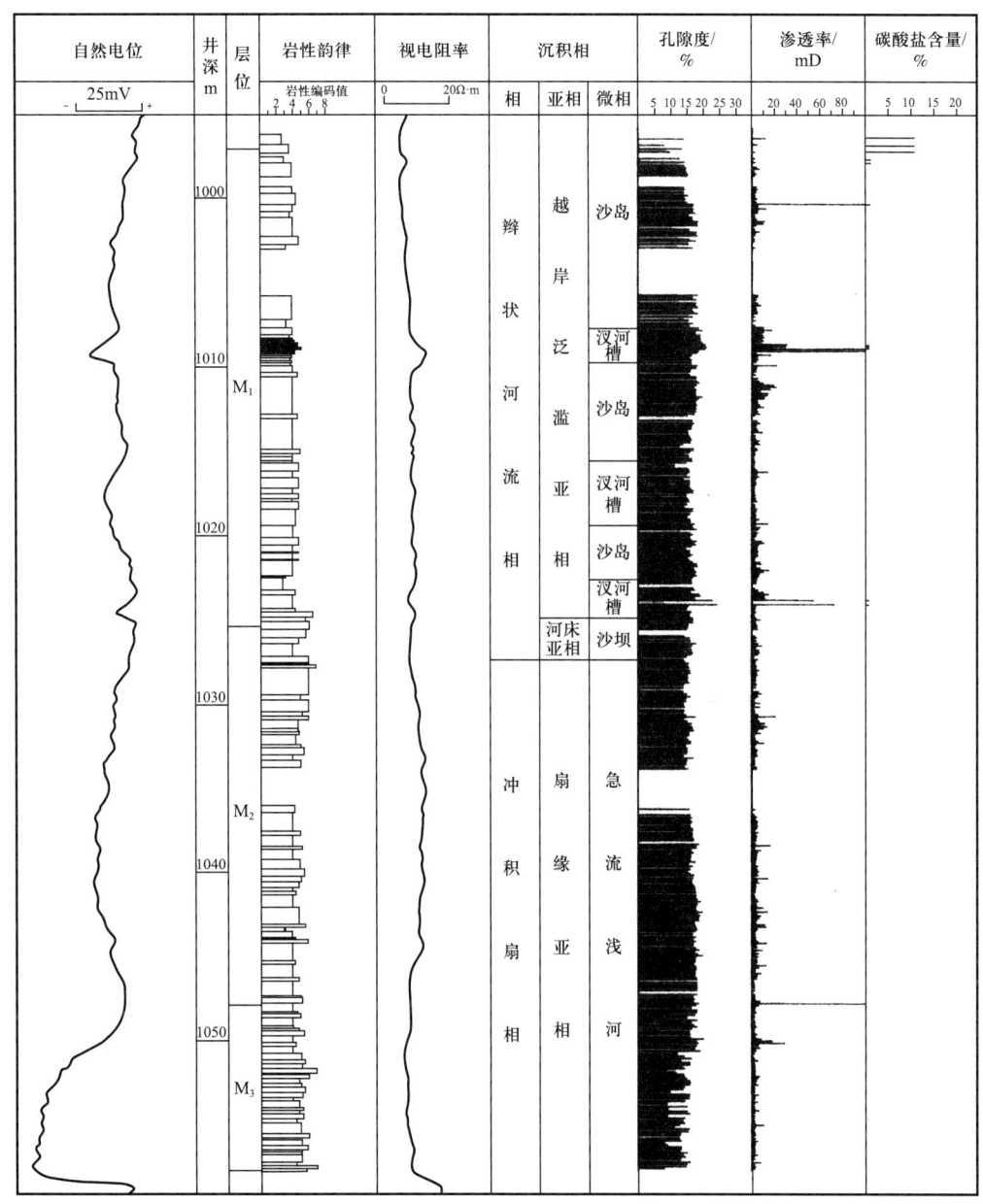

图5-91 L287井综合柱状图

顶部区、外排区和西部低产区的M层砂岩主要是钙质胶结型，碳酸盐胶结物的平均含量为5.3%，其分布受砂岩岩性和岩相的控制。用上述地区35口取心井11698个碳酸盐含量测定数据（X）与相应的砂岩岩性编码值（Y）建立的线性回归方程为：
$$X=4.259+0.020Y \quad (5-15)$$

两者呈正相关，相关系数 $r=0.089$，大于99%置信水平的临界值 $r(1000)=0.081$，两者线性关系显著。这种关系在M层的沉积相、亚相，甚至微相中都有反映。M_{2-3} 冲积扇扇缘亚相的碳酸盐平均含量为7.1%，其中以急流浅河微相和扇缘低地微相的最高，扇间洼地微相的相对较低。M_{1-2} 辫状河流相的平均碳酸盐含量较低，为3.8%，其中 M_2 河床亚相为4.4%，M_1 泛滥亚相为3.3%。在河床亚相中，粗碎屑正韵律层的河槽微相的平均碳酸盐含量又高于细碎屑交互韵律层的沙坝微相；在泛滥亚相中，粗碎屑正韵律层的汊河槽微相的平均碳酸盐含量高于细交互韵律层的沙岛微相（图5-92）。

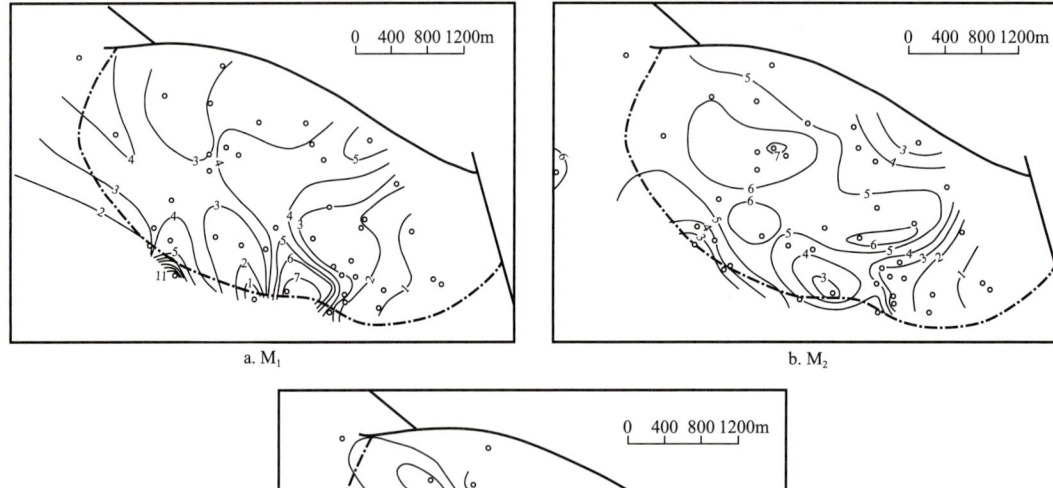

图5-92　M_1、M_2、M_3 的碳酸盐含量等值线图

因此，以925井为例（图5-93），M层碳酸盐含量的垂向分布模式为：M_1 中，与频繁交替的岩性正韵律层相对应，碳酸盐含量在垂直方向的变化也很频繁，但是变动幅度小。M_2 的碳酸盐含量随相间分布的正韵律层和交互韵律层，表现为厚层大幅度的变动。M_3 以厚交互韵律层为主，碳酸盐含量普遍较低，其中夹少量高碳酸盐含量的薄正韵律层。

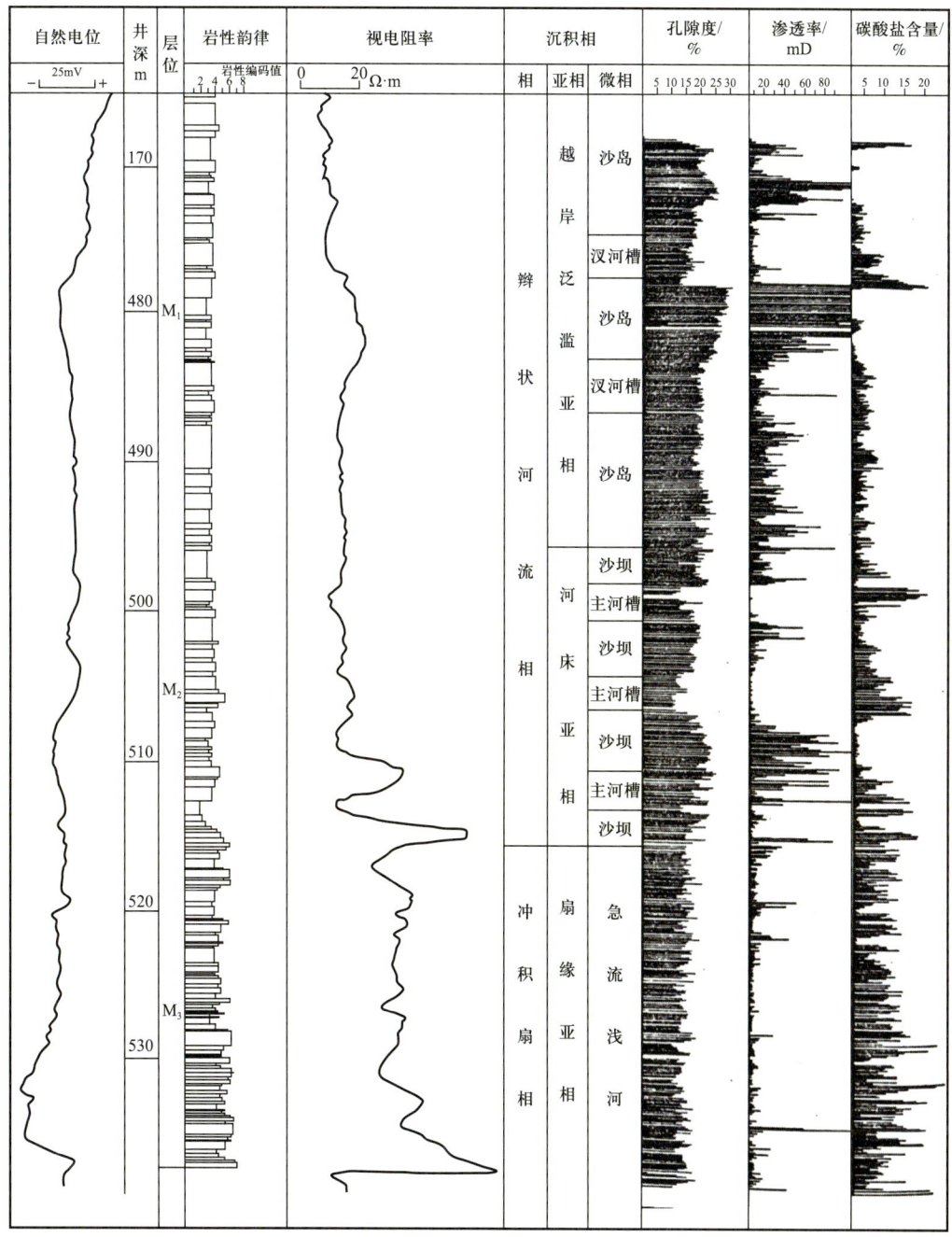

图 5-93 925 井综合柱状图

十、M 层物性模式

碳酸盐含量受岩相的控制，又严重影响物性的分布模式。老君庙 M 层的平均孔隙度为 17.2%、平均水平渗透率（以下简称渗透率）为 23mD，渗透率与碳酸盐含量呈明显的负相关。用油藏中钙质胶结型的 35 口取心井 9618 个岩样的数据统计,渗透率对数值(X)与碳酸盐含量(Y)的线性回归方程为:

$$Y=1.8439-0.2819X \qquad (5-16)$$

相关系数 $R=-0.3358$,远大于置信水平为 99% 时的临界值 -0.081,两者的相关关系非常显著(图 5-94)。

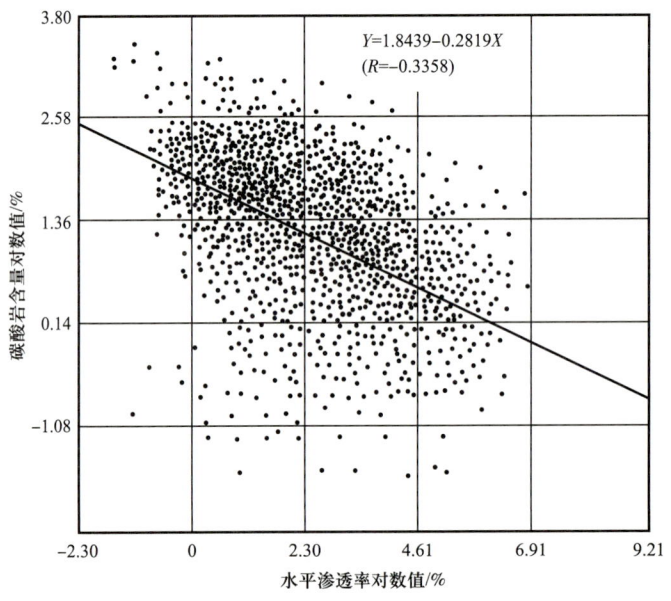

图 5-94 水平渗透率与碳酸盐含量散点图

1. 物性垂向分布模式

M 层就整体而言,渗透率和孔隙度自下而上都由低增高,但是这种物性垂向变化并不是均匀的,存在着不同周期和不同幅度的变化。其中最明显的分布界面是 M_3 冲积扇相砂体与 M_2 辫状河流相砂体之间的岩相界面。若将全部取心井的渗透率和碳酸盐含量的测定值按构造分区,以及冲积扇相和辫状河流相的岩相界面分层计算它们的平均值,并分层绘制孔隙度、渗透率和碳酸盐含量的直方图,可以看出,孔隙度在这两类岩相地层中的差别比较明显,冲积扇相平均为 14.6%,辫状河流相为 17.6%,百分比较高的孔隙度在冲积扇相中是 14%~18%,在辫状河流相中是 16%~20%。差别最明显的是渗透率,顶部区和外排区的渗透率明显高于低产区;辫状河流相的平均渗透率为 25mD,比冲积扇相的 9.1mD 高出 2.8 倍。在直方图上,渗透率百分比都由低向高呈单调下降,即渗透率越高,百分比越低。在冲积扇相中,0~6mD 的占 66.8%,小于 30mD 的占 94.4%。在辫状河流相中,0~6mD 的只占 28%,小于 30mD 的占 76.5%。这些差别主要是受碳酸盐胶结作用的影响所致。冲积扇相的平均碳酸盐含量为 7.1%,辫状河流相为 3.8%。

在辫状河流相中,河床亚相的碳酸盐含量较高,平均为 4.4%;孔隙度和渗透率较低,分别为 16.8% 和 20.1mD。泛滥亚相的碳酸盐含量比较低，平均为 3.3%；孔隙度和渗透率较高，分别为 18.2% 和 29mD。在直方图中，泛滥亚相与河床亚相的孔隙度分布形式相似，都近似于正态分布，但它们的众数孔隙度不同。泛滥亚相的众数孔隙度比较大，在 18%～24%；河床亚相的众数孔隙度较小，在 14%～20%。渗透率的分布都呈对数型，低渗透率部分所占的比例，河床亚相的比泛滥亚相的高。如渗透率的 0～10mD 部分，前者占 80%，后者占 67.3%。

在上述的三种亚相地层中，孔隙度、渗透率和碳酸盐含量的垂向分布模式也有很大差别。M_1 冲积扇扇缘亚相地层中，岩性正韵律层的厚度薄，岩性垂向变化快，但岩性区间小；与此相对应，碳酸盐含量、孔隙度和渗透率的垂向变动频繁，但变动幅度小。渗透性较好层的连续厚度很小，渗透层的水平延续性很差。所以冲积扇相地层是典型的低渗透块状油层，不利于注水开发。在辫状河流相地层中，碳酸盐含量、孔隙度、渗透率的垂向分布模式与冲积扇相地层的完全不一样。M_2 的河床亚相由低碳酸盐含量、高渗透率的沙坝微相与高碳酸盐含量、低渗透率的河槽微相相间而成。由于高渗透层和低渗透层的连续厚度比较大，渗透率的变动幅度大，垂向变动缓慢而有规律，形成明显的高渗透层和低渗透层。这种渗透率分布模式有利于注水开发。M_3 的泛滥亚相主要由低碳酸盐含量、高渗透率的沙岛相组成，其连续厚度大，局部夹碳酸盐含量和渗透率皆属中等的汊河槽微相的薄透镜体，所以，M_3 泛滥亚相具有高渗透油层的特征。

2. 物性平面分布模式

若分别计算各取心井 M 层的碳酸盐含量和渗透率的平均值，则可以得出，全区有四个低渗透带：L287 井片、L246 井片、931 井片和 93 井片，造成这四个低渗透带的原因有两个，其中之一是物源区的岩性，L287 井片的沉积物是由酸盐岩类、泥质成分多的母岩提供的，沉积物中无碳酸盐岩碎屑，却有大量泥岩碎屑，泥质胶结物含量高是 L287 井片渗透率降低的重要原因。

十一、M 层渗透率模型

M 层的胶结类型与物性模型的关系，明显地反映在碳酸盐含量与渗透率的相关性上。根据 44 口取心井 9618 个岩样的渗透率（X）和碳酸盐含量（Y）的统计分析，两者呈显著的负相关，如图 5-94 和式（5-16）所示。

1. 渗透率的平面分布模式

不同沉积相带中，碳酸盐含量的差异控制了渗透率的高低。M_1 冲积扇扇缘亚相的平均渗透率仅 9.1mD，其中急流浅河和低地微相平均为 7.2mD，而扇间洼地微相的渗透率高达 24.3mD。M_2 辫状河河床亚相的渗透率较高，平均为 20.1mD，其中沙坝微相的平均渗透率为 28.5mD，比河槽微相高一倍。M_3 辫状河泛滥亚相的渗透率最高，平均 29mD，其中沙岛微相又高于汊河槽微相。

2. 渗透率的垂向分布模式

M_1 的碳酸盐含量高，渗透率低，与岩性薄正韵律层相对应；碳酸盐含量和渗透率的垂向变化频繁，但变动幅度小。M_2 的碳酸盐含量随相间分布的正韵律层和交互韵律层呈厚层大幅度的规律变化，形成明显的高渗透层和低渗透层。M_3 以厚交互韵律层为主，碳酸盐含量普遍较低，有连续厚度大的高渗透层，间以高碳酸盐含量、低渗透率的薄正韵律层。

十二、M 层液体流态

M 层的七种沉积微相中，液体流态各异，主要形式为似层状流动。M_1 的急流浅河和低地微相中无明显的高渗透层，即使有的层渗透性较好，其连续厚度也不足 1m，横向连通性很差，属低渗透块状油层。扇间洼地微相呈带状分布，为较高渗透率的带状油层。M_2 的主河槽微相带中，沙坝砂体散布在低渗透的河槽砂体中，形成封闭的高渗透层，液体呈层状流动。在其两侧的沙坝微相带中，液体似层状流动。注入水在沙坝砂体中兼作水平和垂向的流动。当遇到河槽透镜体隔层，垂向流动受阻，以水平流动为主。在水平流动过程中，一旦超出透镜体隔层，在高渗透的沙坝砂体中又恢复垂向流动，直至再遇到隔层。M_1 是连片的沙岛砂体夹汊河槽薄透镜体，以高渗透块状油层为主，局部具似层状油层的特征（图 5-93）。

M 层的油水运动，在非裂缝发育区，受孔隙渗透率控制；在裂缝发育区，主要受裂缝控制。油水在孔隙中的流动状态在很大程度上受沉积岩相、成岩作用和物性非均质性的影响。M 层是块状砂岩，但并非全是块状油层，其孔隙流体的流动状态非常复杂，以似层状为主，也有块状、层状等类型。

M_3 小层的冲积扇相岩性粗，韵律层厚度小，碳酸盐含量普遍比较高，渗透率低，小于 6mD 的数据占全部数据的 66.8%，小于 30mD 的数据占 94.4%，没有明显的高渗透层，其连续厚度也很小，不足 1m，而且渗透层的横向连续性差。所以，M_3 冲积扇相是急流浅河微相和扇缘低地微相中，液体流态在冲积扇相中比较典型的。冲积扇相的扇间洼地微相则不然，它们呈带状分布在两个冲积扇体之间，岩性较细，碳酸盐含量比较低，加上孔隙中泥质填隙物的干缩缝比较发育，所以渗透率比较高，形成带状油层，如 G236 井和 980 井区带。M_2 小层的辫状河河床亚相，岩性粗细变化明显，碳酸盐含量在剖面上呈厚层大幅度地变动，形成明显的高渗透层（沙坝微相）和低渗透层（河槽微相）。在北西—南东向纵贯本区的主河槽沉积带中，以高碳酸盐含量、低渗透率的河槽微相为主，它们构成局部性的夹层，这种夹层的连续分布面积比较大，在 1km² 以上，它们在 M 层的主河槽沉积带中有 2~3 个低碳酸盐含量、高渗透率的沙坝微相与河槽微相相间分布或散布在河槽微相中，形成封闭的高渗透层。因此，主河槽沉积带中的油水运动局部呈层状。

在主河槽沉积带两侧的沙坝沉积带中，液体呈似层状流动。沙坝沉积带的主要沉积类型是沙坝微相，它们成连片分布，碳酸盐含量低，渗透率高。高碳酸盐含量、低渗透率的河槽透镜体则被沙坝沉积所包围。当注入水在沙坝砂体中流动时，既有水平方向的流动，也有垂直向下的流动。当流体遇到低渗透率的河槽透镜体夹层时，其垂直向下的流动受阻，变成以水平方向的流动为主。但是流体在水平流动过程中，一旦超出透镜体夹层，重新进入高渗透的沙坝体，又恢复垂直向下的流动，直至再遇到夹层。这样，使油水运动具有似层状的特点。这种河槽透镜体夹层的连续分布面积比较小，约 $0.15km^2$，在沙坝沉积带中有 4~5 个。

M_1 小层的辫状河泛滥亚相以低碳酸盐含量的沙岛微相为主，它们的渗透率高。在沉积剖面中，沙岛沉积的连续厚度大，局部夹中等碳酸盐含量和中等渗透率的汉河槽薄透镜体，故 M_1 小层以高渗透性的块状油层为主，局部具有似层状油层的特征（图 5-95）。

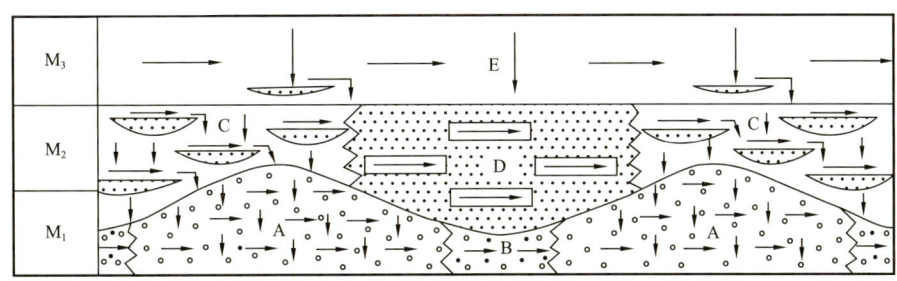

图 5-95　M 层液体流态模式

十三、M 层开发层系

划分开发层系的目的是减小层间干扰，消除油层非均质性的影响，提高水驱油纵向波及体积，从而获得较高的采收率，提高油田整体开发水平和经济效益。

1. I 级开发层系

M 层的物性差异在冲积扇相（M_3）和辫状河流相（M_2）之间最明显，划为两个 I 级开发层系。冲积扇相的碎屑物粗，分选差，泥质含量高，碳酸盐平均含量为 7.1%，平均孔隙度为 1.6%，平均渗透率为 9.1mD，储层的物性很差。渗透率在垂向上呈小幅度地频繁变化，非均质性严重，是低渗透的块状油层。河流相的沉积物细，分选较好，泥质含量低，平均碳酸盐含量为 3.8%，孔隙度和渗透率的平均值分别为 17.6% 和 25.1mD，储层物性较好，渗透率的垂向分布模式与冲积扇相的截然不同（图 5-96）。

2. II 级开发层系

辫状河流相由河床亚相的 M_3 和越岸泛滥亚相的 M_2 两个小层组成，划分为两个 II 级开发层系。M_3 和 M_2 的平均渗透率分别为 20.1mD 和 29.0mD。低渗透率部分所占比例，M_3 比 M_2 高，M_2 小于 10mD 的渗透率占 20%，M_3 为 32.7%。M_3 的碳酸盐含量也高

于 M_2，M_3 的碳酸盐含量绝大部分集中在 0～6% 之间，累计占有 82%；而 M_2 累计只占 65.6%，还有 28% 的碳酸盐含量在 6%～12% 之间（图 5-97）。因此，可将辫状河流相划分为河床亚相和越岸泛滥亚相两个 Ⅱ 级开发层系。

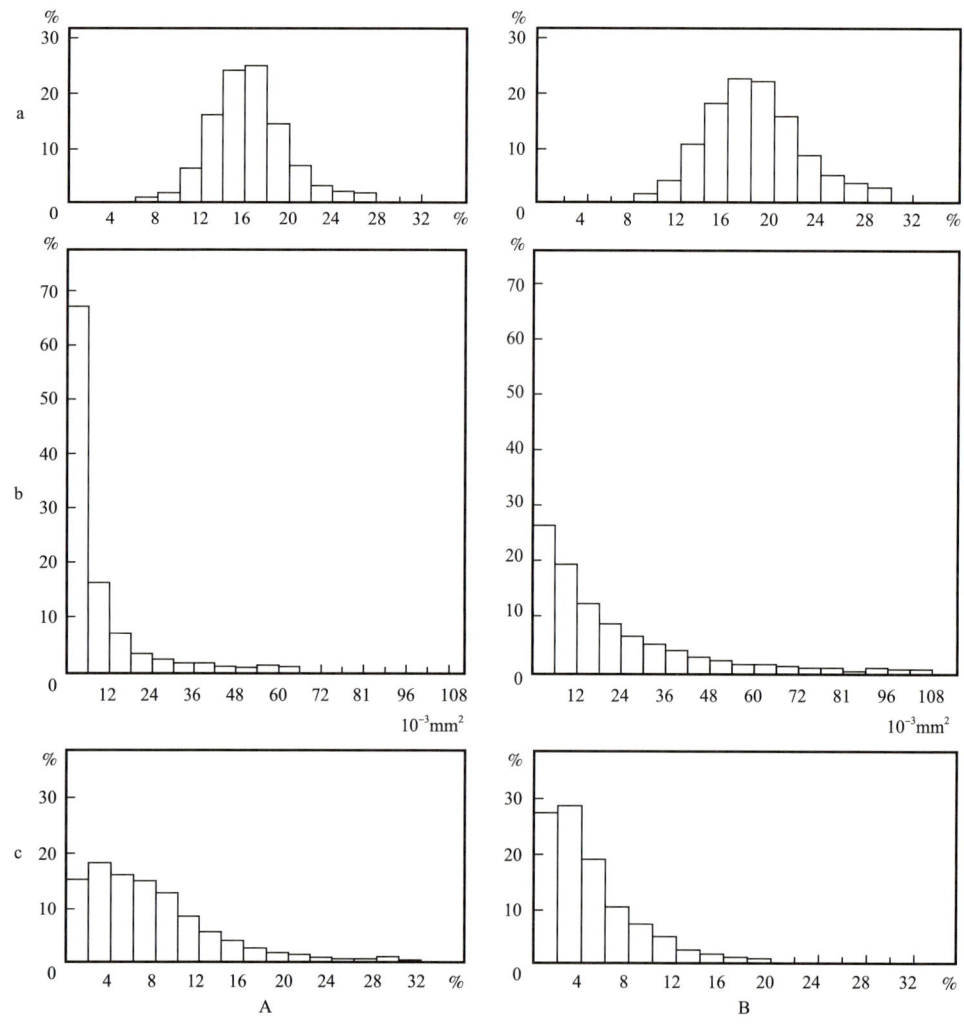

图 5-96　冲积扇相 A 和河流相 B Ⅰ 级开发层系的孔隙度 a、渗透率 b 和碳酸盐含量 c 的直方图

M 油藏河床亚相的 Ⅱ 级开发层系，由较厚的高渗透层与低渗透层相间，对应于低钙高渗透的沙坝微相与高钙低渗透的主河槽微相的相间。渗透率的垂向变化缓慢且有规律，变化的幅度也大，非均质性较强。油水在沙坝微相带中具似层状流动的特性，在主河槽微相带中呈层状流动。

越岸泛滥亚相的 Ⅱ 级开发层系，主要由低碳酸盐含量、高渗透率的沙岛微相组成，连续厚度大，局部夹有高钙低渗透的汊河槽微相的透镜体，为高渗透块状油层。

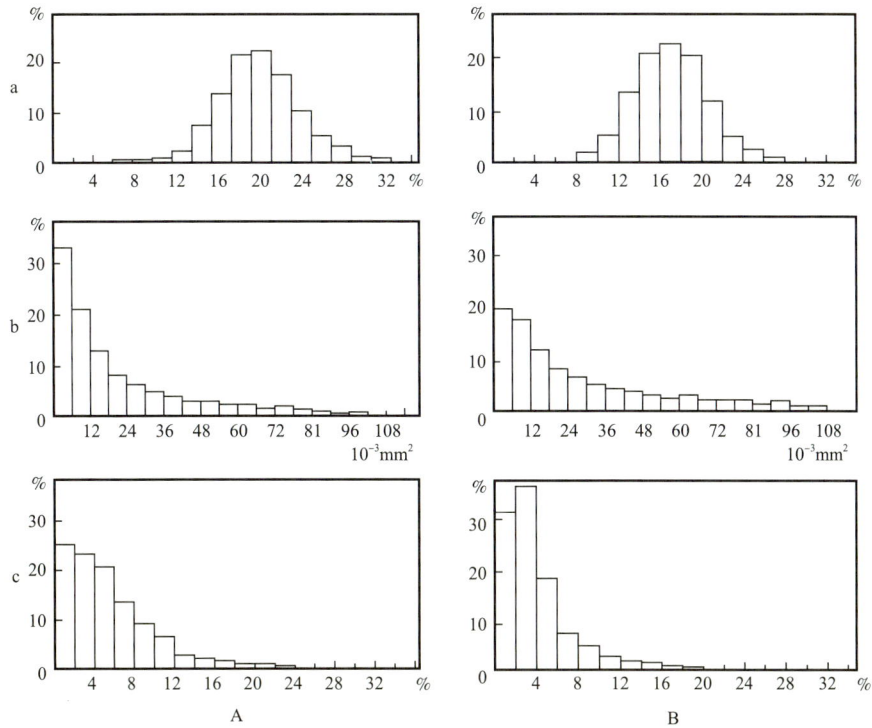

图 5-97　辫状河流的河床亚相 A 和越岸泛滥亚相 B Ⅱ级开发层系的孔隙度 a、渗透率 b 和碳酸盐含量 c 的直方图

3. Ⅲ级开发层系

Ⅲ级开发层系受岩性韵律控制。M_3 冲积扇相主要由薄正韵律层叠置而成，渗透率低且变化幅度小，不宜划分Ⅲ级开发层系。M_2 辫状河越岸泛滥亚相中以厚交互韵律层为主，岩性细，垂向分布较均匀，仅有少数汊河槽薄正韵律的透镜体，也不宜划分Ⅲ级开发层系。只有 M_2 的主河槽厚层正韵律砂体构成范围较大的局部隔层，与高渗透的沙坝交互韵律层相间分布，构成 3~4 个Ⅲ级开发层系。可见，Ⅲ级开发层系只限于某些井片。

十四、M 油藏总体评价

M 油藏经历了半个世纪的开发，走过了曲折的道路。M 油藏为低渗透、块状、裂缝—孔隙型砂岩油藏，厚度大，层内无明显隔层，其储层性质和驱油机理不同于常规的层状孔隙型砂岩油藏。在开发实践过程中，通过多年的不断认识和调整，根据自身的经验，找到了一种适合于 M 油藏地质特点的开发方式，其调整过程归纳如下：

（1）驱动能量。由依靠天然能量开采发展到注水恢复能量，由弹性、溶解气驱发展到人工水驱。

（2）注水方式。由边外、边部注水发展到边内切割注水、点状面积注水；注采井比例由低发展到高，并确认不规则面积注水是比较好的注水方式。

（3）开发层系。M油藏的油层厚度大，层内无明显隔层，只进行层系细分。在外排区中西区逐步形成低渗透M_3层的单注单采，效果很好。在后期调整中，坚持在一套层系中，新的钻井要遵循先下后上的开采原则。

（4）注水量。由初期急于恢复压力的"猛注"到"温和"注水，最后通过增加注水井点来提高注采井的比例，选择了"分层、合理、平稳、有效"的提高注水量的办法。

（5）排液量。由初期不加控制的放喷生产到控制压差、控制液量，油井含水20%~75%时为油井生产的有利时机。

总之，在不断调整改造过程中，开发效果得到了改善，达到了同类型油藏的较优开发水平。

第九节　孤岛油田新近系中新统上馆陶组河流相油藏

孤岛油田新近系中新统上馆陶组共有6个储集砂层组，其中第1~2层组主要为气层，第3~6层组为油层，总厚240m左右，已经证实为河流相沉积。其中，上部3、4油层组为曲流河沉积，下部5、6油层组为网状河沉积。本节从岩性、沉积构造、测井曲线、粒度概率曲线及C—M图、古生物、主要古水文参数、砂体形态和砂体的非均质性等方面对两种河流沉积的不同性质作了论述。本节还从油水运动速度、含水上升率、水淹孔隙体积和最终采收率等方面对开采规律进行了探讨。3、4砂层组岩性较细，以细砂岩为主，有部分粉砂岩；泥岩为棕红色及少量灰绿色；5、6砂层组岩性较粗，虽仍以细砂岩为主，但有部分中、粗砂岩，泥岩几乎全为棕红色。据17口取心井资料统计，两类沉积的各项参数均有差异（表5-12）。

表5-12　两类沉积参数表

参数	蛇曲河流沉积 3、4砂层组	网状河流沉积 5、6砂层组
粒度中值/mm	0.12	0.18
泥质含量/%	10.2	8.7
分选系数	1.62	1.83
岩块含量/%	11.6	16.0
孔隙度/%	33.2	32.8
渗透率/D	1.3	2.1

从表5-12可看出：5、6砂层组的网状河由于坡降较大，水流能量较强，搬运速度较快，以致除粒度较粗外，还有泥质含量较低、分选较差、岩块含量较高等特点；3、4砂层组曲流河的坡降较小，水流能量较弱，搬运速度较慢。3、4砂层组蛇曲河流沉积具二

元结构特征，即每一砂泥岩组合的下部是河道沉积，主要为砂岩，上部是溢岸沉积，主要为泥岩，通常这两部分的厚度大体相近（图5-98a）。5、6砂层组下部砂岩厚度大，上部泥岩厚度小，二元结构特征不明显（图5-98b）。

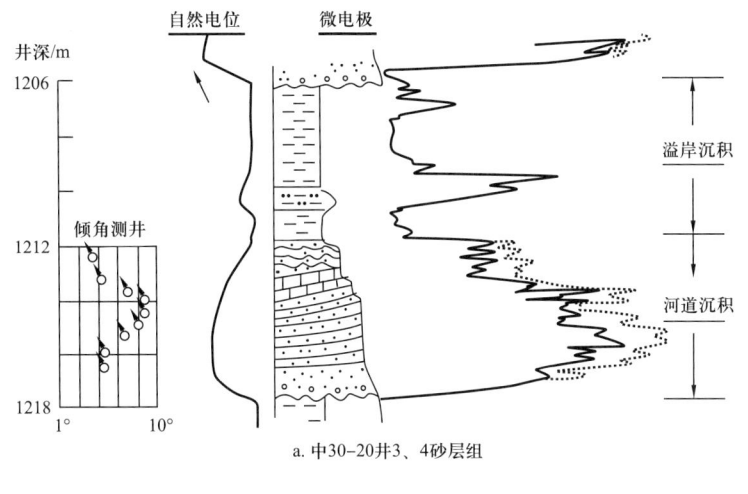

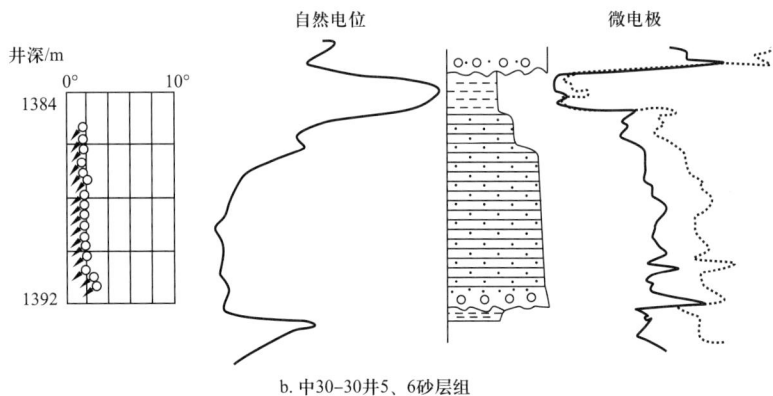

图5-98　3、4砂层组和5、6砂层组测井曲线对比

此外，3、4砂层组河床砂岩的外湾部分，可在砂岩顶部见到灰绿色粉砂岩，偶有动物化石碎片，系河流改道后的废弃河道沉积。5、6砂层组未见这种沉积。

据岩心观察结合倾角测井解释，3、4砂层组砂岩自下而上为槽状交错层理、爬升波痕层理、波状层理（图5-98a）。5、6砂层组有两种类型，一种以槽状交错层理及板状交错层理为主，爬升层理及波状层理少见，另一种见于下部6砂层组，为一种近水平的平行层理（图5-98b）。这种层理系垂向加积的产物。

据粒度概率曲线及C—M图，5、6砂层组底部的概率曲线多为三段式，具滚动、跳跃和悬浮三个亚群体，反映少量细砾与砂混杂的岩性特征；中部有三段式及两段式，以跳跃及悬浮亚群体为主，有少量浮动亚群体；上部主要为两段式，以跳跃及悬浮亚群体为主。各曲线的粗切点为1.2~20，细切点为2.5~3（图5-99a）。3、4砂层组底部也是三段式，但以跳跃和悬浮亚群体为主，仅有少量浮动亚群体，反映极少量细砾与砂混杂的岩性特征；中部为两段式，以跳跃及悬浮亚群体为主；上部主要为悬浮亚群体及少量跳跃亚群体。各曲线粗切点在2附近，细切点为2.7～3.50（图5-99b）。C—M图为牵引流型，包括 OP、PQ、QR 和 RS 四段，其中5、6砂层组点子在 OP、PQ、QR 三段内，缺 RS 段；3、4砂层组点子在 PQ、QR、RS 三段内，缺 OP 段（图5-100）。说明5、6砂层组以渐变悬浮及滚动搬运为主，缺少均匀悬浮；3、4砂层组以渐变悬浮和均匀悬浮搬运为主，缺少滚动搬运。以上说明5、6砂层组具有较强的水动力条件，沉积物较粗，分选较差。

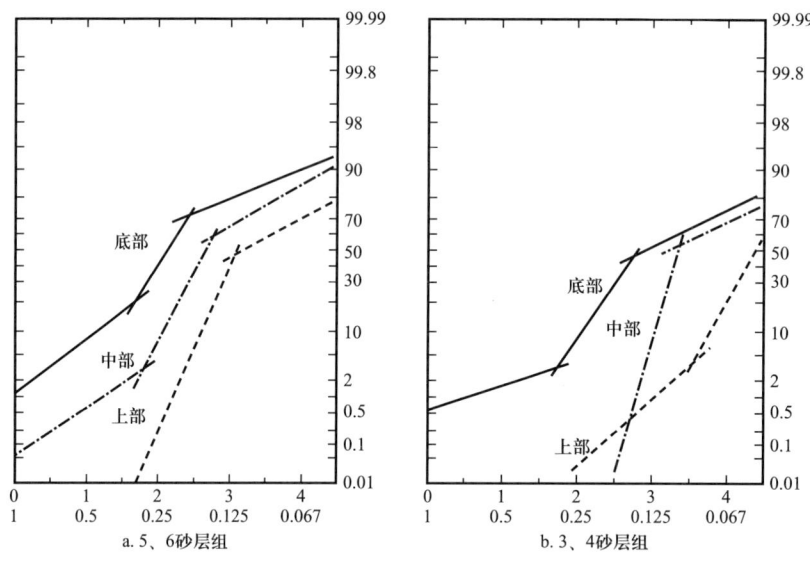

图5-99　粒度概率曲线

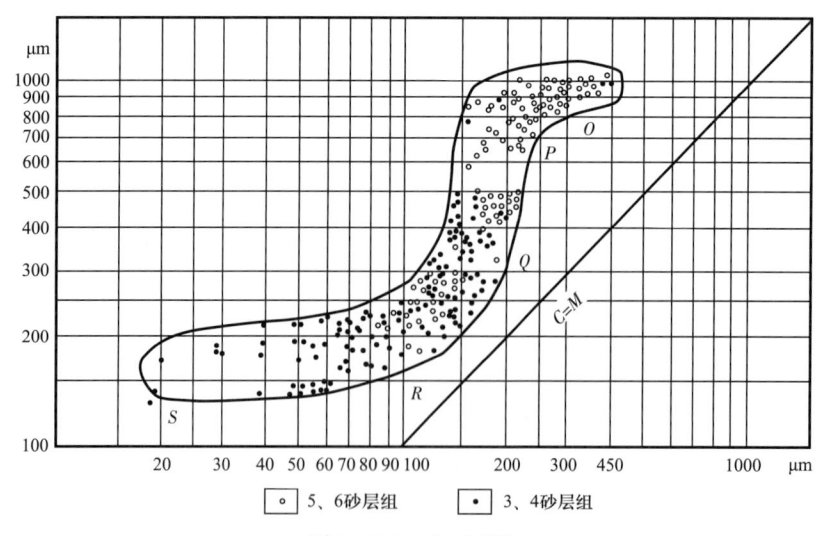

图5-100　C—M图

第六章 入海河流三角洲比较沉积学

三角洲是陆源碎屑的主要沉积场所,是由河流入海泥沙在入海口附近形成的巨大堆积体。世界上河流入海的泥沙80%～90%堆积在河口地区。许多入海的大河每年会携带大量泥沙,它们沿岸移动,在海岸带迅速堆积,常常造成海港淤积,所以现代三角洲沉积是海岸工程的重要研究对象。近年来,三角洲沉积成为石油地质学的一个重要研究课题。河口地区沉积迅速、沉积厚度大、生物繁殖规模大、生油条件好。加上河口有巨大的三角洲砂体,储油和盖层条件也好,常常形成岩性圈闭的大油气田。科威特的布尔干油田,它的主要产油层布尔干砂岩就是三角洲沉积。委内瑞拉的马拉开波盆地的利瓦尔滨岸油田,它的储油岩层即属于中新统及始新统的三角洲相砂岩。美国产油最多的墨西哥湾盆地,石油产于白垩系、始新统、渐新统及中新统的砂岩中,其中大部分砂岩属于三角洲沉积。近几十年来,我国也发现了许多具有相当规模的三角洲油田。因此,三角洲沉积的研究对于寻找和开发油气田具有极为重要的意义。

本章主要讨论入海的河流三角洲沉积,入湖三角洲沉积和潮流三角洲沉积将另叙。

第一节 现代河流三角洲的沉积环境

三角洲分布在河流的入海处,是陆地与海洋的过渡地貌类型。三角洲在发育过程中,同时受河流和海洋的作用。入海河流通过径流、输沙和所供给泥沙的粒径大小,对三角洲建设起着重要的作用。而海洋中的波浪、潮汐和海面长周期升降是决定三角洲地貌组合形态和沉积相特征的控制因素。世界上的河流体系和海洋动力条件千差万别,因此三角洲的类型也是多种多样的。尽管如此,所有的三角洲都具有一个共同的特征,它们由三个环境单元组成:三角洲平原(顶组沉积)、三角洲前缘(前组沉积)和前三角洲(图6-1)。

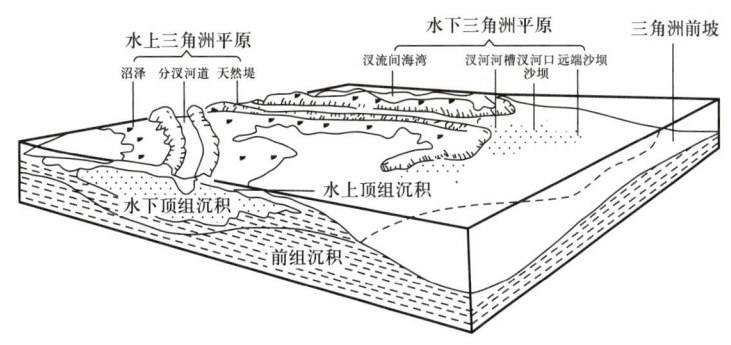

图6-1 现代三角洲沉积环境与沉积类型

三角洲平原是三角洲的陆上部分,它的主要地貌是分流河道及河道之间的海湾、沼泽、湖泊和湿地。三角洲平原以分流河道的主要分汊点与上游的河流体系为界,向下游呈放射状辐散,辐射角在60°以上,有的三角洲平原只有一条入海河道。分流河道既接受上游带来的泥沙,形成三角洲平原的骨架沙体,又是向三角洲前缘输沙的主要通道,与三角洲前缘沉积有着密切的关系。分流河道通常比较平直,天然堤经常出现在河道的两岸。但是有的三角洲平原的分流河道呈微弯曲或高弯曲状,这与三角洲的类型有关。上部三角洲平原基本不受盆地过程的影响,因此它与河流环境无本质区别。河道向下游分汊,以单向水流为主,只是湿地、沼泽或湖泊的面积通常比河流环境的大。下部三角洲平原的分流河道比降小,河流改道频繁,而且经常受潮汐过程的影响。受涨潮流的顶托,径流容易越岸泛滥,形成咸水沼泽,如图6-2所示。

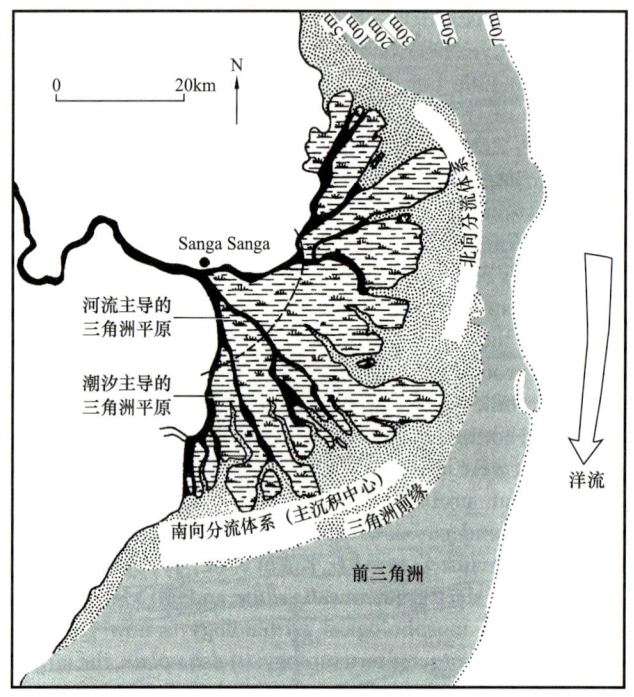

图6-2 马哈卡姆三角洲平原

分流河道间的沼泽低地平均占三角洲平原面积的90%,主要接受分流河道的泛泥沙或海湾泥沙,由悬浮状态的粉沙和泥沉积而成。沼泽低地的沉积特征与气候条件有密切关系。在湿润气候区,三角洲平原的沼泽中植物繁茂,生长淡水或半咸水的草本植物,沉积物中的有机质含量高。在干旱气候区,分流河道间多发育盐沼,常见雨痕和泥裂。

三角洲前缘是河口外的滨海地区,是三角洲的水下部分,也是三角洲环境中河流与海洋相互作用最活跃的地方。它与三角洲平原以水边线为界,外侧界线大致在1/2海浪波长的水深处。从理论上说,三角洲前缘完全处于海洋波浪的作用下,河流带入的泥沙中,只有比较粗的沙才能在这里堆积下来。它们又经过波浪和潮流的反复淘洗,形成分选较好、沙质较纯、粒径较粗的堆积体，呈长条形垂直岸线或平行岸线分布在三角洲前缘的内侧。在盆地作用弱、以河流过程为主导的三角洲前缘，粗碎屑集中分布在河流的入海口，形成向海伸展的分流河口沙坝。坝脊处水浅，前侧为远端坝斜坡，后侧有水下天然堤（图6-3）。以波浪作用为主的三角洲前缘，发育由沙组成的沿岸沙坝、沙嘴、滩脊或由贝壳碎屑组成的贝壳堤（图6-4）。

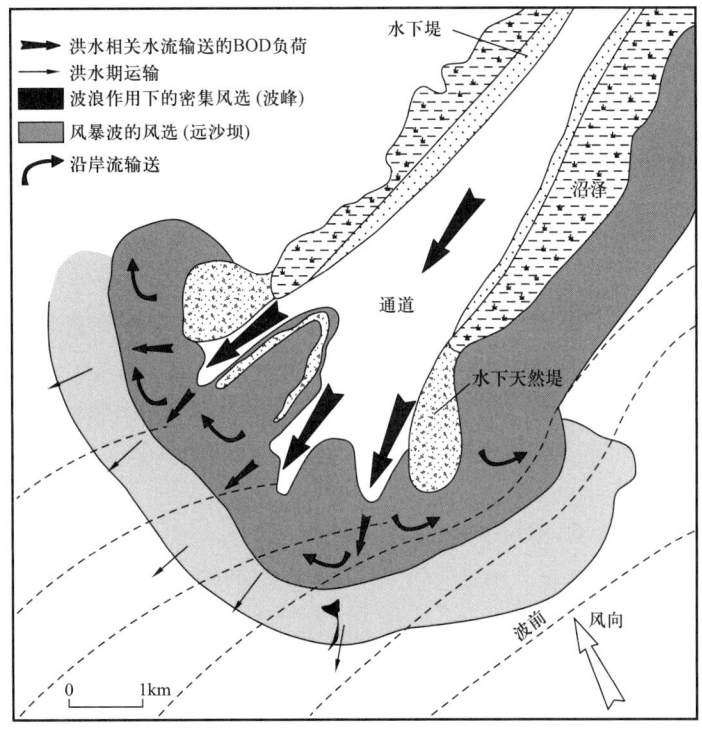

图6-3 三角洲前缘

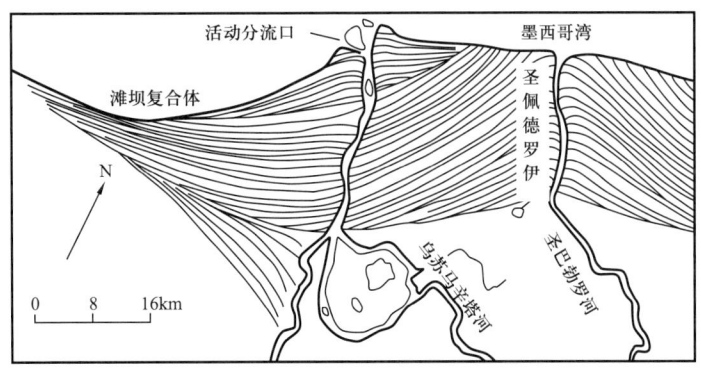

图6-4 墨西哥湾浪控三角洲前缘的滩坝复合体

前三角洲是三角洲前缘环境向海的区域，通常指海洋波浪不能作用到的平缓海底，是三角洲体系中分布面积最广、沉积最厚的地区。这里主要受入海水流和潮流的共同作用，河流中悬浮的粉沙和黏土物质在这里迅速沉积。靠近三角洲前缘的一侧，沉积物中含有比较多的粉沙，常见水平层理和透镜状层理，偶尔发育波痕层理。在远离三角洲前缘的地区，沉积物更细，以黏土为主，含有大量生物介壳，发育生物扰动构造。前三角洲的泥质沉积物中富含有机质，常呈暗色。

前三角洲与其外侧的大陆架没有明显的环境界线，不同的是，大陆架沉积的速率比较慢，生物扰动作用非常活跃，沉积物中普遍分布介壳和生物扰动构造。

第二节 影响三角洲的环境因素与三角洲类型

一、携沙水流与盆地水体的密度对比

三角洲的发育模式，最重要的环境因素是携沙水流与盆地水体在分流河口处的混合方式。贝茨（Baes，1953）认为这种混合方式取决于携沙水流与盆地水体的密度对比。他将三角洲河口比作水力学上的一个喷嘴，河水通过河口进入蓄水盆地时形成自由喷流。自由喷流分轴状喷流和平面喷流两种。其中轴状喷流的水流与盆地水的混合作用发生在三维空间中，平面喷流的混合作用发生在沿底面或海面的二维空间中。

1. 等密度流

当河水注入密度大致相同的淡水湖泊时，河水与湖水迅速混合，呈轴状喷流（图 6-5）。水流流速迅速降低，推移质在河口附近快速堆积，其外侧主要堆积悬移质，形成湖泊型三角洲，或称吉尔伯特型三角洲。这种三角洲的规模比较小，具有明显的三层结构：岩相复杂的顶积层、坡度较大的前积层和细粒的底积层。

2. 高密度流

当水流密度大于盆地水的密度时，这种高密度流进入蓄水盆地后沿着底部形成平面喷流（图 6-6）。在一般情况下，携带泥沙的河水密度很少大于海水密度，不能形成高密度流。然而，在比较陡的大陆坡上，未固结的海底沉积物受重力或其他外力的作用沿坡产生滑动，能形成高密度的浊流，这种浊流能够侵蚀海底形成峡谷，或沿海底峡谷流动，在谷口附近形成海底扇。此外，含有大量悬浮物质的洪水水流注入湖泊时，也能在河口附近形成高密度的底部流。

3. 低密度流

低密度流都发生在河流入海处。河水中虽含有悬浮物质，但其密度比起海水来仍小得多。低密度流沿海面向外扩散，形成平面喷流（图 6-7）。径流量大的入海河流，河水可以沿海面向外扩散很远。黄河在汛期时，舌形的浑水流可以向海延伸几十千米。因此，入海三角洲的规模比较大，地形坡度比较平缓，三层结构不明显，通常划分为三角洲平原、三角洲前缘和前三角洲三部分。

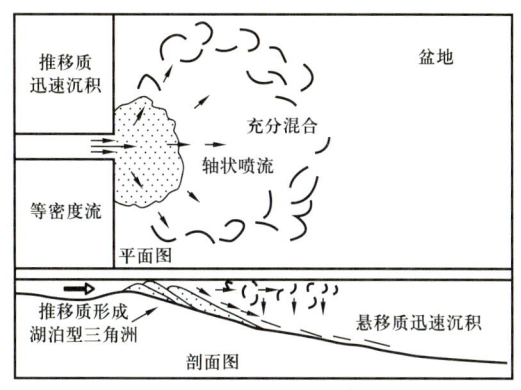

图 6-5 等密度流示意图

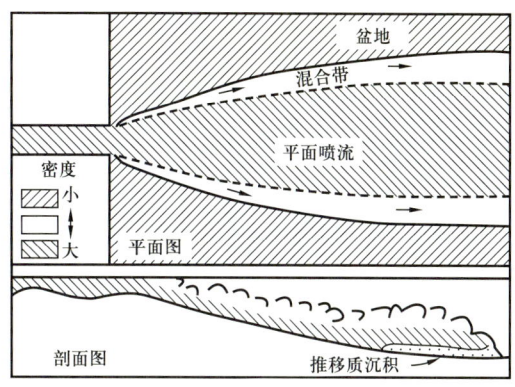

图 6-6 高密度流示意图

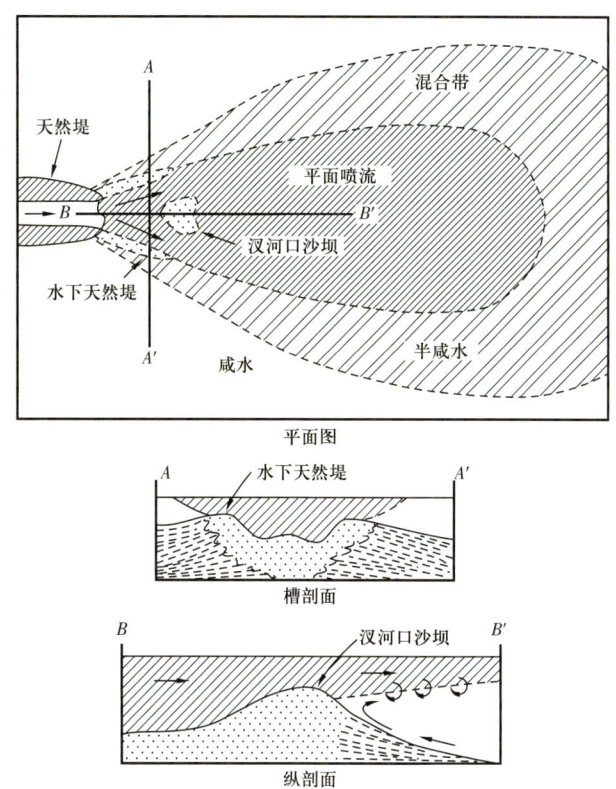

图 6-7 低密度流与入海三角洲

二、三角洲沉积模式

1. 建设相与破坏相

三角洲中的各种沙质堆积体都可以归因于河流作用或海洋作用。主要由河流作用形成的堆积体称为建设相，由海洋改造作用形成的堆积体称为破坏相。如三角洲平原的分流河道沙体和三角洲前缘的河口坝沙体是典型的河控沙体，主要呈长条形垂直岸线分布，属于三角洲的建设相。而三角洲前缘的障壁沙坝和三角洲平原的滩脊沙坝是典型的浪控沙体，主要呈长条形平行岸线分布，属于三角洲的破坏相。分布在三角洲平原和前缘的长条形的潮控沙体也属于三角洲破坏相，垂直岸线分布。

2. 建设型三角洲和破坏型三角洲

影响三角洲发育的主要环境因素是河流、波浪和潮流作用。建设型三角洲以河流作用为主，主要发育建设相的河控沙体。破坏型三角洲以波浪和潮流的改造作用为主，主要发育破坏相的浪控沙体和潮控沙体。Galloway（1975）利用三角图区分三角洲类型，将世界上主要的三角洲划分为三种类型：以河流作用为主的河控三角洲、以波浪作用为主的浪控三角洲和以潮流作用为主的潮控三角洲。

1) 建设型三角洲

建设型三角洲以河流作用为主，属于河控三角洲。形成这类三角洲的必要的环境条件是河流输沙量大和河流泥沙比较细。根据三角洲平面形态又可分为两种：一种是以河流作用为主的鸟足状三角洲，常被称为高建设型三角洲，以密西西比河三角洲为代表。密西西比河注入墨西哥湾比较隐蔽的地方，河流泥沙的输入相对于海洋的改造能力要大得多，而且输入的泥沙非常细，泥质的比例很高，沙只占河流输沙总量的25%左右。因此分流河道的天然堤发育，河道比较稳定，并且向三角洲前缘延伸，形成分流河口沙坝。河口沙坝在平面上呈与河流流向平行的长轴椭圆形，横剖面上呈近对称的双透镜状，沙体周围是前三角洲的厚层泥质沉积。由于河口沙坝覆盖在前三角洲泥上，并很快沉陷其中，使沙坝沙体得以保

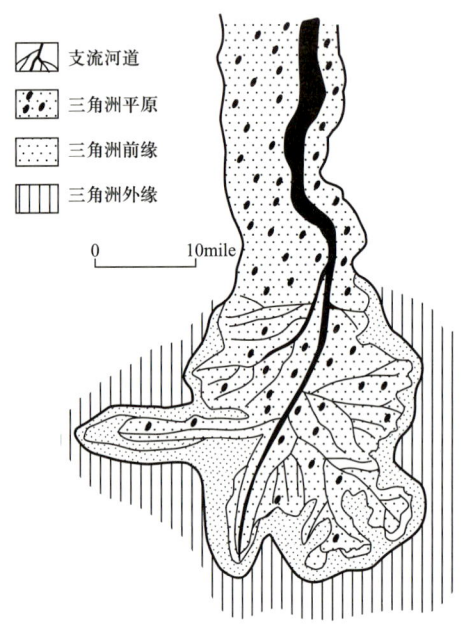

图6-8 密西西比河鸟足状三角洲

存，分流河道能够不断地向海延伸，河道的纵比降低，形成长条形的指状沙坝（图6-8）。

另一种是弧状三角洲。这种三角洲大致呈弧形向海突出。三角洲平原上有众多的分流河道，呈放射状分布。而三角洲前缘主要发育平坦的席状沙，缺乏长条形的河口沙坝。典型代表有我国的黄河三角洲和全新世的密西西比河三角洲。

以黄河三角洲为例，黄河的输沙量极大，泥沙主要来自沙黄土区，粉沙占50%以上，大于0.1mm的沙粒含量很少。这种泥沙组成限制了分流河口沙坝向海延伸。进入黄河口的泥沙中，极细沙和一部分粉沙沉积在河口附近，形成河口沙坝。大部分粉沙进入三角洲前缘，形成宽广的席状沙。淤泥主要被水流带往外海，小部分堆积在河口沙坝两侧的小海湾中。随着沙坝向海延伸，分流河道的纵比降逐渐变小。当沙坝达到一定的长度，

河流的入海口发生改道，原来的河口沙坝被放弃，并且受波浪的改造夷平，形成微曲折的河口沙坝带，环绕在三角洲平原的外缘，与外侧的席状沙相邻，构成统一的三角洲前缘沙体（图6-9、图6-10）。

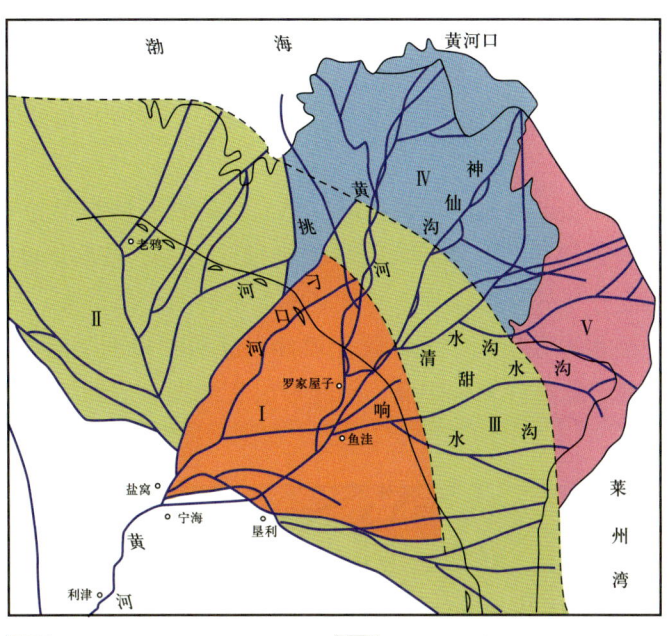

图 6-9 黄河三角洲的沉积发展历史

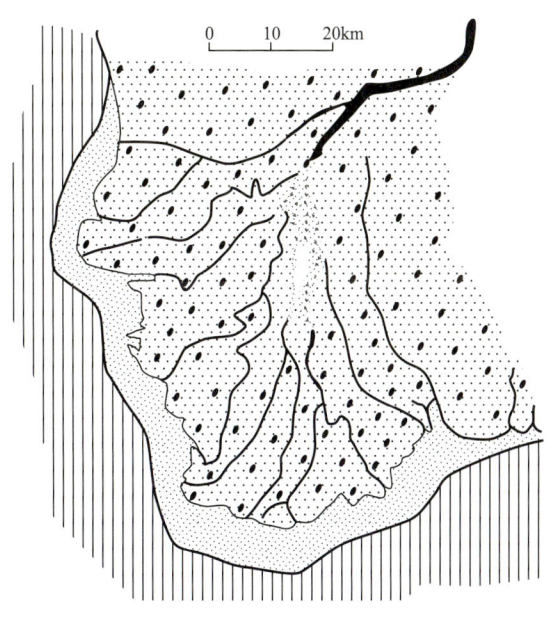

图 6-10 黄河弧状三角洲

2）破坏型三角洲

破坏型三角洲以波浪和潮流的改造作用为主，又称浪控三角洲。发育破坏型三角洲的必要环境条件是入海河流的输沙量比较少且河流输入的碎屑物比较粗，主要是沙，甚至是砾石。这样粗的碎屑物输入海中，使三角洲前缘的坡度比较大、水比较深，外海来的波浪可以一直传到岸边。河流入海的沙砾先在河口附近堆积下来，然后接受波浪的改造，在三角洲边缘形成滩脊沙堤或障壁沙坝，如埃及的尼罗河三角洲、巴西的圣弗兰西斯科河三角洲。

我国的滦河三角洲和山海关附近的石河三角洲是两种不同类型的浪控三角洲。滦河是一条中小型的多沙性河流，它的入海泥沙以中细沙为主。在向岸的波浪横向作用下，于滨外发育一条断续分布的障壁沙坝，沙坝基本上平行海岸线分布。沙坝与三角洲平原之间是比较稳定的浅水潟湖环境，沉积淤泥质沙。滦河三角洲平原发育多条分流河道，它们在入海口处都发育障壁沙坝和潟湖，因此形成有沙坝—潟湖环绕的浪控三角洲体系（图 6-11）。

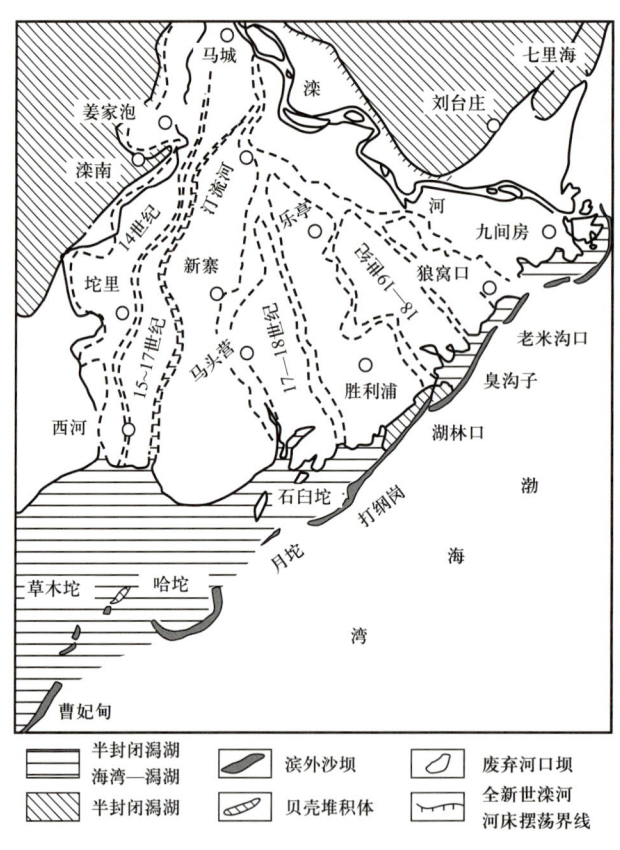

图 6-11　滦河三角洲的沙坝—潟湖体系

石河是一条山地河流，河流出山后形成小型的扇三角洲，并很快入海。石河入海的碎屑物主要是砾石，其输沙量有明显的周期性。高输沙的年份，石河将大量砾石卸积在河口附近的海底，以后在斜向波浪的作用下，砾石同时发生向岸和顺岸的移动，在岸边堆积形成长条形的砾石堤。随着石河将砾石输入海中，不断有新的砾石堤形成，三角洲也随之不断向海推进。其中，河口附近砾石堤最多，达六条，向西，砾石堤逐渐减少，最后归并成一条，并且由砾石堤变为沙堤，分隔形成潟湖。

潮控三角洲中，潮汐对三角洲的发育起重要的控制作用，形成河口湾。河口地区的潮流是双向的。当一条流量大而输沙量比较小的河流入海时，由于径流与潮流叠加，落潮时的水流流速一般大于涨潮时的流速。潮流对入海沉积的泥沙进行改造，形成一系列互相平行的、顺潮流分布的长条形潮成沙坝。潮成沙坝分布的位置与涨落潮流速的差异及涨落潮的流路有关。落潮流占明显优势的河口湾，潮成沙坝分布在湾口附近；反之，潮成沙坝的位置靠近湾顶。此外，河口地区受科里奥利力的影响，涨落潮的流路不一致，潮成沙坝往往形成在涨潮流与落潮流之间的地带。

杭州湾是强潮的河口湾，平均潮差达 6m，呈典型的喇叭口。涨潮流主要由北侧进入湾内，落潮流由南侧入海。杭州湾的泥沙一部分来自钱塘江，另一部分来自长江入海泥沙，随涨潮流进入杭州湾，在湾内形成巨大的沙体。沙体表面受潮流的改造，形成一系列顺潮流展布的沙坝，主要分布在河口湾的中部。

长江口是中等强度的潮汐河口，平均潮差约 3m。涨潮主流偏北，落潮主流偏南，在涨落潮流之间形成长条形的河口沙坝，如崇明岛、长兴岛、扁担沙等（图 6-12）。这样的潮流流态加上径流的作用，使沙坝的北汊道发生淤积，最后完全堵塞，将沙坝与北岸陆地连接起来，成为三角洲平原。南汊道则逐渐成为主要的行水河道，再度在河口处形成新的潮成沙坝。

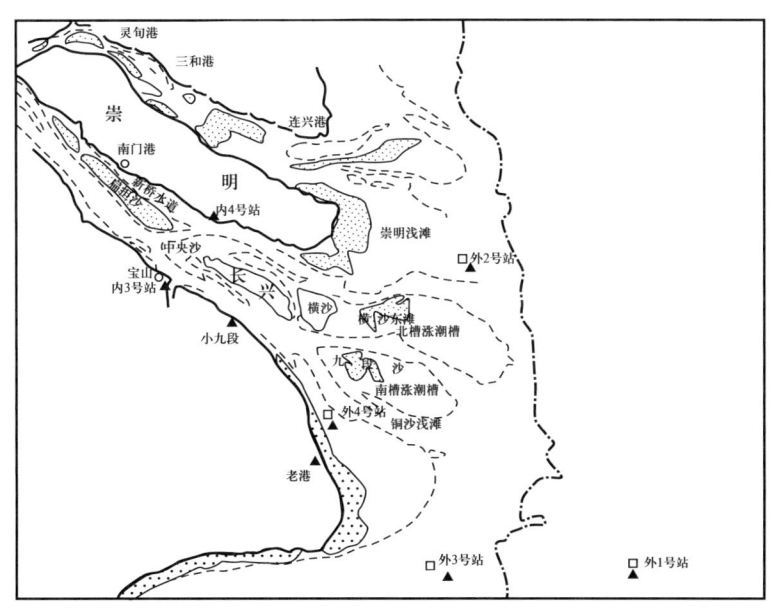

图 6-12　长江潮成三角洲

第三节 三角洲沉积体系

一、三角洲沉积相组

1. 三角洲平原亚相

三角洲平原亚相主要由带状的分流河道沉积和片状的河间地沉积组成。分流河道沉积构成三角洲平原的骨架沙体，它具有一般河流沉积的特征：以沙为主，向上变细的层序。底部冲刷面之上为含泥砾的蚀余沉积，向上是交错层理的中沙和波状纹层的细沙，顶部是粉沙和淤泥层，有植物根系或其他的气下标志。

2. 三角洲前缘亚相

三角洲前缘亚相是三角洲的水下部分，是三角洲最活跃的沉积中心。这里以沙质沉积为主，分别由河流、波浪和潮流作用形成各种类型的沙体，是三角洲中沙质最集中的地方，发育河口沙坝、指状沙坝、远端沙坝、席状沙、障壁沙坝、滩脊沙坝等。

河口沙坝主要分布在以河流作用为主的三角洲中，由河流带来的泥沙在河口处与海水水体混合流速降低堆积而成。河口沙坝的走向垂直海岸线或与海岸线斜交。

指状沙坝以密西西比河三角洲最典型。密西西比河注入隐蔽的墨西哥湾中，河流泥沙输入量产生的影响要大于海洋的改造能力。而且沉积物中泥质含量很高，沙只占河流输沙总量的25%左右。分流河道在向海延伸过程中切入黏性泥层，河道保持平直，形成长条形的指状沙坝（图6-13）。

席状沙是河流从三角洲入海时，较细的粉沙颗粒向沙坝外围扩散。这样形成的薄沙层，叫席状沙。它们大片连续分布在三角洲前缘，主要由分选良好、比较纯净的粉沙组成，具有波状层理和水平纹理。黄河三角洲前缘，席状沙呈大面积连片分布，构成三角洲前缘的主要沙体。

滨外坝呈长条形环三角洲平原分布，沙坝内侧与三角洲平原之间通常为静水的潟湖环境。滨外坝的沙粒一般比较细，主要由细沙组成。由于波浪的反复淘洗，与河口沙坝相比，滨外坝沙质分选更好，成分成熟度更高。滨外坝向海逐渐过渡为席状沙，两种沙体互相连通，呈渐变关系。由滨外坝向陆，沙坝沙很快变为潟湖泥。当三角洲平原的行水河道发生迁移时，部分滨外坝由于物质来源不足而遭到波浪冲刷，使沙坝向潟湖推移，沙坝沙推覆到潟湖泥层上，甚至在滨外坝的外侧出露潟湖泥层，这种现象常见于现代的滦河三角洲。如果三角洲地区有充分的沙质来源，滨外坝可以不断地向海扩展，形成宽阔的滨外沙坝带。坝顶干燥的沙子经风力改造，可以形成大规模的海滨沙丘，如滦河三角洲边缘的七里海海滨沙丘带。

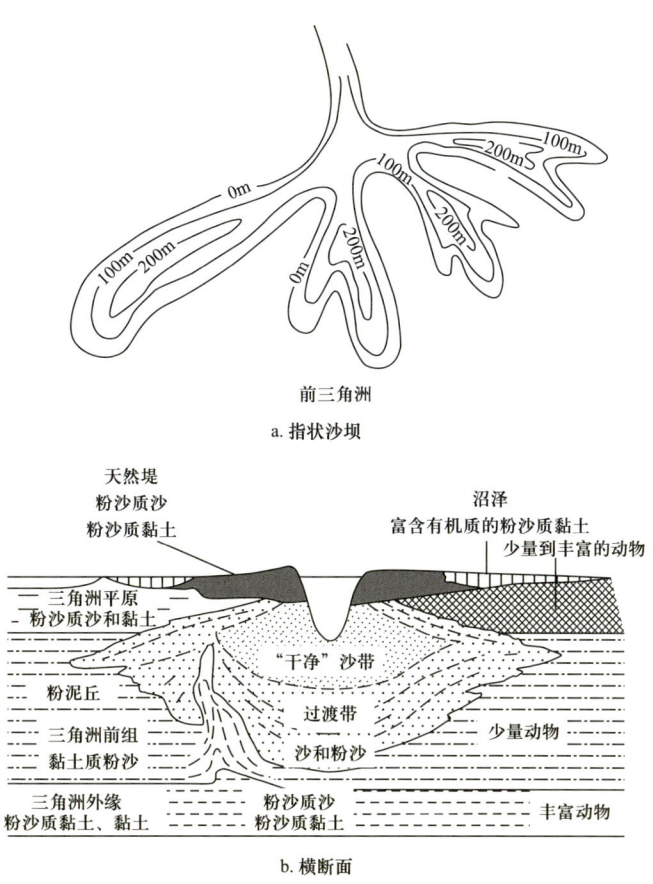

图 6-13 沉积特征

沿岸沙堤呈长条状环三角洲平原的边缘分布。它是由波浪在岸边破碎堆积物而成。沿岸堤的组成物质通常比较粗，主要为沙砾质，沙砾的粒径由河口向沿岸堤的两端逐渐变细。随着入海河流不断输出沙砾，河口处新的沿岸堤不断形成，岸线不断向海推进。由河口向两侧海岸，由于沙砾来源逐渐减少，沙体的规模减小并逐渐归并。沿岸堤同时发育向海和向陆的沉积层理，呈背斜状的沉积构造。

潮流沙坝顺河口湾的潮流展布，与海岸线垂直或斜交。潮流沙坝通常呈槽脊相间，比较规则。奥德河口潮流沙坝的平均长度为 2km，平均宽度为 300m，高为 10～20m。潮流沙坝主要由细沙组成，细沙分选较好，含贝壳。沙坝的下伏层为浅海相的淤泥，两者呈渐变关系。在垂向上，自下而上沉积物变粗，沉积构造由水平层理渐变为小型和大型交错层理，出现双向的斜层理。

3. 前三角洲亚相

前三角洲亚相分布在三角洲前缘以外的深水区，处于浪基面以下。沉积物是河流带来的细粒悬移质，主要是粉沙和黏土。在三角洲沉积体系中，它们是分布最广、厚度最大的沉积单元。沉积构造是粉沙和黏土的薄互层，呈水平层理。靠近三角洲前缘，粉沙的含量增高，常见透镜状层理。沉积物富含有机质，可达1%~2%。沉积物呈灰色、青灰色。底栖生物繁盛，常见生物洞穴，能强烈破坏原生沉积构造。沉积物中含水量高达60%~80%，沉积物在压缩成岩过程中，由于大量失水，可使原生沉积构造强烈变形。

二、三角洲沉积相序

1.三角洲的一般相序特点

随着三角洲向海推进，三角洲平原亚相、前缘亚相和前三角洲亚相依次叠置，形成相应的三角洲相序。在三角洲相序中，沉积特征自下而上一般具有明显的变化：（1）沉积物的粒度由细变粗，顶部附近再变细，呈不对称的复合旋回层，通常以三角洲前缘亚相的粒度最粗，旋回层的厚度20~30m；（2）沉积物的分选由差变好，再变差，以前缘亚相的分选最好；（3）沉积构造由水平层理变为波状层理、平行层理和交错层理，顶部又变为水平层理；（4）沉积物中黏土和有机质的含量在三角洲前缘亚相中最低，前三角洲亚相及三角洲平原的泛滥沉积中比较高；（5）沉积物的颜色由深变浅，由青灰色转为灰色，上层为黄褐色；（6）海相生物逐渐减少，陆相生物增多；（7）生物洞穴通常分布在三角洲层序的下部，而植物根系出现在三角洲平原亚相中。因此三角洲相序一般都具有三层结构，它们是三角洲沉积的共性，是识别古三角洲沉积的主要依据。

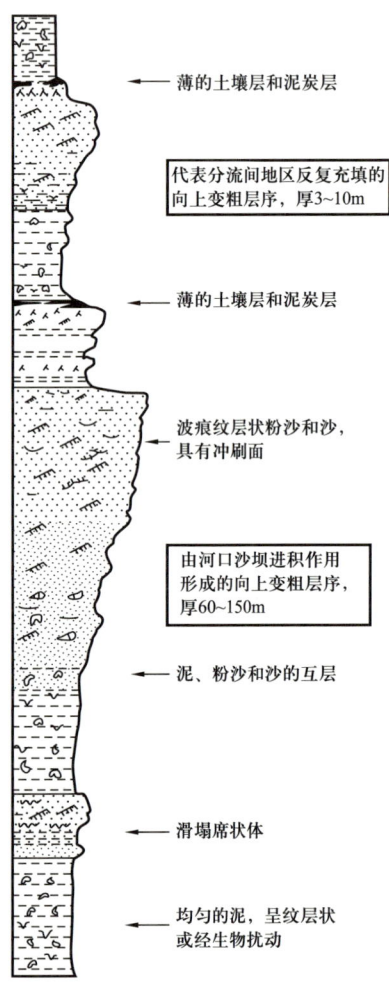

图6-14 密西西比河三角洲中由河口沙坝的进积作用形成的理想化的沉积层序

2.三角洲相序类型

三角洲相序主要受三角洲性质的控制，取决于它们是河控的、浪控的、还是潮控的。

1）河控三角洲相序

河控三角洲相序具有明显的三层结构。密西西比河是典型的河控三角洲，相序底部为前三角洲暗色泥层，有潜穴和生物扰动构造，主要发育块状层理，偶夹薄粉沙层。向上依次出现三角洲外前缘的席状沙和内前缘的河口沙坝沙，前者由水平层理和波状层理的粉沙和泥互层，后者是发育交错层理的纯净沙。顶部是三角洲平原的分流河道沙和沼泽泥。在分流河道沙与河口沙坝沙之间常夹有分支间湾的淤泥沉积（图6-14）。

2）浪控三角洲相序

罗讷河三角洲属于浪控三角洲，有不对称的复合旋回层序，以具有滩脊沙层序为特征。反韵律的滩脊沙层互相叠加，形成厚层的反旋回层，往下逐渐过渡为三角洲外前缘的席状沙。浪控三角洲层序中以下细上粗的反旋回沉积为特征，顶部是三角洲平原的分流河道和沼泽沉积。在部分浪控三角洲层序中，顶部的分流河道沙体与下部的滨外坝沙体之间被潟湖泥层隔开（图 6-15）。

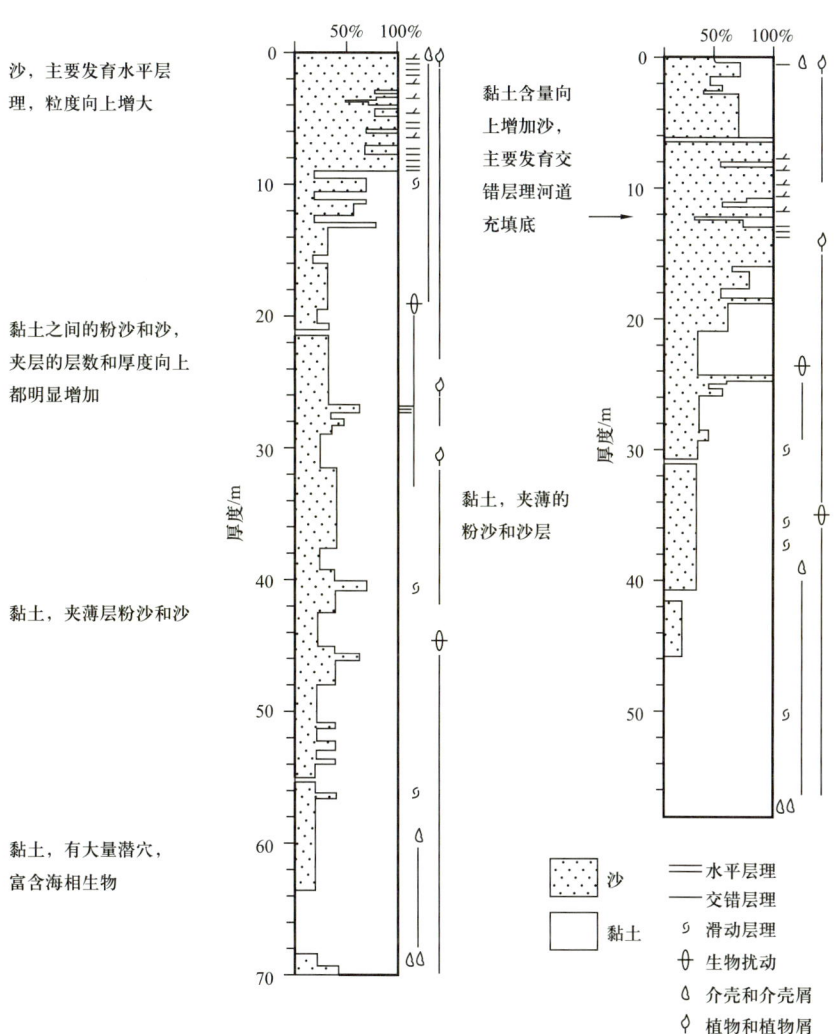

图 6-15 罗讷河三角洲的向上变粗的三角洲相序

3）潮控三角洲相序

奥德河三角洲属于潮控三角洲，以潮坪、潮道和潮流坝沉积为特征。上部是潮道沙体和潮坪、沼泽泥层；中部主要是不同粗细的潮流坝沙体。奥德河三角洲的理想化的层序模式如图 6-16 所示。

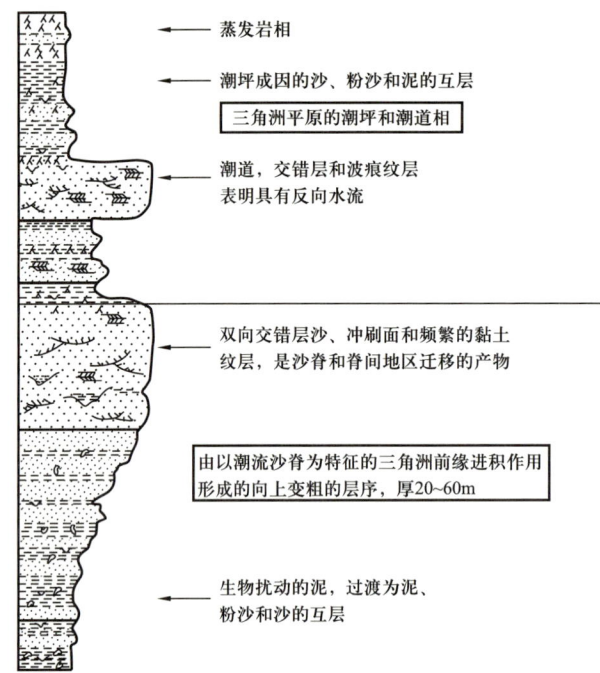

图 6-16 奥德河三角洲的理想层序

第四节　古代河流三角洲沉积

一、古代河流三角洲的研究途径

古代河流三角洲有以下研究途径。
（1）研究钻孔和露头中的垂向层序。
（2）通过区域制图和邻近剖面的相关分析来建立岩相横向变化模式。
（3）识别地震剖面和地表露头中的退覆斜面。

二、古代河流三角洲的沉积特征

古代河流三角洲有以下沉积特征。
（1）厚层的碎屑岩序列，向上由滨外沉积到河流沉积。
（2）三角洲在河口附近形成沉积中心，沉积体的侧向分布范围不大。
（3）由于整个三角洲或三角洲中的叶状体反复堆积和废弃，三角洲沉积具有重复的或周期性的层序。

三、古代河流三角洲的沉积类型

古代河流三角洲有以下沉积类型。

1. 古代河控三角洲沉积

古代河控三角洲具有以下沉积特征。

（1）厚层的碎屑岩序列，向上由滨外沉积到河流沉积。由近海相向上进入陆相的厚度占优势的碎屑岩序列。

（2）三角洲在河口附近形成沉积中心，沉积体的侧向分布范围不大。自三角洲形成一个固定在河口周围的沉积中心的水平范围受限的沉积体。

（3）由于整个三角洲或三角洲中的叶状体反复堆积和废弃，三角洲沉积具有重复的或周期性的层序。

河控三角洲层序由三角洲平原亚相、三角洲前缘亚相、前三角洲亚相组成。三角洲平原亚相主要反映了三角洲平原的物源和气候。它包括河流和分流河道层序、堤相、泽和沼泽相、湖相、湖相和湾头三角洲相、决口扇相和决口三角洲相。

2. 古代浪控三角洲沉积

古代浪控三角洲具有以下沉积特征。

（1）主要发育平行海岸线的河口沙坝沉积，具有上粗下细的反韵律特征。

（2）河口沙坝沉积的内侧与潟湖沉积相邻，外侧为滨外沉积。

（3）河口沙坝的沉积韵律中，上部主要分布平行层理，下部主要分布波状层理。

（4）河口沙坝沉积中，往往有重砂矿物富集。

3. 古代潮控三角洲沉积

在受潮汐影响的三角洲下游平原，潮汐水道序列占主导地位。三角洲前缘相组合记录了河流和盆地相互作用的过程，特别是波浪和潮汐对河流输入的影响。它由分流河口坝及其延伸到进积斜坡的远端相、水下堤相、滩脊相、滩嘴相、潮汐通道相和落潮或涨潮三角洲相组合而成。前三角洲相和（或）陆架相组合记录了盆地和近海地区的深度、盐度、物理活动和氧化作用，以及沉积进入盆地的方式。它包括平静的水层状或生物扰动泥岩和块状流沉积，包括浊积岩和多种类型的变形相。浅陆架可能属于整个活动潮汐相和风暴相的范围。

第五节　我国的三角洲沉积

一、黄河三角洲沉积

1. 黄河三角洲沉积特征

黄河三角洲是高建设性的三角洲沉积体系，沉积环境相当复杂。由陆向海方向，包括三个相组合带。

1）三角洲平原相

（1）分流河道相。

分流河道沉积物主要是粗粉沙至极细沙粒级，概率累计曲线由悬移和跃移组分二线段组成。悬移组分一般是粒级在 5 以上的极细颗粒（小于 0.025mm）含量占 15%～25%，分选差。跃移组分粒级区间在 2.5～5.0，含量占 75%～85%，斜率高，分选较好。沉积物的矿物成分中，钓口河流长石占 30%～35%，石英占 28%～40%，角闪石占 5%，碳酸盐岩占 1%～5%，岩屑约 15%。发育平行层理、波状层理、槽状层理和高密度流形成的卷曲层理。

（2）自然堤和堤背洼地相。

汛期水位上涨，超出河槽所能容纳的范围时，发生漫滩。洪水漫滩时，水流速度突然降低，悬移质泥沙发生沉积。较粗的粉沙粒首先沉积在近河两岸，并逐渐增高而出现堤状堆积体，称自然堤。自然堤的规模与河道大小成正比，堤顶受洪水所能达到的高度控制。自然堤向河一侧坡度较陡，向外则缓。堤顶沉积物最粗，向外逐渐变细，过渡到河漫滩相或背河洼地细粒沉积物。

（3）决口扇相。

决口扇是三角洲沙相沉积体之一。沉积物粒径比自然堤略粗一些，由决口向下游延展方向有一定分选性。上游沉积物主要是沙，向前缘沉积颗粒变细，厚度变薄。决口扇与自然堤在形态和分布上容易区别，两者在沉积物方面最重要的区别在于，决口扇属急流沉积，以粗粒的推移质成分与极细的泥质沉积在一起为其特征。

2）三角洲前缘相

三角洲前缘是河流与海洋共同作用的地带，是三角洲体系中沉积速率最快、沉积沙最纯、含重矿物最多的浅水环境，是水下三角洲的主要组成部分。河流冲积物的建设作用使海岸线不断向海淤进，三角洲前缘沙逐渐超覆在前三角洲粉沙质淤泥相之上，形成沉积物由下而上变粗的海退层序。黄河三角洲前缘沉积物，主要是粒径 0.125～0.025mm 的细沙至粗粉沙粒级，黏土和有机质以淤泥形式沉积在河口沙嘴外缘回流区。河间浅海湾和潮间带上部根据相的特征和沉积环境的差异，可以分出五个亚相，即沙坝上游河道、浅海湾、河口沙坝、沙嘴和席状沙。

3）前三角洲相

黄河三角洲前三角洲相沉积物，主要是粒径小于 0.015mm 的厚层灰色、深灰色、棕灰色淤泥，或粉沙质黏土层夹薄层细粉沙透镜体，有时见淤泥与粉沙质黏土互层，有机质含量高，含少量海生甲壳碎片和许多黑色极细的植物碎末，发育不清晰的水平层理（图 6-17）。

2. 黄河三角洲沉积物垂向层序

黄河河口，因有大量陆源碎屑沉积物供给，故三角洲堆积体不断向海延伸，其前缘沙逐渐超覆前三角洲泥相，形成由下而上变粗的海退层序，这是三角洲体系的基本特征。根据钻探资料，全新世中期以来黄河口地区有三个叠覆的三角洲堆积体，即Ⅰ——全新世中期三角洲体系、Ⅱ——11—893 年的三角洲体系和Ⅲ——1855 年以来的三角洲体系（图 6-18）。

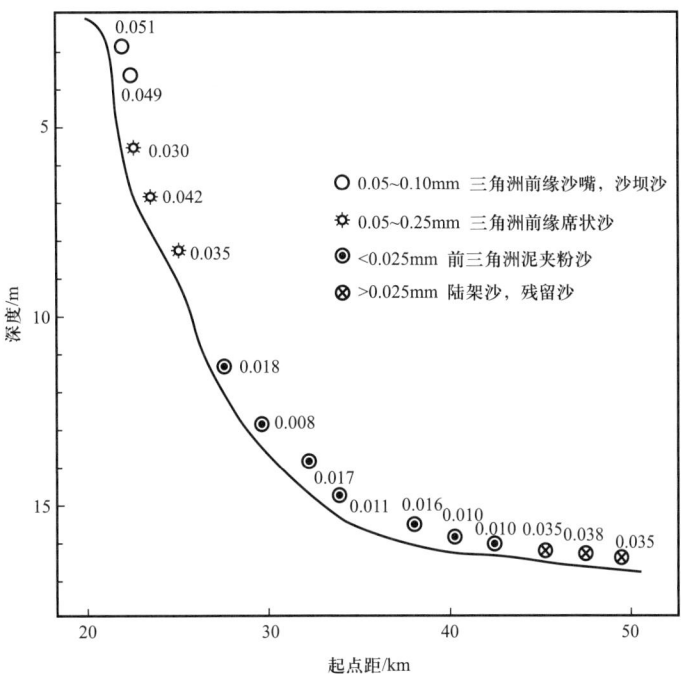

图 6-17　1980—1981 年黄河口外沉积物实测剖面

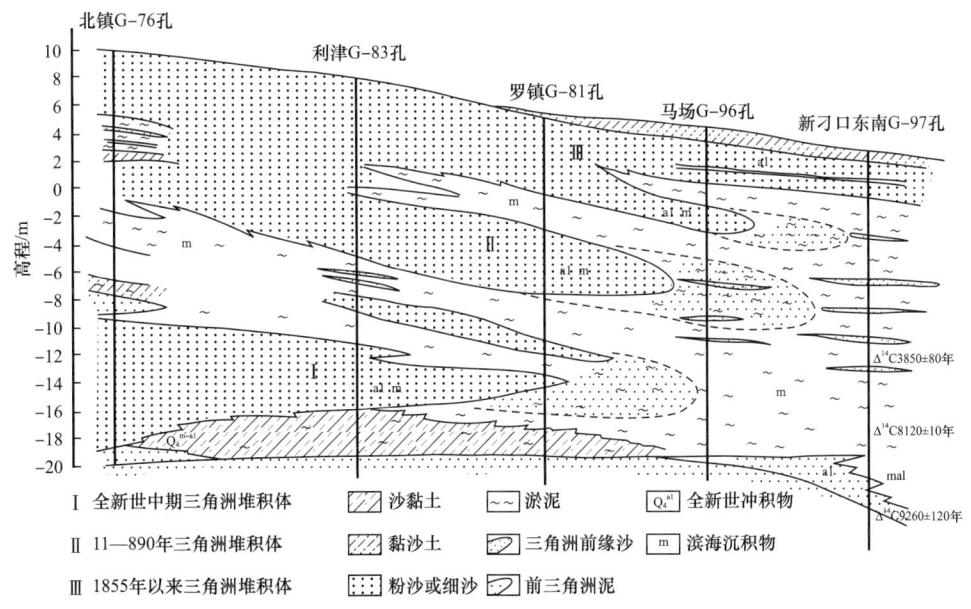

图 6-18　全新世中期以来黄河在利津河口建造的三角洲体系

早全新世初期，黄河口地区基本是个低平的河湖相平原，沉积棕黄色黏土、沙黏土和粉细沙层。黏性土是半还原湿地环境沉积物，具 $Fe^{2+} \rightarrow Fe^{3+}$ 的氧化反应。从 G-97 孔深 26.2m（高程 -24m）的湖沼相粉沙与泥炭层的碳 14 测年可知，距今 9200 年前海水还未侵入到平原上。从 -18.2m 浅海相淤泥 4C8 20±110 年 BP 知道海水上溯已淹没到清河镇附近，黄河口地区沉积了厚度近 2m 的浅海相地层（图 6-18）。而后，中全新世三角洲沙体向东推进，前缘沙相抵达罗镇附近，因而马场 G-96 孔深 18～24m（高程：14～20m）浅海相淤泥中发现大量淡水环纹藻，它们是黄河水冲泻入海的沉积物。

距今 4000 年左右，黄河主流改道向北，本地泥沙来源大减，海岸线退到清河镇以西。公元初年，黄河再次来利津入海，开始建造以北镇附近为分流顶点的古黄河三角洲体系（Ⅱ），三角洲前缘沙抵达罗镇，前三角洲相淤泥夹粉沙，伸展到马场东北。

1194 年，黄河夺淮入黄海，600 多年间黄河在苏北沿海建造了废黄河三角洲。渤海湾粉沙质淤泥来源大减，波浪和潮流对淤泥质浅滩进行改造，建造了小沙、长清、河口、老爷庙、青坨子一线海岸贝壳堤。1855 年铜瓦厢决口，黄河夺大清河入渤海，开始建造（Ⅲ）三角洲体系，包括以宁海—盐窝为顶点的近代三角洲体系和以渔洼为顶点的现代三角洲体系。

3. 三角洲沉积的海退层序

为了详细研究黄河三角洲的沉积环境，山东省第二水文地质大队在黄河刁口河不同河段打了 G-96 和 G-97 二个钻孔。根据钻孔资料，开展了沉积物的物理、生物和化学环境的分析（图 6-19）。

从柱状图岩性记录可以看出：1-3 层为河流—湖泊相、滨海沼泽相、湿地相到浅海或浅海湾相，显然是个由陆到海的海侵层序。中国沿海和河口地区，早全新世或中全新世早期海侵层序是普遍存在的；4-9 层是一个完整的三角洲体系沉积层序，其中 4-6 层是水下三角洲沉积，从前三角洲泥相到三角洲前缘沙相，表现出典型的向上变粗的海退层序，这是河流为主导因素的高建设性三角洲的特征层序，具有普遍性；7-9 层是陆上三角洲沉积层，包括潮间带淤泥、分流河道沙和河漫滩相。

4. 三角洲沉积模式

黄河三角洲是以河流因素为主导的高建设性三角洲堆积体系，因此三角洲的沉积模式取决于河流过程。黄河入海沙，除一部分粒径小于 0.015mm 的极细颗粒扩散到外海，大部分粒径 0.125～0.025mm 的极细沙和粗粉沙粒级沉积在三角洲前缘地带，以河口沙坝、沙嘴形式造陆，使海岸线向前推进。随着沙嘴向外延伸，分流河道纵比降逐渐变缓。当沙嘴延伸到一定长度，比降减缓到一定临界值，在适当水流条件下尾闾河道就发生决口改道，从三角洲其他部位入海，以后又重复这一过程。由于黄河含沙量高、淤积快，决口改道频繁，因而不可能形成密西西比伸长型"鸟足状"三角洲指状沙坝，主要发育河口沙嘴和沙坝，使三角洲前缘朵状沙及其外缘的席状沙向前延伸，逐渐覆盖前三角洲泥相，形成沉积物向上变粗的层序，这就是黄河三角洲的沉积模式。

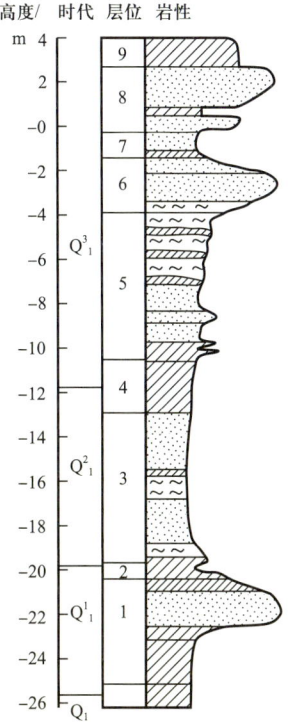

1—早全新世湖沼相，黏土，具氧化反应；2—海陆过渡相，灰棕色，具氧化反应，下部淤泥粉沙层，含生物贝壳片；3—浅海或浅岛湾相，具不显的斜层理和水平层理，含少量海生贝壳碎片；4—棕黄色黏土质泥层，属前三角洲与浅海过渡相，厚2.4m；5—泥夹粉沙或黏沙土层，发育水平层理，有机质含量比较高，含少量生物化石，厚6.6m；6—三角洲前缘沙，下部粉沙含少量淤泥，中部粉沙纯，分选好，上部粉沙夹淤泥，厚2.4m；7—潮间带淤泥，灰黑色，下部夹0.2m厚腐植层，厚1.4m；8—分流河道沙，灰黄色，具斜交层理，夹薄层腐植草，厚2m；9—河漫滩相黏沙土，灰黄色，顶部为耕作层，厚1.3m。

图6-19 沉积层结构的垂直层序

黄河三角洲的沉积模式与尾闾河道的发育规律密切相关。黄河尾闾无论在何地入海，分流河道都要经历如下的演变过程：改道初期，主流散乱，河口拦门沙星罗棋布，泥沙主要沉积在陆上和滨海地带，三角洲造陆速度最快；中期的单一顺直河道、河口沙嘴突出于岸外，有利于束水攻沙，扩散到外海的泥沙数量明显增加；晚期弯曲性河流的纵比降很小，排泻水沙能力极低，河道摆动很不稳定，一遇河床堵塞，就发生决口改道，到新河口入海。

5. 黄河三角洲沉积特征

1）石英沙微结构特征

石英是一种分布广泛、硬度大的稳定矿物。石英脱离母岩，在不同介质中以不同方式搬运和沉积，塑造成一定的外形，表面留下特定的微结构形痕。形痕一经形成，可以保持长久不变，或者变化不大。所以，用扫描电镜观察分析石英沙表面微结构形痕的组合，是探讨沉积物来源、恢复沉积环境的一种比较可信的研究方法之一。

石英沙表面微结构特征分析是一种形态分析方法。要使形态具有成因类型的意义，只有在弄清形态与成因关系之后才有可能。也就是说，石英沙室内微观分析必须同野外宏观调查结合才能取得满意的结果，石英表面微结构可分机械（成因）结构和化学（成因）结构两大类。机械结构是石英颗粒在形成、搬运过程中，受机械作用产生的形痕，常见有撞击V形痕、碟形坑、擦痕、贝壳状断口、撞击沟和平行解理台阶等。化学结构是石英颗粒沉积之后，成岩之前，受后生化学作用产生的形痕，包括氧化硅沉淀、溶蚀坑、晶体再生长等。

（1）撞击V形痕。

V形痕是泥沙在流动的水下环境（河流、海洋、湖泊等）互相撞击而成的形痕。对于河流冲积砂，V形痕是不规则的、无方向性的，即是在同一棱脊上或凸起部位，V形痕的大小、方向和张角可以不同，这是主要的环境标志。V形痕的大小、深度和密度与泥沙在水下运动的能量有密切关系。

（2）碟形坑。

磨圆的石英沙高速撞击其他沙粒而形成的圆盘状凹坑。例如，干旱的沙漠地带，一次强烈的风暴可使沙粒获得相当大的能量，撞击时因接触面作用力分散，只能形成盘状碟形坑。所以，碟形坑是风成沙特有的形痕标志。

（3）擦痕。

擦痕是棱状物在较高压力下相对移动发生磨擦产生的。擦痕的一端有时可以看到丁字形切入头，向前方擦痕变浅变窄。

（4）贝壳状断口。

石英沙受机械撞击，受压缩应力破碎形成贝壳状断口。在扫描电镜下表现为一系列似平行的阶梯状高脊及弯曲的凹坑。多种环境下，石英表面都可能出现大小不等、形态不规则的贝壳状断口。一般情况下，石英颗粒粗，贝壳状断口出现多，形态更明显一些；随着颗粒变细，贝壳状断口减少，解理形象突出。所以，贝壳状断口不是反映环境的主要标志。

（5）溶蚀和沉淀形痕。

二氧化硅受溶蚀，在石英表面形成多种具有特征性的形痕。强烈溶蚀形成鳞片状剥落，较强溶蚀出现蜂窝状溶蚀坑，其他如溶蚀沟、溶蚀洞等。硅沉淀作用，由于速度、温度和介质的不同，可以出现结晶、充填和表面覆盖等形痕。

2）地球化学特征

黄河三角洲表层沉积物中的常量元素用氧化物形式表示，元素主要有 SiO_2 和 Al_2O_3，这两者的平均含量占 80% 以上，其次为 FeO，MgO，K_2O 和 Na_2O。化学成分的这一特点是与矿物组成相一致的。黄河三角洲重矿物以角闪石、云母、绿帘石为主，铁矿、石榴子石、辉石等亦占有一定比重。轻矿物以石英、长石为主，其次为方解石。在三角洲平原盐窝和渔洼的两个剖面中，石英、长石的含量分别达到93%，7%和82.9%，17.1%。

黄河三角洲沉积物中的主要化学成分的含量为：SiO_2（含量为55%~72%）平均含量66.2%，Al_2O_3（含量为10%~16.3%）平均含量为13.0%，CaO（含量为5.5%~10.3%）平均含量7.6%。其次FeO（含量为3.5%~7.6%）平均含量为5.3%，MgO（含量为1.5%~3%）平均含量2.33%，K_2O（含量为2.2%~2.9%）平均含量2.56%，Na_2O（含量为1.6%~2.4%）平均含量2.2%。

3）微体化石组合特征

（1）陆相组合。

主要由陆相介形类组成，最常见的是纯净小玻璃介、苏氏小玻璃介、双折土星介、隆起土星介、粗糙土星介、湖花介等。常有轮藻、有壳变形虫及淡水软体动物化石与其共生。

（2）海陆过渡相组合。

在第四系中，该组合是最常见的，在垂直方向上经常出现在海侵层的顶部和底部；在水平方向上，常出现在海侵层的边缘地带。根据有孔虫群内属种的细微差异又可分为3个亚组合。

① 河口相组合。

该组合总的特征是海陆相化石共存，属种数稀少，个体数差异甚大，壳体细小。根据有孔虫化石群特征又可分上段和下段两组合。上段组合中有孔虫和介形虫极贫乏，只有数枚至数十枚化石，壳体经常破碎，细小壳体的属种难以鉴别。下段组合，有孔虫数量多，但多数是幼小壳体，常见海胆刺和轮藻化石。组合特征与黄河三角洲上各河口河床底质中的微体动物埋葬群相似。主要有孔虫种是毕克转轮虫变种、秋田九字虫等，介形类多是宽卵中华美花介、滨海湾贝介、欢乐新单角介及小玻璃介属的幼体壳。

② 边滩沼泽相组合。

该沉积相的特征是灰黑色或灰褐色黏沙土或沙黏土，含较多的植物残体。有孔虫属种不超过5种，数量极稀少，并含陆相介形类。

③ 潮滩相组合。

该沉积相主要是灰黄色、灰黑色淤泥质粉沙、粉沙质黏沙土或贝壳沙，具薄水平层理和交错层理，具虫孔和生物扰动构造。有孔虫主要是半咸水广盐浅水种，以毕克转轮虫、山东暗色希望虫（亚种）为主，还有较多易变筛九字虫和半缺五块虫等，介形类仍以宽卵中华美花介和滨海弯贝介为主。在贝壳砂中主要是壳体大的连接转轮虫，其次是清晰希望虫。有孔虫主要是从近岸浅海搬运来的。

（3）近岸浅海相组合。

该相主要指近岸被海水淹没的水下岸坡带沉积，因波浪和陆上河流在此带作用强烈，故是陆源碎屑物质的主要堆积带,该带有孔虫较为丰富,主要是连接转轮虫、毕克转轮虫变种、异地希望虫、圆形短五块虫、整洁五块虫、易变九字虫和简单希望虫等。该组合的优势度小于50%,分异度值为1.5,一般不含陆相介形类,主要是欢乐新单角介、侯德豆艳花介、二津满粗面介等多种海相浅水介形类。

(4)浅海相组合。

该组合中有孔虫和介形类属种数和个体数均比以上各组合增多,分异度值为2,并常出现广盐或窄盐浅水种,主要为缝裂希望虫、粒突先希望虫、球室转轮虫、易变筛九字虫、亮缝口虫及多变假车轮虫。该组合内抱环虫和块心虫属的有孔虫显著增多,常见棱缘块心虫和普通抱环虫。与其共生的海相介形虫近20种,常见侯德豆艳花介氏辣艳花介、筛棘艳花介和欢乐新单角介等,另外还有海胆刺等碎片。海相软体动物也较丰富,见光蓝蛤、毛蛤、双带光螺等。

二、滦河三角洲沉积

滦河三角洲的演化大致经历了由西南向东北的四个阶段,形成了阶梯状分布的滨外沙坝(图6-20)。曹妃甸等沙岛是滦河由小清河、溯河故道入海时三角洲前缘滨外坝的残存沙体。石臼坨、打网岗等沙坝是滦河由大清河、长河入海时三角洲前缘的滨外坝。湖林口、灯笼铺、蛇岗等滨外坝是滦河沿老米沟、滦河岔入海时形成的。现代滦河三角洲以莲花池为顶点,在八爷铺沙丘附近入海。阶梯状分布的滨外坝反映了依次向海推进的滦河四期亚三角洲。

1. 全新世滦河三角洲相和沉积模式

滦河发源于内蒙古高原,中游横穿燕山山地,自滦县大桥向南流入下游平原,在乐亭县王庄子公社汇入渤海,全长877km,流域面积约44900km^2。

滦河是渤海湾北岸的一条强流量多沙性河流。据滦县站实测,年平均流量148m^3/s(历年最大洪峰流量34000m^3/s,1962年),年平均悬移质输沙量2670×10^{4}t(最大8790×10^{4}t,1959年)。

滦河口是个弱潮汐河口,平均潮差1~1.5m(大清河口向南递增)。河口外海区,以东和东南风时,波浪最多;东和东北风时,波浪最强,最大浪高4.8m。滦河入海的泥沙主要是中细沙,含泥质较少,大部分沉积在河口地区,在河流与波浪因素共同作用下,建造了向海延伸的扇形三角洲堆积体。

2. 各亚三角洲体系的形成和演化

晚更新世,滦河在燕山山前堆积了规模相当大的冲积扇平原,地势由北向南倾斜,前缘倾伏于海面以下。一条条叠加沙丘带呈现出古滦河水系向下游分散的格局(图6-20)。晚更新世末期,滦河在冲积扇面上侵蚀下切,自马城向南堆积一组全新世三角洲。因受昌黎—奔城活动性大断裂的影响，三角洲不断向海推进，河口分流点多次迁徙改道，先后形成全新世早期、全新世中期、历史早期、历史晚期和最新的五个次一级亚三角洲堆积体（图 6-20）。

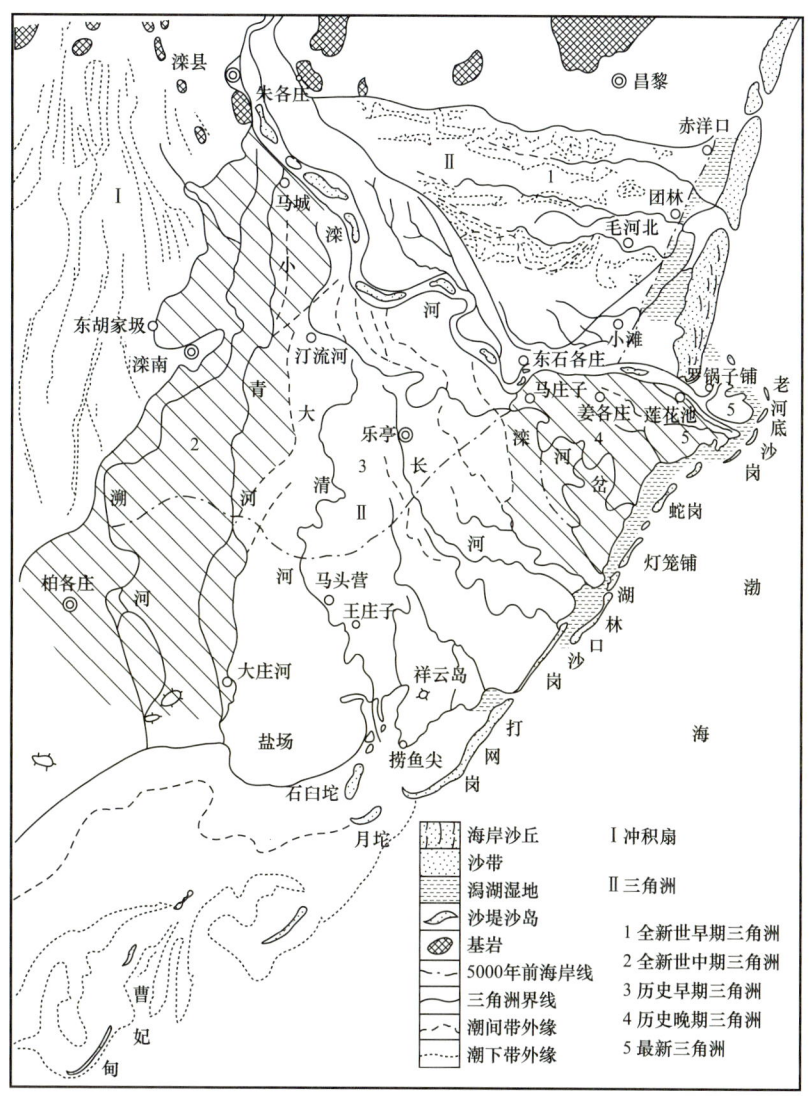

图 6-20　滦河不同时期三角洲平面分布图

1）全新世早期三角洲

滦河以北，昌黎平原西南展布的黄色沙带是古滦河遗迹，它与北面饮马河水系之间有微高地隔开。沙带沉积物主要是黄色细沙、粉细沙，颗粒均匀，分选好、发育槽状交错层理和斜层理；或是中细沙夹小砾石，砾石次圆状，具交错层理，属冲积相。下新庄附近水文地质钻孔显示上部砂层厚 11～12m，下部灰黑色沙质黏土 C^{14} 测年 11350 ± 180 年。沙层是晚更新世末或全新世初的沉积物（图 6-21）。

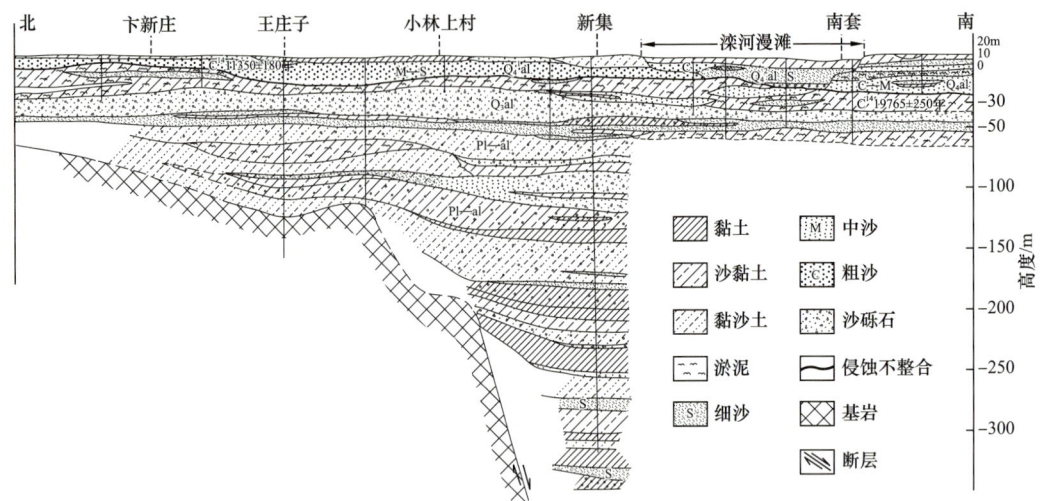

图 6-21　卞新庄—南套第四系地质剖面图

平原冲积沙的重矿物组合为辉石、石榴子石、黄铁矿、锆石、电气石，与新开口海滩沙的重矿物组合近似，表明滦河曾由昌黎平原南部经七里海附近入海。

沙带之间的洼地，多处发现未完全炭化的泥炭层，一般埋藏在地下 1~2m 深处。泥炭点相连，成线状分布，显然与古滦河有关。

2）全新世中期三角洲

以马城附近为顶点，滦河经溯河（又称新滦河）、小青河故道分流入海的泥沙，建造了全新世中期三角洲平原和其前缘的曹妃甸（又称沙叠田岛）等滨岸沙坝（图 6-20）。三角洲亚平原地面低平，沉积物细，有机质含量高，表明水域宽阔，牛轭湖众多。

滦南县刘小桥村钻孔，在深 4.6m 以深的黄色沙质黏土中发现大量循形化石（标志海洋影响到此）；深 21.15~21.25m 的淤泥质沙黏土，C^{14} 测年 609580 年；深 25.7~25.8m 的淤泥，C^{14} 测年 18270325 年。所以，本期三角洲大约在 6000 年以前已开始发育，沉积厚度超过 21m。全新世沉积物与下伏地层为侵蚀不整合接触（图 6-21）。滦南县西庄店村，1976 年修公路时发现古文化遗址，经县文化馆和天津市考古单位鉴定，地面以下 1.0m 挖出的陶罐属于汉代；2.5m 以深的黑色黏土、泥炭层中，有仰韶文化时期的石斧和骨针。

3）历史早期三角洲

滦河以汀流河为顶点，经大清河、长河和湖林河分流入海时建造的三角洲，是规模最大的主体三角洲（西部叠加在老三角洲之上）。打网岗、月坨、石白坨等，是三角洲前缘的滨岸沙坝。三角洲平原沉积相主要有以下两种。

（1）决口泛滥平原。徐家店—汀流河和会理—大救阵村一带，是滦河决口频繁地段。汀流河附近泛滥平原包括决口扇和河漫滩沉积。

（2）古河道淤泥充填相。乐亭县城北的老滦河是滦河的故道。由于滦河改道北迁，废弃的古河道逐渐被细黏的淤泥质沉积物充填。

4）历史晚期三角洲

随着滦河有规律地向北迁移改道，三角洲堆积体不断向海推进，形成以马庄子为顶点的历史晚期三角洲。滦河经老米沟、滦河岔（又称狼窝河）和江石沟入海的泥沙，形成了蛇岗、灯笼铺、大网铺和湖林口沙岗等三角洲前缘滨岸沙坝。

5）最新三角洲

以腰庄—莲花池村为顶点的最新三角洲，是近一百多年来的堆积体。1883年以前，滦河主道经甜水河入海。1915年渤海大海啸冲断了八爷铺海岸大沙丘，滦河从此东流入海。六十多年来堆积了突出平原之外的弧形三角洲平原和破船门沙岗、老河底沙岗等三角洲前缘滨岸沙坝。滦河南岸莲花池村的半固定沙丘发育清晰的高角度大型交错层理，是八爷铺沙丘的残留部分。因其形成时代老，沙粒表面风化，颜色同八爷铺沙丘一样呈棕黄色，与附近新堆积的灰色河漫滩沙丘显著不同，我们称它为"风化沙堆"。最新三角洲分三个相带。

（1）滦河主河床相。三角洲分流点附近及以西，河床相当顺直，纵坡降平坦，沉积物主要是中细沙或中粗沙。因主流线靠近北岸，八爷铺大沙丘受冲刷后退；南岸有宽阔的河漫滩，表层粉细沙沉积物经风力吹扬，加积起高度小于一米的漫滩沙丘。沙丘之间的低洼地及河床边滩上，可以拣到很多零星分布的海相贝壳和螺壳，一般长10~20cm。这样大的海贝壳和细粒的粉细沙是不同环境下的沉积物，粉细沙是河水漫滩相；大贝壳是渤海涨潮海水倒灌时被波浪搬运带来沉积。以上证据有力表明，渤海潮水沿河倒灌上溯的范围，远到莲花池以上相当一段距离。

三角洲分流点以东，滦河主道经常变迁改道。综合六十多年的历史，滦河主道行水东北时间长，是因为东北强风海流冲刷力大，通道口门不易淤塞之故，河床分布多个河中沙岛。

（2）三角洲平原相。八爷铺海岸大沙丘以东的王家铺、罗锅子铺和兜网铺一带，滦河频繁分流或改道，河漫滩相悬移质粉细沙快速落淤，使三角洲平原不断向海推进。在垂向沉积层序上，表现为冲积物超覆于潟湖湿地相淤泥质沙层之上（图6-22）。三角洲平原根据沉积环境的差异，还可以进一步分成河间低湿地、自然堤和分流河道亚相。

（3）三角洲前缘相。滦河出山后，在下游平原流经距离短，因而搬运的沉积物较粗。堆积砂体形态显著，层理构造清晰。滦河携带入海的泥沙，较粗的中细沙主要沉积在近岸地带，在波浪的再改造下，塑造了环绕三角洲平原的滨岸沙坝（图6-22）。沙坝呈长条状，近平行于岸线，因为它是波浪横向作用的产物，坝顶、坝背和坝前各带都有自己的特征。

坝顶是沙坝的最高部分，渤海大潮也不能将其淹没。坝的迎海面坡陡，坡顶常是重矿物富集带；背海面坡缓，有机质增多。坝顶沉积物最粗，分选最好，平均粒径

2.45~2.50cm，其中跃移质组分含量占 90% 以上，发育水平层理、波状层理和羽状层理。坝顶深 0.8~1.0m，下伏黑灰色淤泥质沙，上下两层为不整合接触。

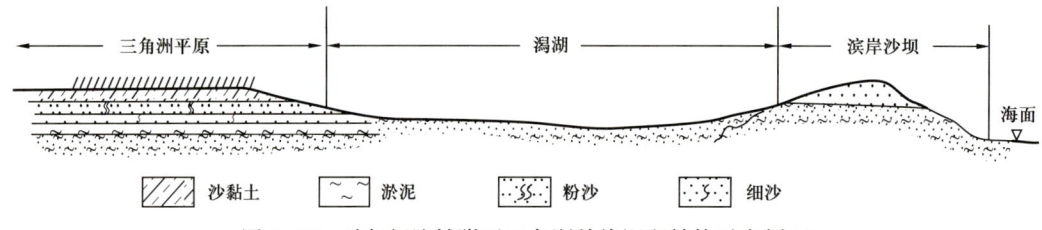

图 6-22 破船门渔铺附近三角洲前缘沉积结构示意剖面

坝背为坝顶向陆延展的缓坡带，沉积物粒径偏细，颜色由灰黄色到深灰色，灰色随着有机质含量的增加逐渐由坝背过渡到沉积淤泥质沙的潟湖湿地环境。

坝前是坝顶向海方向至水深 5m 范围的水下斜坡沙滩带。沉积悬移质，黄色的细沙、粉细沙。水深 10m 以深，逐渐过渡到沉积分选较差的粉沙、黏质沙土、粉质沙土的前三角洲环境。

综合上述特征，三角洲前缘相可以进一步细分为滨岸沙坝、潟湖和坝前水下沙滩亚相。

3. 三角洲沉积模式

全新世以来，滦河在河口地区先后堆积五期三角洲。尽管不同时期，滦河在不同地点入海，三角洲体规模大小也不一样，但每一期三角洲的沉积过程总是遵循统一的模式。

（1）滦河是渤海湾地区仅次于黄河的多沙性河流，流量和输沙量年分配非常集中，这个特性决定了三角洲平原的类型和其演变的过程。

每年汛期（6 月至 8 月）高含沙量的洪流猛涨猛落，泥沙快速落淤使河道频繁分流或改道，使三角洲平原呈弧形向海延伸（图 6-23）。

（2）滦河是个弱潮汐河口，河口外海区中等能量的波浪，对三角洲前缘沙坝的建造起主导的作用。

汛期滦河携带入海的泥沙，其中较粗的中细砂沉积在河口地带，很快受波浪特别是东北强风的波浪积极改造作用，对泥沙重新进行横向搬运和分选沉积，在三角洲前缘破浪带塑造中细砂粒级为主体的滨岸沙坝。滦河口向南，沿三角洲平原的外围，分布一系列与岸近平行的沙坝、沙岛，构成双重的海岸线。这些沙坝、沙岛，在形态上呈阶梯状不连续分布，表示不同时期滦河在不同地点入海的泥沙，经波浪横向改造后的堆积体。

另外，沙坝、沙岛的粒度组成上服从无纵向分选沉积的规律性，无论是不同沙坝或者同一道沙坝的南北二端，都未发现"北端沉积物粗，南端沉积物颗粒变细"的趋势。不同阶梯沙坝、沙岛上的沉积石英砂，其表面微结构组合差异十分显著，反映出它们是不同时期的沙体。

（3）三角洲的冲淤动态取决于深河泥沙供给量的多少。滦河泥沙补给量增加，相对海洋作用减弱；反之，则海洋作用显著加强。

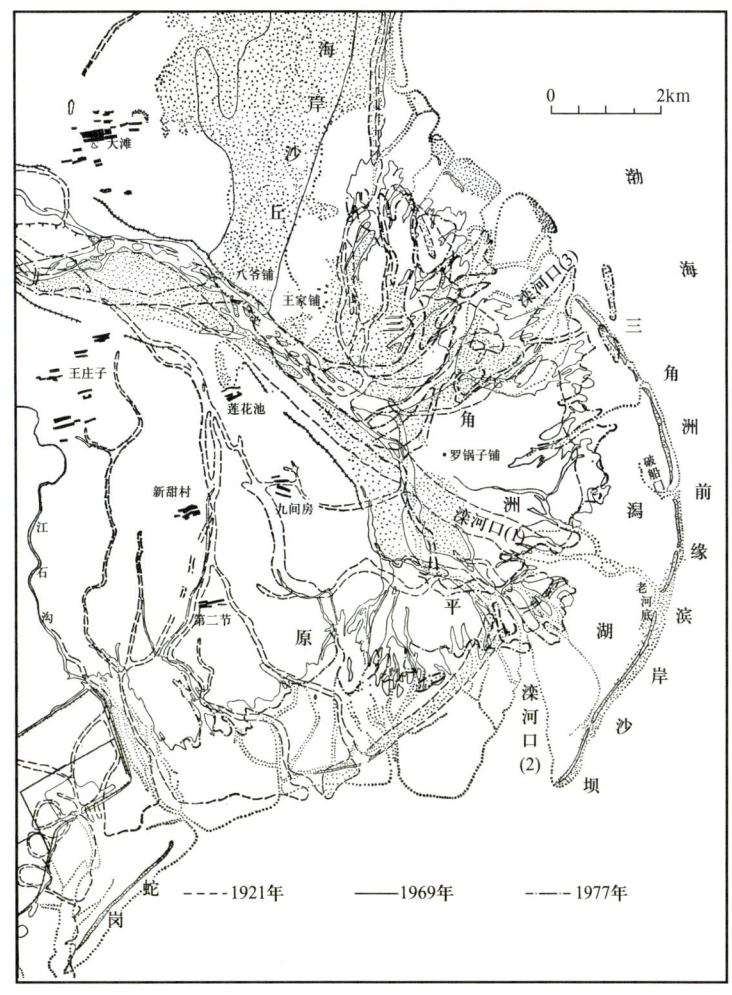

图 6-23 最新三角洲不同时期向海延伸平面图

最新三角洲每年得到大量的泥沙供给，三角洲平原快速向海推进，前缘沙坝正在不断堆积加高，潟湖湿地逐渐被冲积物超覆，扇形（或称弧形）三角洲堆积体突出于一般岸线之外。

三、长江三角洲沉积

长江三角洲是世界著名的大河三角洲之一，它位于中国东部海岸带的中部，北起小洋口，南至杭州湾，总面积约 $3.58\times10^5 km^2$，有独特的沉积环境。

1. 自然地理概况

1）潮流

长江为世界第三大河，全长 6380km，年平均径流量 $9240\times10^8 m^3$，为长江三角洲地区的径流主体。其流量 80% 集中于夏季，形成长江径流洪水期，最大洪峰流量达

92600m/s；冬季为枯水期，最小流量仅 6020m/s。长江多年平均含沙量为 0.518g/L，年平均输沙量为 $4.86×10^8$t。巨量的入海泥沙除部分沉积于河口附近外，其余的在波浪、潮流的作用下，向口门外扩散、沉积。

2）波浪

长江三角洲沿岸波浪以风浪为主，浪向频率与风向频率基本一致，季节性变化十分明显。以河口地区为例，春季盛行南东—南南东浪，夏季盛行南南东—南浪，秋季盛行北东—北北东浪，冬季盛行北西—北北西浪。涌浪以东浪向为主，它们与风浪组合在一起，形成混合浪（朱慧芳等，1982）。

长江三角洲前沿海域开阔，口门以外海区风浪较大，口内风浪要素随江面向上束窄而变小。例如，河口地区多年平均浪高为 0.9m，口门以内 80km 的高桥附近，多年平均浪高仅为 0.35m。

2. 地质基础和全新统

1）地质基础

在大地构造上，长江三角洲地区分属于南京凹陷、杭州凹陷和江南古陆三个构造单元。钻孔分析资料表明，燕山运动、喜马拉雅运动基本奠定了现代长江三角洲地区的构造格局。元古宙的吕梁运动，使本区前震旦系遭到轻度变质，形成变质片岩和片麻岩。早古生代，本区为浅海沉积环境，相应地发育了碳酸盐岩系及上部碎屑岩建造；晚古生代，本区出露海面，经受侵蚀，地层缺失；侏罗纪—白垩纪的燕山运动，令本区形成了一系列的小型断陷盆地，并伴随火山活动和岩浆侵入，产生了中酸性的火山岩和红色碎屑岩系建造；古近纪—新近纪的喜马拉雅运动使本区的老构造得以复活，致使中生代形成的断陷盆地进一步下陷，并伴随有玄武岩的喷发。本区下伏基底的主要构造线有：（1）近东西向的崇明—苏州深断裂，以及其他东西向构造，其雏形形成时间最早，在古生代前就已存在；（2）北东向构造，在印支运动前形成，燕山运动时仍有活动；（3）北西及北北东向构造，主要形成于燕山期，它们常常切断东西向及北东向构造（何君健，1981）。第四纪新构造运动在本区主要表现为沉降运动，除西部少数的基岩山地外，全区均被第四纪松散沉积物覆盖，厚度 200~400m，具有自西向东、自南向北逐渐变厚的趋势，崇明地区第四系厚达 400m。

2）全新统

长江三角洲第四系大都有四个海相地层（包括滨海和河口相）和四个陆相地层。以上海第四系划分为例（表 6-1），它反映了上海地区在第四纪古地理演变过程中，经历了四次海水的进退旋回。其中晚更新世中期与全新世的海侵较强，相应地发育了一套浅海相地层，中更新世与晚更新世早期的海侵较弱，仅有海陆过渡相。但从全球范围来看，世界上许多地区第四纪海侵旋回表现为早强晚弱，即第四纪早期的海进强度大、海水深、范围广，到晚期趋向减弱。这与长江三角洲的情况恰恰相反，其原因可能与区域构造发育历史不同有关。上海地区从白垩纪到新近纪均系陆相沉积，说明当时的海拔高，海侵较弱，而后期的新构造使本区持续下降，故海侵影响逐渐加强，从而深刻地影响着本区更新世以来的沉积类型和地貌发育。

表 6-1 上海地区第四系综合表

地层			岩性	厚度/m	微体化石组合				沉积环境	海侵旋回
					有孔虫	介形虫		孢粉		
						海相	陆相			
全新统	上海组	Q_1	上部黄褐色亚黏土，下部青灰色、灰色粉沙、粉沙亚黏土夹沙质透镜体，局部地区有薄层泥炭	13	秦良小上口虫—凸脊卷转虫组合	新单角—中华丽花介组合		松、栎、禾本科	滨海—河口	第Ⅰ海透层
		Q_1	上部淤泥质亚黏土夹沙，底部贝壳沙，下部淤泥质黏土，底部贝壳沙	4	毕克卷转虫、五痕虫、异地希望虫组合	豆艳花介—棘艳花介组合		栲、青冈栎、水龙骨科	浅海	
		Q_1	主要为灰黄、灰褐色沙、粉沙、粉沙质亚黏土含钙质结核、夹有沙质透镜体，局部薄层泥炭	8	圆形卷转虫组合	中华丽花介组合		粟、栎、松、禾本科	滨海—河流	
上更新统	南汇组	Q_1	暗绿色亚黏土及灰黄、褐黄色粉沙质泥、粉沙	9	奈良小上口虫、凸脊卷转虫组合			栎、蒿、水蕨科、禾本科	陆相	第Ⅰ陆相层
		Q_1	主要为青灰色、灰色粉沙、粗沙偶夹褐色泥互层，具规则和不规则层理	40	优美花朵虫组合	穆赛介—羽花介组合		粟、榆、青冈栎、水龙骨科	浅海	第Ⅰ海送层
	川沙组	Q_1	灰色、灰黄色泥夹粉沙、中粗沙、细砾和贝壳屑互层	17			小玻璃介—土星介组合	云杉、冷杉、落叶松	陆相	第Ⅰ陆相层
		Q_1		18	毕克卷转虫—奈良小上口虫组合		土星介等	枫香、栎、榆、水蕨科	滨海—河口	第Ⅰ海进层

续表

地层		岩性	厚度/m	微体化石组合				沉积环境	海侵旋回
				有孔虫	介形虫		孢粉		
					海相	陆相			
中下更新统	宝山组 Q₁	青灰色、灰褐色泥质粉沙和黄色泥	23			纯游土星—纯净小玻璃介组合	松、栎、冷杉	陆相	第Ⅱ陆相层
			27	少量		土星介	枫香、栎、榆柏、禾本科、三毛桦	滨海—河流	第Ⅳ海进层
	Q₁₋₂	黄色、黄灰色粉沙、细沙、泥质粉沙、含铁锰条纹，下部为黄色粉沙、灰白色泥质粉沙	188				松、冷杉、云杉、栎	河流相	第Ⅳ陆相层

(1) 三角洲平原。

三角洲平原为三角洲沉积体系的陆上部分，具有完整的三角洲沉积的垂向层序。其表层为洪水和特大洪水的沉积物，主要由黄褐色黏土质粉砂组成，其中 $4\sim8\phi$ 粒级含量约占 80%。沉积构造以水平层理为主，植物根系、碎屑较多，并见有生物扰动痕迹。生物埋葬群以陆相占优势，混杂少量有孔虫和海相介形虫壳体，按照成陆年代的差异，可将本区划分为老河口沙岛和新河口沙岛两种地貌类型（图6-24）。

老河口沙岛指崇明岛主体部分，面积约 $600km^2$，海拔 3.5～4.0m，局部地区低于 3.5m，以黏土质粉沙为主，发育了类沙泥、沙泥、黄泥头等土壤类型。其雏形形成于唐代，直到明末清初才形成今日崇明岛的基本格局。

新河口沙岛包括崇明岛北部和长兴、横沙等河口沙岛，海拔 2.5～3.5m。崇明岛北部主要由粉沙质黏土组成。长兴岛、横沙岛的南部以黏土质粉沙为主，北部则由粗粉沙组成。

(2) 三角洲前缘。

三角洲前缘地处河、海强烈作用地带，水下地形变化大，沉积结构复杂，生物埋葬群具有海陆过渡相的特点。海陆相介形虫混杂，有孔虫的种属、数量和海胆刺蛇尾类骨片等都较三角洲平原有所增加，木本花粉含量相对提高，黎属等滨海植物占有相当比例。根据区内沉积环境和地貌特征的差异，又可进一步划分为：拦门沙带、河口心滩、河口沙嘴、涨潮槽、落潮槽、三角洲前缘斜坡等地貌类型。

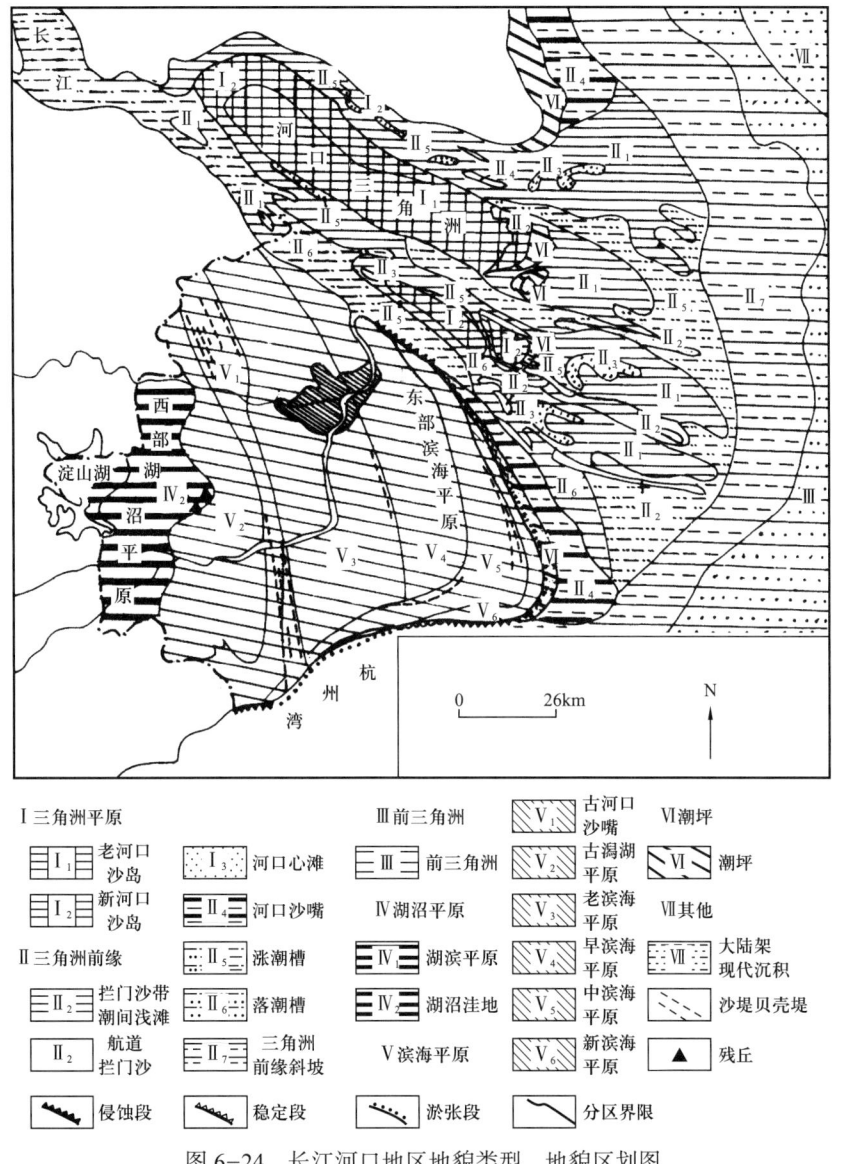

图 6-24 长江河口地区地貌类型、地貌区划图

拦门沙带是横亘于口门附近的堆积体，其上水深不足 10m，主要由青灰色细砂组成，细砂含量高达 80% 以上，分选较好，标准偏差 0.5~0.7，有机质含量小于 0.5%，沉积物垂向层序上具有下细上粗的特点，局部夹有黏土质粉沙透镜体。河口心滩为拦门沙进一步发育而成，落潮时出露水面，其表层沉积物为薄层的粉沙粗粉沙，并生长芦苇等植物，促使其不断向河口沙岛转化。河口沙嘴为长江天然堤的水下延伸部分，主要由粉沙、黏土质粉沙组成，平均粒径 5~7ϕ，分选性差，标准偏差约为 2，有孔虫和介形虫具有河口相的特点。涨潮槽为主要受涨潮流控制的北西向延伸的汊道，组成物质以粉沙为主，含黏土质粉沙夹层和细沙透镜体。

落潮槽为主要受落潮流控制的东南方向延伸的汊道河床，主要由粉沙组成，平均粒径 4~6ϕ。三角洲前缘斜坡为河口沙坝、汊道河床向海延伸的斜坡带，平均坡度 0.7%，在平面分布上南宽北窄，围绕河口呈反"S"形，以黏土质粉沙为主，有机质含量为 0.8%~1.0%，其沉积构造主要为一些小型波痕交错层理和低角度斜层理，以及一些反映洪水期扩散沉积的褐黑色植物碎屑与黑云母碎片一起组成的纹层。微体生物的含量比河口地区高，壳体稍大，有孔虫以毕克卷转虫为主。

（3）前三角洲。

前三角洲主要位于水深 10~60m 的广阔浅海地区，沉积物分布大致以 50m 等深线为界，50m 等深线以浅的沉积物以棕褐色、深灰色粉沙质泥为主，50m 等深线以深为沙、粉沙和泥，且 10~50m 等深线间的前三角洲北部，有一些沙质的沉积物分布区，而南部的沉积物呈舌状分布，反映了北部受苏北沿岸流携带的沙质沉积物的影响，以及潮流作用的改造；南部反映了现代水下三角洲向东南扩展的特点，沉积物特征表现为含水量高，含碳量丰富（1.0%~1.5%），中值粒级一般在 7.8~9.0ϕ 之间，北部最粗物质中值粒径可达 6.0ϕ 左右，沉积物总体上分选性差（S_p 为 1.7），呈正偏态，概率累计曲线缺少滚动组分，细截点为 8.04ϕ 左右，悬浮组分占 60% 以上。在沉积构造上，以水平纹理为主，偶见波状层理。50m 等深线以深的前三角洲，与陆架逐渐过渡，沉积物含水量高，呈灰和深灰色，泥含量通常为 35% 左右，其余为沙质沉积物。其中值粒径为 2.7~3.9ϕ，分选性很差（S_p 为 2.1~3.1），正偏态，概率累计曲线呈双跳跃式，滚动组分仅占 1.0%，悬浮组分占 40%，跳跃组分占 60% 左右。在沉积物构造上，表现为沙、泥互层的平行波状薄层，沉积层总厚 1.0~5.0m。

（4）湖沼平原。

长江三角洲地区的湖沼平原，主要分布于太湖和里下河洼地等湖沼地区，地势低平，主要由灰色、灰黑色粉沙质黏土组成。按区内沉积环境的差异，可进一步划分为湖滨平原、湖沼洼地和海积—湖积平原。

湖滨平原分布于湖泊周围，海拔多在 3.5m 以下，组成物质以粗粉沙和黏土质粉沙为主。

湖沼洼地在上海地区位于湖滨平原的东侧，其海拔一般小于 3m，最低处不足 2m，境内湖荡密布、沟渠交错，泥炭分布较广，沉积物主要由黏土质粉沙组成。

海积—湖积平原位于湖沼洼地的外缘，大体上呈弧形分布，地势略高，海拔高度 3.5m 左右，主要由黏土质粉沙和粉沙质黏土组成。

（5）滨海平原。

长江三角洲地区的滨海平原，地势高且平坦，平均海拔 4~5m。以上海地区为例，按其成陆的先后顺序，可将滨海平原分为古、老、早、中、新等次一级地貌类型。古滨海平原大致相当于"冈身"分布区，海拔 4m 左右，西界与黄渡镇沙带沙冈一致，东界为石冈—竹冈一线，东西宽 2~4km，走向北西，自胡桥后，转向南西，其中吴淞江以南分布着三列贝壳沙堤，从西到东依次为沙冈、紫冈和竹冈，它们之间以沙、紫、竹三港相隔，其中紫冈规模较小，连续性较差，沙冈和竹冈规模相仿，长约50km，宽40～60m。吴淞江以北分布着五列贝壳沙堤，最西边的黄渡镇沙带，主要由黄褐色粉砂组成，局部含贝壳碎片，厚约1.5m。黄渡镇沙带以东分别为外冈—方太沙堤、青冈、石冈，这些堤的走向均为北西，长约10km，宽度从几十米到100m不等。其中外冈贝壳堤由较大的贝壳组成，贝壳含量60%～70%，并含少量铁锰结核。根据贝壳C^{14}测年数据和参考资料的分析推断，古滨海平原形成于距今6500至4000年，年平均向海伸展速度为0.8～2.4m。

老滨海平原位于古滨海平原之东，海拔4～4.5m，局部地区高达5m，主要由黏土质粉沙组成。其东界与唐开元元年（713年）修筑的下沙捍海塘一致。由此可见老滨海平原形成于距今4000至1200年，其向东推进速度为7m/a。

早滨海平原分布在老滨海平原东面，平均海拔4～4.5m，沉积物以粗粉沙为主。其东界与南宋乾道八年（1172年）修建的里护塘相当，因而早滨海平原形成于距今1200至800年，该时期岸线向海伸展速度较快，平均为37.5m/a。

中滨海平原分布于早滨海平原东侧和南侧，海拔大多在4m以上。中滨海平原的东界与光绪七年（1882年）修建的陈公塘相当，故其形成年代在距今800至100年，伸展速度为7～14m/a。

新滨海平原为近百年来形成的滨海平原，海拔约4m，主要由黏土质粉沙组成。由于人工修堤围垦，种苇促淤，致使沉积速率高，岸线伸展迅速，平均每年在南汇嘴外推达60m以上。

（6）潮坪。

长江三角洲地区的潮坪主要分布于本区东、南部沿海地带，滩面平均坡度1%～3%，宽度1000～3000m，沉积物主要由长江供应，以粉沙为主，平均粒径由低潮坪向高潮坪逐渐变细，含泥量增加，分选性变差。在沉积构造上，低潮坪以粉沙组成的、纹层模糊的小型交错层理为主；中潮坪以粉沙与黏土质粉沙构成的交错层理为主，高潮坪则以黏土质粉沙组成的水平层理为主。

3. 沙体特征

长江三角洲不同于尼日尔河、湄公河等河流形成的三角洲，它不是单个三角洲体，而是由多个亚三角洲组成。各亚三角洲的分布也不像黄河、密西西比河等三角洲，先后交错、排列无序。而是按形成的先后顺序依次排列，很有规律，充分显示了长江三角洲发育的独特性。

1）沉积结构

钻孔资料分析表明，长江三角洲沉积结构自上而下的变化规律与三角洲沉积相由陆向海，依次出现三角洲平原相、前缘相和前三角洲相的演化顺序基本一致（图6-25）体现了各地三角洲退覆沉积层发育的共同性。因长江河口汊道不太发育，沉积物质较粗，排水通畅，故长江各期亚三角洲平原上很少出现成片的湖沼相沉积。

2）伴生体系

长江河口的定向南移，改变了三角洲南、北两侧沿海地区的水动力条件，形成了独特的伴生沉积体系（图6-25）。北侧，自金沙期起，江流影响变小，在沿岸流和潮流作用下各以一个海湾为中心，发育了三期辐射沙洲，一系列沙体向海区辐射，规模很大，形态特殊；南侧因长江主流不断南移，泥沙供应量日益增加，故形成了大片滨海平原。平原上分布着六组（列）滨海沙堤，代表着不同时期的古海岸线位置，大体与六期亚三角洲的发育时代相当。

3）伸展速度

按照长江三角洲的演变过程，结合历史考古和绝对年龄测定资料的推算，长江三角洲平原平均每年向海推进约40m。各期亚三角洲的发展速度不一，具有逐步增长的趋势，后期发展较快者可达80～90m/a。反映在两侧滨海平原的伸展速度上，最大海侵以来平均为8～12m/a，而近百年来南汇阳高达45m/a以上。这可能与长江不断南移，泥沙供应量增加，以及气候变迁，现代构造活动和人类经济活动等因素有关。

4）沉积速率

长江三角洲不同部位的沉积率差别很大，总的趋势是以河口为中心，向海、向陆递减。河口沙坝沉积速率高达1.14cm/a，前缘斜坡为0.54cm/a，前三角洲降至0.31cm/a，两侧滨海平原的沉积速率更低，江南、江北分别为0.20cm/a、0.28cm/a。对于同一部位的不同发育阶段而言，沉积速率差异亦很悬殊。实测长江口航道年最大沉积速率可达数十厘米。据1842年至1865年长江口海图推算，正在发展中的铜沙浅滩，即相当于河口沙坝和前缘斜坡部位的沉积速率，年平均分别为10～12cm，几乎为长江河口区多年平均沉积率的10倍。在三角洲发育的后期阶段，沉积速率显著减低，如崇明河口沙坝水下部分形成时间仅几百年，而各部分相继出露水面，成为统一沙岛的时间却绵延达千年之久。

4. 沉积模式

根据水动力、沉积物和生物组合等不同特征，长江各期亚三角洲沉积体系皆可划分为下列几种沉积相（图6-25）：

1）三角洲沉积相标志的主要特征

（1）三角洲平原相。

此相指三角洲沉积体系的陆上部分，包括海积—冲积平原亚相和冲积平原亚相。前者自西北向东南扩展，组成物质较粗，古河口沙坝的细沙在黄桥等地直接出露地表，湖泊、沼泽不够发育。唯在废弃汊道的长形低洼地带，沉积物粒度较细，以黄褐色、黄灰色粉沙质黏土为主，出现零星的湖泊—沼泽亚相。

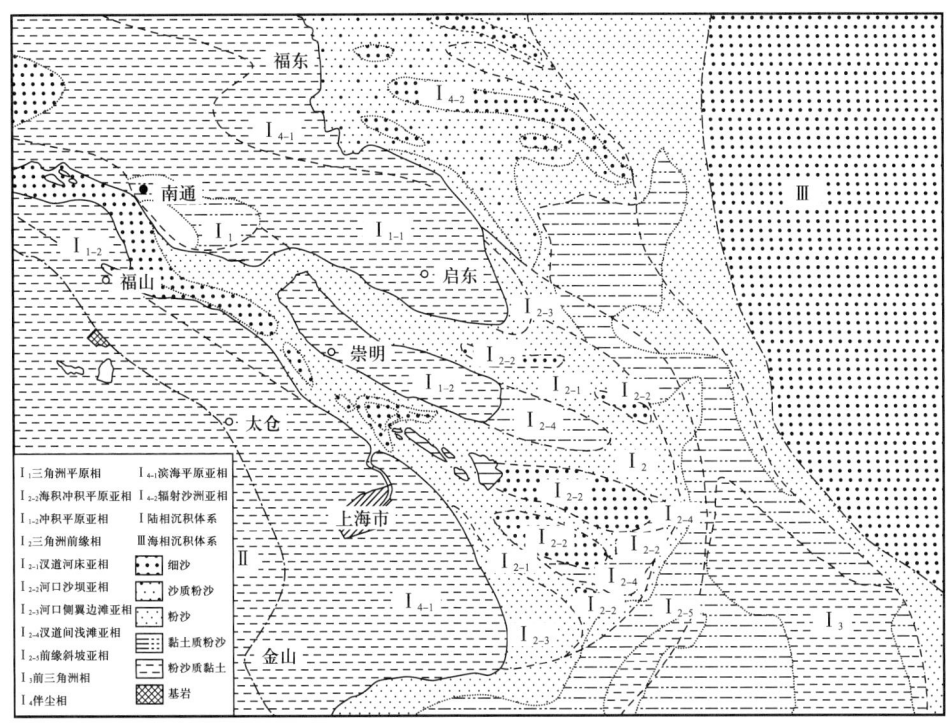

图 6-25 长江三角洲沉积结构

冲积平原亚相分布于长江河口两侧,原先的三角洲沉积层序常受后期江流的作用,不少地区表现为河流相的垂向层序,厚达 50m 以上。主要由河床、边滩、天然堤和河漫滩等亚相组成,二元结构明显。在河床沉积中,发现少量有孔虫和有壳变形虫壳体,包括微量的浮游有孔虫,但蛇尾类骨片罕见,缺少粟米虫类。介形虫海、陆相混杂,海相介形虫壳体细小。长江河槽木本植物花粉超过草本植物,草本花粉占孢粉总量的 38.1%。两侧泛滥平原地区则以草本植物花粉为主,约占孢粉总数的 50%。

(2)三角洲前缘相。

它是三角洲沉积体系的核心,水下地形变化大,沉积结构复杂,以细沙、粉沙为主,前缘斜坡则由黏土质粉沙组成。沉积构造类型多样,波状层理发育。海陆相介形虫混杂,有孔虫的种属、数量和海胆刺、蛇尾类骨片等都比三角洲平原相多。木本花粉含量相对提高,蔡属等滨海植物孢粉占有相当比例。

按照三角洲前缘区内沉积环境的差异,还可进一步分出汊道河床、河口沙坝、河口侧翼边滩、汊道间浅滩和前缘斜坡等五个亚相,其主要特征见表 6-2。

(3)前三角洲相。

它向海呈舌状突出,由长江带来的悬移质进入浅海区沉积而成;主要由粉沙质黏土组成,有时夹有薄层粉沙。水平层理发育,沉积物富含有机质,颜色呈青灰色至灰黑色。底栖生物繁盛,常见虫迹和生物扰动构造。有孔虫、海相介形虫含量显著增加,蛇尾类骨片和海胆刺广泛分布。植物碎屑少见,孢粉含量明显降低。

表 6-2　长江三角洲沉积标志的基本特征表

相标志特征沉积物		水动力因素	平均粒径/ϕ	标准偏差	沉积构造	生物组合	其他
三角洲平原相	湖泊沼泽亚相	水流平静	小于 9		水平层理、透镜状层理	植物根系、碎屑较多，生物扰动构造普遍	黄铁矿、玄铁矿
	河漫滩亚相	洪水泛滥	5~6		水平层理	陆相为主，数量少，局部含少量海相微体生物壳体和软体动物碎片，生物洞穴稀少	
	天然堤亚相	浸出河床水流	4~6		波纹交错层理		云母多，铁质结核
	河床亚相	河床水流	2~3	0.4~1.1	波状层理、交错层理		重矿物种类较多，质量占 13.26%
三角洲前缘相	河口沙坝亚相	河流、潮流为主	2~4	0.5~0.7	交错层理、波状层理，气胀构造	海陆相混杂，有孔虫壳体偏小，介形虫以海相为主，夹陆相类型，含棘皮动物碎片，植物碎屑较多	重矿物种类多，质量占 18.43%
	汊道河床亚相	河流、潮流	4~6	0.9~2.7	波状层理、交错层理，冲刷—充填构造		重矿物种类较少，质量占 8.4%
	侧翼边滩亚相	河口射流扩散	5~7	2.0	水平层理、波状层理、包卷层理		重矿物种类少，质量占 2.64%，云母多
	汊道阀浅滩亚相	滞流	4~8	1.5~2.4	水平层理、交错层理		
	前缘斜坡亚相	海洋水流为主	4~7	1.2~3.6	波状层理、水平层理		有机质含量 0.8%~1.0%
前三角洲相		海洋水流	6~8	1.8~2.9	水平层理	出现胶结壳有孔虫、抱球虫等，蛇尾类骨片和海胆刺广泛分布	有机质含量 1.0%~1.5%
三角洲伴生相	辐射沙洲亚相	潮流为主	3~5	0.8~2.0	交错层理、水平层理	有孔虫、海相介形虫增多，植物碎屑罕见	有机质含量小于 0.8%
	河口沙坝亚相	潮流为主	3~6	小于 1.0		与三角洲前缘相似类	有机质含量小于 0.8%
	滨海平原亚相	波浪、潮流	7~8	2.8	低角度交错层理	有孔虫、海相介形虫数量较少	

上述长江三角洲平原相、前缘相和前三角洲相的分布主要受长江径流作用的控制，三者呈渐变关系，从陆向海依次出现，随着环境的变化相应地发生相变。这表现在沉积物粒度变细、分选性渐差；有机质含量增高，颜色变暗，沉积构造由多种层理转化为水平层理；海相生物属种、个数增多，底栖生物活动痕迹明显，植物碎屑减少等，这体现了长江与密西西比河等入海河流三角洲沉积相平面分布顺序的一致性。

2）三角洲沉积的垂向层序

根据长江口区钻孔岩心的沉积结构、构造、生物埋葬群和接触关系等资料的综合分析，全新世长江口区经历了一个完整的海进、海退旋回，发育了一套滨海、浅海沉积。下段是海进产生的河床充填层序；上段为三角洲退覆层序。后者三角洲垂向层序的三层结构表现得十分明显，自下而上的变化规律与三角洲相由陆向海，依次出现三角洲平原相、前缘相和前三角洲相的平面演化顺序基本一致（图6-26）。

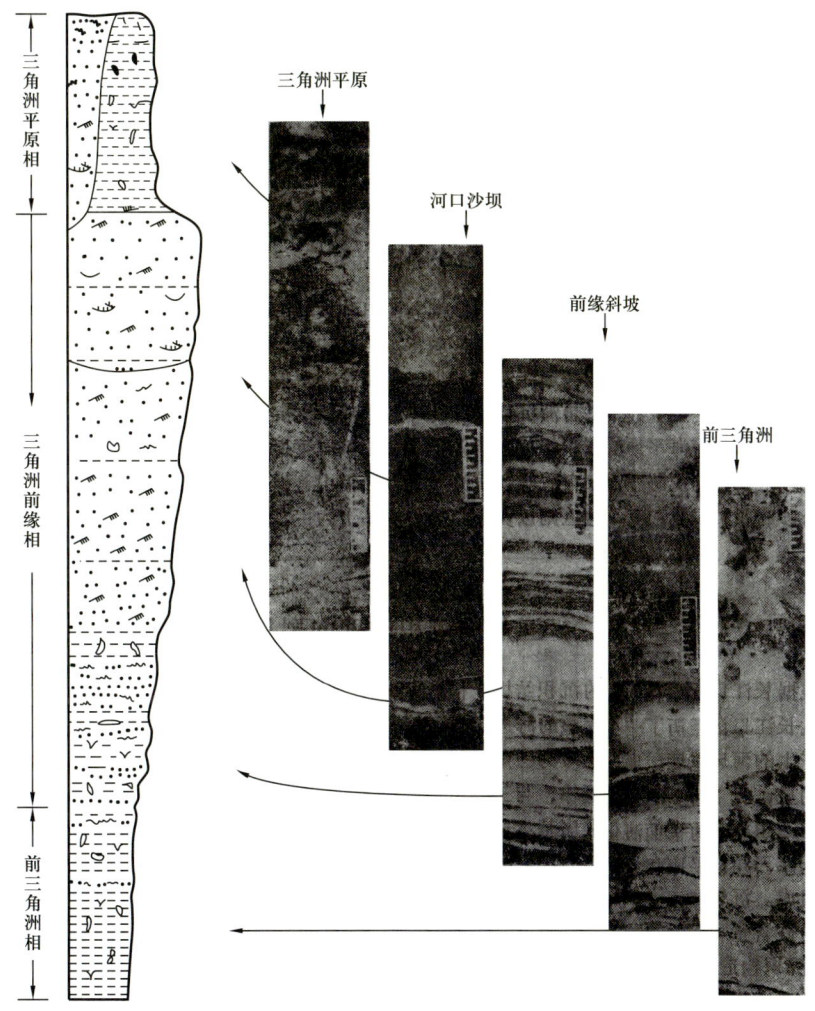

图6-26　三角洲相平面演化顺序

长江三角洲平原相为河口沙坝、潮间浅滩出露水面后，由洪水或特大潮水所带来的淤积物所组成，沉积厚度3~6m，上部是黄褐色粉沙质黏土，下部为青灰色、灰褐色黏土质粉沙，粉沙含量可达80%左右，以水平层理为主，底层见有波纹交错层理，有时受植物根系的破坏，沉积构造表现不显。有孔虫、介形虫数量少，壳体小，以毕克卷转虫、奈良小上口虫为主，壳体多在0.10~0.15mm。见有新单角介、库士曼介，以及少量的陆相介形虫和棘皮动物骨片，并含大量植物碎屑。

三角洲前缘相以河口沙坝为主体，厚15~30m，青灰色细沙含量大于80%，平均粒径下细上粗，分选较好，并夹有薄层黏土质粉沙，以波状层理、交错层理为主。微体生物含量比三角洲平原相增多，海陆过渡相更为突出，有孔虫壳体中等，多在0.15mm左右。其中前缘斜坡亚相以广盐性南通卷转虫、异地希望虫和半缺五块虫为主，未见陆相介形虫。含较多的棘皮动物骨片和植物碎屑。

前三角洲相厚约10m，分布广，以青灰色粉沙质黏土为主，黏土含量约占50%。沉积构造为水平层理—交错层理—水平层理；陆相生物含量不断减少，海相生物逐渐增加。这与密西西比河、尼日尔河等世界入海河流三角洲的垂向层序特征可以进行类比。因此，三角洲平原相、前缘相和前三角洲相这三层结构，是各地三角洲发育共同性的集中表现，也是正确判断三角洲存在及分布的主要依据。长江三角洲伴生的滨海平原，虽然也经历了全新世海进、海退过程，但其垂向沉积相层序特征与三角洲主体部分有所差异。其下段是海进引起的滨海沙堤—潟湖沉积体系。上段江南滨海平原为淤泥质海岸阶段性地向海推进的产物，泥质含量达30%以上，江北滨海平原上段则为具有海退层序的辐射沙洲沉积体系，表层覆有潮滩沉积。以低角度交错层理、透镜状层理和水平层理为主。有孔虫、海相介形虫数量较少，个体正常。含贝壳和棘皮动物碎片，植物碎屑少见，并有垂向生物洞穴。

3）三角洲沉积模式的演化过程

通过上述分析，结合本区500多个钻孔和大量历史考古等资料，表明长江各期亚三角洲的演化（图6-27），一般都经历了孕育、成长和衰亡的发展过程。在其孕育阶段，主要表现为河口沙坝的产生与河道的分汊。长江进入河口地区，水面比降减小，水流展宽，水体混合，流速降低，江水携带的大量泥沙迅速沉降，逐渐形成河口沙坝，并迫使河流分汊，出现南、北汊道。同时，长江另一部分泥沙继续向东运移，沉积了三角洲前缘斜坡亚相和前三角洲相，河口两侧滨海地区则发育了沙堤、潟湖和沼泽等伴生沉积亚相。

长江河口沙坝具有潮流沙体的部分特征，个体显得特别长且大。在其发育初期，水深较大，波浪作用不明显，沉积物分选性较差，以细沙、粉沙和黏土的混合物为主。随着河口沙坝的形成，水深减小，波浪作用增强，沉积物粒度变粗，主要由分选较好的细沙组成。

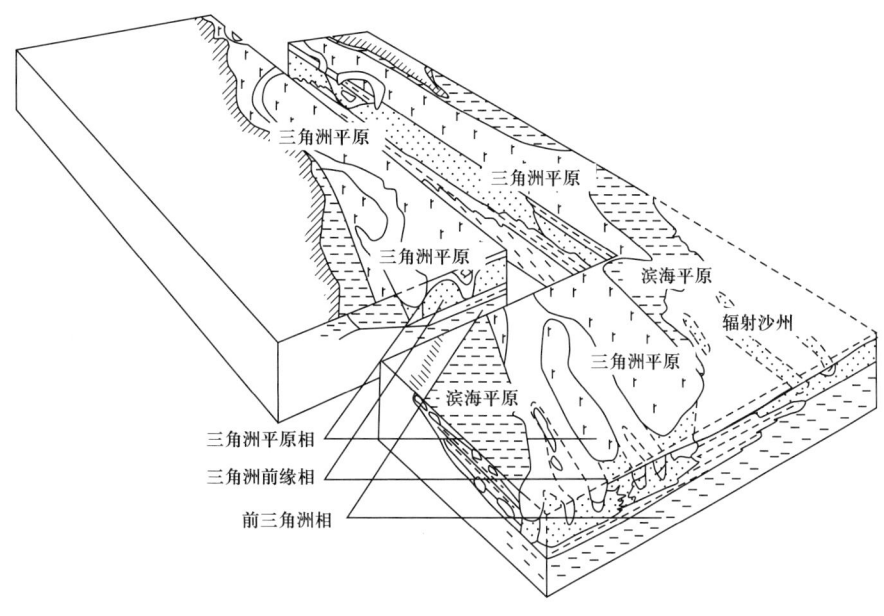

图 6-27　长江三角洲沉积模式

三角洲成长阶段的主要标志是河口沙岛出露，河口束狭，汊道南兴北衰，三角洲沉积体系进一步完善。河口沙坝开始接受长江越顶洪水沉积的细粒物质，逐渐出露水面成为河口沙岛，致使河口束狭，不断东移，从而使三角洲沉积体系向海扩展，由陆向海依次出现三角洲平原相、前缘相和前三角洲相，这与三角洲自上而下的沉积相层序基本一致。

成长阶段的晚期，在南、北汊道的口门附近产生了新的河口沙坝。随着长江汊道的南兴北衰，南汊道很快发展成为长江主要泻水河道，致使南汊道河口沙坝成长迅速，并以此为核心孕育着下一期新亚三角洲沉积体系。

三角洲衰亡阶段的主要特征是北汊道淤塞，河口沙坝向北迁移，河道延伸，江口向南偏移，新亚三角洲沉积体系进一步发展。长江河口明显受到潮波传播方向、科里奥利力和沿岸流的影响，汊道南强北弱，北汊道常具有涨潮槽性质，涨潮流速大于落潮流速，涨潮流夹带的泥沙往往不能随落潮流全部带回海中，故导致北汊道的淤塞，河口沙岛向北并滩成陆，形成大片海积—冲积平原，使海岸线大幅度东移，并使河口进一步束狭，河槽成形，河口向东南海区迁移，这意味着老亚三角洲发育的结束。而南汊道的河口沙坝已壮大成为新亚三角洲沉积体系的主体。

随着三角洲的衰亡，老亚三角洲由堆积期向侵蚀期转化，接受海洋作用的改造、破坏。在废弃的北汊道河口地区，常可形成海湾，这为潮流作用创造了有利条件，往往将原河口沙体改造成向海扩散的辐射沙洲。

平行层理常呈千层饼状，有孔虫壳体增大，平均为 0.20mm 左右，含有南通卷转虫、异地希望虫、半缺五块虫、同现卷转虫、拉马克五块虫、抱环虫和胶结质有孔虫等种属。

介形虫壳体较大，以中华丽花介和艳花介为主。棘皮动物骨片的数量、种类增多，通常不见陆相介形虫和植物碎屑。

综上所述，长江三角洲层序的垂向渐变规律十分明显（图6-26，表6-2）。自上而下，沉积物粒度细—粗—细，分选性差—好—差，颜色深—浅—深，有机物含量多—稍多；沉积构造为水平层理—交错层理—水平层理；陆相生物含量不断减少，海相生物逐渐增加。

5. 长江三角洲的重矿物组合特征

长江源远流长，流域宽广，沉积物中重矿物种类繁多。为了阐明现代长江三角洲的沉积过程，提供重矿物方面的依据，选取了100多个样品的鉴定结果进行分析（图6-28）。试样粒级为0.063~0.125mm，经三溴甲烷分离后的试样，在实体显微镜和偏光显微镜下进行研究鉴定，并且计算出重矿物的颗粒百分数。

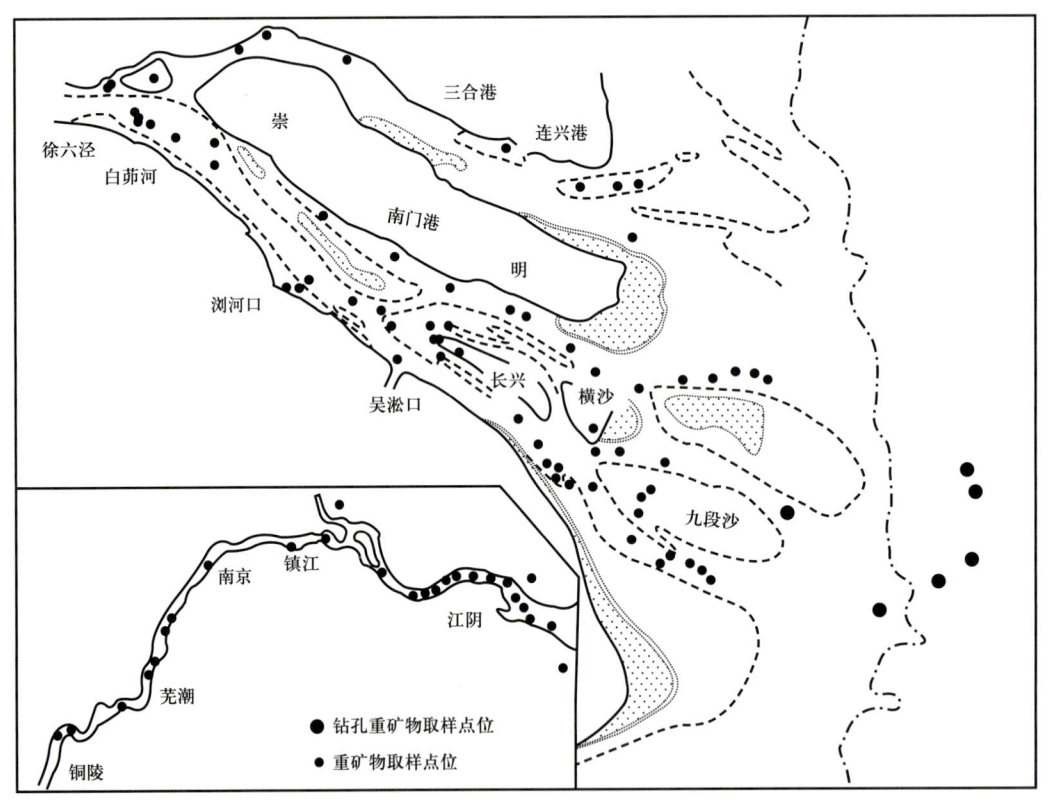

图6-28 采样点位置图

本区已鉴定的重矿物有二十三种之多，如角闪石、绿帘石、磁铁矿、钛铁矿、赤铁矿、白云母、黑云母、锆石、石榴石、磷灰石、梢石、电气石、金红石、十字石、阳起石、透闪石、透辉石、硅灰石、斜黝帘石、水化云母、绿泥石、锐钛矿、碳酸盐等。其中前七种矿物的含量在80%~85%之间（表6-3）。

表 6-3 长江河口表层沉积物重矿物平均含量表

重矿物名称	磁铁矿	钛铁矿	赤铁矿	黑色金属矿物	角闪石	透闪石	绿帘石	裂帘石
平均含量/%	4.1	4.2	2.3	3.8	43.5	3.1	21.3	2.1
重矿物名称	白云母	黑云母	水化云母	绿泥石	石榴石	梢石	榍石	电气石
平均含量/%	小于3.1	小于2.4	小于1.0	小于1.0	2.3	1.6	0.8	0.7
重矿物名称	磷灰石	金红石	十字石	透辉石	硅灰石	锐钛矿	碳酸盐	其他矿物
平均含量/%	0.5	小于0.3	小于0.2	1.8	小于0.2	极少	3.7	2.6

长江河口表层沉积物中的重矿物种类虽多，但由于它们主要源于长江，因此矿物种类在区内并无显著变化，然而在各组合之间矿物特征上的差异却甚为明显。为此根据重矿物样品的下列特征，如样品颜色深浅、颗粒均匀度和大小，磁铁矿含量及其特征，角闪石晶体的大小和颜色深浅，绿帘石的形状和颜色，以及其他重矿物（梢石、石榴石、电气石、磷灰石、金红石）的丰度，云母类片状矿物的含量等，将区内沉积物中的重矿物划分为五个基本组合。

第一组合：颜色深，颗粒均匀，黑色金属矿物的含量较高（13%~23%，最高可达30%），其中磁铁矿的金属光泽较强，颗粒除碎块状外，八面体晶形者颇多，个别呈五角十二面体。角闪石以暗绿色柱状晶体为主，晶体大小一般在 0.14~0.23mm 之间。绿帘石以黄绿色板状（晶面有纵纹）、粒状，玻璃光泽强的晶体为主，部分呈浅绿色粒状，矿物表面粗糙，玻璃光泽较弱。其他重矿物种类较多，丰度高的有锆石、金红石、梢石、石榴石、电气石、磷灰石等，个别样品见到锐钛矿。其中锆石颜色多样，晶形复杂。金红石呈长柱状、膝状双晶，锐钛矿呈尖锐的双锥状。云母类片状矿物含量低，一般在1%~2%，矿物含量特征见表 6-4。

表 6-4 第一组合主要重矿物含量表   单位：%

点号	矿物										
	磁铁矿	金属矿物	角闪石	帘石	云母类	石榴石	锆石	榍石	电气石	磷灰石	金红石
长10003	17.3	11.7	34.1	20.1	2.9	3.3	1.0	1.0	1.4	0	1.0
长10026	27.9	11.0	22.5	15.0	0.5	5.0	2.0	1.5	0	0	1.0
浏泻沙1	13.2	11.2	41.4	19.0	0.5	2.4	1.5	1.5	1.5	1.5	1.0

第二组合：颜色较深，颗粒较均匀。黑色金属矿物的含量偏低（5%~7.5%），但磁铁矿的光泽较强，部分晶体为八面体晶形。角闪石以黑绿色、暗绿色柱状晶体为主，自形程度较高，颗粒粗大，一般在 0.18~0.28mm 之间，浅暗绿色长柱状或趋于扁平的柱状晶体少见。绿帘石以黄绿色板柱状（晶面有纵纹）、粒状，玻璃光泽较强的晶体为主。其

他重矿物的种类亦较多，但其中的锆石颜色单一、晶形简单。云母类片状矿物的含量低（1%～2%），含量特征见表 6-5。

表 6-5　第二组合主要重矿物含量表　　　　　　　　　　　　　　　　单位：%

矿物	点号		
	长 010	长 041	江阴 034
磁铁矿	2.5	6.5	5.3
金属矿物	7.9	11.5	7.3
角闪石	49.7	45.5	39.8
帘石	25.5	22.5	33.6
云母类	0.5	0	3.5
石榴石	2.0	3.5	1.5
锆石	0.5	1.5	0.4
榍石	1.0	0	0.9
电气石	1.0	1.5	0.4
磷灰石	1.5	1.0	1.8
金红石	0	0	0.4

第三组合：颜色适中，颗粒偏细，均匀度中等到较差。黑色金属矿物的含量一般较低（3%～6%，少数达 10%），磁铁矿的光泽较强，八面体晶形少见。角闪石以浅暗绿色、暗绿色长柱状和柱状晶形为主，前者往往趋于扁平的形状，浅蓝绿色和浅绿色扁平柱状的角闪石也占有相当数量。绿帘石以黄绿色、浅黄绿色粒状为主，玻璃光泽较弱，表面粗糙。有色重矿物的丰度较低，锆石颗粒细、颜色单一，晶形简单。云母类片状矿物含量增高，一般 4%～10%，最高可达 20% 左右，含量特征见表 6-6。

表 6-6　第三组合主要重矿物含量表　　　　　　　　　　　　　　　　单位：%

矿物	点号		
	长 10116	长 10129	长 10136
磁铁矿	3.0	2.8	0.5
金属矿物	5.5	2.3	5.0
角闪石	43.7	43.7	49.8
帘石	19.6	35.9	22.7
云母类	11.5	7.8	9.4

续表

矿物	点号		
	长 10116	长 10129	长 10136
石榴石	1.5	2.3	1.5
锆石	0.5	0.5	0.5
榍石	0.5	0.9	0.5
电气石	1.0	0.5	1.6
磷灰石	0.5	0	0
金红石	0.5	0	0.4

第四组合：颜色较浅，颗粒细小，均匀度较差。黑色金属矿物含量极少，一般在1%左右，重矿物种类较为单一。云母类片状矿物的含量显著增高，在50%以上。角闪石以浅暗绿、浅蓝绿色长柱状和扁平柱状为主，少量浅色闪石可呈扁柱状。绿帘石以浅黄绿色玻璃光泽较弱、表面粗糙的粒状颗粒为主。有色重矿物的丰度低，含量特征见表6-7。

表 6-7 　第四组合主要重矿物含量表　　　　　　　　　　　　　　单位：%

矿物	点号	
	长 10120	孔 1
磁铁矿	0.5	1.0
金属矿物	4.8	3.0
角闪石	23.8	23.5
帘石	6.6	8.0
云母类	59.6	69.4
石榴石	0.5	0.5
锆石	0	0.5

第五组合：颜色深度适中，颗粒大小中等到偏细，均匀度中等到差。黑色金属矿物含量较低在4%～5.5%。角闪石有的以暗绿色、浅暗绿色为主，并呈柱状、长柱状，少数为扁平柱状；有的以浅暗绿色、浅蓝绿色为主，并呈长柱状和扁平柱状。绿帘石一般以浅黄绿色、玻璃光泽较弱、矿物表面粗糙的粒状颗粒居多。有色重矿物的丰度中等至差。云母类片状矿物含量变动范围较大，3%～40%。总之这一组合类型的特征是介于第一组合与第三组合之间和第三组合与第四组合之间，属于过渡性的组合。

重矿物的多少和出现的频率，取决于碎屑物质的沉积地点和沉积时的动力因素，即它控制了同种或不同种矿物的集散程度，使重矿物产生明显的沉积分异作用，构成不同的重矿物组合，因此重矿物组合特征能反映沉积环境。

6. 重矿物沉积区的特征

长江自徐六泾以下分叉入海，水域宽广，口门宽度约 90km。长江河口的动力因素除潮流外，还有风浪作用，但以前者为主。它们既是塑造长江河口地貌类型的因素，又是支配长江河口泥沙沉积的主要因素。显然长江河口重矿物的集散和重矿物组合亦深受它们的控制。因此在阐述重矿物沉积区时，必须先对沉积区有关的动力特征作一概述。长江多年平均径流量为 $9036 \times 10^8 m^3$，为全国各大河之冠，由于大量径流的加入，促使长江河口区落潮流的历时一般大于涨潮流的历时。又因科里奥利力的影响，涨潮流路偏北，而落潮流路偏南，使河口区的涨落潮流的流路发生明显的分歧，因此在长江河口区出现了以落潮流作用为主的落潮槽和涨潮流作用为主的涨潮槽。长江河口区的潮流运动，在拦门沙以上为往复流，出拦门沙后逐渐向旋转流过渡，在口门附近旋转流已相当明显。同时，这里水域宽广，波浪作用亦显得较为重要，多年平均浪高 0.9m，最大浪高为 6.2m。

长江河口区的流速也有较明显的变化，纵向上顺着主槽向口门一般逐渐减小，横向上一般浅滩流速小于主槽的流速，图 6-29 显示了流速的变化趋势。

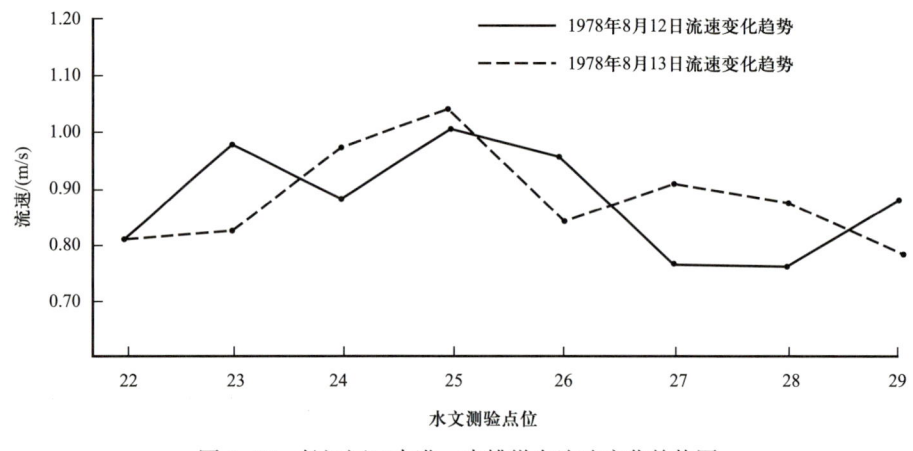

图 6-29 长江河口南港—南槽纵向流速变化趋势图

在上述动力的影响下，长江河口地貌的塑造过程有其自身的特点。长江河口径流量大，具有中等强度的潮汐作用，涨落潮流又不一致，必然引起河流汊道发育和相应的地貌类型伴生，因此水下地形亦较为复杂，有江心洲、分汊河床、冲刷河床、沙坝、边滩、沿岸沙嘴等地貌单元。根据动力因素和地貌单元，结合重矿物组合特征，将长江河口划分为五个基本沉积区（图 6-30），并对长江河口的现代沉积区作如下的分类。（1）第一组合：长江潮汐分汊河段沙坝沉积区；（2）第二组合：长江河流段河床沉积区；（3）第三组合：长江潮汐分汊河段河床沉积区；（4）第四组合：长江河口边滩沉积区；（5）第五组合：长江潮汐分汊河段河床向沙坝或边滩过渡沉积区。

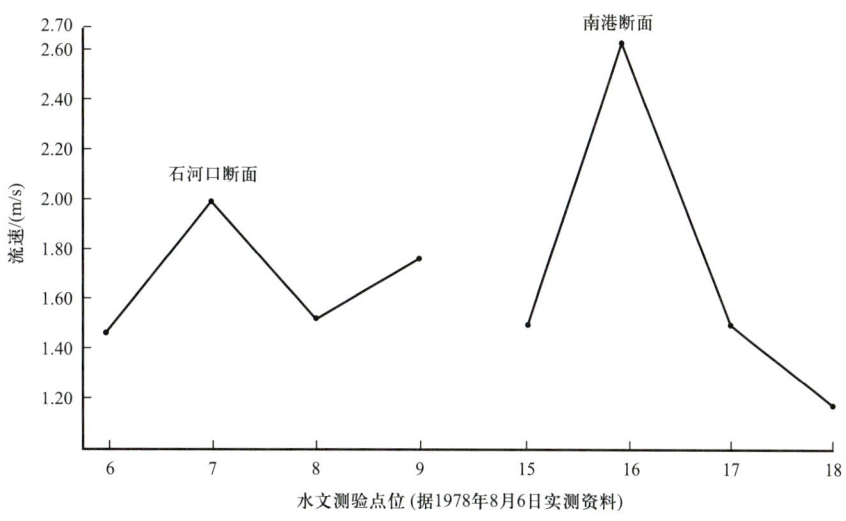

图 6-30 长江河口区重矿物组合和沉积区分布图

徐六泾窄河段河床沉积区主要分布在江阴至徐六泾河段的河床地区。这里水动力因素以径流为主，水深流急，最大水深达四十多米，最大落潮流速可达 2.0m/s 以上。河流主要沉积物以黄褐色细砂为主。重矿物属第二组合，其特征如下：（1）颗粒自形程度高，形状以柱状和粒状为主，长柱状和片状矿物含量少；（2）密度在 3.9g/cm³ 以上的矿物含量虽不高，但重矿物的颗粒较大，如深色角闪石的长轴粒径为 0.18～0.28mm，则表明矿物的水力值较大；（3）重矿物种类的数量中等；（4）重矿物的质量百分比为 13.26%。

潮汐分汊河段河床沉积区，分布于徐六泾以下各汊道的河床地区。这里的潮汐作用较长江河流段强，一般落潮历时长于涨潮历时，但少数汊道以涨潮流占优势，水流为往复流，垂线最大涨落潮流速见表 6-8，可见动力因素较为复杂，致使沉积物种类亦较多种，主要有黄褐色的粉沙质细沙和沙质粉沙两种。重矿物属第三组合，其特征如下：（1）颗粒自形程度从较好到中等，少数较差，形状以柱状、粒状为主过渡到以长柱状、扁平柱状居多，片状矿物显著增加；（2）密度为 3.9g/cm³ 以上的矿物逐渐减少，颗粒趋于细化，深色角闪石从 0.13～0.19mm 至 0.09～0.15mm，故水力值相应变小；（3）重矿物种类的丰度变低；（4）重矿物质量百分比为 8.4%。

表 6-8　长江河口断面垂线最大流速表（1978 年 8 月 6—9 日）

断面位置		南	北	沙小	江心	白沙	青龙	南	北
垂线最大流速/（m/s）	漫滩	1.56	1.06	1.38	1.38	1.52	2.57	1.65	1.42
	滩槽	1.76	1.73	0.70	1.70	1.36	1.63	2.00	2.49

潮汐分汊河段沙坝沉积区主要分布于中央沙头、九段沙头、部分局担沙与浏河沙等地区的潮间带。这里的沉积作用除受潮汐和径流的影响外，还受风浪淘洗作用的影响，

尤其是九段沙水域宽广，风浪作用更显著。因此这里的沉积物有独特之处，以黄褐色、青灰色细沙为主。重矿物属第一组合，其特征如下：（1）颗粒自形程度中等，形状以等轴粒状、柱状为主，长柱壮和片状矿物占量甚微；（2）密度为 3.9g/cm^3 以上的矿物含量高，矿物颗粒偏大，深色角闪石粒径 0.18～0.23mm，矿物的水力值亦较大；（3）重矿物种类的丰度较高；（4）重矿物的质量百分比为 18.43%。河口边滩沉积区，主要分布于长江河口南岸的川沙、南汇两县及崇明岛东部的边滩地区。这里滩面宽广（南汇嘴附近滩地向海延伸可达 10km 以上），坡度平缓，水流是漫越过滩，流速减小，风浪作用微弱。因此沉积物以淤泥质为主。重矿物属第四组合，其特征：（1）颗粒自形程度一般较差，形状以长柱状、扁平柱状和片状为主；（2）密度为 3.9g/cm^3 以上的矿物占量极微，矿物颗粒细，深色角闪石 0.08～0.11mm，矿物水力值低；（3）重矿物的丰度甚低；（4）重矿物质量百分比为 3.64%。

长江潮汐分汊河段向沙坝或边滩过渡的沉积区：重矿物属第五组合。本区的动力因素沉积物特性及重矿物特征均介于分汊河床与沙坝或是与河口边滩沉积区之间。

综上可见，各沉积区动力条件不同，重矿物的丰度、形状、密度、水力值及质量百分等均有显著差异。从磁铁矿、钛铁矿—角闪石类—云母类矿物的三角图解（图 6-31）和重矿物含量变化图（图 6-32）可以看到，不同环境的沉积物分别具有不同的重矿物组合特征，充分显示了重矿物特征与动力条件和地貌类型之间的密切联系。

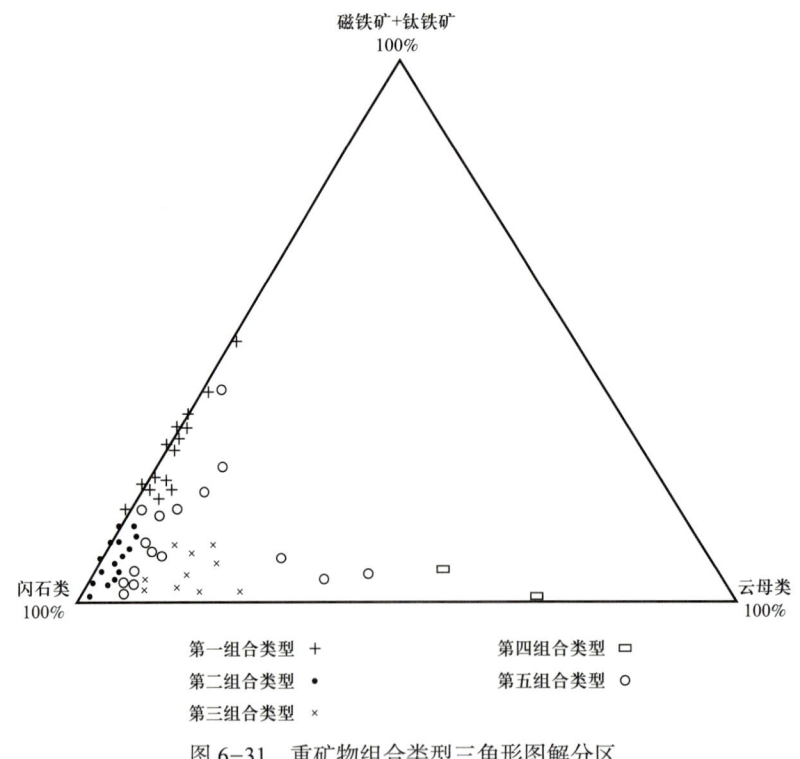

图 6-31　重矿物组合类型三角形图解分区

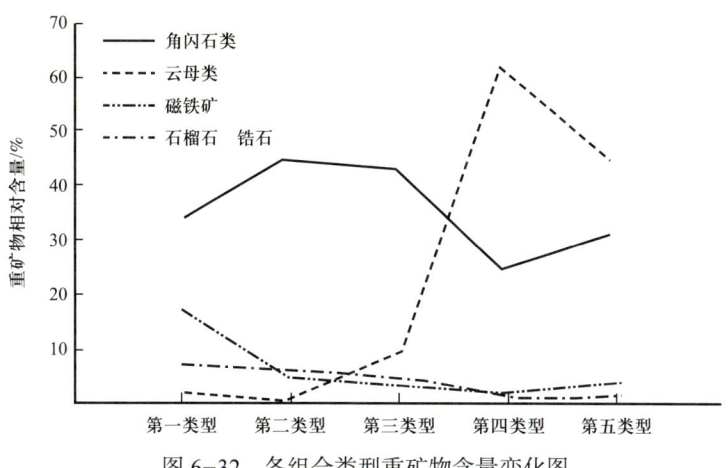

图 6-32　各组合类型重矿物含量变化图

7. 长江三角洲沉积相特征及其分布规律

长江口是典型的潮汐河口，潮差大，潮流强，在我国东南沿海以至亚洲东部沿岸的许多河流中都具有代表性，所以研究长江三角洲对了解潮汐型三角洲和识别古三角洲均有重要意义。

1) 沉积相划分的依据

长江三角洲是河流和海洋共同作用的产物。水流进入河口发生了一系列变化，特征是比降减少、水体混合、水流展宽、流速降低。同时长江是潮汐河口，潮流自口门而入，可上溯至江阴，所以长江口的实际流场是径流和潮流迭加的结果。因为潮流具有明显的周期性，迭加后，落潮流速明显大于涨潮流速，并且流速仍保持沿流程减小的趋势。由于汊道过水断面的变化，汊道之间、汊道与浅滩之间发生水体交换，又使流速发生局部的增大和减小。

长江口地区流速降低使物质沿流程分异沉降，粒度逐渐变细（图 6-33）。把河口地区各地貌部位沉积物的极限累计频率曲线绘制在一幅图上（图 6-34），同样说明沉积物粒度由陆向海变细的趋势，而且各曲线带互相重叠，显示了它们之间的渐变关系，图中央的空白处是由于资料不足所产生的。沉积物的分选性与其粒度有密切关系，粒度越粗，分选越好；反之，分选就差。此外，在三角图解中，各类沉积物均集中在一定的范围（图 6-35），其位置与平面上的分布（图 6-33）颇为一致，因此可作为沉积相划分的重要依据。江口地区水体混合，使海水稀释，盐度减小，进而影响生物群的分布，所以河口内外有孔虫、介形虫多是广盐性和半咸水分子。同时在江潮流的影响下，生物埋藏群表现出海陆混杂的特点（图 6-36），并且其属种和个体数量由陆向海逐渐增多，壳体增大。此外棘皮动物也随盐度的增高而增多，而植物碎屑及陆相介形虫向海方则逐渐减少。河口地区水体混合及其向两侧的扩散也反映在孢粉组合上（图 6-37）。长江口两侧潮间浅滩的孢粉组合与长江河床相似，即木本花粉含量增高，而不同于两岸三角洲平原。

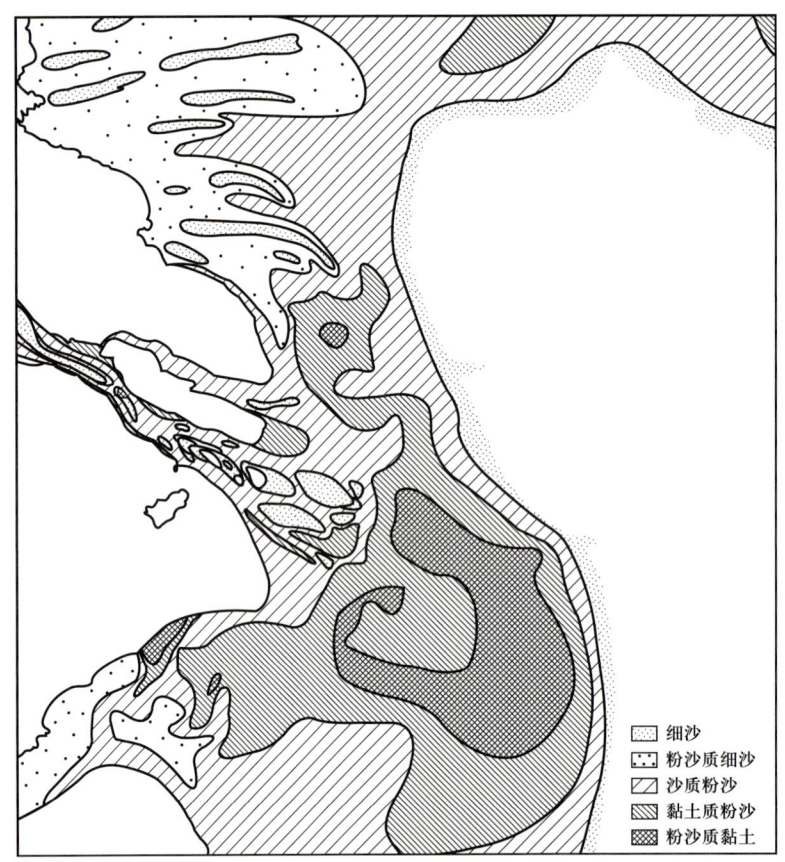

图 6-33 长江三角洲现代沉积类型图

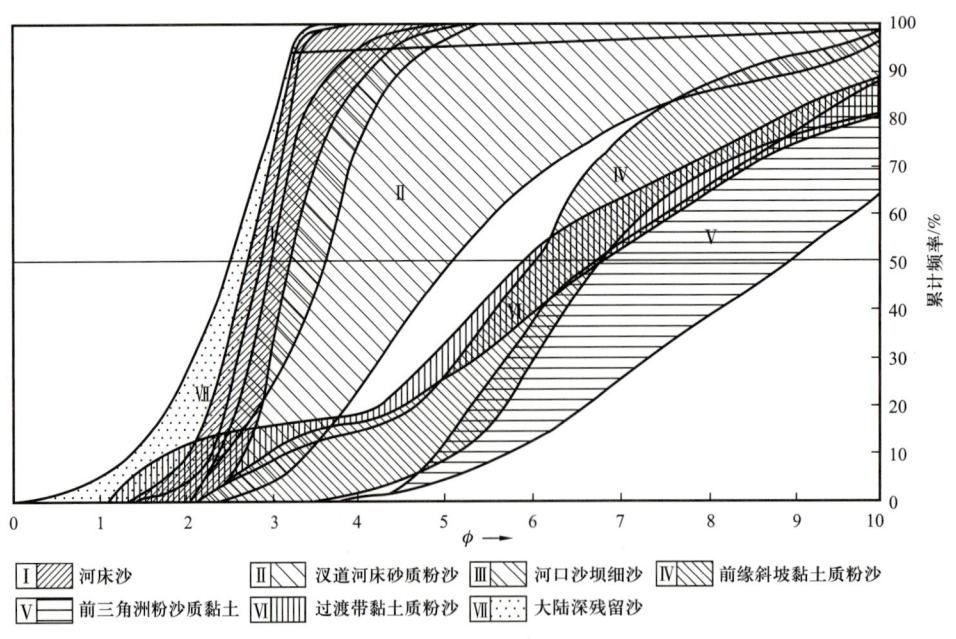

Ⅰ 河床沙　Ⅱ 汊道河床砂质粉沙　Ⅲ 河口沙坝细沙　Ⅳ 前缘斜坡黏土质粉沙
Ⅴ 前三角洲粉沙质黏土　Ⅵ 过渡带黏土质粉沙　Ⅶ 大陆深残留沙

图 6-34 沉积物累计频率图

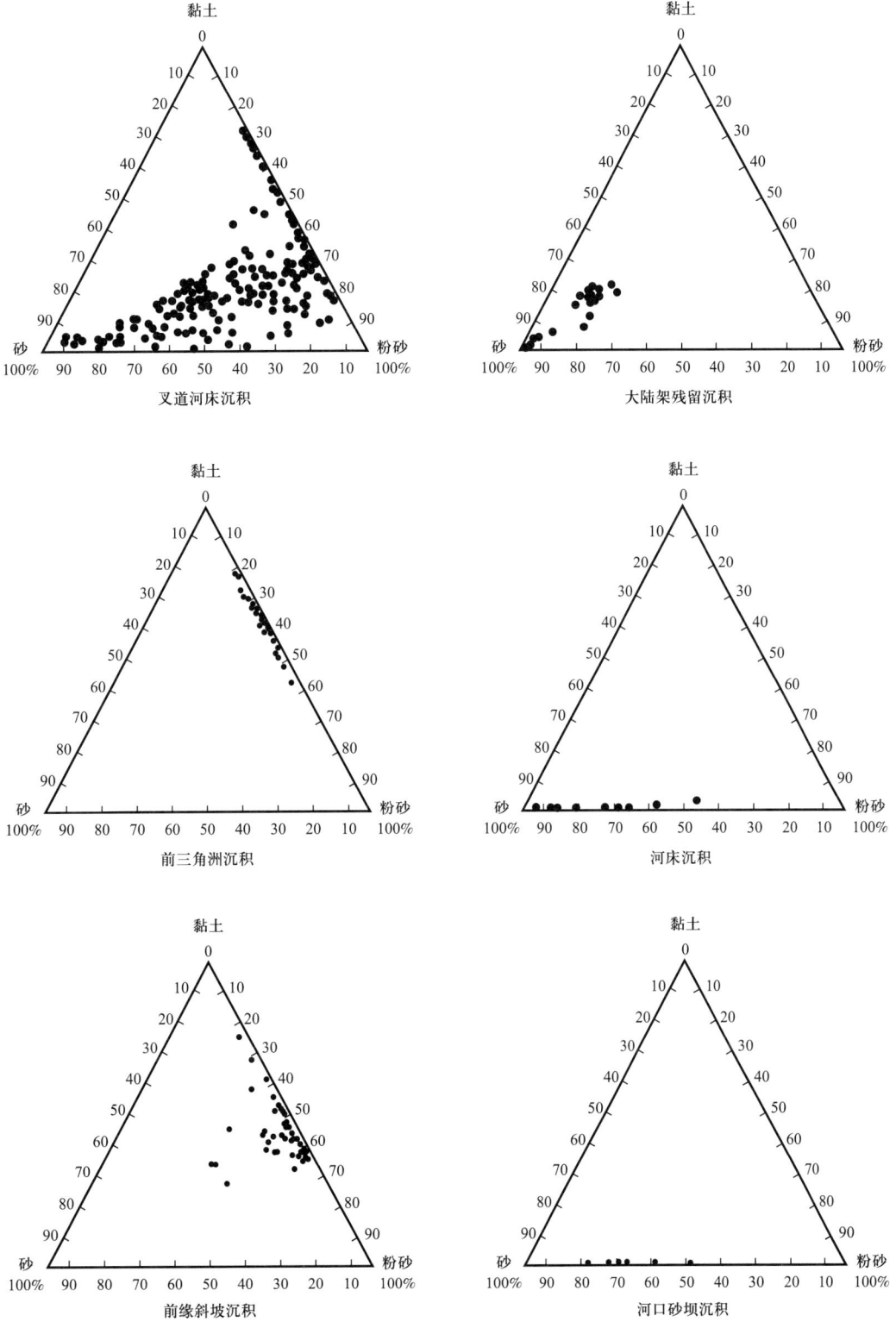

图 6-35 长江口地区沉积物三角图解

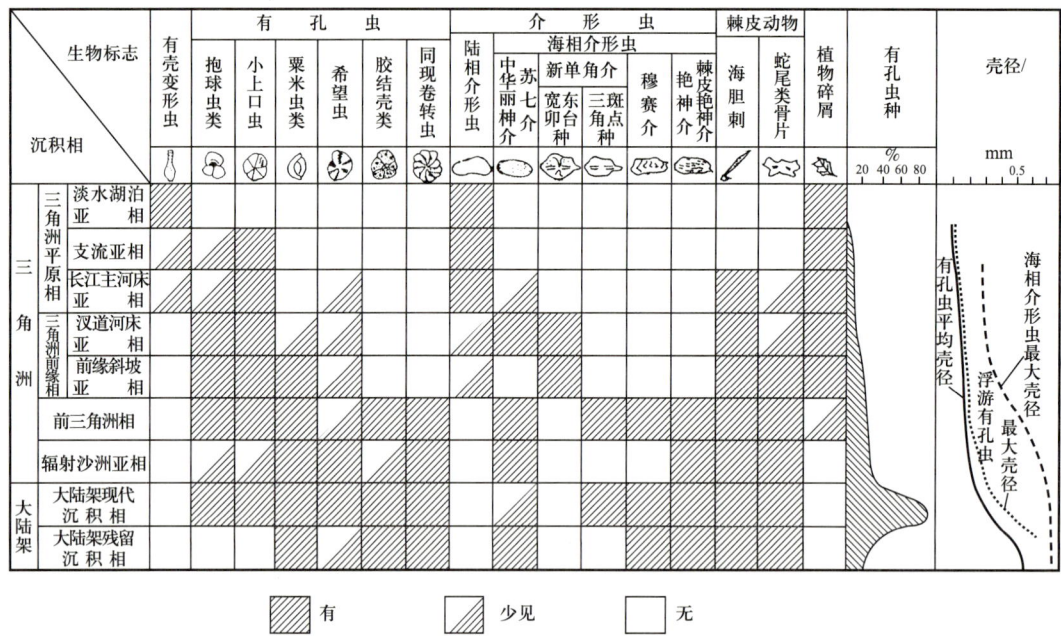

图 6-36 长江三角洲现代沉积相生物标志示意图

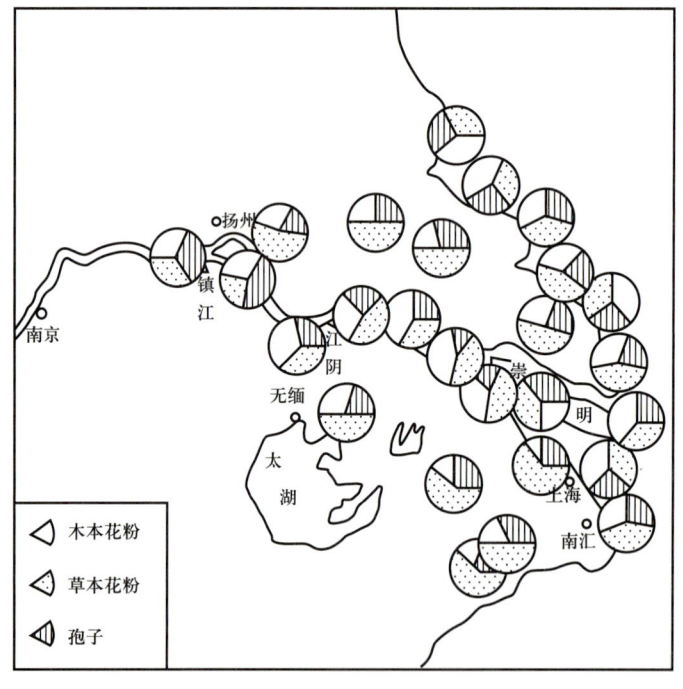

图 6-37 长江三角洲表层沉积孢粉成份分布图

河口地区咸淡水混合，发生一系列生物化学变化，极有利于微生物的繁殖和生长，使沉积物中有机质增高。长江口沉积物中的有机质主要是原地自生的，其含量与沉积物粒度具有明显的关系。若把图 6-38 与图 6-33 作比较，可以看出，沉积物粒度越细，有机质含量越高；反之，其含量就低。在本区最细的粉沙质黏土中，有机质含量高达1.0%~1.5%，而在细沙分布区，其含量不足0.5%。

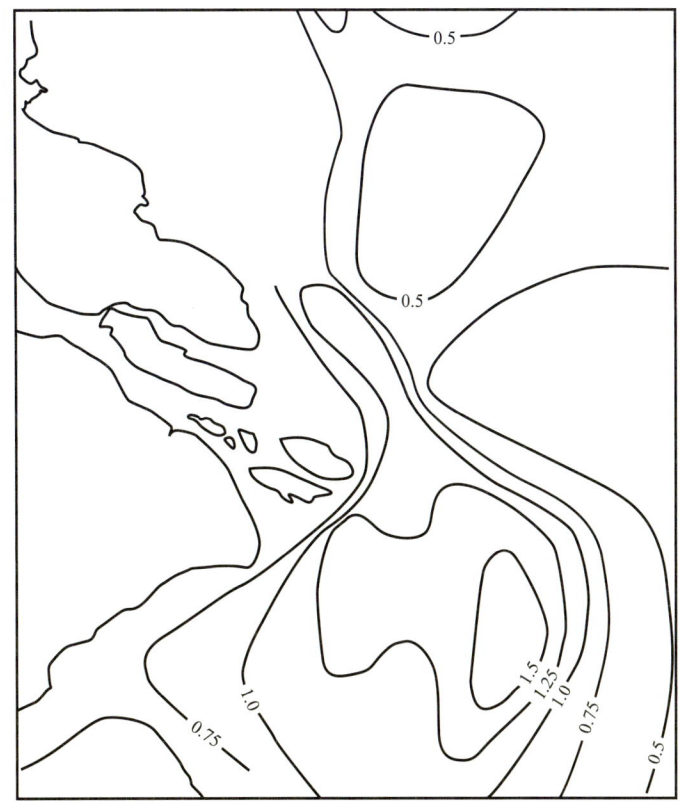

图 6-38　长江三角洲现代沉积物中有机质百分含量等值线图

2) 沉积相的特征及水平分布

长江口上述各自然因素的变化产生了一系列三角洲特有的沉积环境及相应的沉积相，而潮流的作用又使长江三角洲沉积相具有一定的特点。根据水动力变化、沉积物特征和生物的埋藏群，长江三角洲体系可以划分为三角洲平原相、三角洲前缘相、前三角洲相及伴生沉积相等几个单元，江口地区以外属于大陆架沉积相，现分述如下。

(1) 三角洲平原相。

三角洲平原相是三角洲体系的陆上部分，包括河系河床、滨海平原、湖泊沼泽、天然堤等几个亚相。

在河系河床沉积中，分选较好的中细沙沿主流线分布，向两侧逐渐变为黏土质粉沙和粉沙质黏土。在河曲发育的地段，凸岸堆积厚层的沙质扇形坝。江心滩和江心洲在一些河段有广泛分布。沙洲组成物质的下部是河床相的中细沙，上部为河漫滩相的粉沙和黏土。河道两岸的天然堤受人为因素的影响，不甚明显，一般高出水面1~2m，组成物质主要为粉沙。河床和天然堤中含有丰富的植物碎片，通常未见棘皮动物骨片。在河床沉积中发现少量有孔虫和有壳变形虫壳体，其中包括少量浮游有孔虫，它们是被潮流带来而进入埋藏群的外来生物。介形虫海陆混杂，但海相壳体细小。河床沉积中以斜层理、交错层理为主。河漫滩和天然堤沉积中发育微层理，主要是粉沙和黏土的互层，层理常被植物根系破坏。

长江南北两岸为滨海平原，它是在三角洲向海推进的过程中逐渐成陆的。北岸是长江古三角洲的主体，沉积物是较纯的细沙和粉沙，再加地势较高，河网发育，排水畅通，潮沼沉积很少发育。长江南岸的近海部分，滨海平原的组成物质是粉沙和粉沙质黏土互层，水平层理，植物根系发育，含大量植物碎屑。三角洲后缘有大面积的湖泊沼泽出现，沉积物主要是黑色淤泥及泥炭。微体生物以有壳变形虫为主，介形虫全为陆相，含轮藻及淡水软体动物壳体，植物碎屑极多，无棘皮动物及有孔虫。

（2）三角洲前缘相。

三角洲前缘相处在从汊道河床至前缘斜坡这一广阔的区域。这是江海剧烈交锋的地带，水下地形变化大，沉积结构极为复杂。沉积物主要是细沙、沙质粉沙和黏土质粉沙，局部为粉沙质黏土，颜色为黄灰至灰色，沉积构造类型繁多，植物碎屑含量较多，有机质含量 $0.3\% \sim 0.75\%$。

（3）前三角洲相。

前三角洲相分布在三角洲前缘相之外，平面上呈星舌状。它是三角洲体系中分布最广的一个相。沉积物主要是粉沙质黏土，呈青灰色，富含有机质，底栖生物繁盛，显现层理的往往是厚层粉沙质黏土夹薄层粉沙条带。

琼港辐射沙洲位于琼港地区之外，在形态上为一系列辐射状沙洲。它是由长江口沿岸向北运移的泥沙与从苏北北部向南运移的黄河废弃三角洲的侵蚀物相遇而形成的沉积体系。沙洲组成物质主要为细沙，沙洲之间则为沙质粉沙。沙洲向陆一方沉积物逐渐变细，并过渡到潮间浅滩和浅海平原；向海一方沉积物亦逐渐变细，过渡到粉沙质黏土沉积。生物埋藏群与正常浅海相似，但混有少量长江口常见的种属。钱塘江沙坎，即钱塘江河口沙坝，位于杭州湾内，形体异常庞大，其沉积物部分来自钱塘江，大部分系随涨潮流带入的长江泥沙。组成物质为分选极好的沙质粉沙，黏土含量极低。沙坎向外是钱塘江与长江共有的前缘斜坡亚相及前三角洲相。

3）三角洲沉积相的垂直层序

根据长江口地区的钻井资料，三角洲沉积相自上而下的垂直层序与水平方向上由陆向海依次出现的顺序是一致的，即首先是三角洲平原相，其次为三角洲前缘相，最后是前三角洲相，再向下就是浅海沉积或海侵以前的下伏层（图6-39、图6-40）。

（1）三角洲平原相。

三角洲平原相是陆上生成的沉积相，厚3～4m，沉积物上部为黄褐色粉沙质黏土，具褐色锈斑，下部为灰色黏土质粉沙。沉积构造主要为水平层理（图6-41a），偶见斜层理，常被植物根系破坏。局部地区有未腐烂的芦苇根和叶及泥炭。植物碎屑极为丰富，棘皮动物骨片罕见。

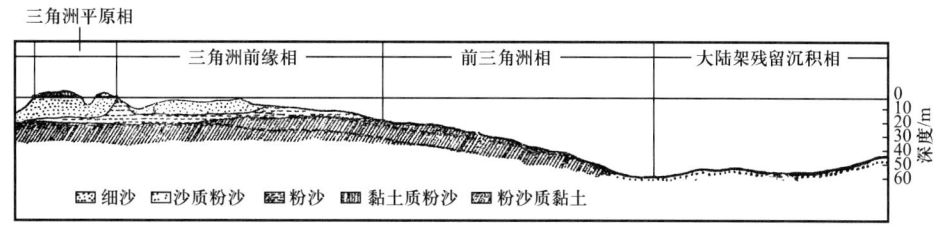

图 6-39　长江三角洲剖面图

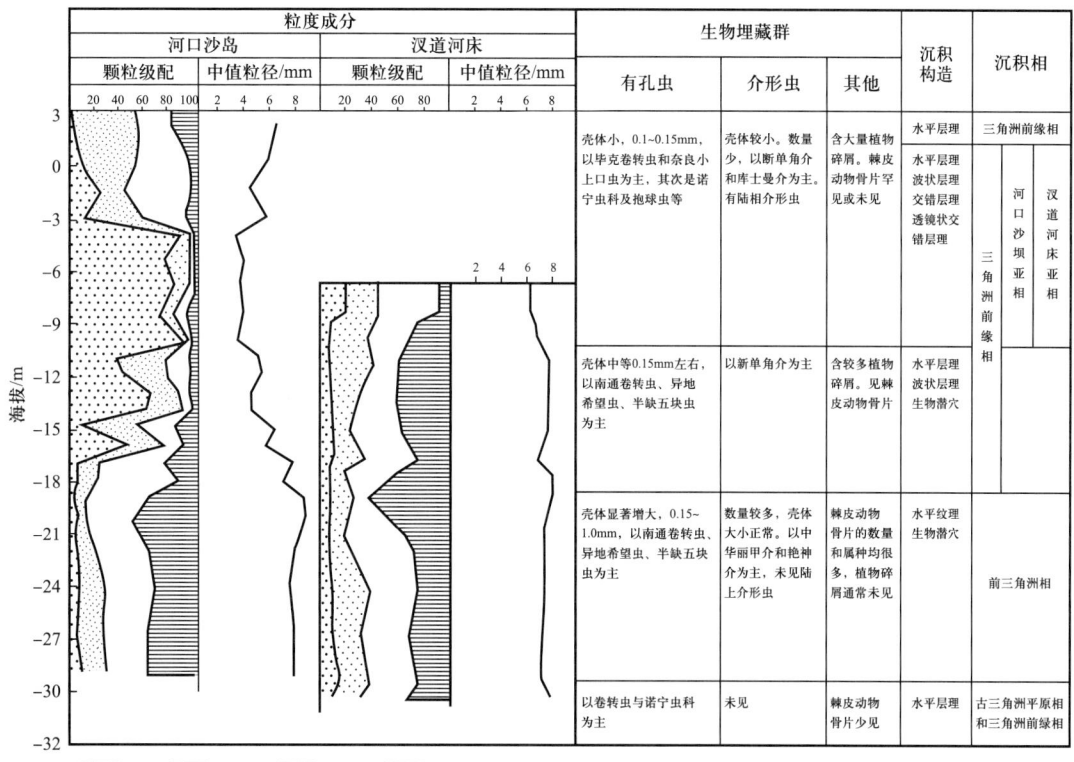

图 6-40　长江三角洲沉积相的垂直层序

（2）三角洲前缘相。

在大多数钻井中可区分出河口沙坝和前缘斜坡两个亚相。河口沙坝的厚度一般为 10~15m，可分上中下三部分。上部厚 2~3m，由深灰色粉沙与黄褐色粉沙质黏土互层，具明显的水平层理和斜层理，有扰动沉积构造（图 6-41b）。中部厚 8~9m，为灰色细沙，夹薄层黄褐色黏土质粉沙，细沙质纯，分选较好，夹有贝壳，单层厚度可达 1m 以上，具有斜层理、交错层理及鳞片状层理（图 6-41c）。下部为青灰色细沙与黏土质粉沙互层，具有水平层理和波状层理（图 6-41d）。河口沙坝沉积中棘皮动物骨片较少，植物碎屑较多。有孔虫壳体较小，多在0.1～0.15mm，以毕克卷转虫、奈良小上口虫为主。介形虫壳体也很小，主要是新单角介和库士曼介及少量陆相介形虫。前缘斜坡亚相中沉积物为灰色黏土质粉沙，层理明显，为灰色粉沙与灰黄色粉沙质黏土互层，具水平层理和波状层理，并有细砂薄层及透镜体（图6-41e），厚4～5m的有孔虫和介形虫组合具有过渡性特征，壳体中等，一般在0.15mm。有孔虫以广域性的南通卷转虫、异地希望虫、半缺五块虫为主。介形虫以新单角介为主，未见陆相介形虫。

（3）前三角洲相。

前三角洲相的厚度在10m以上，为比较均一的青灰色粉沙质黏土，层理明显，在数厘米厚的黏土层中，出现薄层粉沙条带，有虫孔构造（图6-41f）。棘皮动物的数量和种属都明显增加，通常未见植物碎屑。有孔虫和介形虫壳体显著增大，一般在0.15～10mm，有的可达20mm，以南通卷转虫、异地希望虫、半缺五块虫为主，并出现同现卷转虫、拉马克五块虫、悦目五块虫、拖环虫及胶结壳有孔虫等。海相介形虫十分丰富，壳体较大，以中华丽神介和艳神介为主，未见陆相介形虫。

前三角洲相之下为黄褐色粉沙质黏土与灰色粉沙、细沙互层，埋藏深度一般在吴淞零点标高以下约28m。生物以有孔虫为主，介形虫少见。有孔虫壳体再度变小，种属减少，代表浅海相的窄盐性分子，如胶结壳类再度消失，而以诺宁虫科和卷转虫为主。棘皮动物碎片极为罕见，这是早期的三角洲平原相或三角洲前缘相。

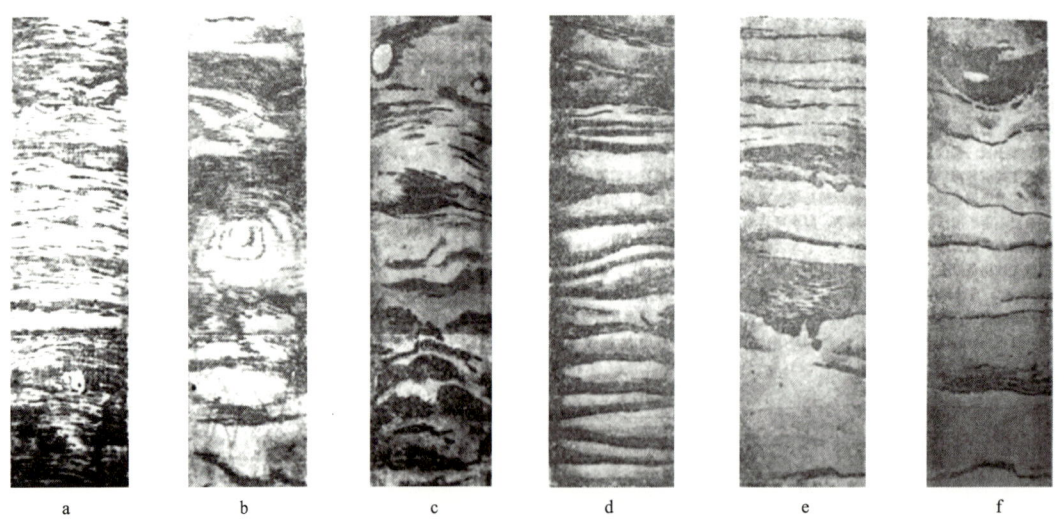

图6-41　长江三角洲沙岛剖面的沉积构造特征

4）长江三角洲砂体的特征

长江三角洲体系存在三种类型的沙体，这些沙体在水平方向上紧靠富含有机质的沉积，在成因上与后者密切相关，在垂直方向上，则位于这种泥质沉积之上。这三种沙体是：长江河口沙坝、琼港辐射沙洲和钱塘江沙坎。

长江河口沙坝在分布上独具特征,不同发育阶段的河口沙坝—崇明岛、长兴岛—横沙岛—铜沙浅滩、九段沙、南槽铜沙浅滩,依其形成的先后顺序,自北而南呈雁行状排列,大致垂直海岸线。沙体层序上粗下细,发育完全的河口沙岛,最大宽度15km,长达70km,沙层厚度10~15m。沙层中局部夹有2~3m厚的黏土质粉沙层,是由发育在河口沙坝上次一级的汊道河床充填而成。河口沙岛形成之后,在河床演变过程中,局部可能发生冲刷和再沉积,因而沙体局部变为下粗上细,具有河道沙体的特征。

琼港辐射沙洲垂直海岸线或与海岸线呈很大交角,沙体长数十千米至百余千米,宽2~30km。由于涨落渐流的辐聚辐散,海水可达岸边,琼港地区又无大河流注,因而其向陆和向海一端的海水盐度差异不大,生物埋藏群具有海相特征。

钱塘江沙坎是一个巨型沙体,横剖面为底部下凸的透镜体(图6-42)。据计算,体积约为$425×10^8m^3$。自闻家堰至乍浦长度近百千米,宽20~30km,最大厚度可达20m,向海变薄,最后尖灭。沙体中黏土夹层不连续,厚度很小。由于涌潮和洪水的反复冲刷和再沉积,沉积物分选优良,上下层均一。它与下伏的前三角洲沉积的接触关系是突变的,其间为一冲刷面。

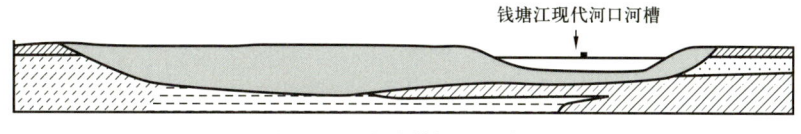

图6-42 沙坎横剖面示意图

第六节 三角洲油气藏

三角洲及其组成相是最有利的油气勘探对象,这是因为:(1)三角洲沉积具有分布广泛、厚度巨大、分选良好的沙层,它们提供了可能的储层;(2)三角洲以丰富的原地有机质提供潜在的生油层;(3)三角洲迅速、大量的沉积过程和岩性的巨大差异,使压实下沉作用非常显著,能形成潜在的砂岩地层圈闭;(4)三角洲沉积中的不同地层水条件及饱含水的淤泥迅速压实释水,为烃的转化提供了必要的地球化学条件,为沉积烃的运移提供了有效的动力条件。

一、河控三角洲沉积油藏——泰国湾浅海区 Bangkot 油气田

Bangkot 油气田位于泰国近海,马来盆地西北侧,水深75~80m。1973年被发现,1993年投入运营。天然气可采储量$1.58×10^8m^3$,凝析油$2500×10^4m^3$,原油$450×10^4m^3$。油气藏发育在受晚中新世—上新世右旋走滑断层控制的断块和相关的翻转背斜中,有多达150个油气藏,其油气柱高度一般在30~60m,有些带有厚达15m的油环。

储层发育在约2000m厚的中新世河流—三角洲砂岩及其互层的页岩中。砂岩层一般

厚 5m，系曲流河河道、三角洲平原分流河道、三角洲前缘河口坝及决口扇沉积。决口扇的渗透率为 10mD，但在厚层河道砂中可达 2500mD。由于断层的存在，加上砂岩页岩比为 0.2～0.35，砂体架构为拼图及迷宫式。

凝析油（53°API）对天然气的比例为 1～2m^3/10^4m^3。CO_2 含量随深度增加，占比可以高达 60%。因此，天然气必须在平台上混合处理，以达到可销售的 23% 的 CO_2 含量。天然能量为气体膨胀，加上部分水驱。

产层有效厚度在早期的垂直井为 35～40m，在后期根据地震强振幅异常加上有利的构造位置决定的、平行于断层面所钻的斜井中，增加到 75～100m。截至 2016 年年底，共有超过 780 口生产井。1999—2016 年间，气产量达到高产稳产，平均日产量为 170×10^4m^3。截至 2021 年年底，累计产量为天然气 1.54×10^8m^3 及凝析油 2400×10^4m^3。薄油环利用水平井开采，到 2014 年年底，共采出 440×10^4m^3。

Bangkot 油气田的储层为中新统，其与上覆上新统—全新统整合接触，与下伏渐新统也呈整合接触，相当于马来西亚的 K 层及以上地层（图 6-43），总厚度约 2000m，由砂岩与页岩互层组成，沉积环境从河流到三角洲平原、三角洲前缘直到滨浅海环境。

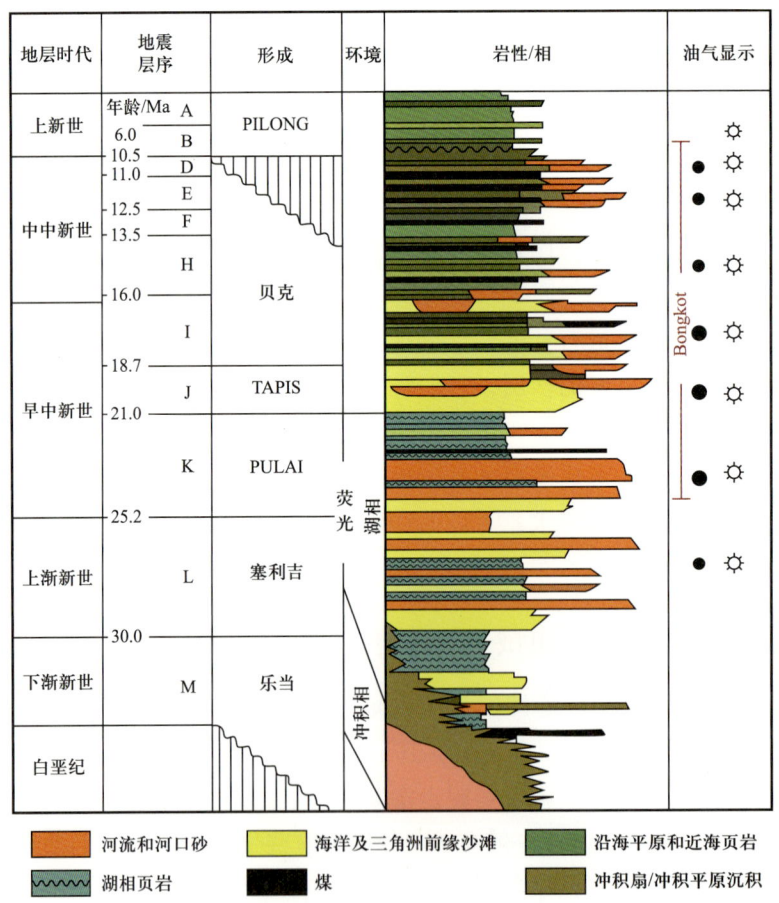

图 6-43 马来盆地地层柱状图（据 Ngah et al.，1996）

盆地中砂岩层约有100套，属于河道和分流河道、河口坝及决口扇沉积，厚1~25m，平均厚5m（图6-44至图6-46）。向东南方向，沉积相变得越来越离岸，砂层也越来越薄，粒级越来越细。三角洲的物源来自古Chao Praya河，其源头位于现今泰国湾的顶部，最终流向中国南海（Leo，1997）。

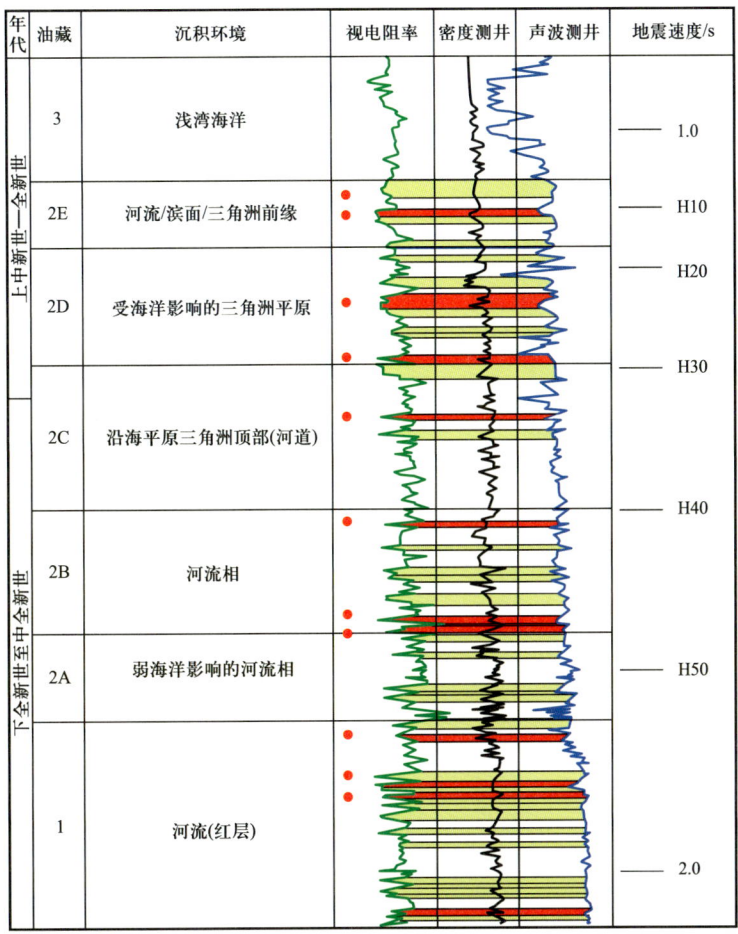

图6-44　Bangkot油气田北部的探井15-B-2X储层段的密度测井及声波测井曲线图（据Leo，1997）

中新统与Pulai—Bekok层相对应，下分三个组，从下到上为一组、二组、三组。一组为厚度大于500m的红层，主要为冲积平原页岩，含大量正韵律的曲流河砂体；二组含有大部分的天然气储量，厚800~1300m，主要为海退的三角洲层序，由砂岩、页岩和煤层交互构成；三组砂体的厚度最大，由垂向叠置和横向拼接的河道构成。

根据测井曲线特征及岩性将该组分成五个单元，从下到上分别为2A—2E。其中2A和2C为下三角洲平原到海相沉积；2B（最主要的储层）为曲流河砂岩，上覆于上三角州平原及/或冲积平原沉积之上；2D和2E为渐进的海相环境，其中2D代表河流至三角洲前缘沉积，2E代表河流、三角洲前缘及滨岸沉积，包含25~30m厚的砂岩（图6-47），是本油气田中最大的油藏。

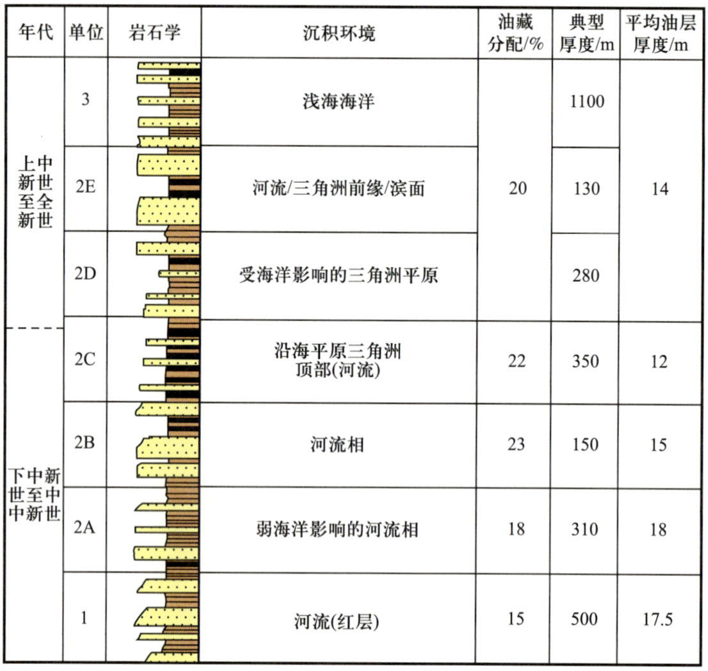

年代	单位	岩石学	沉积环境	油藏分配/%	典型厚度/m	平均油层厚度/m
上中新世至全新世	3		浅海海洋		1100	
	2E		河流/三角洲前缘/滨面	20	130	14
	2D		受海洋影响的三角洲平原		280	
下中新世至中中新世	2C		沿海平原三角洲顶部(河流)	22	350	12
	2B		河流相	23	150	15
	2A		弱海洋影响的河流相	18	310	18
	1		河流(红层)	15	500	17.5

图 6-45 Bangkot 油气田储层段地层及沉积环境特征综合柱状图（据 Leo，1997）

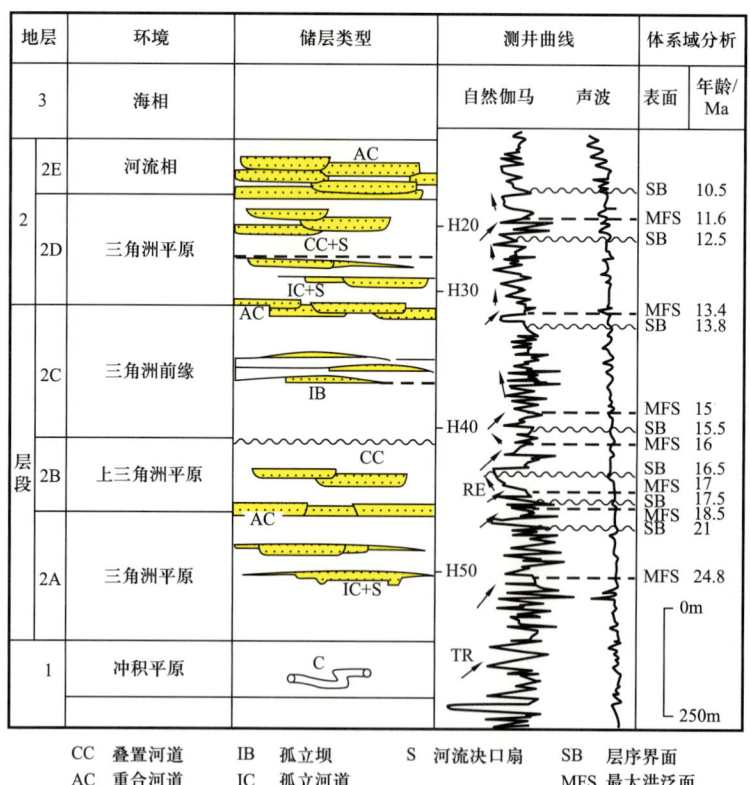

图 6-46 Bangkot 油气田储层段的自然伽马及声波测井（据 Duval et al., 1994）

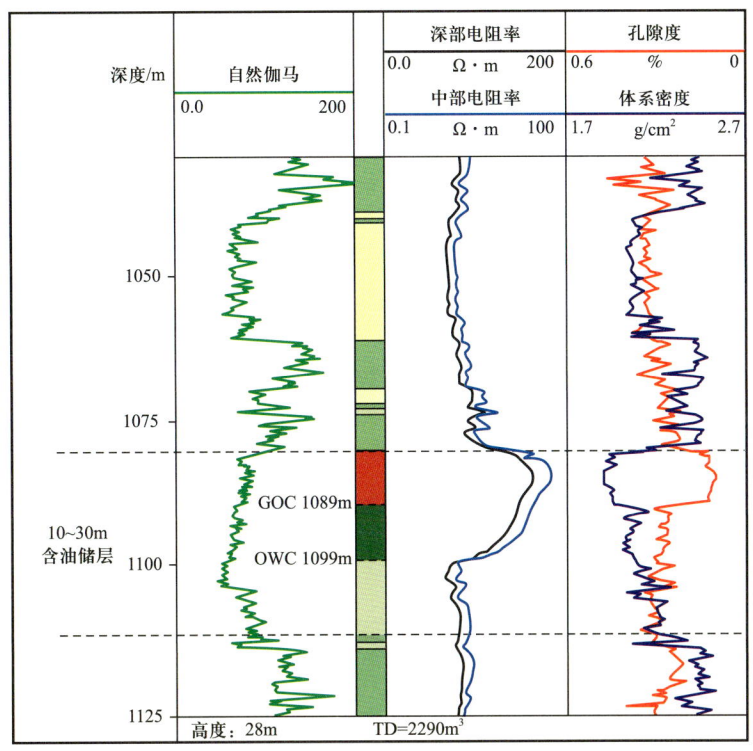

图 6-47　Bangkot 油气田北部 2E 单元的 BK-4-L 井的测井曲线图（据 Horn et al.，1997）

由于复杂的断层穿过页岩层形成阻碍流体流动的障隔层，储层架构为拼图—迷宫式（图 6-48）。砂岩页岩比一般为 0.2～0.35（砂地比 0.16～0.26），向东减小。按照平均砂地比为 0.1 计算，净砂层厚平均为 200m，单井有效厚度 35～40m，但后来依据三维地震数据钻得的斜井中，有效厚度增加到了 75～100m（图 6-49）。

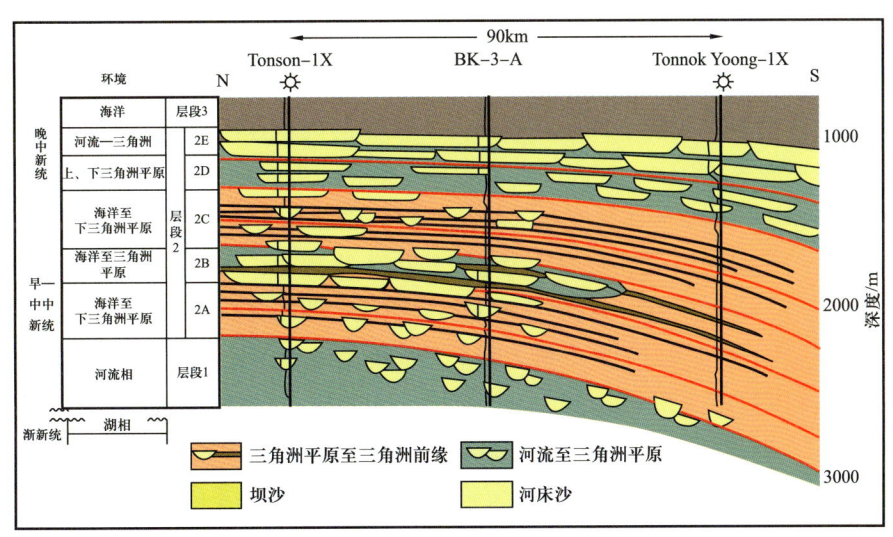

图 6-48　Bangkot 油气田南北向地层—构造剖面（据 Leo，1997；Kritsadativud et al.，2017）

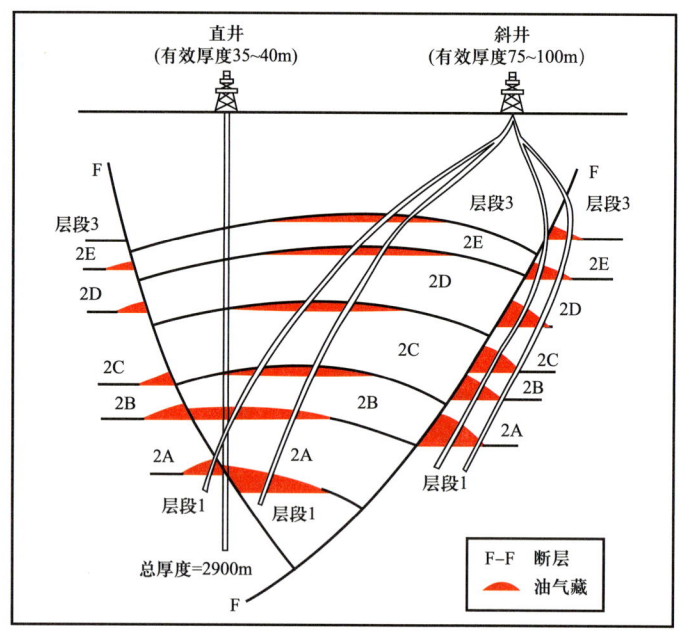

图 6-49 Bangkot 油气田示意剖面（Duval and Gouadain，1994）

二、浪控三角洲沉积油藏——马来西亚 Betty 油田

Betty 油田位于马来西亚 Sarawik 省的浅海区，处于新近系 Baram 三角洲的西南部，离岸 40km。油田的构造为北东—南西走向的背斜，其南界为东西走向的生长断层。该背斜实为一牵引构造，由三角洲自生的生长断裂与上新世的挤压褶皱共同作用而成。生长断层构成上倾方向的闭合机制，并控制沉积物的分布，使下降盘的沉积明显加厚。油气主要分布在下降盘，海进泥岩构成各储层单元的盖层。

Betty 油田的储层为晚中新世上旋回层的碎屑岩，埋深在海平面以下 7200~9650ft 之间。晚中新世上旋回层的沉积属于古 Baram 三角洲的一部分，为波浪控制的三角洲沉积体系。砂体的发育受控于四个因素：（1）较高的沉积速率；（2）较高的沉降速率；（3）频繁的海平面波动；（4）较高的波能。储层砂体主要是向上变粗的粒序，形成于波浪为主的浅海环境。单个砂体具有以下特征：砂体底部与下伏泥岩呈突变接触，向上变粗；砂体下部以风暴和浪成沉积构造为主，极少生物扰动，向上粒度变粗，分选变好，成层性和黏土含量减少；顶部由成层性差的粗砂组成，偶而有介壳滞留沉积。

Betty 油田的储层包括四类共七种岩相。第一类为砂岩，是油田的主要岩石类型，下分三种岩相：（1）近水平层状砂岩，细至粗粒，分选好，平均孔隙度 23%，平均渗透率 1200mD；（2）生物扰动砂岩，细粒，分选好，有大量虫孔，平均孔隙度 22%，平均渗透率 475mD；（3）低角度平行纹层—丘状交错层砂岩，细粒，具零散分布或夹层状的泥岩，平均孔隙度 19%，平均渗透率 90mD。第二类是以砂岩为主的混杂岩类，包括两种岩相，分别为（4）生物扰动的混杂砂岩，细粒，含泥质，不显层理，平均孔隙度 17%，平均渗透率 52mD；（5）砂页岩互层。第三类是以泥岩为主的混杂岩类，通常为非储层。第四类是泥岩，为非渗透隔层。

三、潮控三角洲沉积油藏——马来半岛 Guntong 油田

Guntong 油田位于马来盆地的中北部，发育在一个长 12km、宽 7km，东西走向的背斜上。油田构造面积约 50km^2，最大构造高度约为 250m，构造未被油气充满。背斜南、北翼的倾角分别为 9°～14° 和 5°～6°，两条南北向的大断层将油田分为三个断块，每个断块的油水分布各不相同。

Guntong 油田水深 64m，于 1978 年被发现，1985 年投产。其地质储量为 $2×10^8m^3$，可采储量为 $7900×10^4$～$9000×10^4m^3$，采收率 40%～45%。圈闭为一受扭转断层影响的反转褶皱。三个断块中共有 29 个产层，形成 70 个油气藏，其中多数具油环和气顶。油气柱高度变化不一，但在 I 群（Group I）中为 190m。

下—中中新统的 Tapis 组和 Bekok 组砂岩（Group J 和 Group I）的总厚度为 1200m。其沉积环境为河控/潮控三角洲，储层架构为拼图式与层饼式，与泥岩互层。这些泥岩层与闭合断层及相变构成垂向及横向流体流动的障隔层。极细粒—中粒砂岩具 15%～22% 的孔隙度和 20～400mD 的渗透率。挥发性的油（48°～50°API，气油比为 220m^3/m^3）。截至 1996 年，累计产量为 $3600×10^4m^3$。

Group J 和 Group I 相当于 Tapis 组和 Bekok 组，共有 29 个砂层（储层单元），其中 22 个在 Group I，7 个在 Group J（图 6-50、图 6-51）。

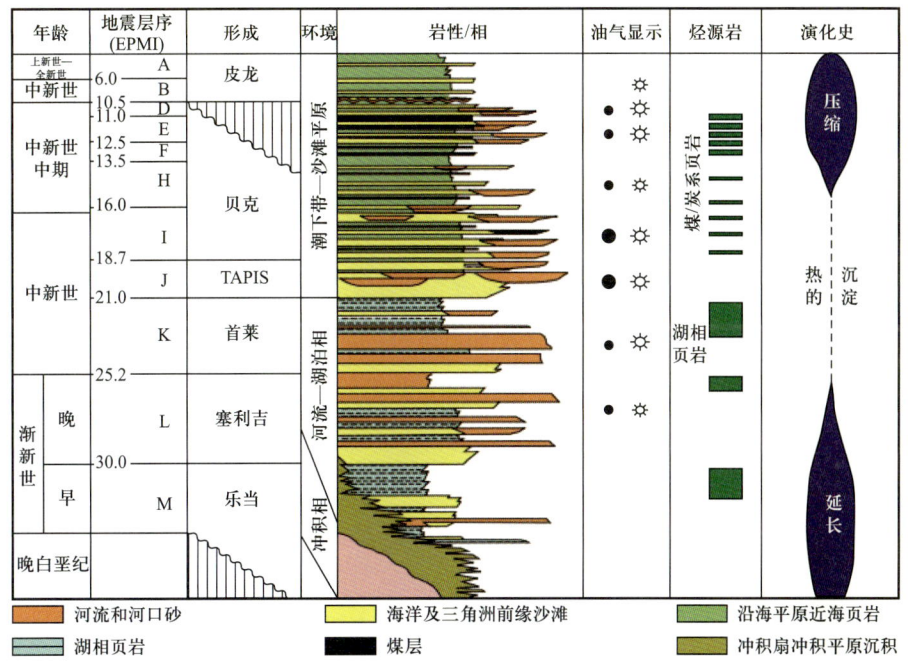

图 6-50 马来盆地地层、沉积及构造序列

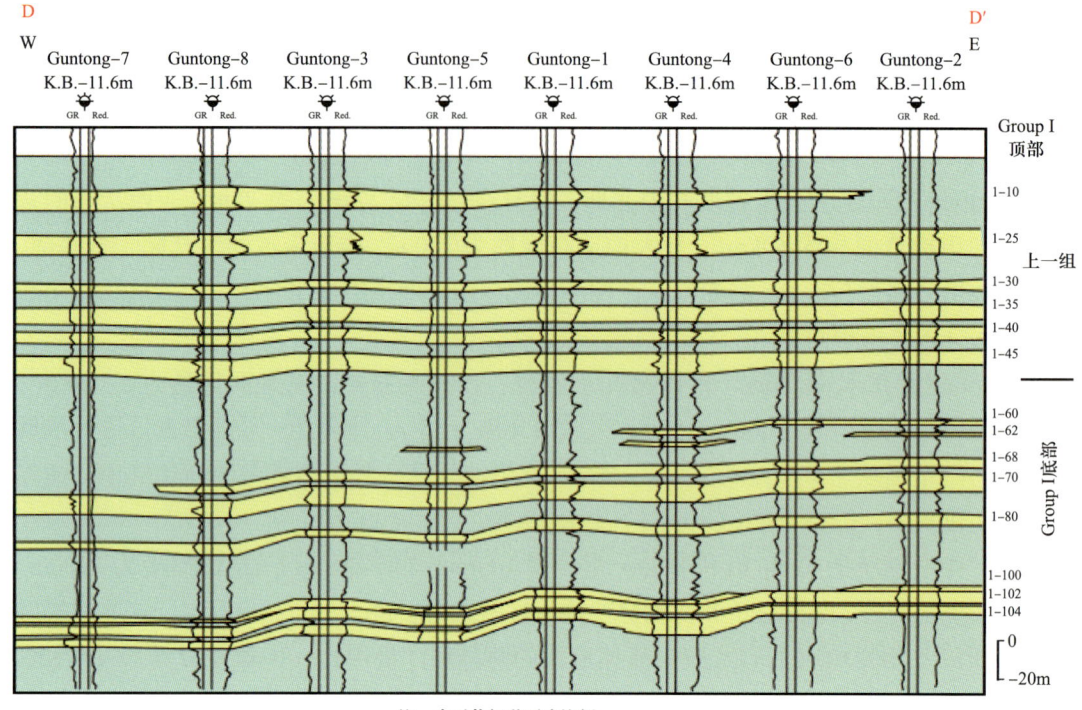

注：水平井间道不成比例

图 6-51　Guntong 油田东西向测井对比图

Guntong 油田的砂体几何形态为层状至复杂迷宫状，多数砂体被广泛分布的渗透性差的泥岩和煤层隔开，少量较薄的砂层则在油田范围内尖灭。储层厚度和连续性变化都很大，储层质量在垂向和横向上变化也很大。储层砂岩的孔隙度在 18%～24% 之间，上 I 组平均为 24%，下 I 组平均为 20%。渗透率通常在 50～300mD 之间，上 I 组平均 200mD，下 I 组平均 100mD。

Group J 是裂谷期晚期的层序，Group I 是裂谷期后早期的层序。正韵律和反韵律同时存在，与砂泥互层，指示沉积环境是浅海及潮控。Group J-18 至 J-30 砂岩为一系列垂向叠置的经潮汐改造的潮下三角洲沙坝砂。这些砂体呈长椭圆形，沿着长轴方向（北西）连通性良好。Group I 的沉积物是潮下至潮间，三角洲及海滨平原辫状河沉积的组合。其中分流河道及相关的三角洲沉积储层物性最好。Group I 的辫状河沉积在自然伽马测井曲线上呈块状，而三角洲前缘和河口坝砂岩呈向上变粗的韵律（图 6-52、图 6-53），Group I 的顶面是最大洪泛面。

Guntong 油田的储层架构为拼图与层饼状，大量的泥岩障隔层阻拦流体的垂向流动。大型断层及横向相变构成流体横向流动的障碍。横向延伸的泥岩易于对比，但由于相变和砂体尖灭的缘故，单个砂层的对比并不容易。有些砂层甚至被多个由黏土充填的废弃河道或断层切割（图 6-54）。Group I 的砂地比为 0.3～0.4，在上部较高（0.55）。单个河道砂体一般为 3m 厚，但叠置的河道常常形成 20m 的砂体。

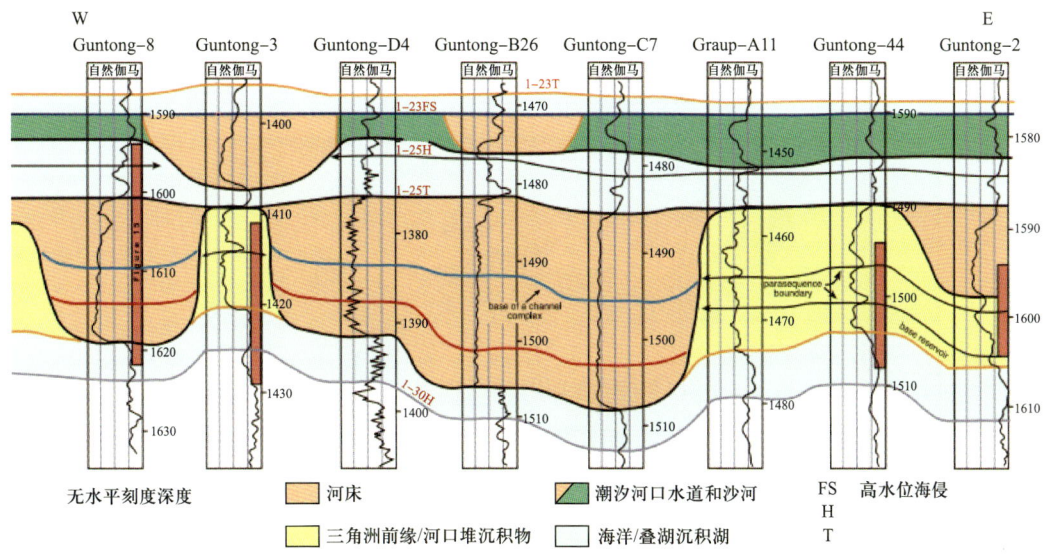

图 6-52 Guntong 油田 Group I-25 储层东西向自然伽马测井对比图及相解释

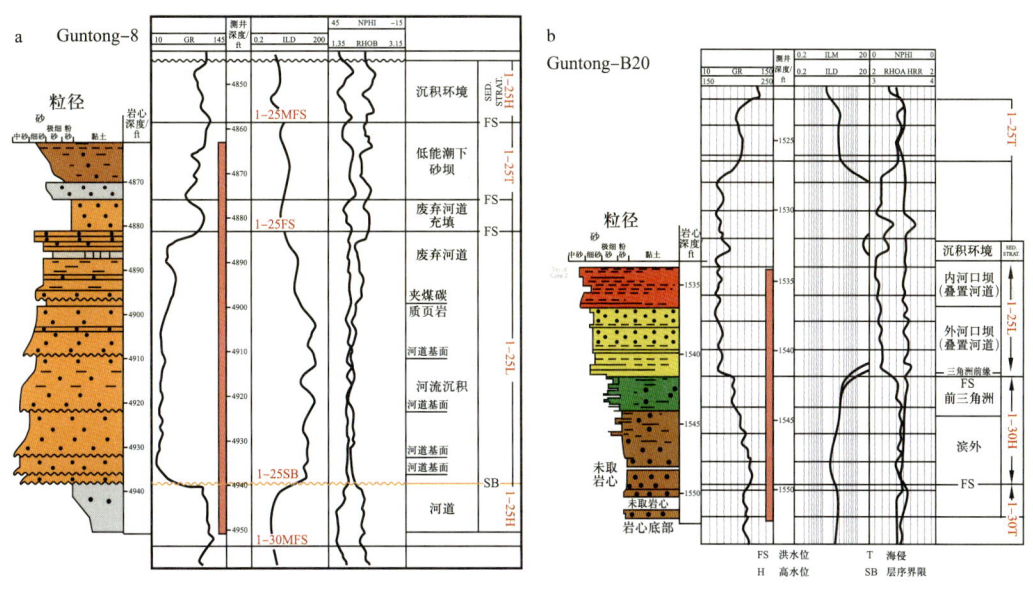

图 6-53 I-25 储层两口井的岩心及测井图

Group J-18 至 J-30 砂岩为一系列垂向叠置的，潮汐改造的潮下沙坝砂，沿北西向延展，联通良好。物性最好的储层为高能潮下砂，有轻微的生物扰动构造。而低能潮下砂则含有大量的生物扰动构造，物性很差。地震资料显示，在两个相邻的沙坝之间存在富泥的相带，构成低渗障隔体。

Guntong 油田的储层为极细砂—中砂，局部有粉砂和黏土的纹层。储层物性受相控，横向和垂向变化都大。黏土较少的河道砂（I-25）的储层物性比潮下和潮间泥质沉积（I-10）明显要好（图 6-54）。孔隙度以原生孔隙为主。Group I 上部平均 15%～22%，下部平均15%～20%，而在Group J则为16%～19%。渗透率在Group I上部为20～400mD（平均200mD），下部10～110mD（平均100mD），而在Group J则为40～140mD。

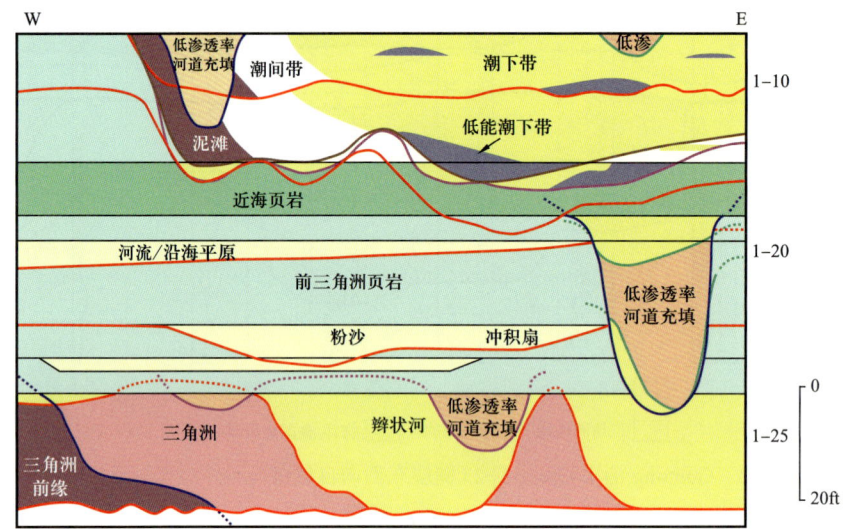

图6-54 Guntong油田东西向示意剖面

ESSO马来西亚公司将马来盆地渐新统至更新统划分为A至N组。油田共有14套储层，总厚度约1000ft。其中13套分布在I组，另外一套分布在J组，地层时代都属于早中新世。J组属于裂谷期沉积，I组属于后裂谷期沉积。I组和J组一起构成一套进积至加积的、受河流和潮汐控制的河口湾沉积。I组顶面代表最大洪泛面，I组下部代表三角洲沉积，中上部以潮坪沉积为主，主要储层发育在分流河道相内。

第七章 海岸比较沉积学

海岸是指三角洲以外的全部海滨地带，是人类活动最频繁的地方。研究海岸沉积有着重要的实际意义。在海港港址选择和港口淤积的调查研究中，现代海岸带泥沙的来源、搬运和沉积规律是最重要的研究内容，正确掌握这些规律是合理选择港址和采取防淤工程措施的关键。了解现代海岸带的泥沙运动和沉积过程对实施土地围垦、保护海岸旅游资源和开发海滨砂矿都是至关重要的。海岸沉积物中往往详细记录了海岸演化过程和海平面变动的历史，为今后合理开发利用海岸资源提供了依据。我国的现代砂矿大多分布在海滨地区，在海相油田中，海岸沙堤常常构成重要的油气储层。据Curtis等（1961）统计，在美国的所有圈闭中，10%为地层圈闭，34%受地层和构造联合控制，56%受构造控制。在地层圈闭中，61%与海岸沙堤有关。

海岸沉积在不同地区各不相同，但是它们都受潮汐和波浪的共同作用，具有共同的由陆向海的横向环境分带。风暴潮海面以上的陆地或已基本脱离海水作用的古海岸带，不属于现代海岸带的范围。风暴潮海面至平均高潮位属于潮上带，间歇地遭受高海面强风浪的作用。平均高潮位与平均低潮位之间是潮间带，为每潮必到之处。平均低潮位至波浪基面是潮下带，属于海面以下的水下岸坡。从风暴潮海面至波浪基面的潮上带、潮间带和潮下带共同组成现代海岸带，波浪基面以下的海底为陆架海底。

世界上的海岸泥沙主要来自入海河流。如我国黄河的年输沙量达 $630 \times 10^5 \sim 1850 \times 10^5$ t，居世界第一位，而且泥沙组成以淤泥粉沙为主。黄河入海泥沙波及渤海湾和莱州湾，形成广阔的粉沙淤泥质平原海岸。即使那些岸线曲折的港湾海岸，如辽东半岛、山东半岛、辽西、冀东和福建沿海，填充海湾的沉积物往往也是由附近山地河流入海的粗碎屑物构成，形成沙砾质海岸。所以在追索海岸带沉积物的来源时，必须十分注意用矿物分析的方法对海岸和附近入海河流泥沙的矿物组合进行对比。

陆地还通过波浪侵蚀海岸的方式为附近海岸提供碎屑物。虽然这样提供的泥沙总量比河流入海泥沙要少得多，但对局部海岸带的泥沙组成仍有重要的意义。据估计，全世界基岩海岸受波浪侵蚀产生的碎屑物只占海岸全部泥沙来源的1%。沙砾质海岸被侵蚀下来的泥沙也是有限的，如秦皇岛一带的沙质海岸受波浪侵蚀，每年平均以2m左右的速度向陆后退。而江苏北部废黄河口附近的粉沙淤泥质海岸，自1855年黄河改道入渤海后，受到强烈冲刷，岸线以每年平均100m的速度向陆后退，大片土地被海水吞没，冲刷下来的大量泥沙被潮流顺岸向南搬运，堆积在以琼港为中心的苏北南部海岸，使岸线迅速向海增长，其平均增长速度与废黄河口海岸的平均后退速度几乎相等。

冰期低海面时形成的陆源沉积物，在冰后期海面上升过程中重新受到海水的改造，被波浪逐渐推移到海岸带，加入现代的海岸沉积。根据统计，美国东海岸的滨外坝沙中，50%是由残留在陆架上的陆源沉积物改造而来。我国山东石岛附近的锆石砂矿分布在沿岸沙堤中，锆石除来自附近的入海河流外，还可以追索到附近的浅海底。不过，来自陆架的海侵沙只能用来解释最近3000～7000年中沉积的近代海岸沙。

海岸带的贝类生物死亡后，其介壳也成了沉积物的一部分，甚至构成特殊的堆积地形——贝壳堤。由于海岸带的贝类生物以底栖为主，不同种属的贝类生物的分布与海岸带的底质条件密切相关（图7-1），如牡蛎和贻贝主要固着在岬角岩脊滩的基岩露头上。它们死亡后，介壳在波浪作用下，由岬角向海湾移动，掺杂在沙嘴或海滩沙砾中。蚶喜欢生活在透气性较好的沙性底质中，因此蚶的介壳经常散布在沙质海岸带。蛤与蛏主要生活在粉沙淤泥质海岸的淤泥浅滩中，它们死亡后，介壳残留在浅滩的淤泥中。当海岸遭受侵蚀，介壳被波浪冲出滩面，沿岸堆积形成贝壳滩或贝壳堤。近河口的海岸带，常见淡水生的螺壳。在热带海域，由造礁珊瑚破坏而成的珊瑚沙和珊瑚泥可以构成某些海岸沉积物的主要成分。因此，生物介壳是海岸带具有重要环境意义的特殊沉积类型。

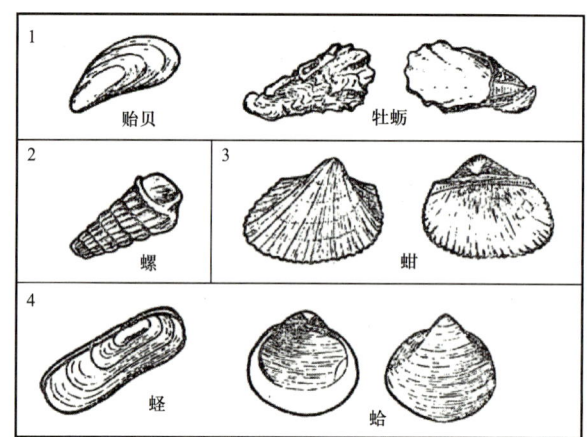

图7-1　海岸带主要底栖生物的贝壳种类
1—固着在基岩上的；2—河口的；3—沙底质上的；4—粉沙淤泥底质中的

某些地区的海岸沉积物还有一些特殊的泥沙来源，如非洲西部的大西洋沿岸，得到由风吹扬来的撒哈拉沙漠沙的直接补给。

第一节　现代碎屑海岸沉积

一、沙质为主的海岸沉积

沙砾质海岸的沉积物，绝大部分是粒径大于0.05mm的沙和砾石。搬运这些粗碎屑物的主要海洋动力是波浪及其引起的水流。

1. 波浪运动的性质

波浪是水体的一种波动现象。深海地区波浪的形状呈圆摆线状（图7-2）。一个波形与水质点运动轨迹圆沿着一条公切线作不滑动的滚动，圆中任意一点所走的轨迹为圆摆线。圆周上的点形成的叫极圆摆线，海面的风浪与之很相似。圆内的点形成的叫余圆摆线，涌浪波形与之类似。

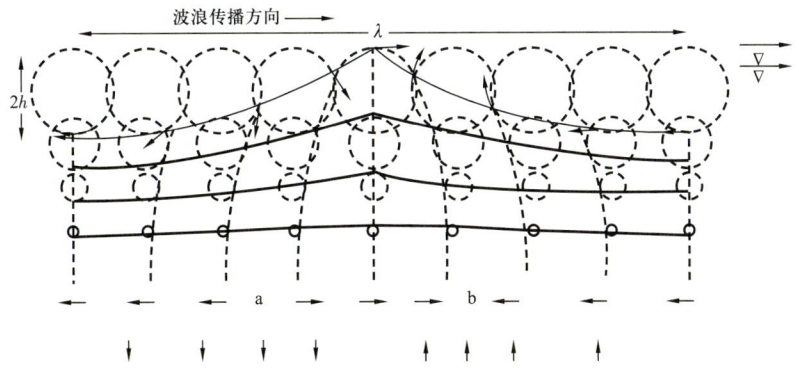

图7-2 深水波波形（实线）与水质点运动（圆虚线）的关系

h为半波高，λ为波长，下部的箭头为水质点运动向量的水平与垂直分量，a处水体向下辐散，b处水体向上辐聚

海面波动现象实质上由无数个处于不同位相的水质点构成。每个水质点作圆轨迹运动，构成了波形的传播。波浪的半波高（h）等于水质点运动轨迹的半径（γ）。不同深度的圆轨迹半径表示如下：

$$\gamma = he^{\frac{2\pi H}{\lambda}} \tag{7-1}$$

式中：H为深度，m；λ为波长，m。可见，γ随深度加大而减小。

近岸浅水地区的波浪呈椭圆摆线状（图7-3）。取一个半径为γ的滚动圆，其中有两个半径分别为α与β（$\gamma > \beta$，$\alpha \leqslant \gamma$）的导圆。通过滚动圆周上的某一点P与圆心O的连线PO交两个导圆于P_α与P_β。作通过P_α的垂直线和通过P_β的水平线，两线相交于M点。让滚动圆沿公切线作不滑动的滚动，M点所走的轨迹就是椭圆摆线。可见，浅水波比起深水波来，波谷比较平坦，而波峰要陡峻些，这就导致了浅水波波形的不稳定性。

浅水波中的水质点作椭圆轨迹运动，其长半轴与短半轴分别为：

$$a = \frac{h}{\sin\frac{2\pi H}{\lambda}} \cdot \cos\frac{2\pi(H-z)}{\lambda} \tag{7-2}$$

$$b = \frac{h}{\sin\frac{2\pi H}{\lambda}} \cdot \sin\frac{2\pi(H-z)}{\lambda} \tag{7-3}$$

式中：H为浅水区的深度，m；z为水质点所在的水深位置，m。

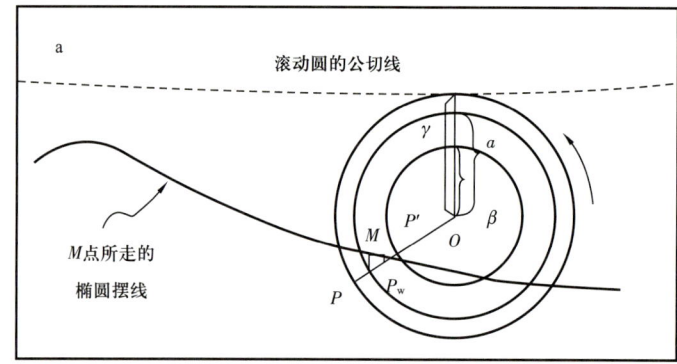

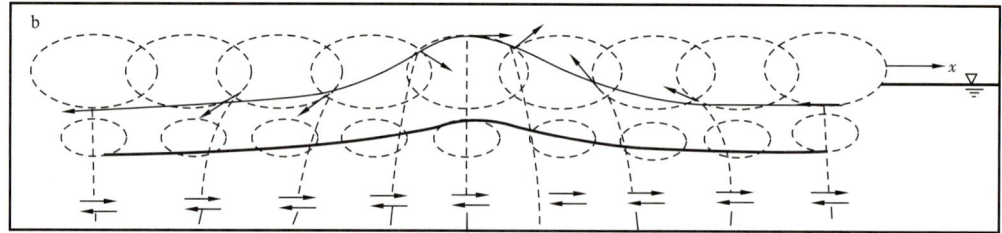

图 7-3 浅水波波形不稳定的原理

a. 椭圆摆线的作法：半径为 r 的滚动圆沿公切线滚动时，由半径为 α 和 β 的两个导圆引出的 M 点所走的轨迹为椭圆摆线；b. 波形与椭圆摆线相似的浅水波：波浪中的水质点呈椭圆轨迹运动，水质点在海底作往复运动

在水面上，$z=0$，有：

$$a_0 = h \cdot \tan h \frac{2\pi H}{\lambda} \tag{7-4}$$

$$b_0 = h \text{（水面波高等于椭圆短轴）} \tag{7-5}$$

在水底，$z=H$，有：

$$a_H = h \cdot \frac{1}{\sin \frac{2\pi H}{\lambda}} \tag{7-6}$$

$$b_H = 0 \text{（水策点只作水平运动）} \tag{7-7}$$

波速与水质点轨道速度由流体力学算得的一般波速公式：

$$c = \sqrt{gH} \cdot \sqrt{\frac{\lambda}{2\pi H} \cdot \tan\left(\frac{2\pi H}{\lambda}\right)} \tag{7-8}$$

从三角函数表可以查得：

当 $\frac{2\pi H}{\lambda} \geq 2.5$，即 $\frac{\lambda}{H} \leq \frac{2\pi}{2.5} \approx 2.5$，$\lambda \leq 2.5H$ 时，$\tan \frac{2\pi H}{\lambda} \approx 1$，则 $c = \sqrt{\frac{g\lambda}{2\pi}}$。这种波称为深水波，波速与水深无关，与波长的平方根成正比。

深水波水质点的轨道速度 V 为：

$$V = \gamma\omega = he^{\frac{-2\pi H}{\lambda}} \cdot \sqrt{\frac{2\pi g}{\lambda}} \tag{7-9}$$

式中：ω 为水质点的角速度，s^{-1}。可见，水质点的运动速度随深度加大而减小。

当 $\frac{2\pi H}{\lambda} \leqslant 2.5$，即 $\lambda \geqslant 2.5$ 时，$\tan\frac{2\pi H}{\lambda} \approx \frac{2\pi H}{\lambda}$，则 $c = \sqrt{gH}$。这种波称为浅水波，其波速与水深的平方根成正比。这就是与岸线斜交的波浪在海岸带发生折射的原因。

浅水波的水质点作不等速运动。因为浅水波中的水质点与其说是椭圆状运动，不如说是馒头状轨迹。在波浪运动的前半个周期，水质点向岸运动，经历的轨迹长，需要有较大的速度；后半个周期，水质点向海运动，轨迹短，速度较小。这样，在同一个波浪周期中，水质点向岸运动（波峰通过）的速度大于向海（波谷通过），而且越近岸，这种速度不对称性越明显。

海岸带波浪变形与破碎相关的波长（λ）、波高（$2h$）和波周期（γ）等波浪要素中，γ 是个比较稳定的要素。当外海的波浪进入海岸带，假设 γ 不变，根据：

$$c = \sqrt{gH} = \frac{\lambda}{\gamma} \tag{7-10}$$

可得水深分别为 H_1 与 H_2（$H_1 > H_2$）处的波长关系：

$$\frac{\lambda_1^2}{\lambda_2^2} = \frac{H_1}{H_2} \tag{7-11}$$

即波长平方与水深成正比。因此在浅水区，波长随水深减小而快速减小（图 7-4），波浪能量 $E = \frac{1}{8}\rho g h^2 \lambda$。当波浪进入浅水区，消耗于水体与海底间摩擦力的能量不大，故可假设 E 不变。则水深 H_1 处的 $E_1 = \frac{1}{8}\rho g h_1^2 \lambda_1$，水深 H_2 处的 $E_2 = \frac{1}{8}\rho g h_2^2 \lambda_2$，由于 $E_1 \approx E_2$，所以：

$$h_1^2 \lambda_1 = h_2^2 \lambda_2 \tag{7-12}$$

$$\frac{\lambda_1}{\lambda_2} = \frac{h_2^2}{h_1^2} \tag{7-13}$$

$$\frac{H_1}{H_2} = \frac{\lambda_1^2}{\lambda_2^2} = \frac{h_2^4}{h_1^4} \tag{7-14}$$

因此随着波浪向岸推进，波长很快减小，波高却急剧增大，也就是波陡 $2h/\lambda$ 迅速加大，使波形越来越不稳定，最后导致波浪破碎。

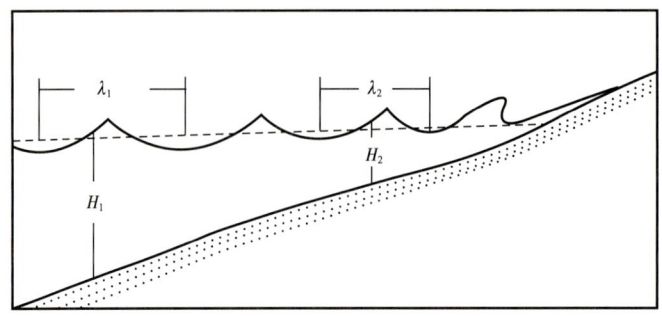

图 7-4　浅水波的波长与水深的关系

波浪在什么地方破碎？在前述椭圆摆线时已经知道，浅水波的波长 $\lambda \geqslant 2\pi a_0$。$a_0$ 为水面水质点椭圆轨道的长半径，$\lambda = 2\pi a_0$ 是波浪破碎前的临界状态。已知：

$$a_0 = h \cdot \frac{1}{\tan\dfrac{2\pi H}{\lambda}} \qquad (7-15)$$

则：

$$2\pi \cdot \frac{h}{\tan\dfrac{2\pi H}{\lambda}} = \lambda \qquad (7-16)$$

$$\tan\frac{2\pi H}{\lambda} = \frac{2\pi h}{\lambda} \qquad (7-17)$$

$$H_{kp} = \frac{\lambda}{2\pi} \cdot \arctan\frac{2\pi h}{\lambda} \qquad (7-18)$$

式中：H_{kp} 为波浪破碎的临界水深，m。它是 h 与 λ（即波陡）的函数。当：

$$\frac{2h}{\lambda} = \frac{1}{8}, \quad H_{kp} \approx 0.13\lambda \approx 2h$$

$$\frac{2h}{\lambda} = \frac{1}{10}, \quad H_{kp} \approx 0.105\lambda \approx 2h$$

$$\frac{2h}{\lambda} = \frac{1}{20}, \quad H_{kp} \approx 0.05\lambda \approx 2h$$

即浅水波大致在水深（H）等于波高（$2h$）处破碎，这与实际情况接近。

波浪破碎带的特征波浪破碎情况主要取决于水下岸坡的坡度。在陡峻的水下岸坡上，激浪出现在海滩附近，并形成强大的进流与退流。在平缓的水下岸坡上，激浪出现在离岸较远的地方。激浪引起的较小波浪继续向岸推进，可以多次出现碎浪，直到浅水波的水质点能作用到海底，故其水质点运动成椭圆轨迹，更严格说是馒头状轨迹，其向岸速度大于向海速度。波浪传播速度 C 与水深 H 相关,使与岸线斜交的浅水波在海岸带发生折射。由于海岸带波浪变形,先发生局部破碎,形成水下沙坝,最终在岸边倾覆,形成沿岸堤或滨外坝。

2. 沙质沉积类型

沙质海岸的沉积物绝大部分是粒径大于 0.05mm 的沙与砾石。搬运这种粗粒物质的主要动力因素是波浪及波浪引起的水流。

1) 水下沙坝沉积

在水下岸坡上发育着条数不等的水下沙坝和坝间深槽,它们是由碎浪的一种——溢出浪形成的。浅水波在向岸传播过程中,波峰处的水体向前移动的速度比较快,波形逐渐不对称。最后,波峰水体脱离波浪而发生局部破碎,消耗一部分波能,使波浪的挟沙能力降低,沙粒堆积下来,形成长条形的、平行海岸分布的水下沙坝。在水下岸坡平缓的低能海岸带,外海传入的波浪可以多次发生破碎,形成多条水下沙坝,直至到达岸边的波浪能量消失殆尽。我国莱州湾东侧虎头崖一带的粉细沙质海岸,平缓的水下岸坡上发育了将近十条水下沙坝。水下沙坝沉积的沙粒比较粗;而在沙坝之间的凹槽中,沉积物较细,发育流成沙波。在美国纽约州长岛外的水下岸坡上也发育一系列水下沙坝(图 7-5)。

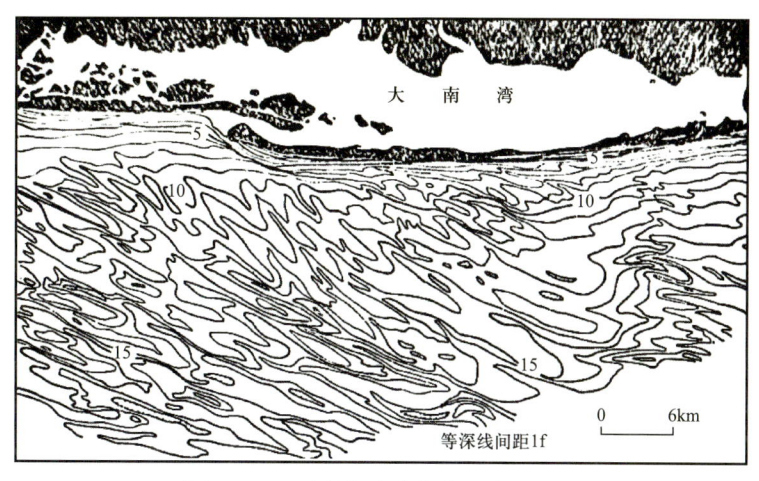

图 7-5 纽约州长岛菲尔岛的水下沙坝

2) 滨外沙坝与潟湖沉积

滨外坝是海岸带最重要的沙体类型,它们被潟湖与陆地分隔,在岸外平行海岸分布,主要由波浪作用形成。滨外坝沙体的规模大,长度可达几百千米,宽度数千米,沙体厚度约 10m。滨外坝受激浪的作用,在进流和退流的反复淘洗下,沙坝沉积物较粗,分选良好,并常常有重矿物富集,形成黑色的重沙层。滨外坝的沉积层理呈假背斜状构造,由向岸的和向海的低角度斜纹层组成,纹层在坝顶处互相交错。滨外坝沙体的靠海侧界线比较平直，而靠潟湖一侧，由激浪的进流越过坝顶后将沙粒冲至向陆坡上形成小型的冲越扇沉积，使滨外坝与潟湖的界线呈犬牙交错。据世界各地滨外坝调查资料统计，滨外坝沙体的长度和厚度与当地的潮差有关。潮差大的沿岸地区，滨外坝的高度大，所以沙体的沉积厚度大。而在大潮高潮时，若正好遇上强风浪作用，由激浪的进流引起的冲越流可以非常强烈，能经常引起滨外坝决口，形成多个潮流通道，使单个滨外坝沙体的长度变小。相反，潮差小的沿海地区，滨外坝沙体的厚度小、长度大，潮流通道比较少，被潮流通道分割的坝段长几千米或几十千米。每段滨外坝呈鼓槌状，比较宽的部分由沙嘴组成，它们随沿岸泥沙流向潮流通道移动，滨外坝后面与海隔开的浅水域为潟湖。由于滨外坝的掩护，潟湖中波浪微弱，沉积物多为泥质。潟湖水的盐度取决于潟湖与外海的联系程度、注入潟湖的河流流量与潮差。在干旱、半干旱气候区，出现高盐度的潟湖；而在湿润气候区，陆地河流将大量淡水注入潟湖。但是无论在哪种气候区，雨季时淡水增多和暴风浪时发生海水入侵，都能使潟湖盐度发生明显变化。潟湖中的动物区系随盐度而变化。高盐度潟湖限制大部分有机体生长，除了某些藻类（叠层石）盐度低的潟湖，生物丰富但是分异度低。正常盐度时，生物分异度高。潟湖中的植物常呈环状分布，边缘部分是芦苇沼泽带，内侧为藻类分布带，中部为无植物生长的潟湖水体。潟湖底部沉积黑色的淤泥，呈水平纹层。潟湖沉积物中有机质含量很高，湖水又是流通不畅的疒滞水，水底为缺氧环境，沉积物有硫化氢味，共生黄铁矿。

滨外坝还经常被潮流通道切过，形成潮汐通道—涨落潮流三角洲沉积体系。潮流通道中流速比较大，沉积物主要由沙组成，含有卵砾和介壳。潮流通道的宽度一般为几百米到几千米，深度可达 10~20m。从潮流通道沉积层序看，下部层序反映了以潮流作用为主的沉积特征，上部层序则是潮流与波浪共同作用的产物。整个层序可以分为五个小层：（1）底部冲刷面上由介壳—砾石组成的潮流滞留沉积；（2）具有涨落潮流形成的鱼骨状斜层理的中粗沙深槽道沉积；（3）具有不同倾向的平行层理的浅潮道沉积；（4）平均低潮位以下的滨外坝波浪侧向加积层，夹潮流沙层；（5）平均低潮位以上的浪成滨外坝沙层。

潮流通道的两端由窄道突然变成开阔的水域，挟带着泥沙的涨落潮流。因流速突然降低，在口门外形成涨、落潮流三角洲（图7-6）。

3）沿岸沙堤与风成沙丘沉积

沿岸堤是在高潮位以上、沿海岸分布的长条形堆积体，大多分布在高能海岸带。这类海岸的沉积物比较粗，为中粗沙、砾石质，水下岸坡比较陡，外海传来的波浪没能在岸外破碎就到达岸边，形成强烈的激浪。激浪塑造沿岸堤的过程与滨外坝类似。激浪引起的进流和退流，水层薄而流速大，都属于弗罗德数 $F>1$ 的高流态，形成平行层理。在沿岸堤的向海坡上，平行纹层向海倾斜，其层理倾角有季节性变化。冬天大风季节的波浪作用强，激浪流使向海坡的沉积物变粗，滩面变陡，与滩面平行的平行层理的

图 7-6 荣城"天鹅湖"潟湖沉积体系（据赵澄林，1997）

倾角增大。在夏天，风的波浪作用弱，海滩沉积物变细，滩面变缓，平行层理的倾角减小。在垂直岸线的沿岸堤横剖面中，还可以见到向陆倾斜的平行层理，它是由越过堤顶的激浪流在向陆坡上堆积而成。沿岸堤的横剖面是不对称的，向海坡缓，向陆坡陡。因此，向海倾斜的平行层理纹层沙的倾角比较小，4°～6°；向陆坡的平行纹层沙的倾角大，10°～30°，形成不对称的假背斜构造。单个沿岸堤的宽度 30～200m，高出高潮海面 1～3m，沙层厚度 5～15m。沿岸堤的长度随海岸轮廓而不同，在平直海岸带其长度可达数十千米，在小型海湾内往往只有几千米长。

海滨沙丘大多发育在细沙质的滨外坝或沿岸堤海岸带，尤其是在发育多条平行分布的堤坝上。平均高潮位以上的堤坝沙长期暴露于气下，受强劲的向岸风的吹袭，基本上在原地被改造为沙丘沙。沙丘的高度可达几米或几十米，在具有多条沙质堤坝的海岸带，可以形成大规模的海滨沙丘，发育大型沙丘复合体。如我国河北省昌黎县七里海地区的海滨沙丘带（图 7-7），长度约 35km，宽度平均约 2km，有一系列的沙丘链，每一条沙丘链由众多的新月形沙丘组成。沙丘的最大高度为 40m，单个新月形沙丘的陡坡朝向西南，坡度 30°；缓坡朝向东北，坡度 10°。可见，它们主要是在向岸的东北风作用下，沙坝沙向西南移动堆积而成。沙丘带的西侧是七里海潟湖，东邻渤海。沙丘沙的磨圆度和分选性通常都比相邻的海滩沙略好，并含有破碎的生物介壳和有孔虫。海滨沙丘的沉积构造主要是交错层理，倾角陡，方向多变，有许多小型不整合面。

3. 沙砾沿岸运动形成的沉积及其岩石学特征

进入海岸带的波浪总是以与岸线斜交的方向传播，使沙砾沿岸移动。波浪沿岸迁沙的能力是很强的。在秦皇岛市东北部的海滨，将用红漆涂过的砾石投放在低潮位附近的砾石质海滩上，当天刮 2～3 级的东风，结果发现其中一部分粒径为 3cm 的染色砾石在一昼夜间沿岸向西移动了 200m。

1) 粒径纵向分异

由原地进入海岸带的碎屑物都是粗细不一的。在波浪作用下，细粒物质比粗粒物质移动得快。此外，碎屑物在移动过程中由于互相碰撞而发生磨蚀。以上因素导致离源地越远，沉积物的粒径越细，分选性越好。图 7-8 是秦皇岛附近河流、海滩与沙丘样品的中值粒径（M_d）与分选系数（S_0）的比较。这一带的海滩沙主要由入海河流供给，而海滩沙经过风力吹扬以后，形成了海滨沙丘。沙粒在河流、波浪、风力的搬运过程中，颗粒变细，分选性增强。

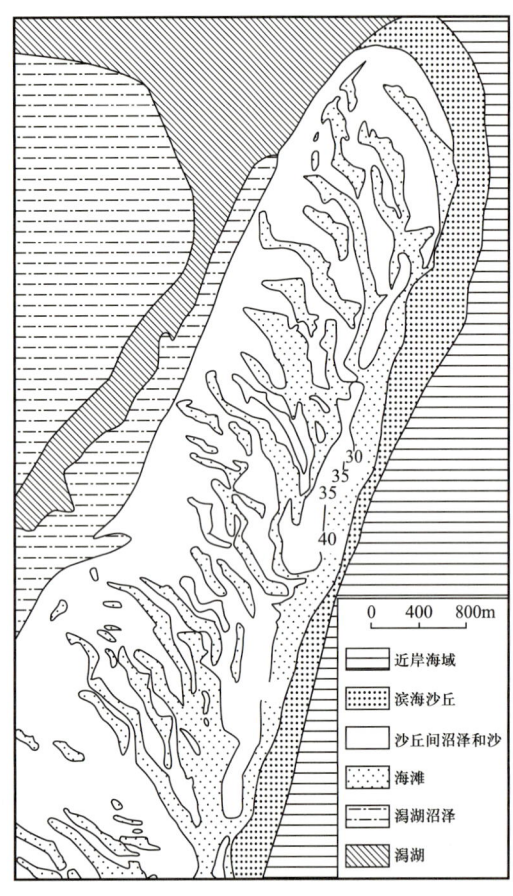

图 7-7　七里海地区滨海沙丘分布图
（据赵澄林，1985）

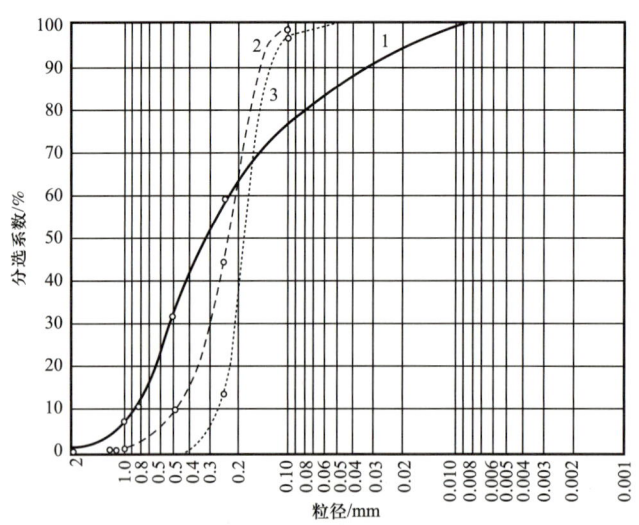

1—秦皇岛汤河样品；2—汤河附近海滩样品；3—海滨沙丘样品。

图 7-8　北戴河地区沙样机械分析累计曲线图

2）沙粒形态特征

由于波浪中的水体有往复运动的特性，使海岸带的沙砾在水体的拖曳下来回滚磨，其磨圆度通常比其他成因的沙砾高，仅次于风成沙。沙的磨圆系数在 0.64 左右，砾石约为 0.35。砾石还常常具有规则的扁椭球体形状，扁平系数为 3~4。海岸带的典型石英沙粒，在扫描电子显微镜下放大几千倍，表面常可见到一种 V 形坑。在高能海岸带，V 形坑由颗粒之间互相撞击形成，无定向分布，称为 V 形撞击坑。在低能海岸带，V 形坑由海水对沙粒溶蚀而成，呈定向排列，称为 V 形溶蚀坑。所以，系统地测量沿岸沙砾的形态指数，可以帮助我们查清沙砾沿岸移动的方向和海岸波浪能量的性质。

二、砾质为主的海岸沉积

以秦皇岛地区砾石质海岸沉积为例，该地区受区域地质基础、地貌条件和入海沙砾的控制，主要发育砾石质沿岸堤。

1. 区域地质基础与地貌概况

秦皇岛地区的构造与岩性都比简单，北部是中生代喷发的致密安山岩系（包括安山岩、流纹岩与和晶岩），岩石坚硬，构成了角山中低山地。山地近期仍有强烈上升，时有地震发生。安山岩分布的南界是一条大致沿北东—南西向的大断裂。由此往南，广泛出露太古代深变质的粗粒花岗岩系（包括花岗岩、片麻状花岗岩与花岗片麻岩），由于长期裸露遭受风化剥蚀，发育厚层的风化壳，地形也随之骤降为缓缓起伏的丘陵，并向海逐渐降低。在花岗岩体中有几组小断层，被石英脉及辉岩脉等填充。岩脉比较集中的花岗岩，其抗蚀性强，突出于海上形成呷角，如本书涉及的西呷角与东岬角。反之，岩脉稀疏的地方就被海水侵蚀成海湾。因此，本区原始海岸轮廓是曲折的，后期被冲积物填充淤积了海湾才形成今天的样子。本书所说的砾石堤即分布在东—西岬角之间的海湾平原上（图 7-9）。

本区的海湾平原东部是砾石质的石河冲积平原，其南界一直扩展到砾石堤分布带。西部是含盐黏土质的潟湖淤积平原。石河上游盘旋在构造活跃的中生代山地中，呈山地深切曲流，下游穿过花岗岩丘陵，在小陈庄附近进入海湾，带入大量沙砾物质，形成砾质冲积平原。图 7-10 是石河冲积物的两个自然剖面。剖面 A 见于石河出山口的小陈庄附近，由于这里地形突然展宽，水流分散，物质未经选择就堆积下来，具有洪积—冲积相特征。往东南，石河进入平原河流的范围，沉积分异作用加强，出现上部为沙，下部为砾石的二元沉积结构，在小郑庄附近见到的剖面 B 尤为典型，这里砾石的扁平面多向北倾斜。

值得注意的是，目前石河出山后沿东南方向流动，在东呷角附近入海，而由小陈庄往南，经黑汀庄至小郑庄另有一条石河古汊道（图 7-9），形态仍很完整。这条古汊道原来是与石河并存的，可能是石河的"溢洪道"，汛期时分洪入沙河，由沙河入海，枯水期无水。由于近期石河流量减小,此汊道被遗弃。图7-10的剖面B即位于古汊道的岸壁上。沙河起源于附近的丘陵区,流短水少,河床质系来自红色花岗岩风化壳上的沙质碎屑物,故有"沙河"之称。

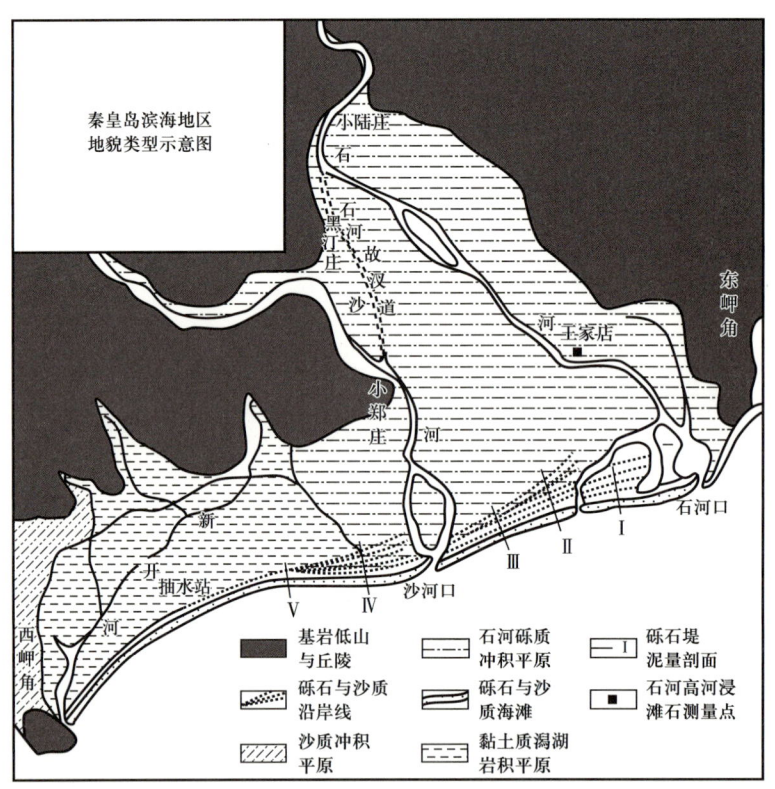

图7-9 秦皇岛滨海地区地貌类型示意图

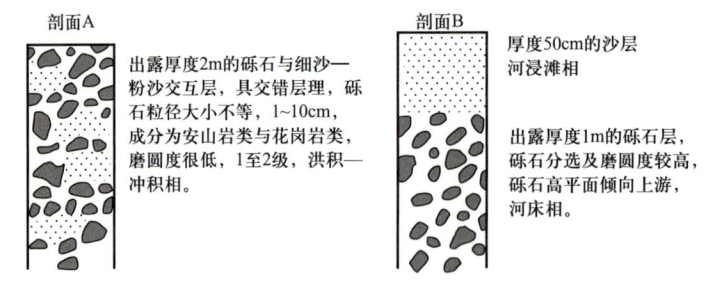

图7-10 石河冲积物的自然剖面

石河砾石质冲积平原的滨海一带有好几条砾石堤,砾石堤的分布见图7-9,它们由石河口西侧开始向西南方向延伸,经沙河口至盐田抽水站附近为止,全长约10km。由抽水站再往西南,砾石堤逐渐过渡为沙质沿岸堤,一直延续到西岬角附近的新开河口。

本区西部的黏土质潟湖淤积平原是由原来的浅水海湾受砾石堤和沙堤的阻隔成潟湖,然后逐渐淤积而成。新开河贯穿平原中部,在沙堤的末端入海。

砾石堤目前已脱离海浪的作用范围，紧靠砾石堤的向海侧发育了一条沙堤，由沙堤再向海才逐渐过渡为海滩和水下岸坡。现代的水下岸坡主要由中沙、细沙、粉沙与淤泥组成，它埋藏了与砾石堤同时形成的砾石质水下岸坡，使平均坡度变缓。由于本区海岸近期遭受强烈冲刷，被埋藏的砾石局部又重新从海底被冲出（图7-11）。

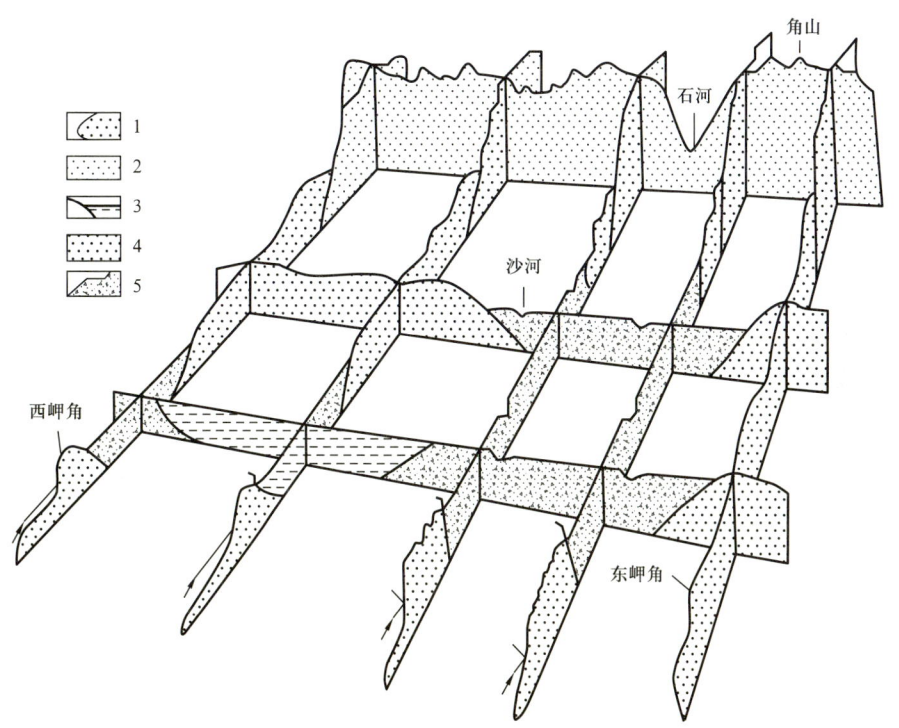

1—石河砾质冲积平原；2—安山岩系中低山地；3—沙质冲积平原与黏土质潟湖淤积平原；4—花岗岩丘陵；5—沙堤与砾石堤。

图7-11 秦皇岛地区地貌与第四纪地质网状示意图

2. 砾石质沿岸堤的实测资料

（1）砾石堤的分布。

为了解砾石堤的沿岸变化，我们在石河—沙河口周围布置了三条砾石堤的分布与水准测量剖面，在沙河口—抽水站布置了二条水准测量剖面，自东而西，依次为剖面Ⅰ、Ⅱ、Ⅲ、Ⅳ、Ⅴ（图7-9）。观测结果显示：石河口西岸有三条砾石堤，总宽360m；石河汊河口西岸共六条，总宽为540m；向西，石堤逐渐归并，至沙河口东岸并为二条，总宽约为100m。过沙河口，在河的西岸，砾石堤又增为四条，总宽也相应增为230m；由此往西，砾石堤又复归并，最后并为一条，宽120m，并由抽水站开始逐渐过渡为沙质沿岸堤，一直延续到新开河口。

（2）砾石堤的高度。

沿岸与垂直海岸方向的高度变化都非常有规律。在石河与沙河之间，每一条同时期形成的砾石堤都由东向西逐渐降低。但是过了沙河，砾石堤又增高，然后重新向西渐渐降低（图7-12b）。由此可见，以沙河为界，砾石堤可以分为东西高度不同的两部分。砾石堤高度在垂直海岸方向上的变化为由海向陆规则地升高（图7-12a）。例如剖面上最靠陆的第六条砾石堤的堤顶高出潮高基准面达5.6m，比最靠海的第一条砾石堤高3.0m。

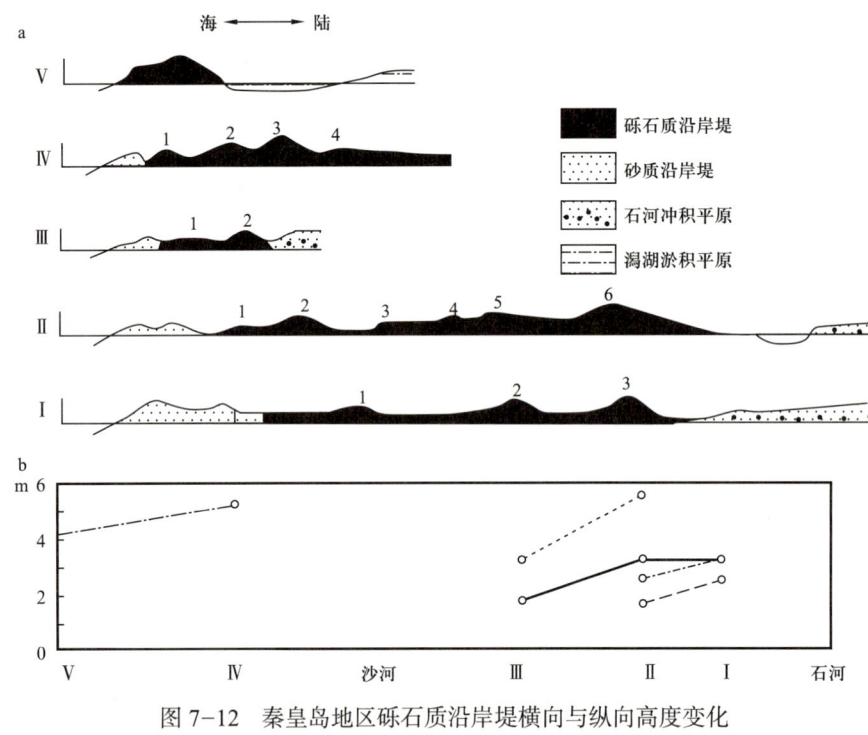

图7-12 秦皇岛地区砾石质沿岸堤横向与纵向高度变化
a.横向高度变化；b.纵向高度变化

（3）砾石堤的坡度。

各条砾石堤的向陆、向海坡的平均坡度在5°左右，最大不超过10°，其中向陆坡度平均又稍大于向海坡度。

（4）砾石堤砾石的结构—构造。

为了明确砾石堤砾石的来源、迁移方向、堆积过程，以探索砾石堤的发育史，作者选择剖面Ⅰ的第二条堤、剖面Ⅱ的第二与第六条堤、剖面Ⅲ的两条堤、剖面Ⅳ的第三条堤，以及剖面Ⅴ的一条堤进行了岩性、粒径、形态及排列方向的统计。每一条砾石堤均分别在其前移部、顶部和后部圈定一小块面积，随机测量150块砾石。为了进行对比，还在王家店的石河高河漫滩砾石中作了相应的测量。所有测量数据通过计算与数理统计的归纳，罗列如下：

① 岩性：分别就东、西两部分砾石堤各测点的岩性占比进行平均，并与石河砾石对比（表7-1），发现无论东部或西部，砾石的岩性组合与石河的都非常近似，主要由安山岩类与花岗岩类组成，且以安山岩类为主，占60%～70%。但是东、西两部分砾石堤的安山岩类占比都要比石河略高，而花岗岩类成分则较之略低。

表 7-1 砾石岩性对比

岩性	四部砾石堤的砾石 /%	东部砾石堤的砾石 /%	石河高河浸滩砾石 /%
安山岩类	69	72	63
花岗岩类	14	8	15
石英岩	11	10	7
岩脉类及其他	6	10	15

② 粒径：在每个测点上都测算出砾石堤前缘、顶部和后缘各部位砾石的长径和平均粒径，然后将所有测点的标志值分别按前缘、顶部和后缘平均起来，可以看出砾石粒径在砾石堤上横向变化的明显规律：堤顶的砾石最粗，前缘次之，后缘最细（表 7-2）。如果将每条堤的前缘、顶部和后缘的上标志值平均起来作沿岸的对比，会发现砾石的粒径一般是由石河向西逐渐减小的（图 7-13）。但是有两个变化异常的地方：一是最靠近石河口的第Ⅰ剖面的砾石反而特别小，出现了"低槽"；另外，由沙河口东的剖面Ⅱ到沙河口西的剖面Ⅳ，粒径不但没有降低，反而有所增高。

表 7-2 砾石堤前缘、顶部、后缘砾石粒径的对比

测点	d_{10}			d_{50}			d_{90}			$\bar{d}$		
	前缘	顶部	后缘	前缘	顶部	后缘	前缘	顶部	后缘	前缘	顶部	后缘
1	1.25	1.40	1.40	2.10	2.35	2.55	4.00	4.40	4.80	3.70	3.08	3.33
2	2.70	2.70	2.55	4.10	4.30	3.80	6.30	6.60	6.10	4.40	4.49	4.52
3	2.20	1.60	1.45	3.70	3.40	2.40	6.30	7.10	4.30	4.44	4.53	3.12
4	1.55	2.70	2.90	2.90	3.90	4.40	4.90	5.80	6.20	3.51	4.63	4.89
5	1.75	1.40	1.50	2.70	3.50	2.50	4.00	5.70	3.90	3.07	3.73	3.16
6	2.50	2.70	1.95	3.90	4.40	3.50	6.70	6.50	6.20	4.84	5.04	4.27
7	3.00	2.10	2.15	4.80	3.40	3.40	7.90	6.20	5.40	5.60	4.30	4.27
8	1.15	1.55	1.35	1.85	3.00	2.80	3.65	5.10	5.20	2.63	3.65	3.55
9	1.60	1.90	1.65	3.30	3.70	3.60	5.50	7.20	6.80	4.86	4.48	4.35
平均	1.96	2.01	1.87	3.26	3.55	3.22	5.47	6.07	5.43	4.11	4.22	3.94

3. 砾石质沿岸堤成因的探讨

根据以上介绍的区域地质基础与地貌概况及砾石堤结构—构造的一些实测资料，拟就与砾石堤成因有关的几个基本问题：砾石的来源、砾石的移动方向、砾石的堆积过程及帚状沿岸堤形成的机理，初步探讨如下：

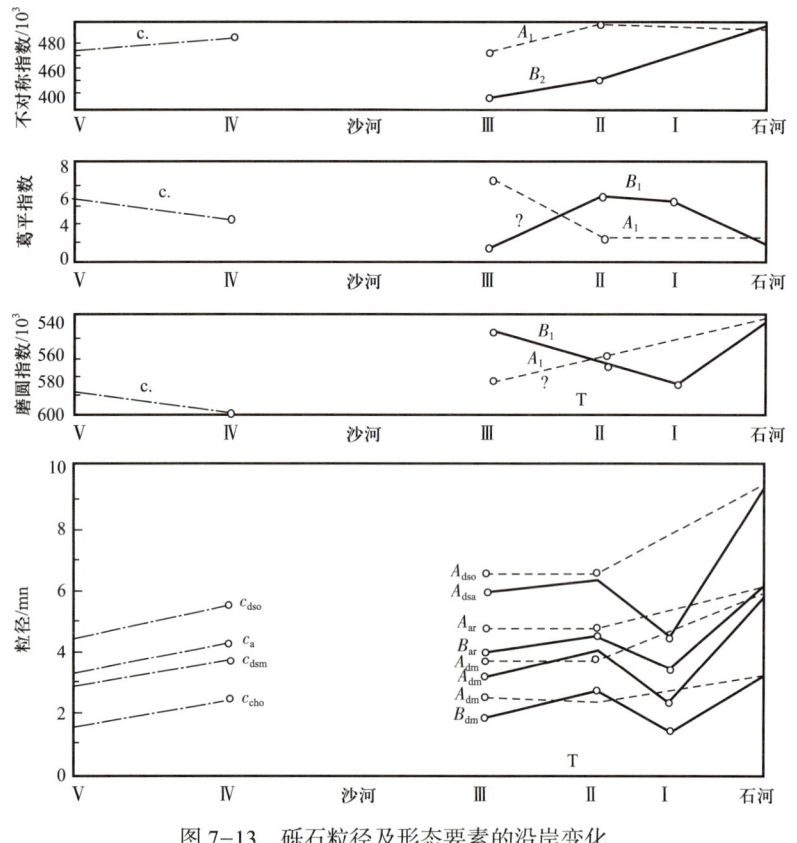

图 7-13 砾石粒径及形态要素的沿岸变化

1）砾石的来源

就本区的地质与地貌条件来看，砾石的来源可能有三：一是来自东岬角的侵蚀碎屑物；二是来自东岬角以东的沿岸碎屑物；最后是来自石河。东岬角的基岩岩性主要是脉岩，与砾石堤砾石的主要岩性安山岩类完全不相符，且砾石堤规模巨大，远非东岬角的砾石所能供应。岬角东部有发源于北部中生代安山岩山地的河流入海，但是砾石要大规模地越过东岬角进入本区的可能性不大，而且在石河口至东岬角之间仅见少量砾石分布。因此，砾石堤砾石的主要来源应是石河，有岩性资料为证（表 7-1）。至于砾石堤的安山岩类占比稍高于石河，而花岗岩类恰恰相反的情况，可推测是因为太古代花岗岩质的砾石风化较深，入海后受波浪的磨蚀，易于磨损，占比随之降低，从而使坚硬的安山岩类砾石含量相对升高。此外，从砾石堤的分布位置及砾石粒径、形态要素（不对称指数、扁平指数、磨圆指数）与石河砾石的对比情况（图 7-13）来看，也表明砾石堤与石河之间有着密切的关系。

2）砾石的移动方向

石河砾石入海以后的沿岸移动方向取决于波浪动力作用条件。本区沿岸很少见到从外海传来的涌浪，而以风浪为主，因此波浪的传播方向与强度随季节风向与风速的改变而有不同。据该地水文气象站的多年观测资料，这一带最常出现的风是西南风，但风速不大，引起的波浪比较弱，对大量砾石的沿岸运移不起主导作用。全年东北风出现的次数虽次于西南风，风速却很大，常达 7~8 级，由此引起的东北强浪是搬运砾石的主要动力因素。石河入海的砾石在东北强浪的带动下沿岸向西南方向移动和堆积，这种历史上的移动过程在被砾石堤保留下来的一系列结构—构造特征中得到了明显的反映。

海滩砾石的属平面通常向着波浪传来的方向倾斜（图 7-14）。本区的波浪虽然主要来自东北方向，但是波浪在沿岸传播过程中受海底地形的影响，深处传播快，浅处传播慢，波浪发生折射，波浪射线逐渐趋向于与岸移垂直。因此砾石堤前缘砾石的倾斜面并非朝向东北而是向砾石堤走向法线的偏东方向倾斜。

此外，砾石在波浪的沿岸搬运过程中要发生磨蚀和产生粒径的沿岸分选，后者对砾石粒径的沿岸变化有着决定意义。因为在与岸斜交的波浪作用下的海岸带泥沙是和岸线平行的"之"字形运动。每在一个波浪作用下，泥沙要沿岸向前移动一段距离，颗粒细的要比粗的移动得远一些，长期结果就造成细的在前，粗的在后的粒径沿岸分选。在这种分选作用下，砾石的粒径由石河往西逐渐减小。但如图 7-13 所示，砾石粒径在沙河口的东西两侧有异常的变化，根据由剖面 I 至剖面 III 及由剖面 IV 至剖面 V 砾石粒径规则减小的情况。如果沙河口以东和以西的砾石堤都是由石河口输入的砾石在向西移动过程中统一形成，那么从剖面 I 到剖面 IV，砾石通过沿岸 4km 的运移（远大于任何其他两个相邻剖面之间的距离），粒径应该大大减小。但是沙河口西的砾石比东岸的砾石不但没有减小，反而有所增大。这可能与沙河口东、西两部分砾石堤的砾石不是统一由石河口供给的西部砾石堤，主要与沙河口有关。砾石形态要素的沿岸变化情况（图 7-13）也证实了这个想法，砾石的不对称指数、磨平指数、磨圆指数，总体由东向西的变化是正常的。但是河的西岸总是有明显反常的变动，不对称指数增高，扁平指数与磨圆指数降低。因此可以肯定沙河西部的砾石主要由沙河口入海。当然，沙河是砂质河流，不可能供给这些砾石。第一节开头已提到过，石河出山后有一条汊道向南，由沙河入海。西部砾石显然是石河砾石通过这条汊道输入的。因此可以得出结论，东、西两部分砾石堤的砾石都由石河供给，而且是分别通过东部石河口、西部沙河口入海的。如果查清了这一要点，砾石堤的条数、总宽度及高度的沿岸变化呈东、西不连续的两部分的问题也就迎刃而解了。

此外，砾石堤砾石的磨圆程度普遍低于石河砾石，这是因为砾石堤的砾石中坚硬而不易磨圆的安山岩类成分偏多，而石河砾石中容易磨圆的花岗岩成分砾石多所致。

3）砾石的堆积过程

砾石堤砾石的堆积过程是由激浪流完成的。外海传来的波浪进入海岸带后，海水运动受海底摩擦的影响，波浪前坡变陡，波形越来越不稳定，最后在水边线附近卷倒，汹涌的激浪流带着砾石向海滩冲去。到堤顶附近，部分激浪流分成股股细流越过堤顶向陆坡流去，并很快渗入砾石堤中。因此激浪流的流速在堤顶突然降低，被激浪流带上来的粗粒砾石首先在堤顶堆积下来，被越过堤顶的水流带到砾石堤，向陆坡上堆积的只是少量小的砾石。至于规模不大的波浪破碎引起的激浪流一般达不到堤的顶部，由它挟带上来的中等粒径的砾石只能堆积在砾石堤的向海坡上，这就产生了前述的砾石粒径以堤顶最粗，向陆坡变细，向海坡居中的横向分选性。这种堆积过程还反映在砾石产状及砾石堤向海坡与向陆坡的坡度关系上。向海坡上激浪流的势力很强，砾石以 a 轴垂直于激浪流的方向推移前进，堆积下来的砾石为了达到相对稳定，砾石的扁平面多向激浪流冲来的方向倾斜，倾角大于向海坡的坡度，呈叠瓦状排列，砾石的 a 轴走向与激浪流的方向大致垂直。砾石堤向陆坡上的砾石由越过堤顶的细流与砾石本身重力作用移动、堆积而成。如果外海来的波浪很大，越过堤顶的水流还相当强，则砾石扁平面迎水流方向向海倾斜，a 轴多顺水流方向，即与砾石堤的走向正交，以达到稳定堆积。如果越过堤顶的水流很弱，砾石经水流起动后主要靠本身重力沿斜坡分力的作用向下滑动堆积，所以砾石扁平面多平行于坡面向陆倾斜，a 轴走向则仍保持与砾石堤走向垂直。至于堤顶砾石产状的不稳定性，显然是因为位置处于水流作用急速改变处的关系。

4）帚状沿岸堤形成的机理

从以上的讨论中可以得出一个重要的结论：砾石堤的发育要求有充足的砾石来源及一定强度的波浪作用。在砾石堤与石河冲积平原形成以前，本区是一个受岬角遮蔽的海湾，波浪经过强烈折射进入海湾后已非常弱，石河入海物质很少受到波浪作用很快堆积下来，形成砾石盾的冲积平原，并迅速向外扩展。在这期间虽有充足的砾石来源，但不具备波浪作用的条件，还是不能形成砾石堤。当石河冲积平原发展超出岬角波影区的范围，波浪对石河入海物质的搬运与堆积作用加强，于是在冲积平原的边缘开始发育砾石堤。

砾石堤呈帚状分叉，这是由于上述决定砾石堤发育的两个必要条件发生周期性变化引起的，而主要又决定于砾石来源的变动。据石河水文站提供的历史资料，石河大约每隔60～70年出现一次特大洪水，带出大量物质，在平常年份入海物质很少。由此推论，每逢石河特大洪汛来临，短时期内大量物质入海，首先在河口堆积下来使河口位置越过老的砾石堤向海伸展一段距离。这些堆积物质在斜交波浪作用下沿岸向西运移，同时向岸推移，在老砾石堤的外侧形成新的砾石堤。但是越向西去，波浪所携带的物质由于沿程堆积，堆积物沿程减少，砾石堤的规模（如高度）也随之减小，并向老堤靠笼，甚至最后与老堤合而为一。这样，石河特大洪汛周而复始地出现，河口随之几次向海伸展，河口附近相应形成了数条砾石堤，它们向西随着离河口距离的加大而逐渐合并，就构成了今天所见的帚状分布的砾石质沿岸堤。

近期石河砾石来源减少，砾石堤已停止发育，紧接着在砾石堤的外面发育了沙质水下沙堤。

4. 结论

（1）砾石质沿岸堤的形成必须具备充足的砾石来源和强大波浪作用，二者缺一不可。本书所讨论砾石堤的砾石主要来自附近的石河，当石河砾石填满海湾而超出东岬角的波影范围时，东面来的强浪作用堆积形成沿岸堤。

（2）砾石堤砾石的岩性及占比与源地石河的砾石基本一致，但是比较容易磨损的花岗岩类成分在砾石堤砾石中比源地石河砾石有所降低，坚硬的安山岩类则反之。

（3）砾石堤砾石的产状、粒径、横向分选及砾石堤两坡坡度关系反映了激浪流对海滩作用的特征。向海坡上砾石的 a 轴大致平行堤的走向，扁平面倾向海并略偏于波浪传来的方向。堤顶及向陆坡上的砾石，a 轴大多垂直于堤的走向分布，扁平面的倾向不稳定。砾石扁平面的倾角一般大于相应坡面的坡度，前缘砾石向海倾角平均为15°，后缘砾石向陆倾角平均为25°。砾石粒径以堤顶最粗，前缘次之，后缘最细。砾石堤两坡的坡度平均在5°左右，最大不超过10°，其中向陆坡度稍大于向海坡度。

（4）砾石的移动方向反映在砾石堤的高度、砾石粒径与形态要素的沿岸变化上。由砾石供应的源地（石河口与沙河口）沿砾石的移动方向（向西），砾石堤的高度逐渐降低，砾石的粒径减小，扁平指数与磨圆指数增高，不对称指数降低。但是从砾石的平均扁平指数为4.50，平均不对称指数为650，平均磨圆指数为331来看，不是很典型的海相砾石特征，故离开源地的移动距离不长。

（5）砾石堤的寻状分叉是由石河供给物质数量的周期性变化及由此引起的河口周期性向海增长和砾石周期性沿岸运移堆积所造成。寻尾靠近源地河口，寻柄指向砾石沿岸移动的方向。

（6）砾石堤的高度由陆向海逐渐降低，说明在砾石堤形成期间，海岸是相对上升的。

三、碎屑海岸的层序模式

在连续沉积的自然条件下，沉积环境和沉积相的空间分布是有一定规律的，它们表现在水平相组和垂相层序特征上，Walther（1893，1894）对相组和相序的关系做了深入的总结。他提出："形成时彼此水平相依的沉积相，在地质剖面中是相互叠置的。这意味着只有水平方向相互邻接的沉积相才能重叠在一起。"这个原理就是瓦尔泽相律，简单地说，就是"相的整合垂向层序，是由环境的侧向演变产生的"。

沉积相的垂向层序特点，首先取决于原有沉积相的平面组合，这就是相组与相序的分布对称性。但是同样的相组可以产生不同的相序，这是因为由相组到相序是通过沉积相带的水平迁移完成的，而沉积相带的迁移方向随环境条件而不同，使沉积相产生不同方式的叠置，产生不同的层序，以滨外坝—潟湖海岸沉积层序模式为例。

海面相对稳定时，海岸的平均高潮位、平均低潮位和浪基面的水深位置基本不变。随着海岸泥沙堆积，滨外坝沉积向海发展，滨外坝和水下岸坡沉积各自水平成层，并呈平行分布（图7-14）。由于多条滨外坝堆积，使切过滨外坝的潮流通道延长，潟湖与外海的水体交换逐渐减弱，潟湖趋向消亡。潟湖中被淤泥填充，在潟湖泥上普遍覆盖了沼泽层。在这种条件下发育的滨外坝沉积体系和潟湖沉积体系只在水平方向上相互邻接，而不可能一起出现在同一条柱状剖面中。

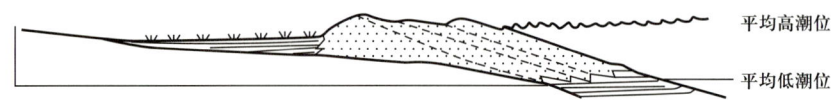

图 7-14　海面相对稳定、泥沙来源丰富条件下的海退层序

海面相对上升时，通常发生海进，在波浪作用下，滨外坝发生侵蚀。但是在海面相对上升的同时，若海岸能从附近的入海河流得到足够的泥沙供应，海岸线照样可以向海淤进。由于岸线向海推进时，海面发生相对上升，使滨外坝沙堤沉积向海的上倾方向发展，形成一系列退覆叠瓦状沉积单元，其岩相界面向海上倾。随着滨外坝向海进积，里侧潟湖的规模逐渐增大，潟湖泥和沼泽层超覆沉积在滨外坝沙堤上。其中潟湖泥的连续沉积厚度比较大，并覆盖在薄夹层上。在这种环境条件下，潟湖中可以频繁发育涨潮流三角洲，在潟湖泥中形成沙与粉沙的薄夹层。整个潟湖沉积体系叠覆在滨外坝沉积体系上面，形成潟湖—滨外坝沉积层序（图7-15）。这种层序的特点是：以中部低能的潟湖沉积为界，上部为高能的正韵律河流沉积沙体，下部为高能的反韵律滨外坝沉积沙体。

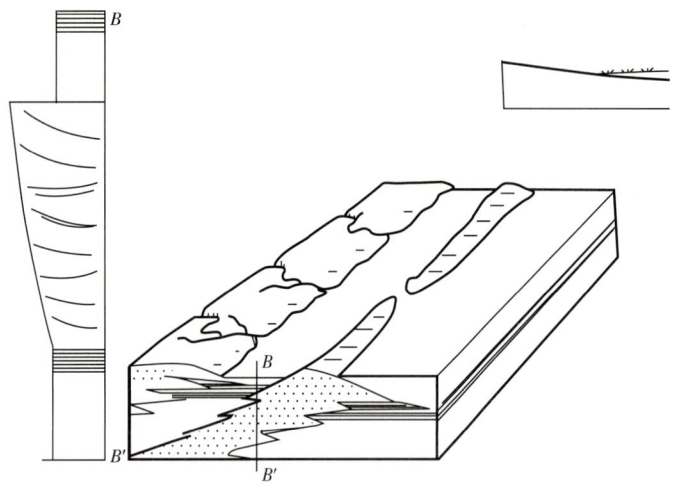

图 7-15　海面相对上升、泥沙来源丰富条件下的海退层序

在海面相对上升、泥沙来源由丰富转为不足的条件下，滨外坝—潟湖沉积先呈叠瓦状退覆，形成海退层序。当泥沙来源变得不足时，滨外坝沙体向陆地方向推移，形成海进层序。在海进条件下发育的滨外坝规模一般比较小，且在坝体的顶部往往具有明显的侵蚀痕迹。在这种海退—海进滨外坝沉积体系中，反韵律的滨外坝沙层组被潟湖泥—沼泽层分隔成两部分，分别代表海进旋回和海退旋回（图7-16）。

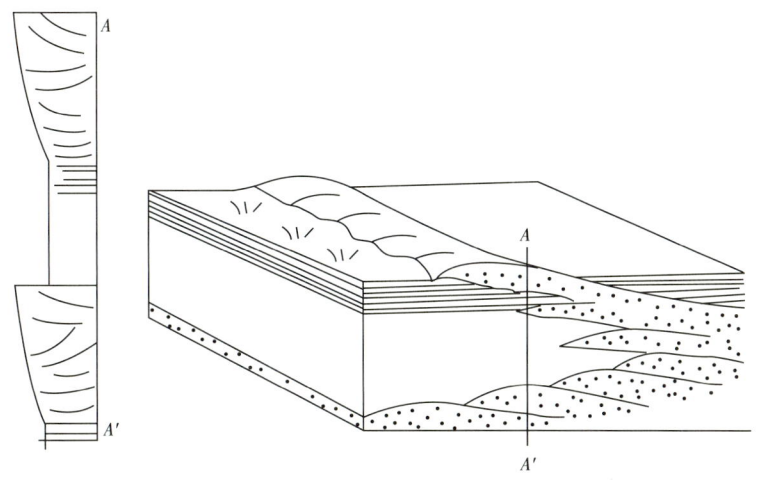

图 7-16　海面相对上升、泥沙来源由丰富转为不足条件下的海退—海进层序

　　一个处于冲淤平衡状态的滨外坝—潟湖海岸,当海面相对上升时,往往发生海进,海岸线向陆移动。海岸线向陆移动的方式随海面的上升速度而有所不同。当海面迅速上升时,激浪带后移到滨外坝的顶部后,跃移至潟湖的里侧,形成新的沙坝,老的滨外坝在原地被淹没;当海面缓慢上升时,海滩及水下岸坡上部被侵蚀,侵蚀下来的碎屑物一部分堆积在水下岸坡下部和滨外,一部分越过坝顶堆积在里侧,使滨外坝向陆移动。这种海进过程会产生两种沉积现象:(1)滨外坝在波浪作用下不断向陆后退,爬升沉积在潟湖泥层上,并在后退过程中,坝体的规模逐渐缩小;(2)随着滨外坝冲刷后退,潟湖沉积被冲露在海滩上,这两种沉积现象广泛出现在世界各地的现代海岸。中国冀东海岸的滨外坝后退过程非常明显,富含硫化氢的黑色潟湖泥层广泛出露在激浪作用带,泥层中有许薄介壳。经钻探调查,冲露的潟湖泥层与里侧的潟湖沉积,在滨外坝下部是连续沉积的(图7-17)。

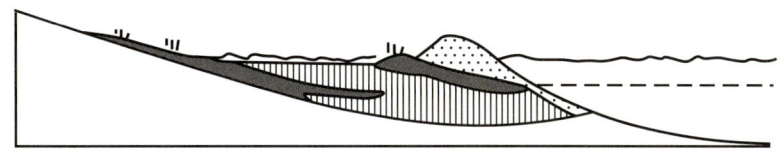

图 7-17　海面相对上升、泥沙来源不足条件下的海进层序

四、碎屑海岸的砂矿勘探

　　我国山东半岛的海滨砂矿以磁铁矿、钛铁矿、锆石、独居石和石英沙等为主。常见的海滨砂矿有海滩砂矿(图7-18a)和沙嘴砂矿(图7-18b)。海滩砂矿主要富集在高潮线附近,因为这里是激浪沿海滩上冲的顶端,上冲水流的流速远大于退流的流速。退流带走轻的碎屑颗粒,留下了重砂矿物。沙嘴砂矿主要分布在沙嘴的根部附近,也以沙嘴的向海坡上最富集。

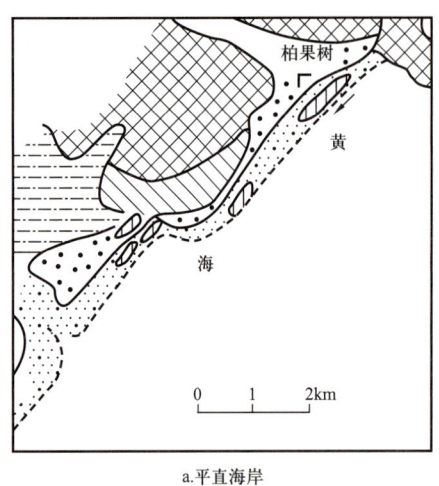
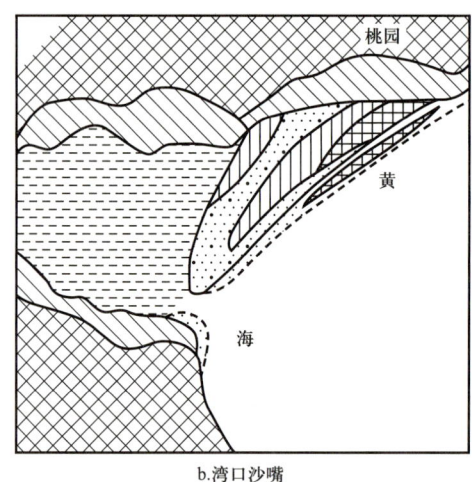

a.平直海岸　　　　　　　　　　　　b.湾口沙嘴

图 7-18　平直海岸和湾口沙嘴的海滩沙矿

第二节　在潮汐作用下粉沙淤泥质海岸沉积

一、潮汐运动的性质

1. 大洋中的潮汐

潮汐是指在月球和太阳的引力作用下，海平面周期性涨落的现象。尽管月球的质量小于太阳，但由于月球距离地球较近，对地球表面的潮汐引力起主导作用。在月球引力和离心力的共同作用下，地球上的海水在正对和背对月球的位置分别向外膨胀，形成高潮，而其他区域受力较小形成低潮。通常情况下，随着自转，地球表面某一位置1天会经历2次涨潮和退潮，一次涨潮—退潮的周期为12.42h（即半日潮，图7-19）。在一个涨落潮周期内，相邻高潮位和低潮位之间的高差被称为潮差。平均低潮线和平均高潮线之间形成潮间带，平均高潮线以上为潮上带，平均低潮线以下为潮下带。由于地球的自传轴倾斜于月球轨道平面，地球表面的某一位置与两侧高潮（或低潮）位置的距离并不完全相等，导致当该位置经历2次高潮（或低潮）时，一侧的潮汐引力大于另一侧。因此，每天的2次高潮（或低潮）的水位不相等，即月球半日潮中存在日不等现象，这就导致半日潮中存在1个日潮组分（图7-19）。

按照潮汐的不同周期，通常可分为半日潮、全日潮和混合潮。半日潮指1天之内发生2次涨潮和退潮；全日潮指1天内只发生1次涨潮和退潮；混合潮则介于半日潮和全日潮之间，属于两者之间的过渡类型。实际上，潮汐是一种复杂的周期性潮波振动，由与月球和太阳运动相关的多个不同周期和振幅的分潮迭加而成。目前已经确认的分潮超过100种，其中最重要的分潮包括主太阴半日分潮、主太阳半日分潮、太阴—太阳赤纬全日分潮、主太阴全日分潮（图7-20）。

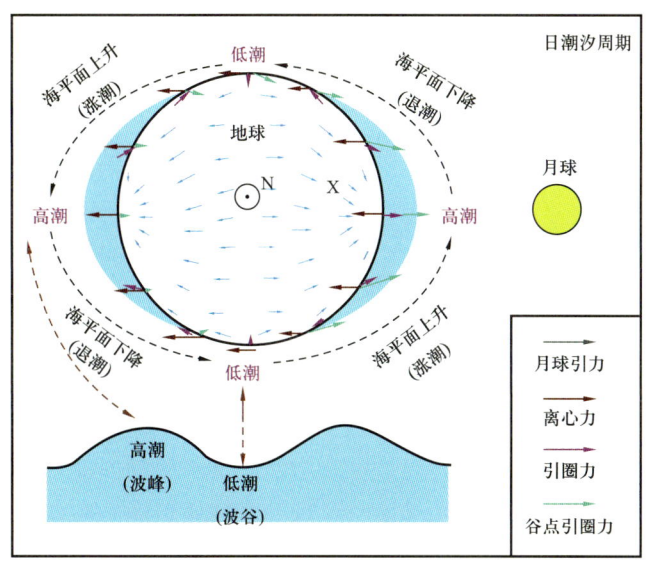

图 7-19 每日潮汐周期（高潮和低潮）形成的示意图

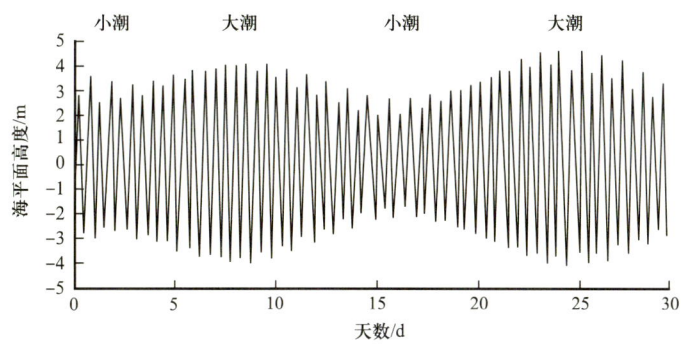

图 7-20 美国康涅狄格州 Bridgeport 30 天的潮汐数据
该地潮汐为半日潮，即一个月内有 2 次大潮和小潮，并可观察到明显的日不等现象

除了每日的涨潮和退潮现象，海水还经历每个周期性交替的大潮和小潮，这种潮汐现象主要是由月球和太阳共同对地球的引潮力引起。当月球、太阳和地球成一条直线时（即满月和新月时），月球和太阳的引潮力叠加到一起，潮汐隆起达到最大幅度，此时会出现特大高潮和低潮（潮差最大），形成大潮；当月球和太阳与地球成直角时，月球和太阳所产生的引力相互抵消一部分，此时潮汐隆起的幅度最小，出现最小的高潮与低潮（潮差最小），形成小潮。随着月球绕地球转动，每个月会出现 2 次大潮和 2 次小潮。潮汐可以看作是海洋中最大的波浪即"潮汐波"，其中高潮位相当于波峰，低潮位相当于波谷，潮汐波的波长（即 2 个波峰之间的距离）则是某个位置上地球周长的一半。

2. 潮汐要素

在潮汐现象中，海面上涨到最高的位置叫高潮，下降到最低的位置叫低潮。海面从低潮上升到高潮称涨潮，由高潮下降到低潮称落潮。涨潮时向岸流动的海水叫涨潮流，

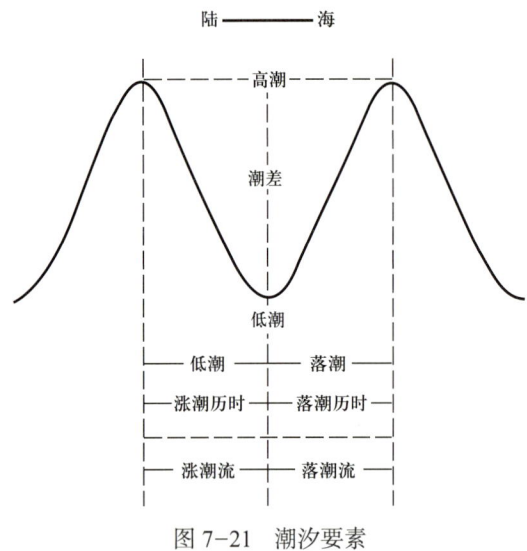

图 7-21 潮汐要素

落潮时离岸流动的海水叫落潮流。高潮和低潮海面通常要持续一段时间（20~30min），分别称为平潮和停潮。平潮和停潮的中间时刻称为高潮时和低潮时，低潮时到高潮时的时间间隔称涨潮历时，高潮时到低潮时的时间间隔称落潮历时，相邻高低潮位之差称潮差（图 7-21）。

3. 引潮力和潮汐周期

潮汐现象主要是在月球、太阳等天体引力作用下产生的。就月球引力而言，它与地球和月球质量的乘积成正比，与地月的距离平方成反比，方向指向月心。对地球表面的每一质点来说，月球引力的大小和方向各不相同。此外，地月系统还围绕位于地球内部的公共重心旋转，使地球上各质点受到大小一样、方向相同、都指向月球对地心引力的相反方向的离心力。地球表面各质点受到的月球引力和地月系统旋转产生的离心力的向量和就是月球引潮力（图 7-22）。

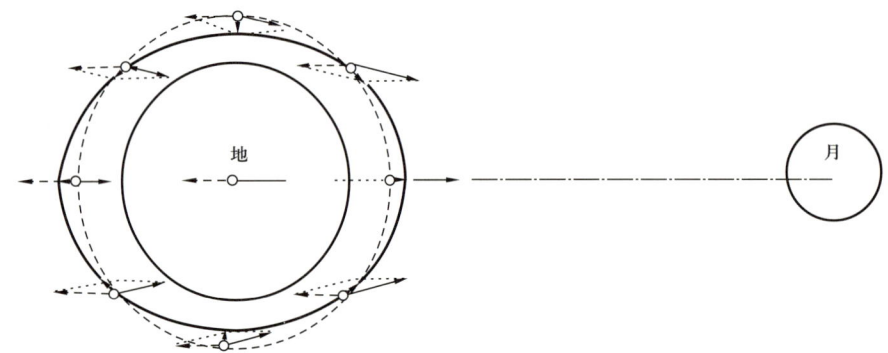

图 7-22 月球引潮力

假设地球表面被海水均匀覆盖，海水在月球引潮力作用下，海面由球形变成椭球形。正对和背向月球处是高潮，过地心而垂直于引潮力的垂直面上是低潮。当月球位于地球赤道平面的延长线上时，由于地球自转，在 1 个太阳日（24h51min）中，地表各点照例都应有二次高潮和二次低潮，而且相邻高潮或低潮的海面高度及涨落潮历时几乎相等。这种潮汐称正规半日潮。当月球偏离地球赤道面的延长线时，其中的一次高潮和低潮减弱，出现高高潮、高低潮、低高潮和低低潮（图 7-23），叫作不正规半日潮。月球偏离地球赤道面的延长线更甚，其中的一次高潮和低潮消失，在一个太阳日中只出现一次高潮和一次低潮，称为全日潮。

地球表面的潮汐现象虽以月球引潮力为主，但太阳引潮力也起着一定的作用。月球绕地球转动的地月系统同时又围绕太阳作月周期的运动，日月和地球处于不同的相互位置（图7-24）。

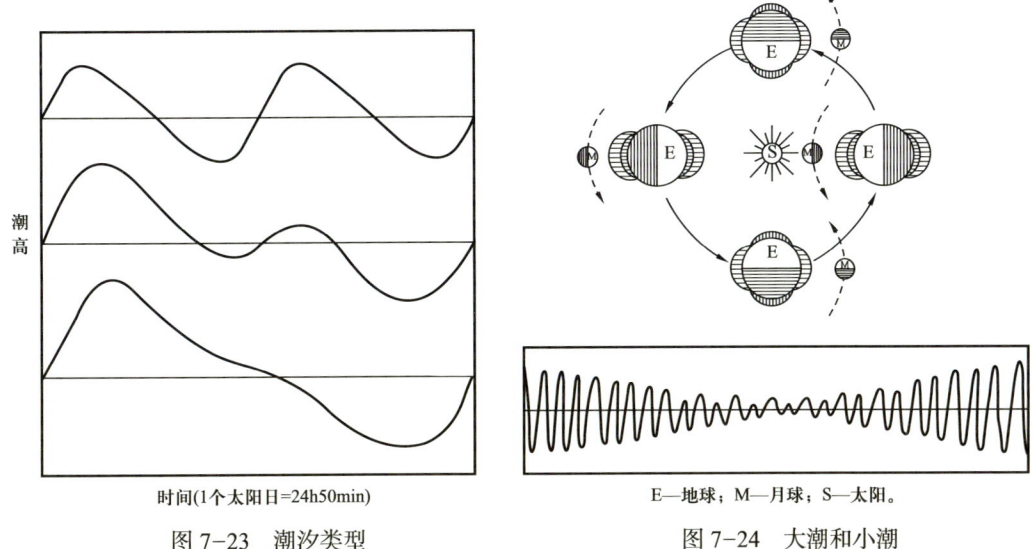

图7-23　潮汐类型

E—地球；M—月球；S—太阳。
图7-24　大潮和小潮

朔望时，月球引潮力和太阳引潮力互相叠加，形成高潮特高，低潮特低的大潮；上下弦时，月球和太阳引潮力互相抵消，形成小潮，使潮差发生半月周期的变化。

二、海岸带的潮汐

潮汐也是一种波动现象，只是潮汐波动的周期和水质点轨道运动的距离比风浪大得多，谓之潮波。

1. 涨落潮历时

大洋传来的潮波属于前进波型。它们进入近岸地带后，由于水深变浅，海底摩擦加剧，潮波发生变形，前坡变陡，后坡变缓，即渤海湾西海岸的涨潮历时仅5h，近底部的涨潮流速达54cm/s；落潮历时达7h，落潮流速只有35cm/s。

2. 潮差大小

大洋的潮差是很小的，浅海地区由于水深变浅，能量集中，一般使潮差增大。如太平洋中部的潮差仅0.5m，硫球群岛平均大潮潮差为1.5m，到闽浙沿海增至4~5m，温州附近实测潮差为8m，等潮高线几乎与海岸平行。但是传至海岸的潮波，经反射可与后来的潮波叠加成驻波。位于驻波节点上的海面，潮差为零，又称无潮点。潮差由节点向四周增大，驻波波腹处的海面潮差最大。例如渤海的秦皇岛和黄河口附近存在无潮点，那里沿岸的潮差小，平均大潮潮差仅0.9m，而辽东营口一带的潮差达3m。黄海的无潮点偏向我国，我国黄海沿岸的潮差为3~4m，而朝鲜西岸不少地方的潮差达8m以上。

3. 潮流流向

进入近岸地带的潮波，涨潮历时缩短，落潮历时延长，因此涨潮流的流速增大，落潮流的流速减小，例如江苏海州湾的涨落潮流速之比为 1.3∶1。

三、海岸带的潮流

1. 潮流对粉沙淤泥质海岸的搬运和侵蚀作用

在北半球，受地球偏转力的影响，潮波系统产生逆时针方向的旋转，使潮流流向也随之发生偏转。若把同时出现高潮的地点连成一条线，则可以得到一系列放射状的同潮时线。在我国海底浅滩非常发育的黄河口和苏北沿岸，旋转型的潮流系统尤其显著。例如黄海的深水区偏东，通过东海进入的潮波传播速度在黄海西侧浅滩较慢，在东侧的深水区较快，使潮波绕苏北浅滩发生折射，形成以琼港为中心的放射状潮流系统（图7-25）。

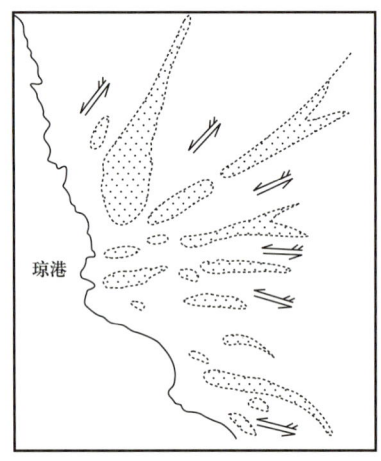

图 7-25　苏北浅滩和放射状潮流系统示意图及卫星图像

潮流对海底泥沙的扰动作用远不如波浪。但是泥沙一旦被掀起成悬浮状态，潮流对悬浮泥沙的迁移作用却是波浪无法比拟的，尤其是粉沙和松散的黏土颗粒。

2. 潮流在淤泥质潮间浅滩上的沉积作用

淤泥质潮间浅滩的坡比甚微，一般仅 0.5%～1%，宽度却很大，可达几千米至一二十千米，滩面物质很细，是粒径小于 0.05mm 的粉沙和黏土。它们的起动速度小，易于被潮流掀起呈悬浮状态。泥质潮间浅滩上的潮流沉积机制，Van Streaten（1957）用沉积延迟和冲刷延迟理论加以解释。

从图 7-26 看，假设滩面物质由起动速度为 V_1 的相同粒径的细颗粒组成，曲线表示潮间带各点水体的潮流流速过程线，并暂且认为同一水体的涨落潮流速对称，向岸方向不同水体的潮流流速降低，如点 A、B、C 和 D。涨潮时，点 A 的水体随涨潮速度逐渐增

大至 V_1 时，点 1 的颗粒进入悬浮状态，并向岸移动。点 A 水体的流速经最大值后又逐渐降低，到点 3 时，流速已降至 V_1。之后，颗粒开始沉降，在沉降过程中，颗粒继续被涨潮流带动一段距离至点 5。落潮时，点 A 的水体通过点 5 颗粒时流速尚未达到 V_1，只有由点 B 向陆水体返回时形成的点 B' 水体经过点 5 时才能使颗粒悬浮起来，待至点 7 时，流速减到 V_1，颗粒又开始沉降，并被带至点 9 沉积下来。这样经过一个潮周期，颗粒由点 1 移动到了点 9。在潮流不断作用下，颗粒不断向岸移动，直至后来的潮流流速小到再也搬不动颗粒为止，如 D 点水体的速度过程线。这一理想化的图式既解释了大量悬浮颗粒在潮间浅滩上沉积的原因，也能用以说明潮间浅滩上泥沙粒径向岸变细的规律。实际上，涨潮流速大于落潮流速，这使上述潮间浅滩的沉积趋势和粒径横向分异规律更加显著。

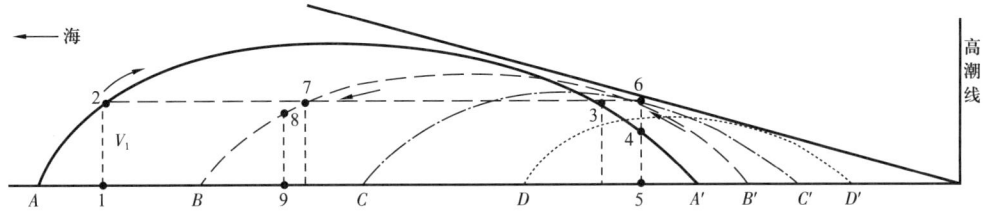

图 7-26　潮间带潮流流速分布与泥沙横向向岸移动的简化图式

若有充足的细粒物质来源，潮间浅滩将不断淤高，其位置向海推进，原来的浅滩不断脱离海水的作用，先形成湿地，然后成为海积平原。在这种淤积型的粉砂淤泥海岸上，值得关注的地貌形态是分布在海滩上的树枝状潮沟，它们的成因与落潮流对滩面的侵蚀作用有关。潮沟的分布规模能反映潮滩的动态，迅速淤积的潮间浅滩，常有线形的潮沟沟头残留在湿地中；在冲淤大致平衡的稳定的潮间浅滩上，潮沟沟头以高潮线为界；在冲刷型的潮间浅滩上，潮沟消失（图 7-27）。这些现象在我国苏北的粉砂淤泥质海岸上都能见到。

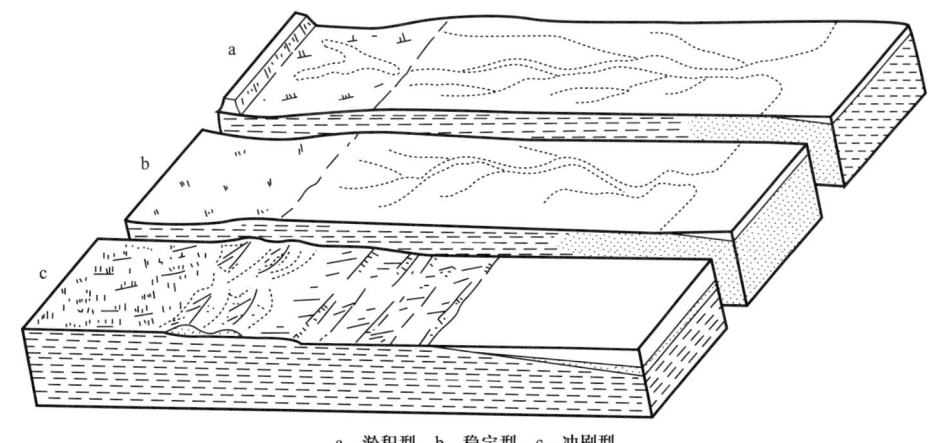

a—淤积型；b—稳定型；c—冲刷型。

图 7-27　潮滩的三种类型示意图

若泥沙来源断绝，粉沙淤泥岸迅速冲刷后退，后退速度在苏北废黄河口附近每年平均达一百多米。随冲刷潮间浅滩坡度增大至1%以上，宽度减至几百米。冲刷型粉沙淤泥岸上最醒目的地貌形态是贝壳堤或贝壳滩，它们由冲刷浅滩的波浪将残存在泥沙中的生物介壳淘洗出来，经激浪堆积在岸上而成。贝壳堆积是粉沙淤泥岸受冲刷的标志，还是判断海岸冲刷速度的一种依据。强烈冲刷的岸段，贝壳不能稳定地堆积下来，常形成堆积高度不大、呈片状分布的贝壳滩；而在冲刷缓慢的岸段，贝壳稳定堆积成堤状。贝壳堆积与潮间浅滩之间是高度不等的淤泥质海蚀崖，崖脚有泥砾堆积。

四、潮滩沉积

1. 潮间带沉积

粉沙淤泥质海岸的水下岸坡也受波浪作用，其沉积性质与沙砾质海岸的基本一致，只是坡度比较平缓，沙粒比较细。粉沙淤泥质海岸最具特色的沉积地貌单元之一是潮间浅滩，浅滩的坡度极小，一般仅0.5°～1°，宽度却很大，可达几千米甚至几十千米。浅滩的组成物质极细，主要是粉沙和黏土。它们刚沉积下来时，很容易被潮流掀起成悬浮状态，但是泥沙一旦被掀起成悬浮状态，潮流对悬浮泥沙的迁移作用是波浪所无法比拟的。

随着涨潮流速向岸逐渐降低，挟带的悬浮颗粒按先粗后细的顺序沉积下来，从低潮位到高潮位依次出现粉沙滩、粉沙淤泥滩、泥滩和盐滩。

2. 潮上带沉积

贝壳堤是冲刷型粉沙淤泥质海岸最醒目的堆积地貌单元。当潮间浅滩发生堆积时，贝类生物多穴居于粉沙淤泥中，死亡后其介壳分散地残留在浅滩沉积物中。当泥沙来源断绝，海岸迅速冲刷后退。波浪侵蚀浅滩，残留在粉沙淤泥中的生物介壳被淘洗出来，由激浪推到岸上堆积下来。粉沙淤泥质海岸刚由堆积型转为冲刷型时，海岸的侵蚀作用最强烈，贝壳不能在岸上稳定堆积下来，只形成高度不大的、片状分布的贝壳滩。而在海岸缓慢冲刷阶段，贝壳能在岸上稳定堆积，形成平行岸线分布的贝壳堤。贝壳堤的规模与沙砾质海岸的滨外坝或沿岸堤相当，宽几百米，高数米，长几十千米，但是贝壳堤之间是沼泽低地。

第三节 我国粉沙淤泥质海岸沉积

一、渤海湾粉沙淤泥质海岸沉积

1. 渤海湾海岸自然概况

1) 地质基础

渤海湾地处华北平原东缘，是渤海西部一个海湾，北起滦河口，南至黄河入海口东端，海岸线全长360km（图7-28）。

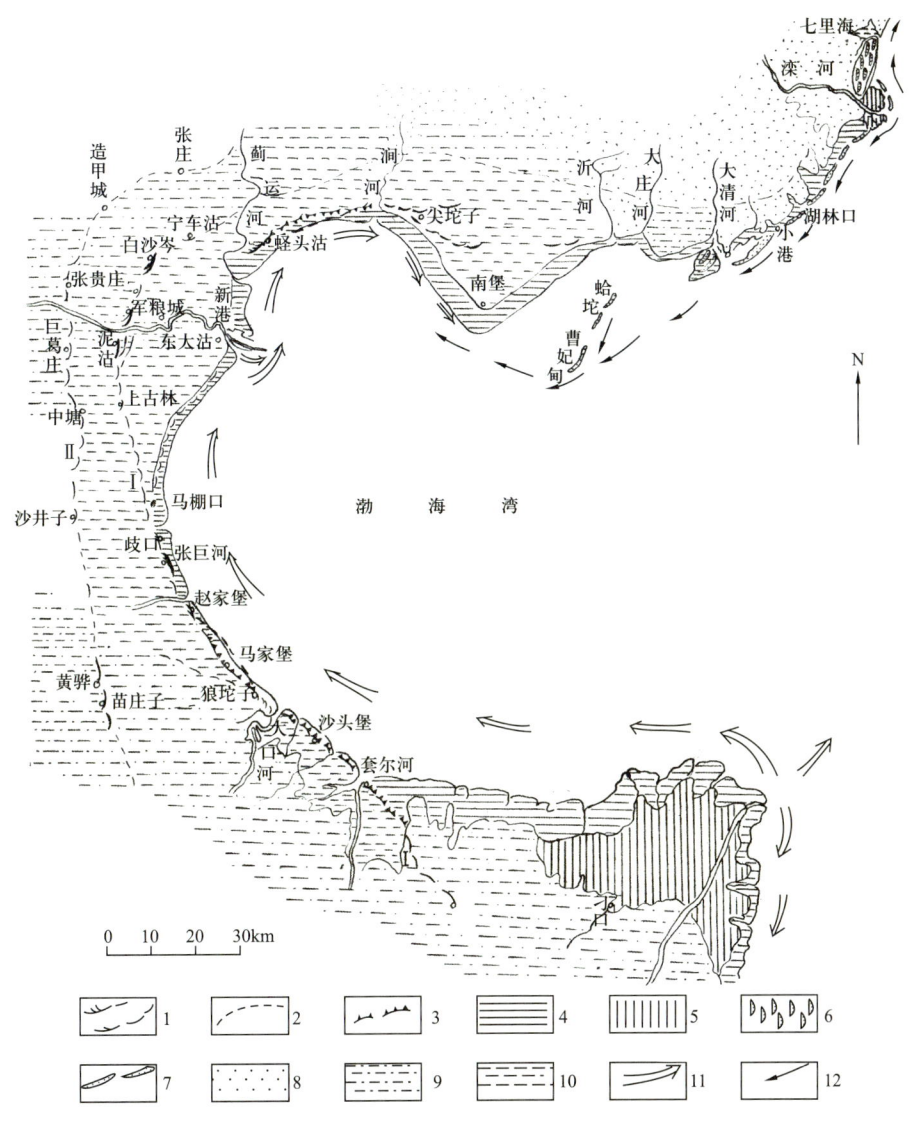

1—贝壳堤；2—古海岸线；3—海蚀陡坎；4—潮间带；5—新冲积三角洲；6—风成沙丘；7—沙岛；8—中、细沙；
9—泥质粉沙；10—粉沙质淤泥；11—淤泥运移方向；12—沙运移方向。

图 7-28 渤海湾海岸略图

渤海湾是渤海凹陷的组成部分，自古近纪以来，处于下沉过程中。大量钻探资料证明，古近系—新近系及第四系沉积层厚达 1100m 左右，其中厚度 500m 以下是古近系—新近系红色黏土层。

渤海湾曾出现三次海侵，最后一次海侵发生于距今一万年以前。这次海侵的最大范围达到黄骅一带，海相层厚 16m，陆地上普遍是 2～5m 的冲积层覆盖于海滩沉积之上，向海逐渐被海相层所取代。

2) 近岸带水文概况

渤海湾的潮汐属不规则半日潮，潮差由湾口向湾内逐步增大。如黄河口外和滦河口外均为潮差很小的"无潮点",而塘沽新港潮差可达4m,加上增减水作用,最大水位变化可达5.6m。

近岸海流的特性(包括潮流、余流等)是:(1)流向自湾口向湾内,流速则自湾口向湾内递减;(2)涨、落潮历时不等,落潮历时比涨潮历时长20~40min,此差值向湾内递增;(3)涨潮流速比落潮流速大,差值向湾内增大,其差值在5~10cm/s;(4)沿岸水流速和流向受海岸地形轮廓的影响而发生变化。

海岸沙岛的泥沙是波浪的搬运作用带来的。在偏东风的作用下,波列与南、北部岸线成斜交,是使泥沙向湾内搬运的动力之一。波浪对淤泥滩的作用主要是掀动海滩和海底淤泥,使海水含沙量增加几倍直至数十倍,潮流和余流将这些泥沙进行搬运。

3)入海泥沙

对渤海湾海岸沉积、海岸冲淤动态影响最大的是黄河,其次为滦河,其余小河可忽略不计。黄河入海泥沙数量之巨居世界各大河之首,通过利津站入海泥沙量年平均量为13×10^8t。黄河的泥沙来自黄土高原,颗粒组成以粉砂和淤泥为主,平均粒径是0.015~0.028mm,分选系数为2.16~3.81。较粗的物质沉积在河床中,到入海处,平均粒径稍有下降。粗颗粒停积在流速减弱的河口沙嘴上,平均粒径为0.02~0.05mm,较细的沉积在口外斜坡上,平均粒径为0.01~0.02mm,大部分淤泥随潮流进入渤海湾、莱州湾,平均粒径0.001~0.005mm。

滦河流经燕山和山麓平原,平均每年入海泥沙为1670×10^4t,以中沙和细沙为主,大部分堆积在河口并形成顺岸的链状沙坝。蛤坨、曹妃甸等沙岛就是古滦河入海口的沙岛(嘴)。

海河每年入海泥沙为900×10^4t。自1958年上游修建水库、口门建闸以后,入海泥沙大大减少,对海岸的作用更小。

2. 贝壳堤基本特征

图7-28标明了贝壳堤和海岸地貌的关系,其中最明显的是以泥沽、白沙岭为中点的第Ⅰ道贝壳堤。以巨葛庄为中点的第Ⅱ道贝壳堤由于形成年代较老,人类改造比较严重,加上河流冲积层的覆盖所以不易见到。据探槽、钻孔、考古等方面资料,此堤的存在也是确定无疑的。

1)贝壳堤的平面分布特征

其分布特征是:(1)纵向平行于海岸;(2)呈不连续的点状分布。在过去和目前的河口区,贝壳堤的规模(高、宽、厚等)才比较大一些(图7-29)。在远离河口的平直岸段,只有残留小堤或贝壳残积层。

2)贝壳堤的形态与规模

贝壳堤的规模一般比海岸沙堤小。在密西西比河口西部,贝壳堤宽度一般是几十米到一百多米，厚度不超过 4.5m。而渤海湾的贝壳堤，厚度超过 5m 的有白沙岭、葛沽、歧口、赵家堡和张巨河等地；宽度超过 150m 的有张巨河、盘沽和白沙岭。

贝壳堤的长度可达 2~3km，根据保存下来的现有贝壳堤的形态，平直岸段的贝壳堤宽数米至十多米居多，宽度大的均在河口附近。

贝壳堤的高度与厚度并不一致，目前存在于各处的贝壳堤高度有明显的差别，若按目前高潮时波浪作用的范围计，高度在 3.5~4.5m。但多数贝壳堤受风力改造而大大改变其高度。

在河口区附近，在新增长的分汊贝壳堤后面的老汊堤上已生长灌木树丛。风力作用把贝壳碎片吹刮到树丛中停积下来，使老堤不断加高。实测证明，在七级以上向岸风作用下，堤坡上的贝壳片就被刮向老堤一侧。

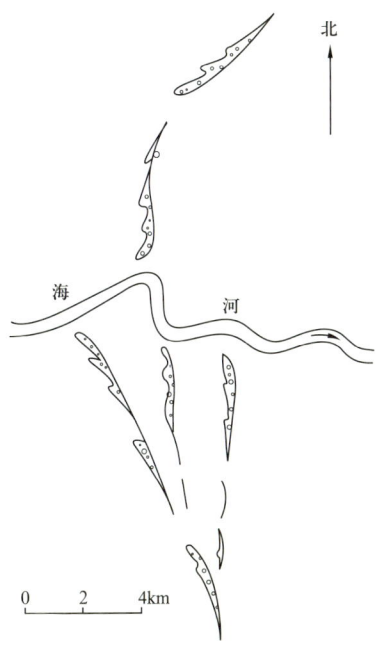

图 7-29　海河口两侧第Ⅰ道贝壳堤

3）成堤贝壳的生物种属

组成贝壳堤的物质是贝壳及其碎屑，其主要生物种属如下：凹线蛤、青蛤、西施舌、昌螺、毛蚶、强棘红螺、纵带锥螺、魁蚶、近江牡蛎、文蛤。

这些种属大都是生长在粉沙或淤泥质粉沙的潮间带，有的在近岸水下岸坡浅水区。其中以蛤和螺类为多数。稳定岸段的贝壳堤组成，下部比较单一，螺类少见，中部螺类很多，上部又见减少。

4）贝壳堤的几项物理特性

（1）磨圆度。

成堤的贝壳，无论是完整的壳瓣，还是贝壳小碎块，均受到一定的磨圆作用。由于贝壳在搬运过程中多以扁平形状进行面的磨蚀作用，所以平面的磨蚀作用好。

（2）破碎度。

强棘红螺、昌螺和锥螺最不易破碎，毛蚶和文蛤居次，青蛤、凹线蛤、西施舌易于破碎，但螺类在贝壳堤中数量较少。从整个贝壳堤的剖面看，稳定岸段的贝壳堤，初期堆积的下部贝壳破碎度小，后期堆积的上部破碎块较多。

5）贝壳层理

具有明显的层理是贝壳堤的重要特征之一，波浪作用的斜层理表现出以下特点。

（1）由于波浪作用的强弱差异，贝壳层具有明显的粗细间层，在堆积增长的贝壳堤横切剖面上表现出明显的粗细间层的规律性。

（2）贝壳瓣的倾斜排列与层面倾角一致，无论大片或小片均呈倾斜状态。

（3）倾斜层面的倾角通常是 11°～13°，粗者坡度大到 15°，细者坡度小至 10°。粗细相等的贝壳层层面的倾角与波浪强度成反比，大风浪时层面坡角较小。

在风力作用下形成的贝壳层，各处倾角差异很大，主要是人类活动或灌木丛的存在而造成的。这种具有层理的风成贝壳碎片小而薄，往往与风成增水涌进堤后的浑水沉积层（厚度 1mm 左右）构成互层（图 7-30）。

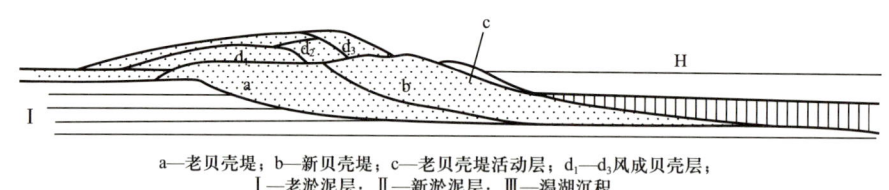

a—老贝壳堤；b—新贝壳堤；c—老贝壳堤活动层；d_1-d_3 风成贝壳层；
Ⅰ—老淤泥层；Ⅱ—新淤泥层；Ⅲ—潟湖沉积。

图 7-30　贝壳层理剖面图

（4）混合各种贝壳碎屑测定其平均密度为 1.35～1.45g/cm³。贝壳层的孔隙度是贝壳富有含水特性的基础。取不同粒径的贝壳层测定其含水性，获得以下结果：完整的螺类含水率可达 65%～70%，完整的蛤类的含水率为 45%～55%，贝壳碎屑的含水率在 35% 左右。

贝壳层含水性良好，这是古代人们聚居贝壳堤上的重要原因。人类定居贝壳堤，是贝壳堤发育到一定规模的标志。

二、江苏北部粉沙淤泥质海岸沉积

1. 贝壳沙堤地理分布及一般特征

研究区位于苏北中部，北起滨海县新淮河口，南至东台县川东港附近，西接里下河湖沼平原，东抵黄海之滨。全新世的最大海侵使苏北广大平原沦为沧海。距今 6000～7000 年，东部开始发育滨海平原，本区最老的贝壳砂是即位于新发育的滨海平原西界，在滨海平原形成过程中还发育了中、后期的几条贝壳沙堤。

本区面向黄海，海底宽广平坦，南部平均坡度 0.57°。由太平洋进入黄海的潮流在宽浅的海滩上向岸推进，属正规半日潮。潮流流速由海向岸逐渐增大且涨潮流速大于落潮流速，潮差近岸大、远岸小，近岸潮差 2～3m。滨海平原就是在黄海平缓斜坡上，由苏北沿岸流带来大量泥沙，受潮流影响不断淤涨而成。现今平原坡度为 0.2°，波浪在平缓的底坡上向岸传播，由于底摩擦力不断增大，波浪发生多次破碎，故近岸波能微弱，一般波高 0.5～1.0m。在东北强风作用下，风和潮的作用增加，使波能增强，同时波浪前进方向与海岸交角较大，因而对海岸有较大影响。总之，潮流是塑造本区海岸的主要因素，而波浪仅在风暴潮时起一定影响（图 7-31）。

苏北中部发现贝壳沙堤有四条，自西向东称为西岗、中岗、东岗和新岗，走向大致为北北西—南南东，与现今海岸线基本平行或有 5°～10° 的交角（图 7-32）。

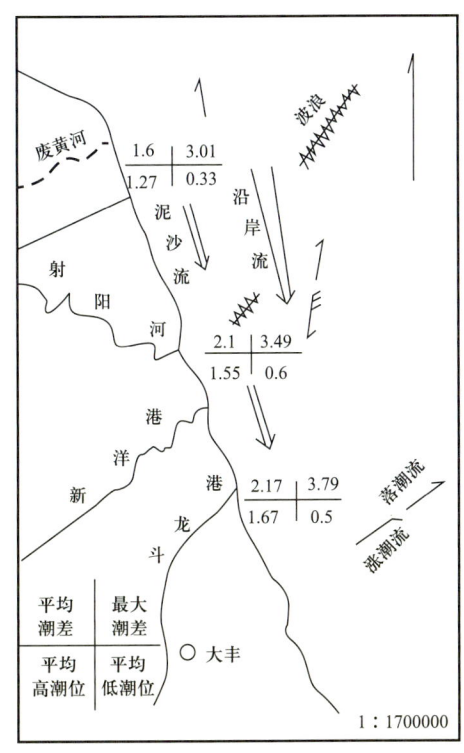 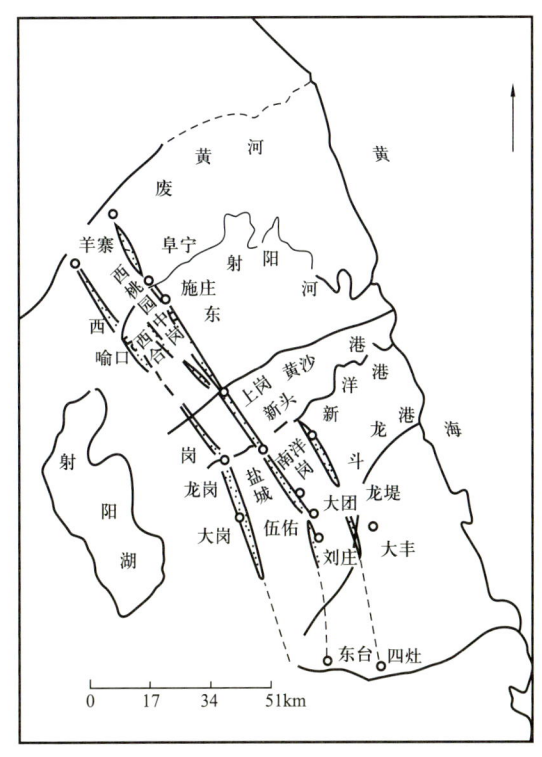

图 7-31 苏北中部沿海动力要素图　　图 7-32 苏北中部贝壳沙堤分布图

2. 贝壳沙堤沉积特征

贝壳沙堤的组成物质以黄褐色的中、细沙为主，含沙量为 85%～90%，其次为贝壳及其碎片，含量 10%～15%。

1）贝壳属种及所反映的环境

苏北中部贝壳沙堤中，贝类种数近三十种，主要属种为四角蛤蜊、青蛤、文蛤、扇贝、牡蛎、昌螺、泥螺、缢蛏等，这些贝类主要生活于潮间带滩地和潮下带浅水环境中。东岗和新岗的贝类属种与现今苏北中部海滩所见的贝类相似，说明贝类壳体主要来源于就近的海滩，同时所见的贝类壳体大部分磨蚀较严重，西岗贝壳大部分已破碎，因溶蚀或磨损纹饰已模糊。新岗壳体比较完整，纹饰比较清晰。

西岗贝壳属种最多，较破碎部分已胶结，牡蛎为西岗特有，特别在大岗地区，牡蛎占相当比例，同时含一定数量喜欢生活于潮流动荡砂质海底的扇贝、红螺，可能反映西岗形成时，海底底质较粗、水体清澈、水流比较激荡。

中岗无贝类壳体，东岗和新岗贝类种数已大为减少，主要贝类为凹线蛤、昌螺、文蛤、毛蚶等，这些贝类主要生活于潮间带及部分细粒淤泥质海滩，反映成堤时水体活动性较弱，海底坡度平缓。

2）结构特征

贝壳沙堤物质（除去贝壳以后）经筛析，结果用 Folk and Ward（1957）的公式计算粒度参数（表7-3、表7-4）。可以看出，沙堤物质粒级集中于 1～4ϕ，即集中于中沙至极细沙范围，特别是 2～3ϕ 这一粒级含量特别高，达 60%～80%，而大于 4ϕ 的粉沙和黏土含量甚少，说明沙堤形成时具有较高的水动力能量，细粒物质被淘洗向海运移，而粗粒的沙级物质及贝类壳体残留下来并受冲流作用向岸搬运，富集堆积成堤。

表7-3 粒度分析结果对比

堤名	粒级					参数		
	粗沙	中沙	细沙	极细沙	粉沙	M_Z	σ_1	SK_1
	0～1ϕ	1～2ϕ	2～3ϕ	3～4ϕ	>4ϕ			
西岗		16.33	74.21	5.55	3.91	2.44	0.36	0.01
中岗		33.48	61.73	0.95	2.86	2.10	0.40	0.142
东岗	0.01	15.1	80.03	2.65	2.44	2.304	0.345	0.03
新岗	0.17	7.57	77.40	6.55	8.28	2.54	0.40	−0.104

表7-4 苏北贝壳沙堤轻、重矿物含量对比表   单位：%

岗名	石英	长石	云母	岩屑	粒屑	重矿物
西岗	72.8	18.2		2.2	0.3	6.5
中岗	70.2	19.6		0.3		9.9
东岗	71.5	15.7		0.3	0.3	12.2
新岗	73.5	16.4	0.8	1.8	0.3	7.8

此外，同一堤内贝壳沙堤物质粒级由北而南逐渐变细，即粒级的平均值（中值）有增大的趋势，西岗北部两合地区粒度平均值为 2.05ϕ，至南部大岗地区增至 2.50～2.69ϕ，这种变化是物质沉积分异作用所造成，它反映了沉积物由北向南运移的方向。

粒度分析结果所作的直方图（图7-33）为单峰型，负偏或近于对称，峰值粒径 2～3ϕ，峰值为 60%～80%。

概率曲线图上有四个组分，推移质组分占 5% 左右，悬浮组分占 5%～10%，具有两个跳跃组分，占 85%～90%，跳跃组分的粒径比较窄，为 1.8～3.1ϕ（图7-34），说明贝壳沙堤形成的波能变化幅度不大。

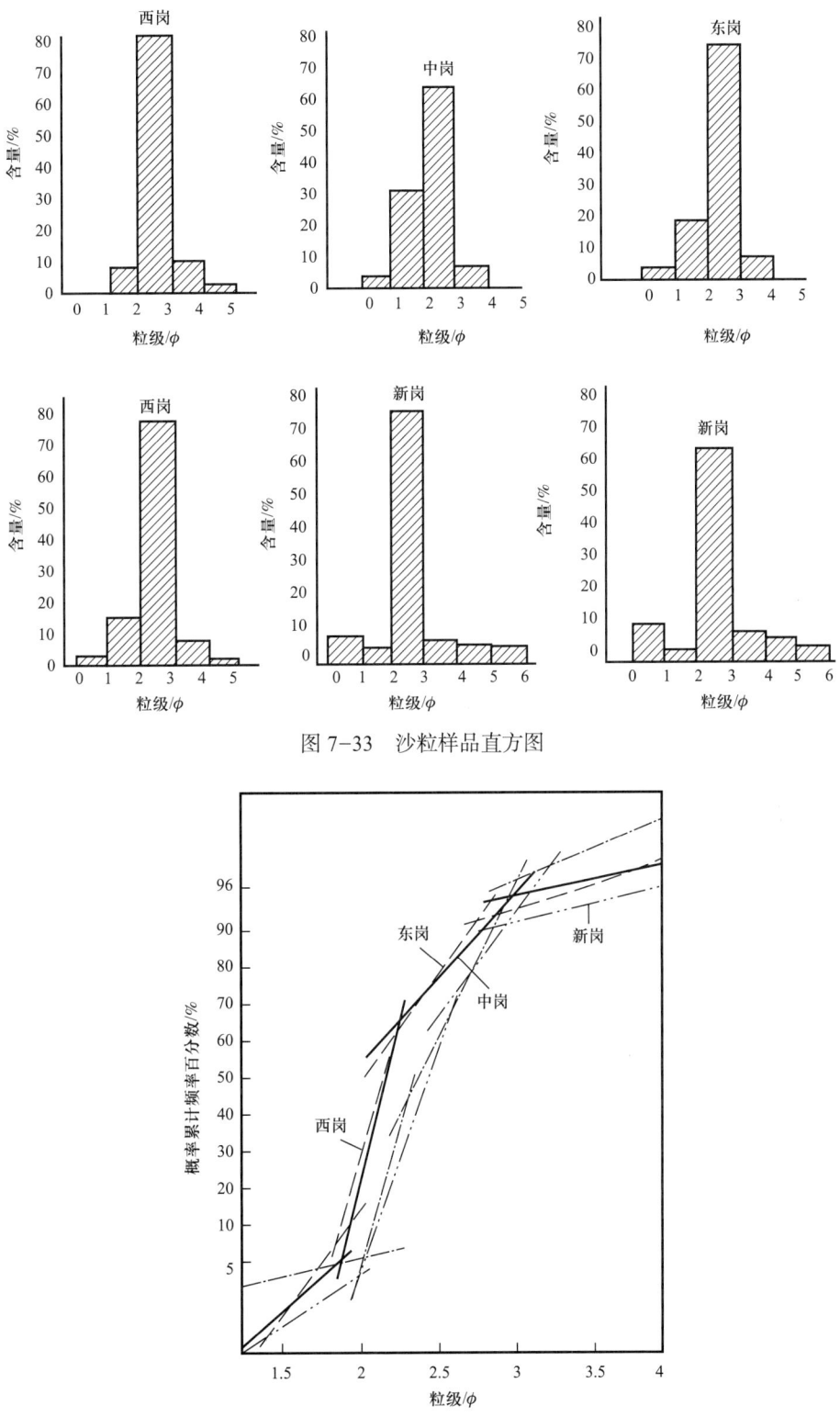

图 7-33 沙粒样品直方图

图 7-34 沙堤沙概率曲线图

3. 矿物组合特征

各条贝壳沙堤沙粒的矿物成分基本相同，以石英为主，占 70.2%～73.5%，其次为长石和重矿物。而植屑、岩屑、云母类矿物含量甚微，一般不足 2%。贝壳沙堤中所含的重矿物达二十种，有角闪石、绿帘石、石榴石、锆石、磁铁矿、电气石、硅灰石、金红石等（表 7-5）。其中前六种重矿物含量占 95%，其他重矿物仅占重矿物的 5%。

表 7-5 重矿物百分含量　　　　单位：%

堤名	角闪石	绿帘石	石榴石	锆石	榍石	黑云母	磷灰石
西岗（上）	47.17	34.7	6.4	0.4	0.4	0.4	1.51
中岗	57.8	21.7	10.6	2.3			
东岗	36.49	35.47	11.49	2.36			1.01
新岗	39.18	34.70	11.19	0.37	0.37		0.73

堤名	黝帘石	碳酸岩	电气石	硅灰岩	透闪石	十字石	金红石
西岗（上）	0.4	0.4	0.75	0.4			
中岗				1.52	0.38	0.38	0.38
东岗			0.34				0.34
新岗	0.75		0.37		0.37		0.37

堤名	透辉石	水化云母	白云母	磁铁矿	黄铁矿	暗色矿物
西岗（上）				2.3	4.2	0.75
中岗				1.52	2.3	1.14
东岗				6.42	4.39	1.69
新岗	0.75	1.12	0.37	3.36	4.48	1.49

重矿物分布具有下列特征：

（1）重矿物含量高、一般占沙质总质量的 6.5% 以上，东岗重矿物含量高达 12.2%，说明贝壳沙堤沉积处，由于波浪反复、长期淘洗，使较轻的物质远离岸区，而密度大的物质沉积下来。

（2）重矿物中片状云母类矿物含量甚微，仅占 0.45%。而现今废黄河口云母类矿物含量为9%，水动力较强的长江河口也达6.5%，反映贝壳沙堤物质是经过波浪长期作用，浮力较大，不易沉淀的云母类矿物已被回流所带走。

（3）重矿物组合，特别是变质矿物石榴石丰度高，占重矿物含量的9.34%，石榴石主要是块状和碎屑状粉红色石榴石，这与废黄河淮河石榴石特征相一致，说明沉积物主要来源于北部废黄河和淮河。

（4）堤内层理类型单一，以平行层理为主，由贝壳层和沙层间互组成，单层厚度一般在10cm左右，最厚不超过25cm，某些层只有1~2cm，在细沙层中可见到0.1~0.7cm的平行纹层。纹层主要由颜色的变化或粒度的变化而得到反映，粒径由底向顶变粗，暗色矿物集中在纹层底部，而浅色矿物和贝壳碎片沉积于纹层顶部。

4. 贝壳沙堤的形成条件

贝壳沙堤的沉积特征、生物组合及地貌部位是探讨它形成条件的基础，贝壳沙堤的形成无疑要有贝类生物的大量繁殖。苏北中部贝壳沙堤的形成具备了下列条件：

1）海平面的基本稳定

更新世末和全新世早期，海平面经历了快速的上升阶段。在距今七千年前后，海平面渐趋稳定，这可认为是世界范围内普遍出现的现象。通过苏北中部贝壳沙堤与我国渤海湾西部苏南及世界各地贝壳沙堤形成时间的对比发现，虽然各地贝壳沙堤形成的具体时间不能一一对应，但都形成于距今七千年前快速海侵以后海面转入稳定阶段。我国上述三地区，最靠近内陆的一条贝壳沙堤形成于距今6500年左右，反映了海平面变化对贝壳沙堤形成有控制作用。苏北中部地区在海平面转化初期，岸线有较长时间的稳定，初期岸坡较陡，破浪带范围变化不大，利于水下沙坝形成，并逐渐增高加宽，露出水面分割水体形成西岗。

2）河流供应物质数量的变化

贝壳沙堤的形成必须具备物质供应量多少的交替出现，即一定时期物质供应量较多，海岸向外快速淤涨；在物质供应量较少的阶段，波浪改造原来的海滩物质，使细粒组分被淘尽，粗粒组分残留下来并向岸运移，集中堆积成堤。黄河的南北迁徙是造成物质供应量多少交替变化的条件。黄河南徙（1128年）以前，形成规模较大的东岗。南徙初期南北分流，沿程经常决口泛滥，大量泥沙用于建造废黄河三角洲。1495年后，黄河水倾泻入海，海岸迅速向外淤涨，不利于贝壳沙堤形成。1855年黄河北归，废黄河三角洲地区两侧又发育现代贝壳沙堤，可见河流供应物质的变化是影响贝壳沙堤发育的重要因素。

3）一定的海滩坡度

成堤的海滩应该具有一定的坡度，使进入近岸的波浪有足够的能量冲刷滩面并把贝壳及粗粒物质带向岸边。根据现今废黄河口两侧海滩实测剖面资料（表7-6），认为在现今条件下贝沙堤形成的有利岸坡为2‰～8‰，在这样的坡度下波浪有一定的能量改造滩面，促进粗粒物质向岸搬运。坡度太陡、波能太高、滩面扰动强烈不利于贝类的繁衍，而且物质外运使贝壳散落滩面，坡度过于平缓，波能微弱，大量细粒物质落淤，窒息贝类，同时，波浪在向岸传播过程中，摩擦力太大，能量耗尽，无力把粗粒物质托举到岸边堆积成堤。贝壳沙堤形成的有利岸段是海岸的稳定—微冲岸段，在这样的岸段既有粗粒物质的持续供应和贝类的繁殖，又有物质经受波浪充分筛选的条件，利于形成一定规模的贝壳沙堤。

表7-6　贝壳沙堤发育与海滩坡度关系

地名	岸滩性质	坡度	贝壳堤发育情况
新洰河口	侵蚀后退	3.3‰～5.1‰	发育
老黄河口—八滩	强烈蚀退	大于8‰	不发育
扁担河口	侵蚀后退	4‰～6.4‰	发育
新洋港口南	淤涨	0.39‰～0.42‰	不发育

三、渤海湾西部贝壳堤与古海岸线问题

1. 贝壳堤形成的基本原理

贝壳堤是由贝壳物质所堆积成的沿岸沙堤（或称沿岸堤、滩脊等），是发育在海滩上与海岸线平行排列的自然陇岗，形成在开阔的海岸段落，是激浪活动的产物。形成沿岸堤的海岸坡度介于0.005～0.01，具有这样坡度的海岸主要是砂质海岸，或是砾石或粗粉沙海岸。这类海岸上波浪作用最完善，波浪在近岸浅水区破碎形成激浪，激浪对海底具有强烈的冲刷扰动作用，因此往往掀起滩底泥沙，把它们向岸边携运，堆积在高潮线附近。这样长期地作用，岸边泥沙逐渐堆积加高而形成沿岸沙堤。

2. 渤海湾海岸地貌与贝壳堤

本区主要是由粉沙、淤泥质粉沙组成的平原海岸，岸域开阔、地势平坦。岸线外围分布着宽阔粉沙与淤泥质的潮间带浅滩。在湾顶隐蔽处，河口外围及本区南部淤泥厚度大，而在开阔段厚度小。岸滩的坡度很缓，平均为1°～3°。因此，岸外海水较浅，波浪作用微弱，潮流作用活跃。近岸带的潮流速度低，只能携带细粒的淤泥，而不能营造形成沿岸沙堤。但是在暴风天气时，强潮、大浪对海岸却有一定的破坏与改造作用。目前，沿岸平原上遗留着两列贝壳堤，它们的特点与分布情况如图7-35所示。

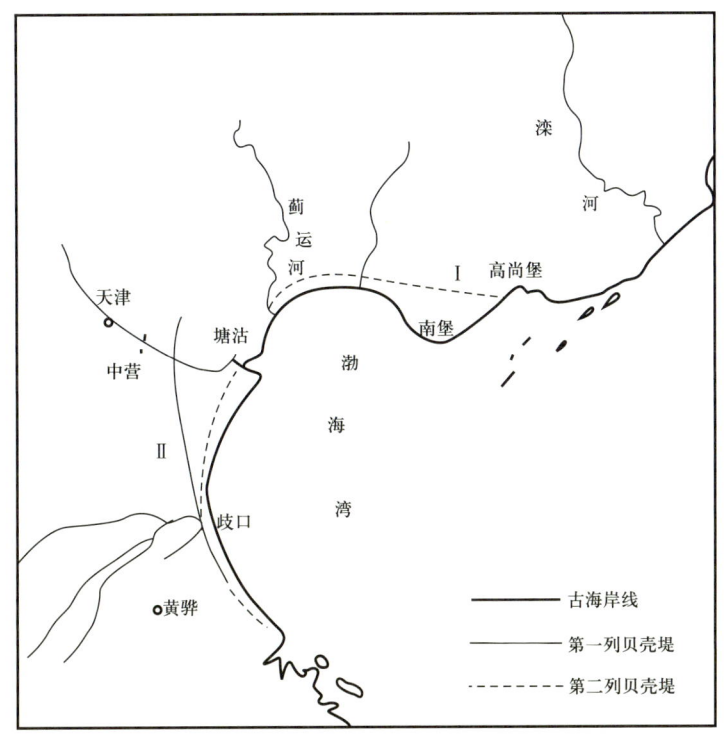

图 7-35 渤海湾西部海岸范围与贝壳堤分布图

四、粉沙淤泥质海岸的海港建设

1. 我国粉沙淤泥质海岸的港址选择与回淤研究

我国粉沙淤泥质海岸的特点是冲淤变化极大。有泥沙来源时，粉沙淤泥颗粒在潮流作用下迅速在潮滩上沉积下来。但是当泥沙断源时，潮滩上堆积的泥沙又重新被波浪侵蚀，其侵蚀速度与沉积速度相当，海岸迅速被侵蚀后退。在这种冲刷和淤积都非常明显的粉沙淤泥质海岸带选择港址，关键是要选择海岸冲淤相对稳定的岸段。

1）射阳河口港的港址选择

我国苏北粉沙淤泥质海岸的潮滩调查研究表明，射阳河口是可供选择的河口港港址。经研究，射阳河口以北的岸段原来是古黄河入海形成的古三角洲。当时，沉积非常迅速，但是在 1855 年后，黄河改道，古黄河三角洲被迅速冲刷，形成强烈的冲刷岸段，贝壳滩非常发育。冲刷下来的泥沙受潮流作用向南迁移，在琼港附近形成沉积中心，淤积非常迅速，形成广阔的粉沙淤泥浅滩。据统计，废黄河口岸段的冲刷速度与琼港岸段的淤积速度大致相当。

在这种冲淤都非常强烈的粉沙淤泥质海岸选择建港的地址，既要避开强烈冲刷的岸段，也要避开强烈淤积的岸段。射阳河口正好位于既不强烈冲刷，又不强烈淤积的中间岸段，是在这里选择建河口港的理想岸段（图 7-36）。

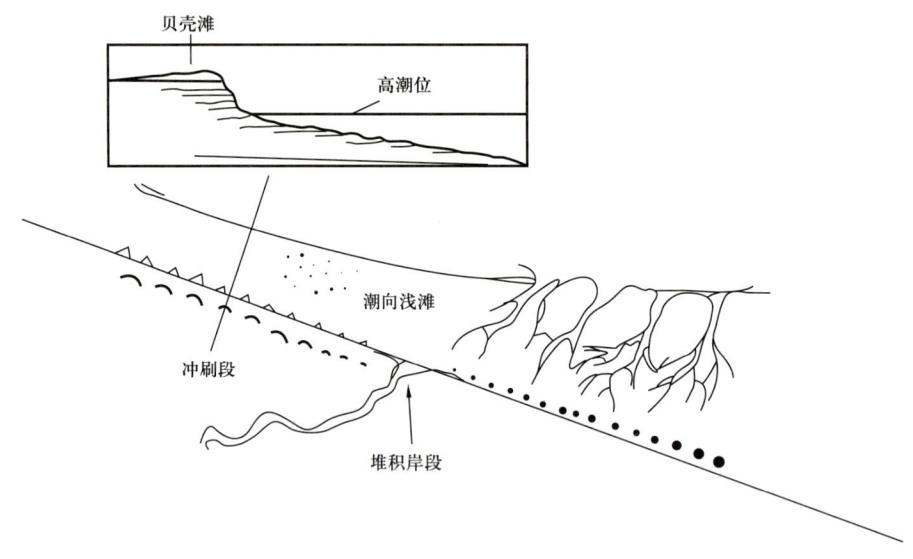

图 7-36　苏北粉沙淤泥质海岸动态图

2）塘沽新港的回淤研究

塘沽新港建有很长的防波堤，它在防浪的同时，也造成泥沙的大量淤积。涨潮流以较高的流速将大量悬浮泥沙带入港内，在长防波堤的遮蔽下，大量悬浮泥沙沉入港池内。落潮时，落潮流流速低，已经无力冲动沉积下来的泥沙，这便造成了塘沽新港严重的淤积问题。再加上挖泥船将从港内挖出的泥沙运至港外海域，涨潮流又会把抛下的泥沙重新带回到港内，年复一年，日复一日，造成了严重的回淤问题。

港工专家为减轻回淤，建议在防波堤的近岸基部"开口"，让满载悬浮泥沙的涨潮流在港域内"停止"，从基部的口门重新回到港外海域。这个措施起到了较好的、防止回淤的作用。

2. 毛里塔尼亚肖瓦努克港防淤研究

毛里塔尼亚的肖瓦努克港是紧邻撒哈拉沙漠区的一个海港，撒哈拉沙漠沙是否会引起该港的淤积？为此，中国学者协助做了用扫描电镜分析石英沙表面微结构特征的研究。

分析的样品取自毛里塔尼亚大西洋沿岸的海滨。这里在东北信风影响下，沙粒由陆上的撒哈拉沙漠吹至海中，后经海浪作用，在沿岸堆积。由于地壳构造抬升，使部分沙粒经过风力—海水的交替作用，在石英颗粒表面留下了风力和海水作用的痕迹。

在用扫描电子显微镜进行观察时，发现沙粒表面形态受风力作用的特征仍然是明显的，如浑圆颗粒、碟形坑等，但是它们在数量上已不占主导地位。大部分颗粒在水介质（海浪）作用下，表面出现贝壳断口和V形痕，这说明后期海水作用很强，尤其在平行海岸线分布的沙滩中表现得更为清楚（图7-37，图7-38）。

通过上述研究，撒哈拉沙漠的沙漠沙可能是引起肖瓦努克港淤积的主要因素。

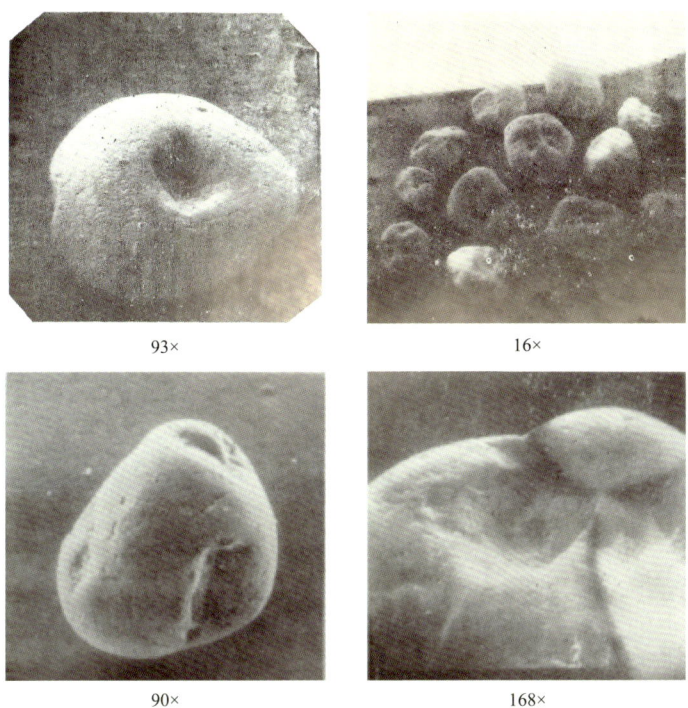

93×　　　　　　　　16×

90×　　　　　　　　168×

图 7-37　碟形坑表面扫描电镜图

强风暴吹袭过程中，跃移的沙粒互相撞击而成

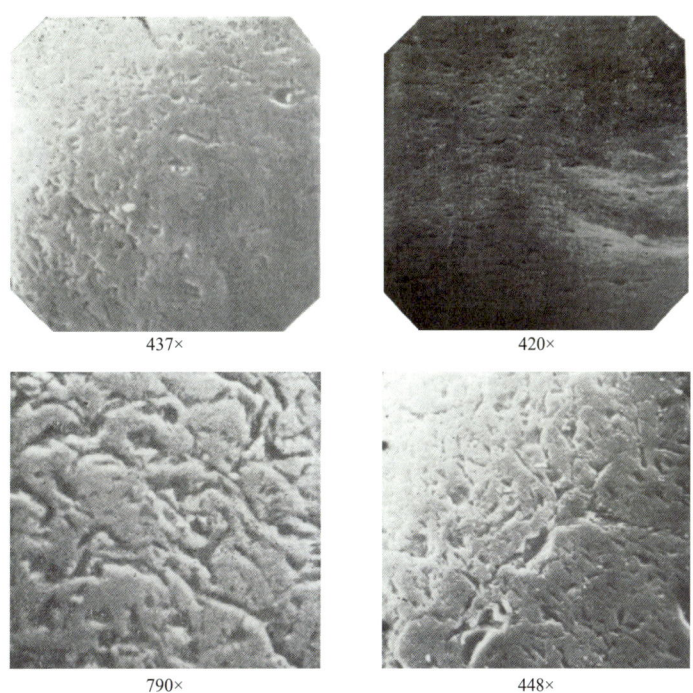

437×　　　　　　　　420×

790×　　　　　　　　448×

图 7-38　毛玻璃表面扫描电镜图

长期风力作用下，颗粒间磨蚀而成

第四节　海南省澄迈县马村下更新统湛江组古代潮滩沉积

海南省澄迈县马村下更新统湛江组位于澄迈北港海湾，因海蚀使下更新统湛江组出露组成沿岸高3～5m的海蚀崖。马村剖面可作为现代潮滩与三叠纪黄马青潮滩岩对比的中间例证。剖面自上而下为：顶层，玄武岩，厚1.7m，柱状节理发育，有气孔构造；第2层，灰色泥层，厚30～60cm，具水平层理，水平纹层厚约2mm，局部夹有微波状层理；第3层，黏土与粉沙质泥层互层，棕色、蓝灰色，厚约50cm，每层厚5～6cm，上部棕色为主，向下蓝灰色增多，具水平层理，棕灰相间为其特征，粒度总体表现为上细下粗；第4层，灰黄色粗粉沙、细沙及棕色沙砾层互层，厚约1.8m，本段铁质成分较多，有火山碎屑物，具平行层理，单个灰黄色的粉沙层厚2～3mm，棕色沙砾层单层厚2～15m；第5层，棕色的中细沙层，厚约15mm，鱼刺状交错层理发育，两斜层系方向相反，两斜层系之间为侵蚀界面，向下蓝灰色增多，具水平层理，棕灰相间为其特征，粒度总体表现为上细下粗；第6层，黄色的沙质粉沙与棕色沙层，波状层理，透镜层理特别发育，波状层理的沙波波长为7～8cm，波高1～2cm，层厚20cm；第7层，黄色的粗粉沙与黄绿色的中细沙互层，其表面波痕发育，一种波长约3cm，波高0.3～0.5cm，波脊线不连续，此种波痕属水流成因的，另一种是浪成波痕，波长7cm，波高2cm。

该处湛江组为一套未固结或部分为弱钙质胶结的白色、灰白色沙砾、细沙、粉沙和黏土互层，时代为早更新世，其上覆地层为北海组或早期火山岩。

海南马村湛江组的沉积相序（图7-39）可分为三个部分（即三个亚相），按沉积顺序自下向上依次为：

（1）低潮滩段：弱固结的黄绿色粉沙质细沙层，具有浪成波痕、水流波痕，与江苏潮滩相比，相当于粉沙细沙滩的上部。未见底，厚度大于2m。

（2）中潮滩段：黄色沙质粉沙与棕色的细沙组成，波状层理特别发育，鱼刺状交错层理及上叠沙纹交错层理也发育，其上部发育沙/泥薄互层理，局部有透镜层理，这段相当于江苏潮滩的沙—泥混合滩。与江苏潮滩的沙—泥混合滩不同的是出现上叠沙纹层理，这种层理代表沉积环境的推移质与悬移质均丰富，沉积速率较快，发育在沉积物周期性快速堆积的环境，可能与河流泥沙汇入有关，结合上覆黄棕色沙砾层的特征，代表原潮滩环境发生突变，该段厚30～40cm。

（3）高潮滩段：由棕色与蓝灰色的黏土质粉沙与粉沙质黏土互层组成，沙—泥薄互层层理发育，表现为棕色与蓝灰色相间，其上部为水平层理夹微波状层理，这相当于江苏潮滩的盐蒿泥滩亚相，但未见大量龟裂纹，厚1.1m。

分析表明，无论是现代潮滩还是古潮滩都难以保存完整的理论层序，不同地区和不同时代的潮滩各有差异，但主要特点相似，宜做组合特征比较研究。

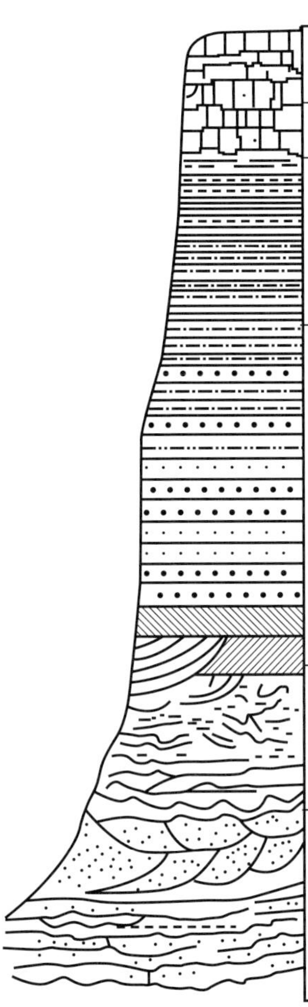

图 7-39 海南马村下更新统湛江组古潮滩沉积相序

厚度/m	位相相序	沉积物	特征沉积结构
1.7	玄武岩		
1.1	高相滩（Ⅱ段）	棕灰色泥质粉沙岩	水平层理夹微波状层理局部黏土质结核
1.8	沙砾层	含极细较中粗砂夹少量薄层细沙	平行层理 互层层理 鱼刺状交错层理
0.4	中潮滩（Ⅱ段）	粉沙质细沙或粉沙	波状层理、波痕交错层理透镜层理、沙泥薄互层理
大于2.0	低潮滩（Ⅰ段）	粉沙质细沙	鱼刻状交错层理 再作用面、浪成波痕沙/泥薄互层理

为阐明钟山黄马青组与马村湛江组的沉积环境，进行泥沙粒度组成、古盐度与微生物的对比。潮滩为低能环境，沉积以粉沙为主。矿物组分为石英、长石、云母、黏土矿物及极少量的重矿物。沉积物粒度概率曲线表明：潮滩下部以推移质为主，形成粉砂波痕及交错层理；潮滩中部以跃移质为主，夹杂少量悬移质形成沙泥交互层理；潮滩上部以悬移质为主，形成水平纹层泥滩带。对江苏潮滩沉积物分析，对黄马青组进行显微镜下薄片分析，以及对湛江组半胶结沉积层进行轻压与脱钙分析后，结果表示出相似的三段状粒度概率曲线（图 7-40 至图 7-42）。

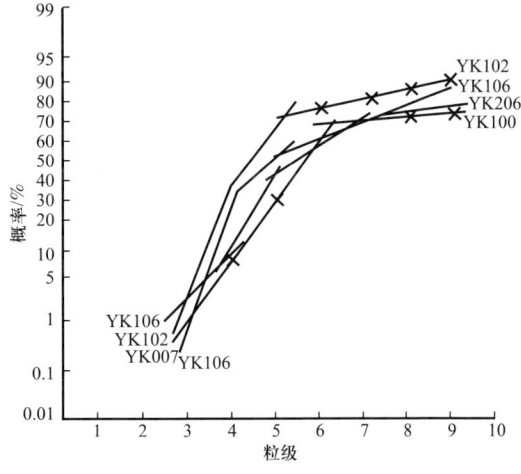

图 7-40 江苏洋口潮滩沉积物粒度概率图

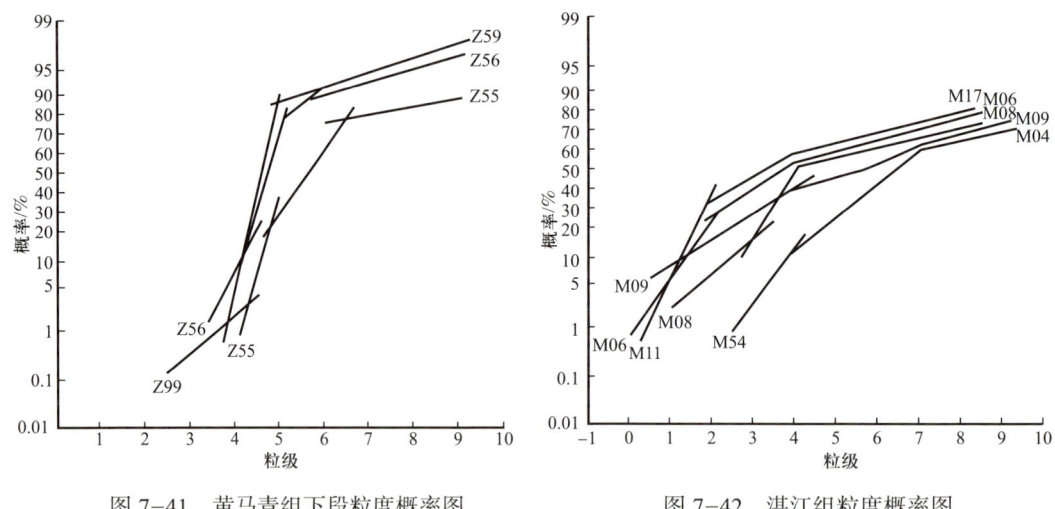

图 7-41 黄马青组下段粒度概率图　　图 7-42 湛江组粒度概率图

潮滩位于陆地环境和海洋环境之间，滩面上的水介质为海陆过渡型的半咸水，潮滩的生物种群具有海陆混生、广盐性或特殊的半咸水种属特性。盐度分析表明：（1）江苏潮滩水介质的含盐度都低于海水正常盐度，吕四潮滩含盐度为24.6‰~32‰，平均值为28.5‰；射阳港以北潮滩滩面水介质盐度为18‰~24.9‰，平均值21‰。因陆地径流及降水影响，潮滩形成的水介质盐度值往往偏离正常海水盐度值，在干燥气候区与潟湖共生的潮滩或潮上带的盐沼的水介质会大大地咸化。但此类潮滩沉积压实固结后常伴有膏盐沉积，更易于识别。（2）古盐度计算是根据黏土矿物从溶液中吸收硼并将其固定，在海水体系溶液中设浓度是盐度的线性函数 D，用 X 射线衍射仪分析测出潮滩沉积中黏土矿物的百分含量，用提纯的黏土矿物经等离子光谱测定微量元素硼含量。分析结果（表 7-7 和表 7-8）与半咸水盐度分类表（表 7-9）比较表明，该两组岩层均属于中盐水环境沉积，其中湛江组沙砾层古盐度偏低，反映出有淡水影响。

表 7-7 马村湛江组古盐度

样号	位置	硼含量 /×10^{-5}	古盐度 /‰
M03	高潮滩	19.6	8.4
M04		13.6	6.4
M07	沙砾层	4.2	2.5
M08	中潮滩	15.2	6.9
M11	低潮滩	14.7	6.5

江苏潮滩以有孔虫组合最能反映海陆过渡相性质，毕克卷转虫、凸背卷转虫—希望虫—九字虫属于半咸水环境的产物，它们主要出现在盐蒿滩上。介形虫往往表现为异地生物，被潮流带到潮滩上沉积下来。在废黄河口、灌河口和射阳河口的径流流出处有大量的广盐性介形虫发育，有中华丽花介、中国洁面介及东台新单角介等种属。潮滩的微

体生物以广共性或特殊的半咸水种属为主，也有正常海水种的抱球虫、瓶虫、五块虫、圈球虫及滩面上的陆生植物，构成江苏潮滩生物组合特征。

表 7-8　钟山黄马青组下段古盐度

样号	高岭石中硼含量 /×10⁻⁵	古盐度 /‰	平均古盐度 /‰
Z55°≤	30.2	17.6	
Z58°±	20.0	12.3	14.6
Z38°∞	24.1	14.3	

表 7-9　1958 年威尼斯半咸水盐度分类方案

	类别	盐度 /‰	含氯度 /‰
混盐度	淡水	0~0.5	小于 0.3
	少盐水	0.5~5.0	0.3~3.0
	中盐水	5.0~18.0	3.0~10.0
	多盐水	18.0~30.0	10.0~16.5
	真盐水	30.0~40.0	16.5~22.0
	超盐水	大于 40.0	22.0

南京黄马青组下段化石丰富，具有滨岸相—海陆交互作用沉积环境的生物组合特征。其中轮藻种的数量多，个体大，以星轮藻—直立轮藻组合出现，现代轮藻可在各种水域中出现，可视为广盐性植物。另外有双壳类的贝莱蛤和壳菜蛤，壳菜蛤一类属广盐性半咸水软体动物化石，常常是海陆过渡相的良好标志。介形虫类单调，全为达尔文介，基本上为淡水，有的可在咸水（最大盐度 7‰）生存，因此主要代表陆生，若在潮滩中出现一般为异地生物。陆地植物以石松类出现。总之，黄马青组下段的古生物同样具有海陆过渡相特征。湛江组的生物化石以海相为主，其中的原筛藻主要在河口湾环境，浪花介为半咸水。综合比较三者的生物特征，其共同特点是广盐性生物普遍发育，黄马青组下段出现叶生植物，且正常海相化石缺乏（表 7-10）。

表 7-10　微体古生物组合特征表

区域	正常海水	半盐水（或广盐性）	淡水
江苏潮滩	抱球虫、圆球虫、瓶虫、五块虫	毕克卷转虫、凸背卷转虫、希望虫、九字虫、中华丽花介、中国洁面介、东台新单角介	
海南马村湛江组	抱球虫、五块虫、美丽星轮虫、假轮虫	圆筛藻、浪花介	
南京黄马青组下段		壳菜蛤、偏顶蛤形贝莱蛤	达尔文介、石松类轮藻类

第五节　荷兰瓦特海的贝壳质障壁岛海岸沉积[1]

荷兰是著名的低地国家，与其相邻的瓦登海是一个巨大的潟湖，潟湖的向海侧是贝壳质障壁岛，其中发育 Oosterscherde 河口湾—潮流通道。在这些水道的出海口发育落潮流三角洲（图 7-43）。

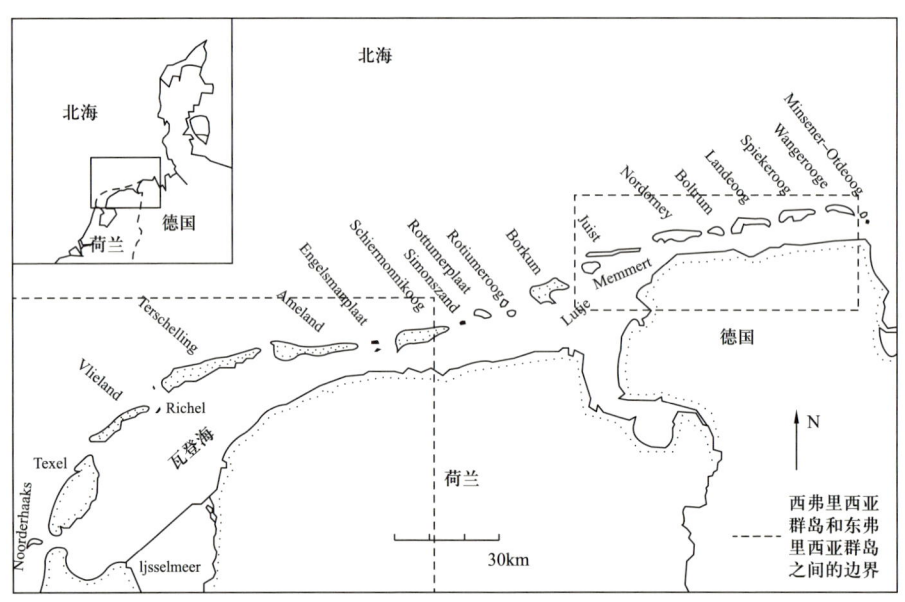

图 7-43　荷兰西瓦登海的地理位置

一、粒度特征

最大粒径出现在湾口和落潮流三角前的滨外处。在向海方向上，沉积物通常变细，分选变好。在粒度正态概率曲线上，跃移组分通常是主要组分（图 7-44），代表较好分选至极好分选沙。

二、沉积构造特征

荷兰经常遭受潮水侵袭。为建挡潮闸，在瓦登潟湖的 Oosterscherde 河口湾落潮流三角洲扇上开挖了许多剖面，并拍成照片（图 7-45、图 7-46）。在照片中可以见到宏观的潮流三角洲沉积构造剖面。在冲刷浅滩上，主要是由干净沙组成的、水平的薄纹层（图 7-46a）。潮流水道中的沉积构造，通常都是含贝壳、泥炭和泥砾的大型波状交错层理（图 7-46b）。由波浪和潮流作用形成的两种不同的沉积构造，水道中的交错层理的规模往水道的深水区增大，沉积构造的规模减小，潮成特征变为浪成特征（图 7-46c 和 d）。往外的滨外地区，主要是由潮流形成的大型斜层理（图 7-46e）。

---

[1] Sha Liping：Sedimentological studies of the ebb-tidal deltas along the West Frisian Islands，the Netherlands.

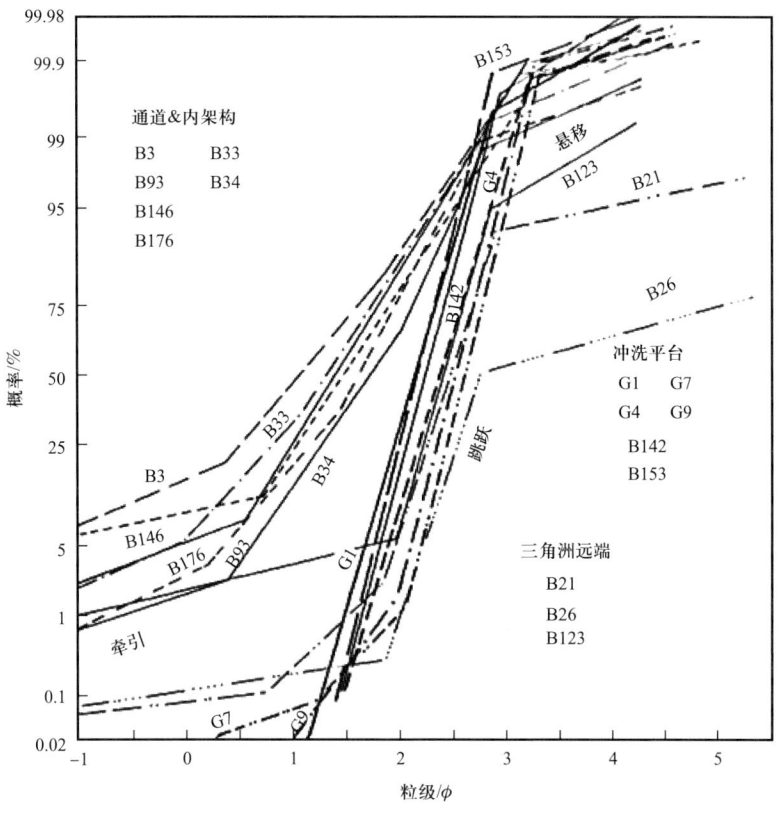

图 7-44 样品粒度分布曲线

a. 潮道沉积的大型落潮流斜层理

b. 潮道沉积的大型落潮流斜层理与潮道前缘的小型落潮流波纹斜层理

c. 落潮流三角洲沉积中的贝壳质中沙

d. 潮道沉积的大型落潮流斜层理与潮道前缘的小型落潮流波纹斜层理

图 7-45 潮流三角洲沉积构造剖面（由乌德勒支大学比较沉积学系无偿提供）

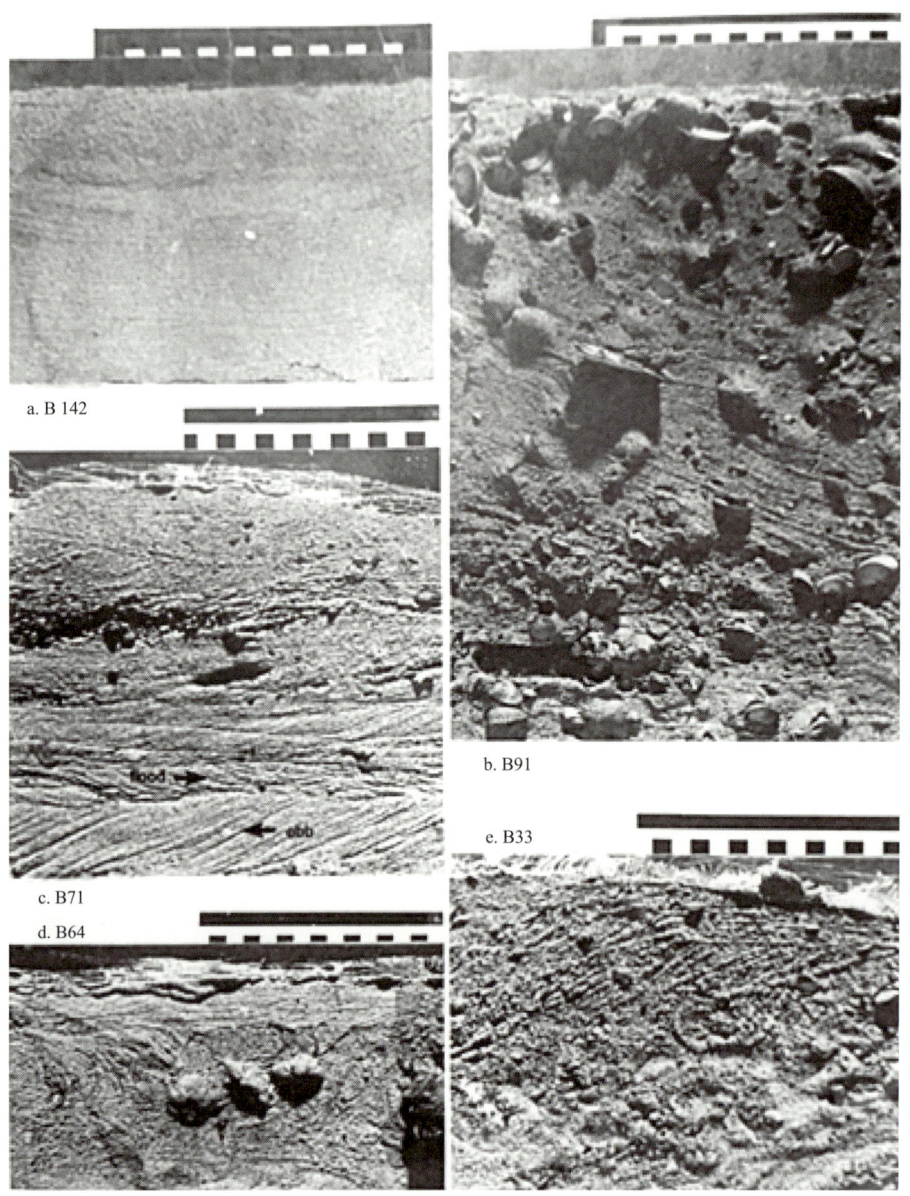

图 7-46 落潮流三角洲中不同的沉积构造

标尺单位 cm；照片 B142a 是潮流浅滩的纯细沙，呈薄的平行层理；照片 B91b 是湾口水道的贝壳质中沙；照片 B71c 是落潮流三角洲中，以落潮流作用为主的水道沉积，是分选不佳的中沙，具有大型流波交错层理；照片 B64d 是水道远端叶状沉积体的纯细沙，具有生物强烈扰动的波状纹层；照片 B33e 滨外区沉积，分选不好的中沙，具有生物强烈扰动的大型波状交错层理

在 Noorderhaaks 坝波影区半封闭的浅海湾中发育厚达 40cm 的泥质沉积—泥披。在湾口附近的深水道和 NieuweSchulpengat 的水道中，偶见被局部侵蚀的泥披沉积（图 7-47）。它们分布在可能由次生流形成的波状沙层表面。在落潮流三角洲最远端，埋藏得好的泥披更多，这些泥披与可能浪成的波状沙层交互。

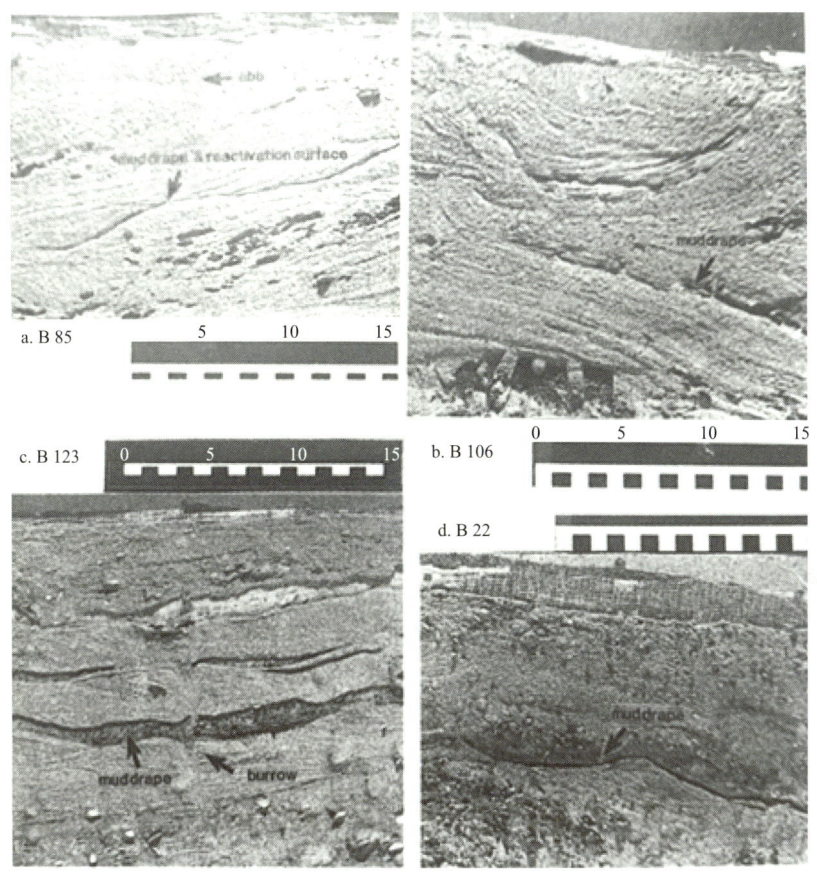

图 7-47 泥披层实例

标尺单位 cm。照片 B85a 是水道沉积，局部埋藏的薄泥披层，可见由次生流形成的再作用面和流成波痕；照片 B106b 是水道沉积，可见局部被埋藏的薄泥披层；照片 B123c 摄于落潮流远端坝，泥披层被完整埋藏，并与波状砂层互层，中部见一个洞穴；照片 B22d 见于远端裂隙，是埋藏较好的泥披层，泥披层成波状，受生物轻微扰动

第六节 西班牙古代沙质障壁岛海岸的潮流三角洲沉积

一、西班牙古近纪—新近纪 Esdolomada 组

实测层序地层剖面表明，Esdolomada 组在古近纪—新近纪经历过海侵—海退—海侵的海面变化过程。在海侵时，主要沉积泥质和泥灰质，形成泥岩、泥灰岩和石灰岩；在海退时，以河床相和堤坝相的沙质沉积为主（图 7-48）。

二、Esdolomade 单元

Esdolomada 单元是 IsabenaValley 的 Roda 组上部。它从下往上由 Plateau 灰岩段、Esdolomada Ⅰ 段和 Esdolomada Ⅱ 段三部分组成（表 7-11）。

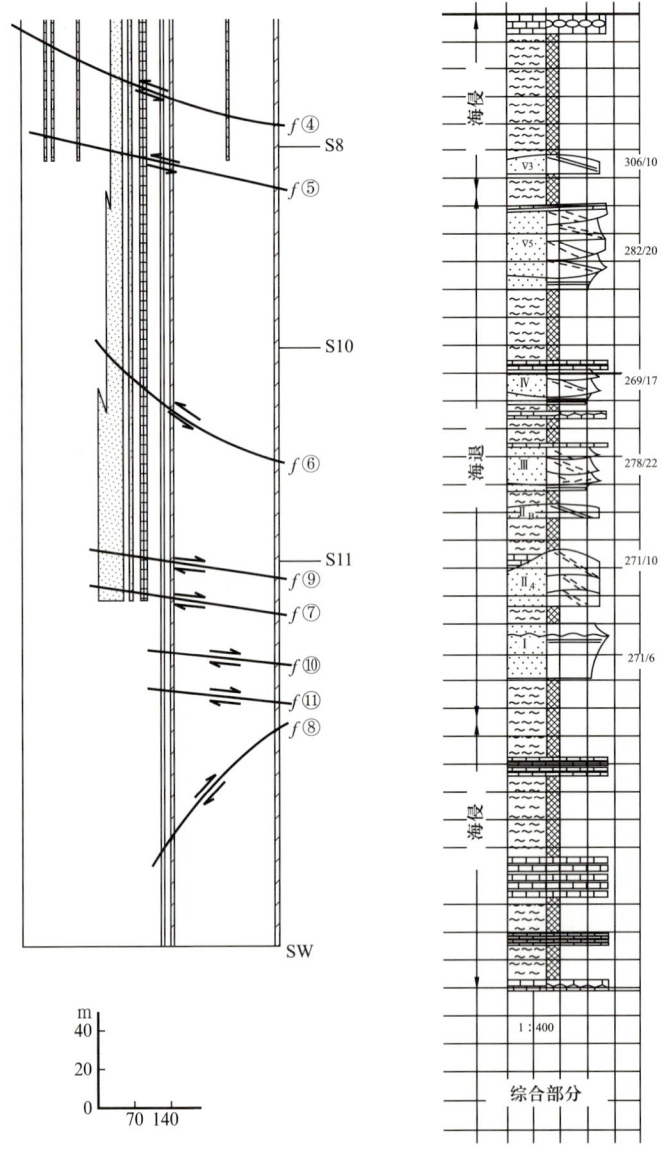

图 7-48　古近系—新近系 Esdolomada 组实测层序地层剖面

表 7-11　Esdolomada 单元岩性序列表

	Morrillo 灰岩组 泥灰岩序列
Esdolomada 单元	Esdolomada Ⅱ 组
	Elvillar 石灰岩 Esdolomada Ⅰ 组 泥灰岩序列
	Plateau 石灰岩组

1. Plateau 石灰岩段

它是 Esdolomade 单元的底界层,主要是含有孔虫的泥粒灰岩,整个剖面上都可以见到,约 1m 厚属于瘤状灰岩,特别是在顶部,化石富集,有一些大的腹足类、牡蛎和介壳。在该灰岩层中有时能见到再沉积构造,其化石具有搬运摩擦的特征,厚度与岩性有微小的横向变化。其底部微切入泥灰岩,呈超覆接触。顶部作为不平坦的固结面与超覆的泥灰岩接触。

2. Esdolomada Ⅰ段

它是 Esdolomada 单元的第一个砂岩层。该层由两部份组成:下部是薄的粉砂岩层,呈平行纹层状,向上变厚至 5cm,变粗,与泥灰岩交互,总厚度 2~9m。上部是厚的块状砂岩层,厚约 2m,细—中砂粒径,富含云母片,低角度的波状构造。Esdolomada1 的底部和顶部都是泥灰岩,纹层倾向平均 271°,倾角 6°。

3. Esdolomada Ⅱ段

它在 Esdolomade 单元中分布最广,出现在整个剖面中。厚度在剖面中部附近较大,约 5~7m,向南北两端减为 2~4m。该层具有与 Esdolomada Ⅰ段相似的岩性和构造特征。在东西向的地层中,其东部厚度大于西部(图 7-49)。砂岩的顶部是泥灰岩,下伏石灰岩。槽状砂岩层分布在块状和薄层状砂岩层下面,由众多的槽状砂岩透镜体组成,其宽度和厚度分别平均为几十米和 2~3m,河槽位置从北西逐渐向南东迁移。

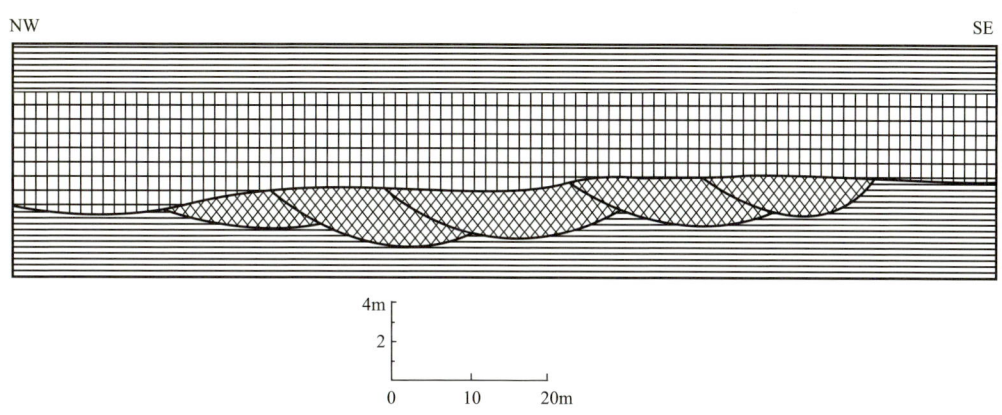

图 7-49 Esdolomada Ⅱ段厚度的分布

4. Esdolomada Ⅲ段

该段由两个槽状砂岩层和一些薄层组成。该段有两个槽状砂岩体,有大型流成构造。槽状砂岩是中沙—粗沙质的,具有潮流束状序列特征(图 7-50)。前积层的倾向和倾角分别平均为 269°W 和 17°。随着小潮和大潮的变化,底积层的长度和厚度也随之变化。

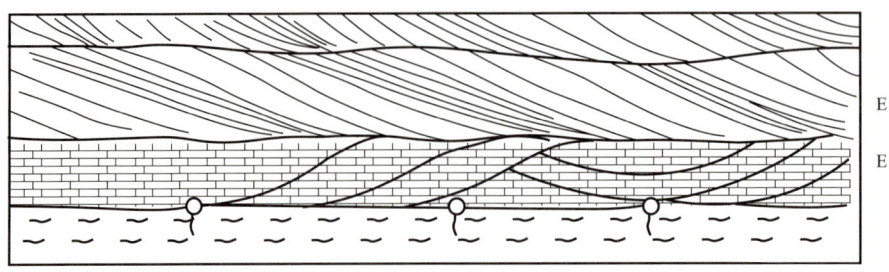

图 7-50　Esdolomada Ⅲ段的槽状砂岩层和一些薄层

三、沉积环境分析

以滨外坝—潟湖海岸沉积层序模式为例，从 Plateau 灰岩至 Morillo 灰岩，这里连续经历了海进—海退—海进过程，分别沉积了泥岩、石灰岩、砂岩和泥岩—石灰岩。海退时，这里发育了落潮流三角洲，沉积物来自东部。海侵开始时，发育弯曲的耳状沉积体，在西南侧形成平台状的、宽广的沙席层。石灰岩分布在沙体北面和南面的较深海湾中。随着海侵进一步发展，主要落潮流床向西发展，在冲刷滩面上沉积槽状沙体。落潮流槽从南向北迁移，在废弃的水道沙体上覆盖了河口湾相的石灰岩层（图 7-51）。随着新海侵开始，落潮水道向东退却，这里重现潮流冲刷台地，沉积薄层砂体。

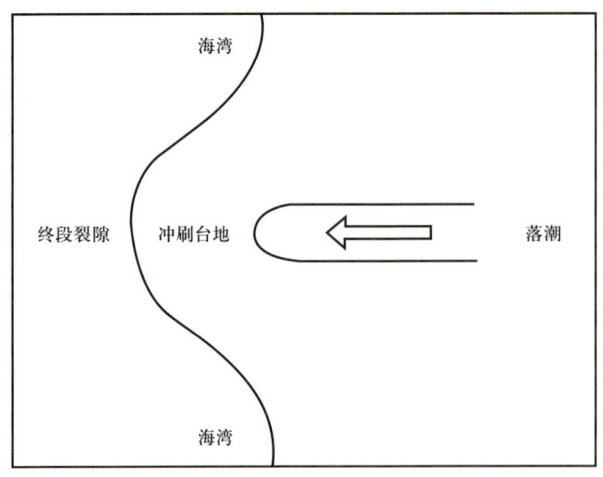

图 7-51　落潮流三角洲的沉积环境

第七节　Hoadley 障壁岛海岸沉积油藏

Hoadley 障壁岛沉积油藏位于加拿大西部沉积盆地（图 7-52、图 7-53），它于 1977 年被发现并投入使用，储层总厚度一般为 20~30m。它沉积在障壁岛/潟湖环境中，由障壁沙沙体和风沙沙体组成。储层为极细粒至细粒岩屑岩至亚岩屑岩，渗透率在 0.5~10mD 之间。砂岩具有层状结构，采收率由储层质量和压裂控制，水平井已被用来提高产量。

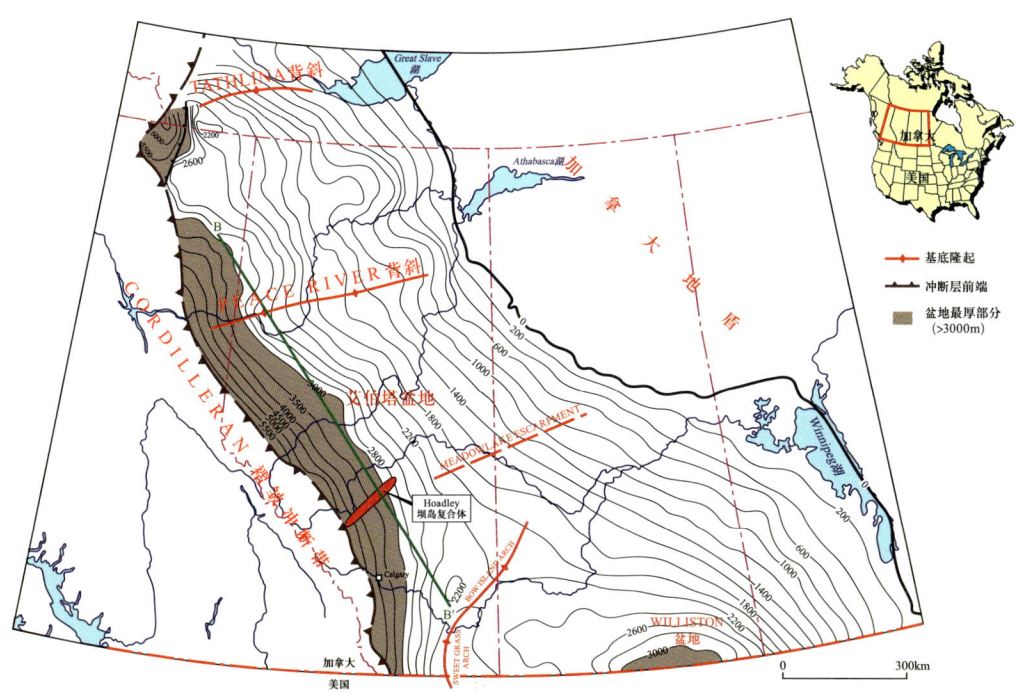

图 7-52 加拿大西部沉积盆地显生宙地层厚度图

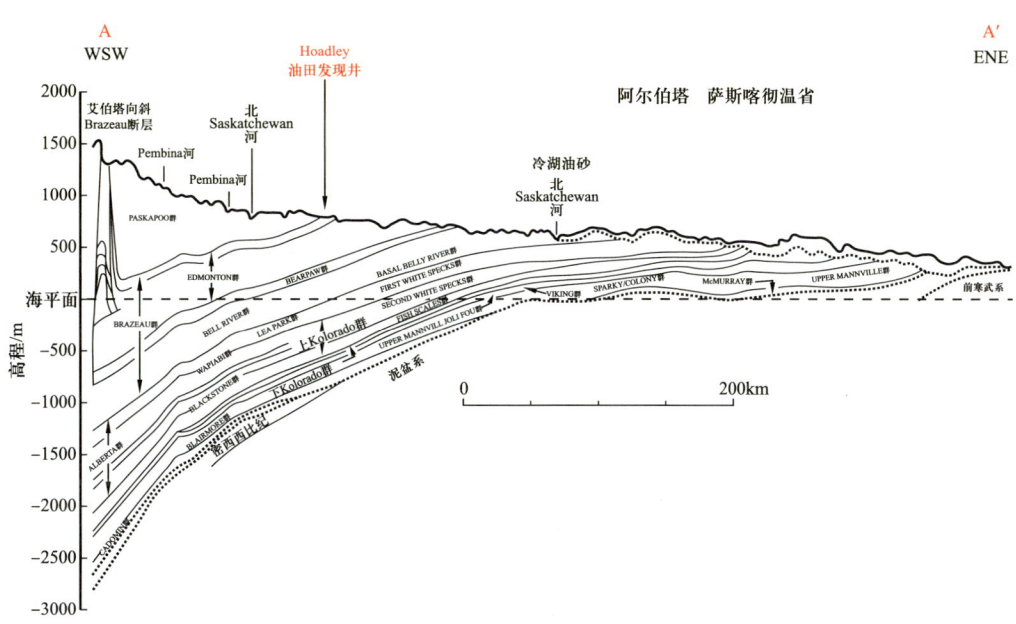

图 7-53 加拿大西部沉积盆地西南西—东北东向剖面（由荷兰乌德勒支大学比较沉积学系无偿提供）

一、地层与沉积相

海绿石组是上曼维尔群的最下部单元（图 7-54）。它位于下曼维尔群之上，下曼维尔群不整合地覆盖在古生代剖面上（图 7-55），并位于布莱尔莫尔组的粉砂岩、页岩和煤炭之下。它代表了一个以波浪为主的海岸线系统，在沉积过程中经历了约 15km 的向海进积（Rosenthal，1988）。沉积物由位于障坝综合体东南部的梅迪辛河三角洲综合体提供（图 7-56a）。沙子通过潮汐通道被输送到陆架上，并通过沿岸流向东北方向输送到威尔逊溪、韦斯特罗斯南和邦尼格伦地区（图 7-56a）。

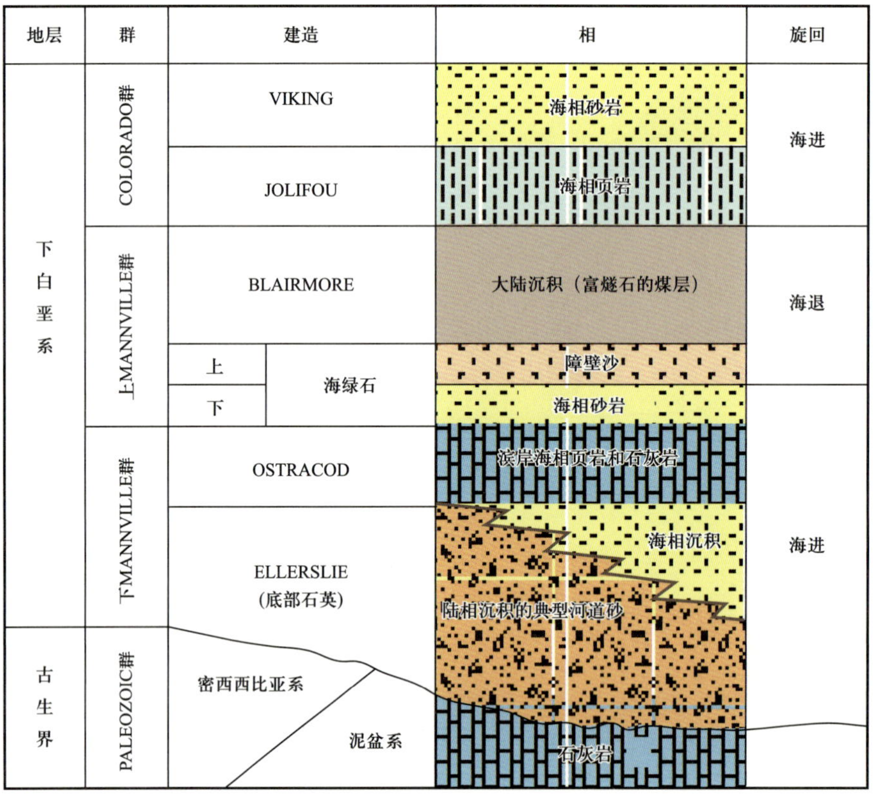

地层
群
建造
相
旋回
下白垩系
COLORADO群
VIKING
海相砂岩
JOLIFOU
海相页岩
海进
上MANNVILLE群
BLAIRMORE
大陆沉积（富燧石的煤层）
海退
上
下
海绿石
障壁沙
海相砂岩
下MANNVILLE群
OSTRACOD
滨岸海相页岩和石灰岩
ELLERSLIE
(底部石英)
海相沉积
陆相沉积的典型河道砂
海进
古生界
PALEOZOIC群
密西西比亚系
泥盆系
石灰岩

图 7-54　阿尔伯特南部及中部下白垩统综合柱状图

B
B′
NNW
开阔海相页岩
滨岸砂
海岸沉积
SSE
NOTIKEWIN
非海相
上MANNVILLE
约100m
FALHER
HST
页岩
海绿石
介形虫
MFS
WILRICH
SUNBURST
基底石英
BLUESKY
GETHING
TST
砾岩
CADOMIN
前白垩系不整合面
侏罗系
密西西比系
EXSHAW
石灰岩
泥盆系
下切谷沉积
海滨相砂体
约1000km

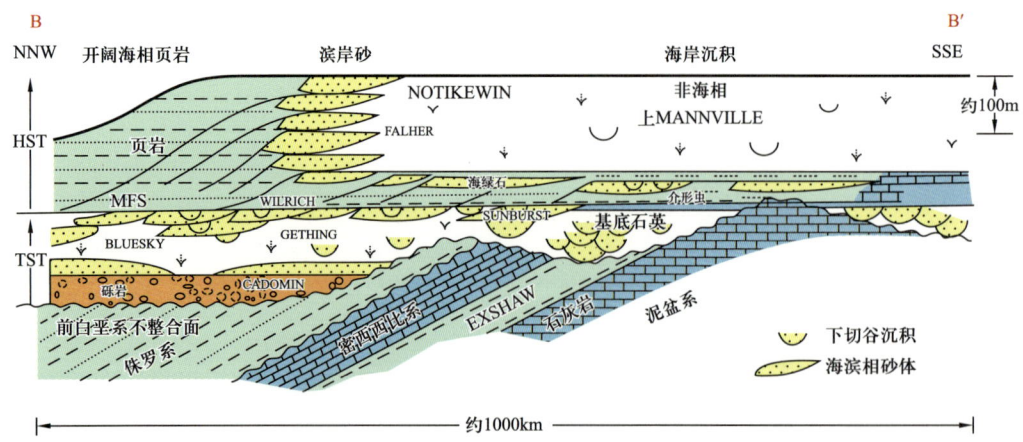

图 7-55　阿尔伯特到不列颠哥伦比亚东北的北北西—南南东向区域地层剖面

在相对海平面高、沉积量低的时期，风积沙脊不发育，仅沉积海相沙岩。沙体沿障坝轴最厚，障坝呈直线状，平行线呈北东向延伸数千米，但向西北和东南方向突然尖灭成页岩和泥岩（图 7-56、图 7-57）。

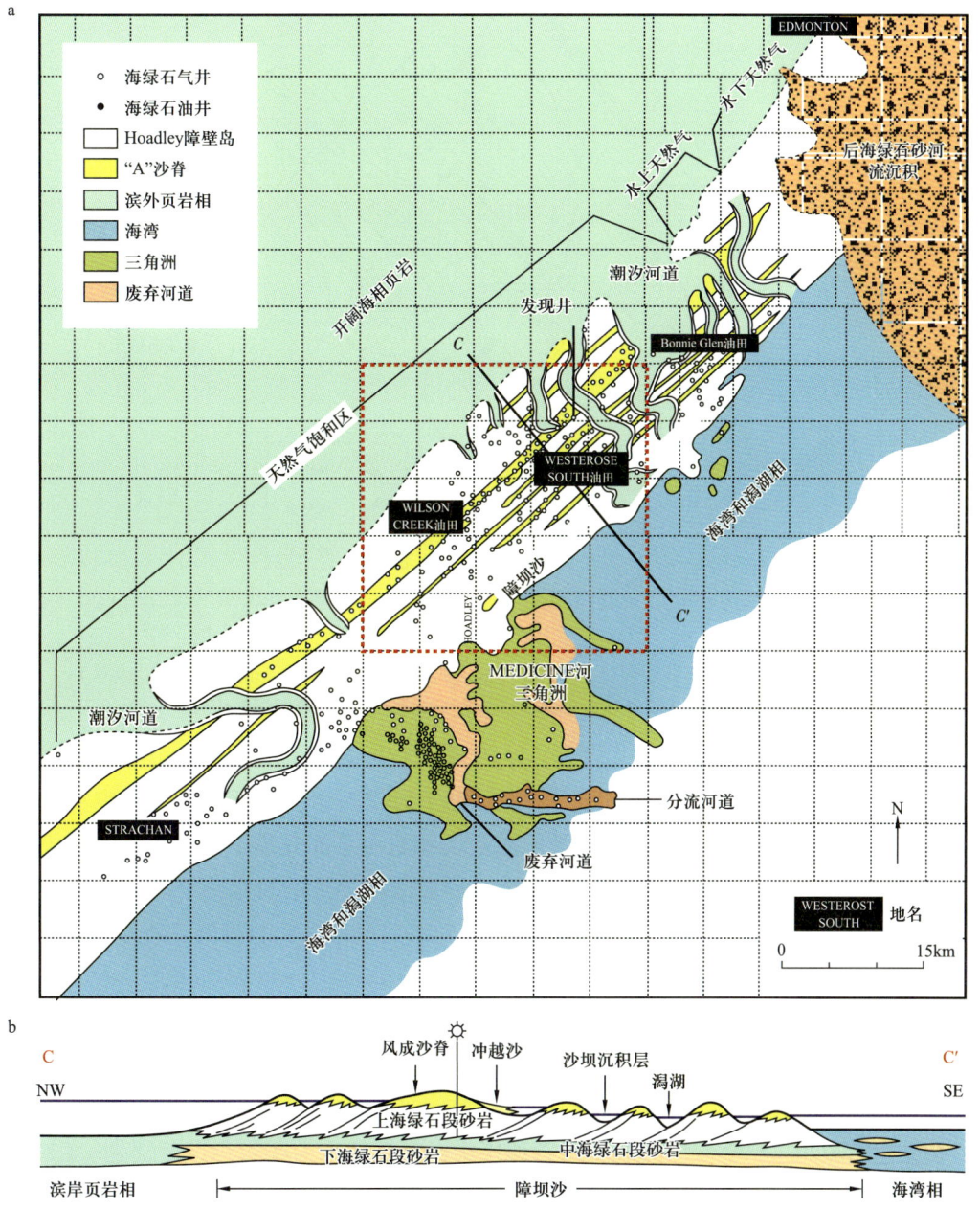

图 7-56 Hoadley 障壁岛地质概况

a. Hoadley 障壁岛复合体及周边海绿石组的沉积相图，标示几个主要油田的探井及开发井。西北方的侧向封闭由储层砂体相变至广海页岩形成；东南方则由砂体相变至泥质海湾及潟湖沉积，说明沉积物源自东南方的麦迪逊河三角洲复合体；b. 北西—南东向示意性剖面，表示相带的侧向发展及垂向叠置关系

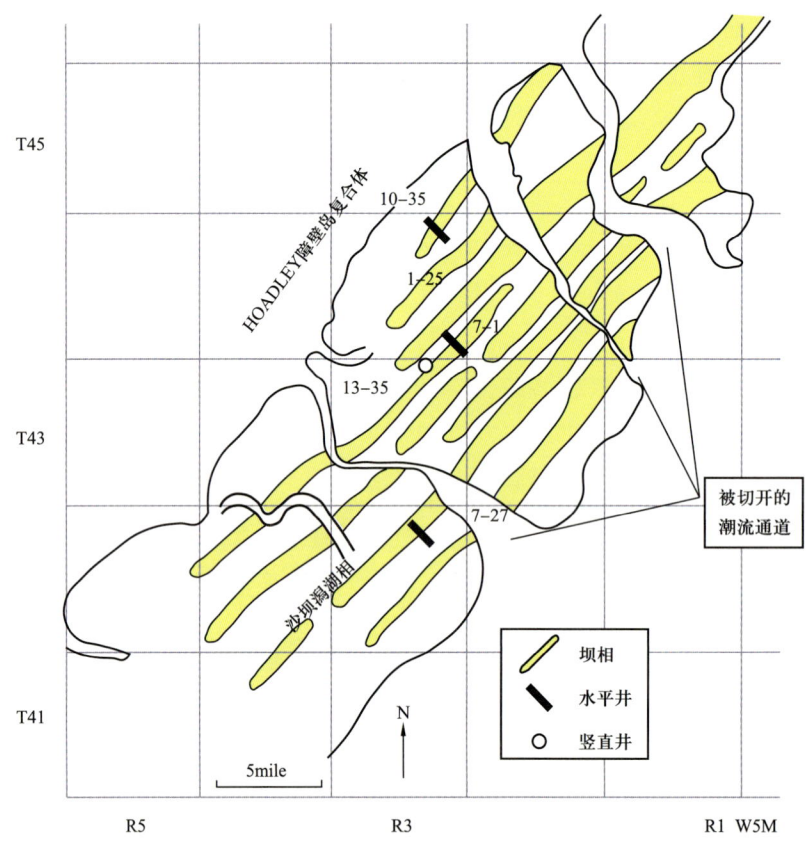

图 7-57　Hoadley 障壁岛复合体砂体与沙坝间潟湖相关系图（据 Aunger et al.，1998）
超过七个平行的障壁沙坝（顶部覆盖风成沙），被致密的沙坝间潟湖相隔开

海绿石组分为两个以沙为主的部分。下海绿石段位于介形段之上，由海相前滨砂岩组成。这些顶部薄、横向广泛的海相页岩，包括上海绿石脉的最低单元，代表整个曼维尔群的最大淹没面（图 7-56a）。最大洪水过后，相对海平面开始下降，上海绿石段的其余部分沉积下来，包括沿着波浪主导的海岸线形成海退屏障的海岸面、海滩和风积砂岩（图 7-56b）。随后，随着海平面后退速度加快，障壁层序被进积的河流三角洲粉砂岩、页岩和 Blairmore 组煤所覆盖（Rosenthal，1988；Aunger et al.，1998）。

海绿石组的总厚度为 20～30m（Aunger et al.，1998），最大厚度为 36m。下海绿石段的典型总厚度为 6～9m，由劣质泥质砂岩组成，而上海绿石段通常厚 14～18m，包含质量较好、更清洁的砂岩。

在整个 Hoadley 障壁沙坝内的海绿石地层中已发现八个主要岩相，分别是（1）障坝砂岩；（2）风沙岭；（3）海相页岩；（4）海湾；（5）潟湖；（6）冲砂；（7）潮汐通道；（8）堤坝。

上海绿石段主要以障坝砂岩相和风成沙脊相（图 7-58）为主。有七个或更多的平行障坝，顶部有风成沙脊，这些沙脊是在海平面小幅波动期间西北海岸进积形成的。在每次海平面退缩过程中，沙粒沉积速度很快，复合体中最靠海的障壁坝向西北推进，风成沙脊代表了相对海平面最低点或沉积最高点期间障坝暴露于地面的时期。每个沙坝沉积后，相对海平面都会短暂上升，在此期间沉积物供应中断，沉积减慢。随后的海平面下降导致了先前沙坝的重新进积和向海建造新的沙坝。

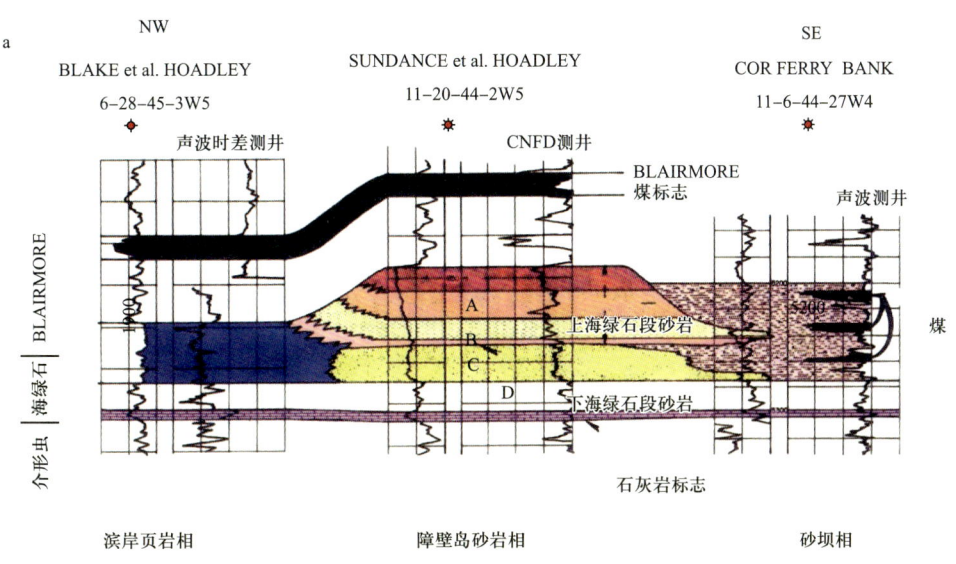

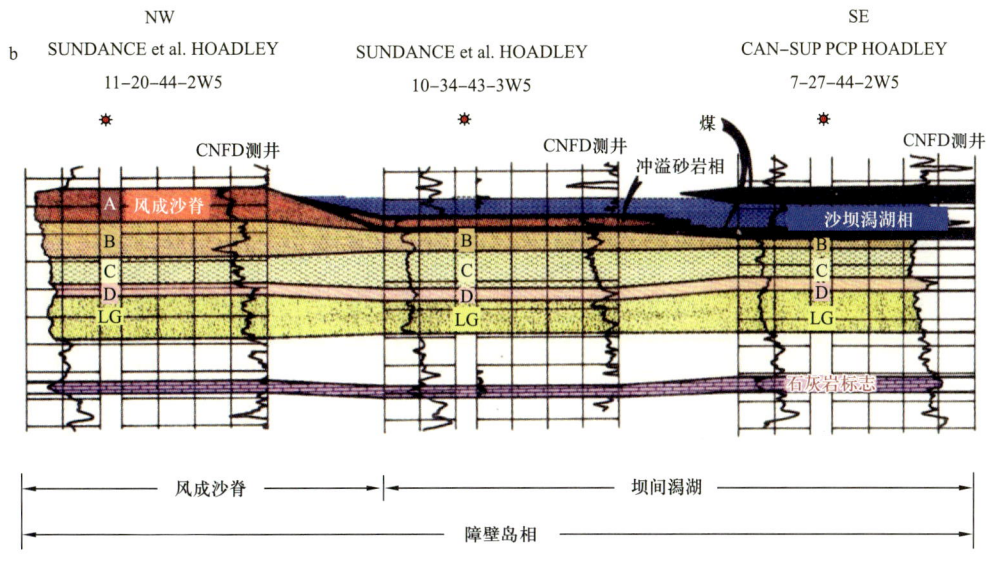

图 7-58 北西—南东向对比剖面

a. 外海—障壁沙坝—沙坝后湾的相变关系；b. 风成沙脊—沙坝间潟湖相的相变关系

Hoadley 障坝复合体的沉积因一次大回归而终止，导致该复合体被河流河道切割，其东北端被河流侵蚀截断，并建造了一个新的屏障坝系统（德雷顿谷复合体），位于 Hoadley 复合体西北 75km 处（图 7-59；Rosenthal，1988）。

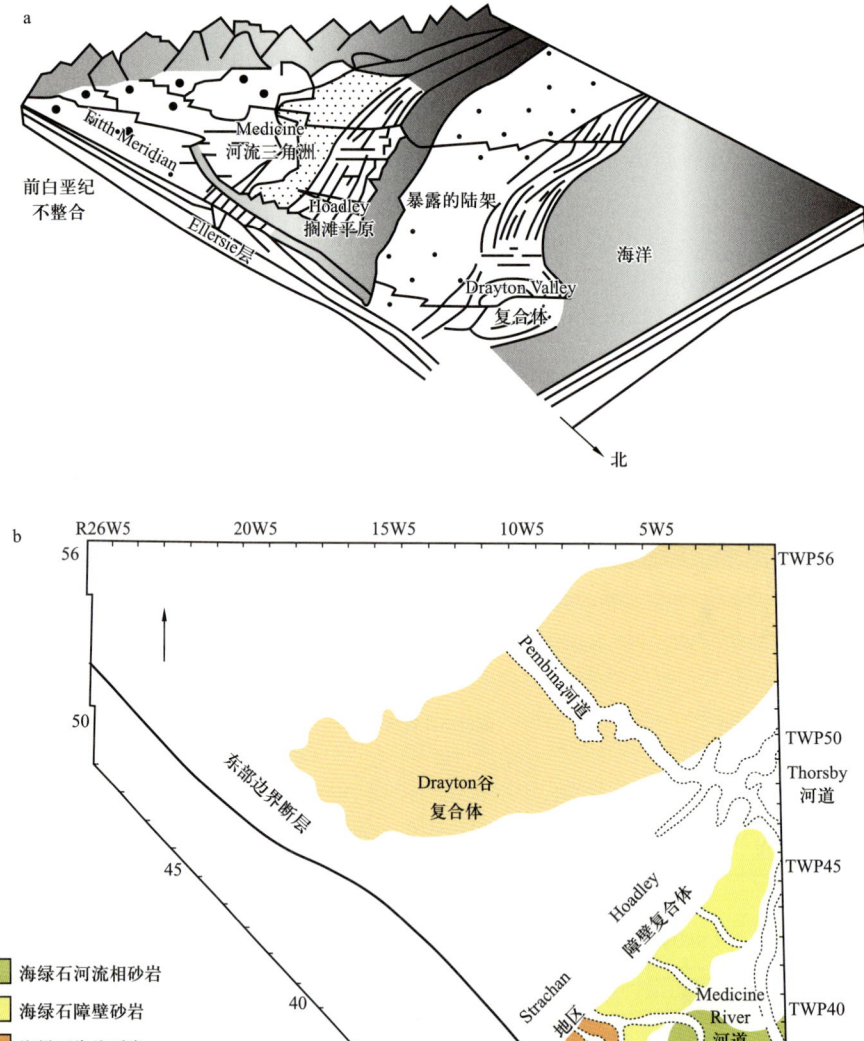

图 7-59 加拿大阿尔伯特海绿石组概况

a. 加拿大南中部阿尔伯特海绿石组的沉积相图，表示 Hoadley 障壁岛复合体为一浪控滨海系统；b. 阿尔伯特地区海绿石组沉积期间的沉积相图，表示障壁岛的多次发育因海退而终止，障壁岛被下切河谷侵蚀，并形成新的障壁岛体系

  Hoadley 障壁岛复合体的发育阶段可分为以下五个阶段（图 7-60）：（1）海绿石组下段的滨前砂，水深约 10m；（2）海面下降期，第一个海绿石障壁沙坝形成并向海（西北）推进；（3）第一个沙坝沉积之后，有一次短暂的海面上升，沉积物供应中断；（4）海面再次下降带来新的进积，形成第二个障壁沙坝，位于第一个沙坝的向海一侧；（5）如此重复发生多次，障壁沙坝之间的浅水区被潟湖泥充填（Chiang，1984）。

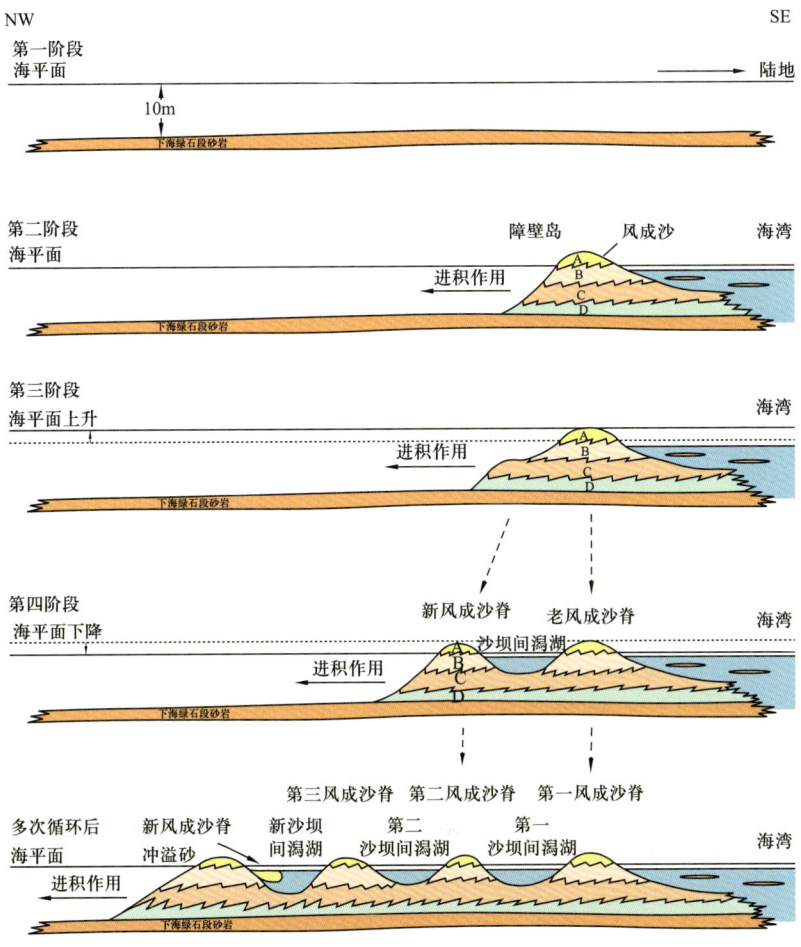

图 7-60 Hoadley 障壁岛复合体沉积演化模式

障坝砂岩相具有分选和粒度向上增大的沉积层序特征（图 7-61）。

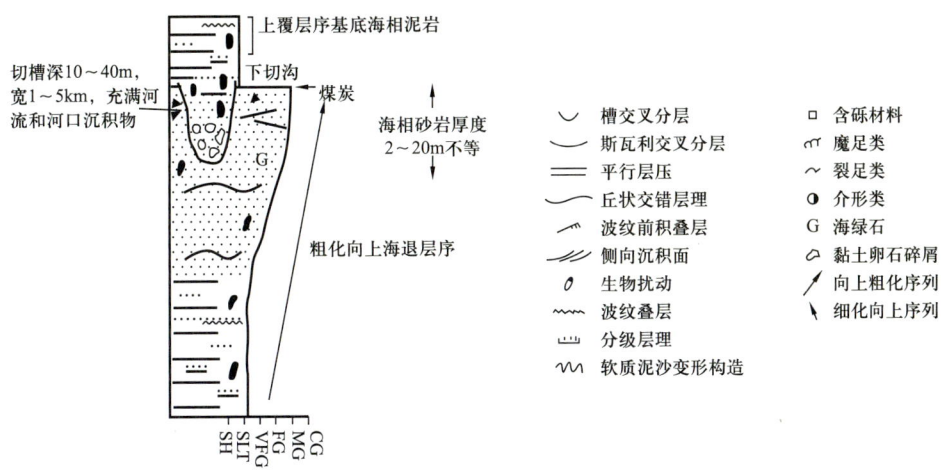

图 7-61 阿尔伯特南中部海绿石组典型沉积相序

根据以下内容分为三个亚基（按升序从D到B），孔隙度和测井特征，如图7-62所示。

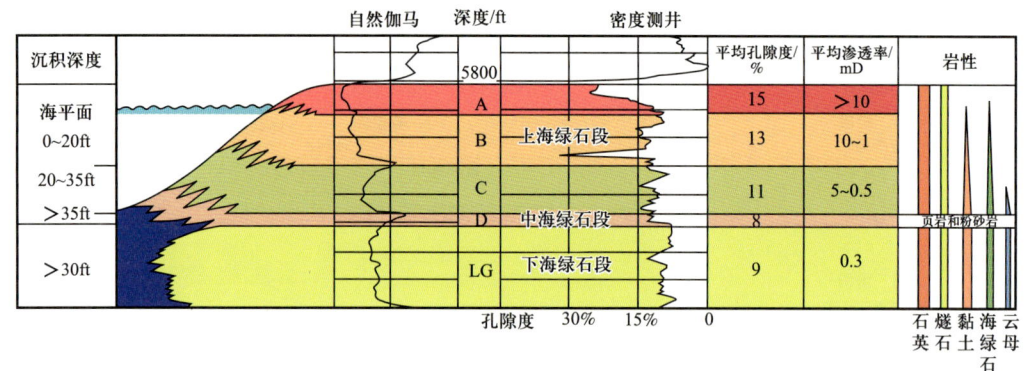

图7-62 Hoadley障壁岛复合体海绿石组的自然伽马测井及密度测井曲线（Chiang，1984）

潮道相主要由含有薄层交互砂岩层的页岩组成，将潮流细分为许多单独的储层隔室，为每个储层隔室提供上倾密封（图7-63）。

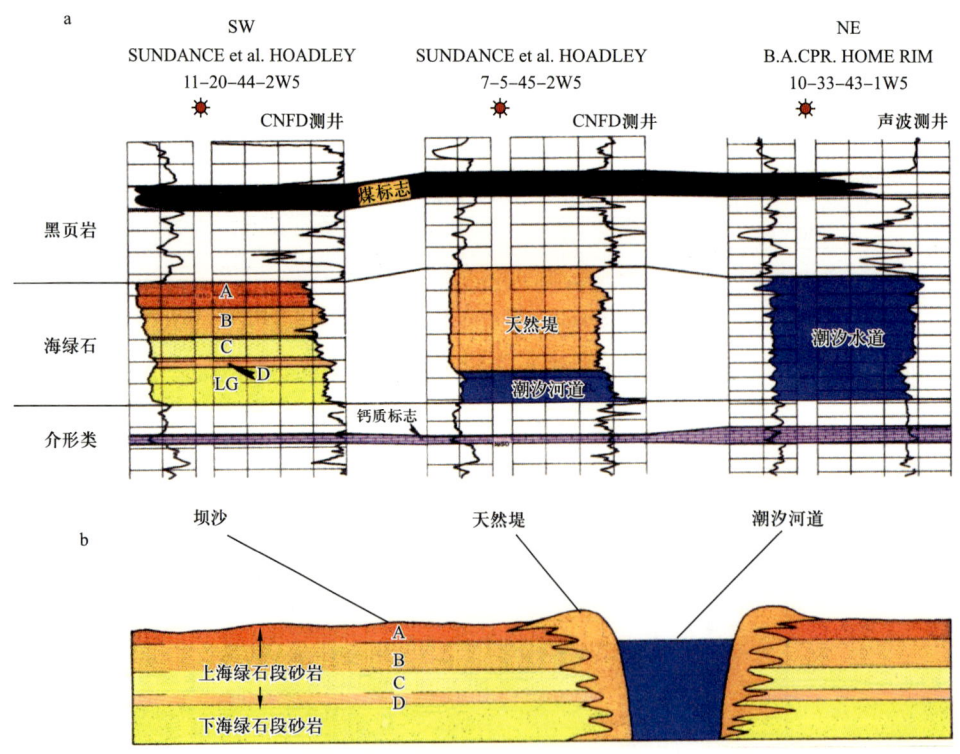

图7-63 南西—北东井间对比剖面
a. 障壁岛—天然堤—潮汐水道的相变关系；b. 测井解释的相分布

Jiang（1984）证明，美国得克萨斯州加尔维斯顿的全新世障壁岛层序在尺寸、相分布（图7-64）和沉积层序（图7-65）方面与Hoadley复合体非常相似。

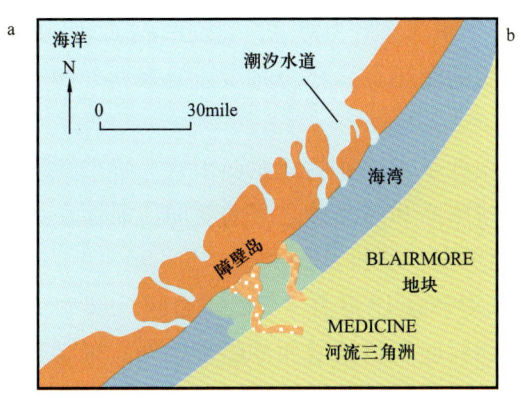
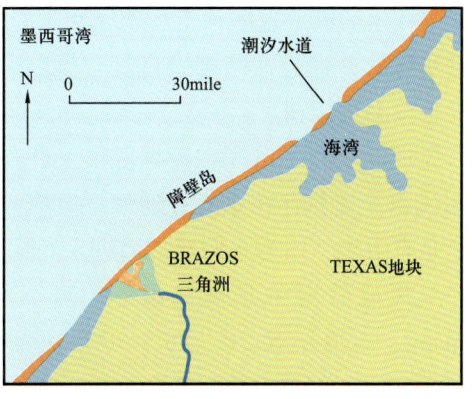

图 7-64 Hoadley 障壁岛复合体相平面分布图及与现代得克萨斯海岸带的对比
a. 障壁岛复合体相平面分布；b. 现代得克萨斯海岸带相平面分布

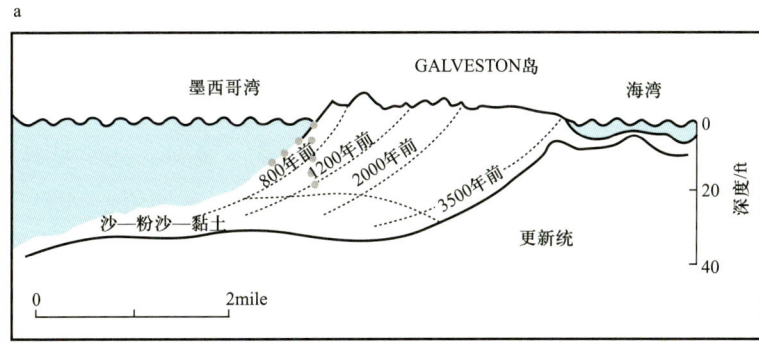

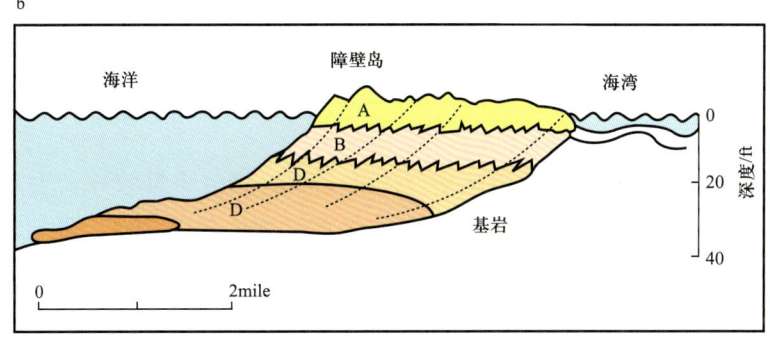

图 7-65 得克萨斯盖维斯顿岛与 Hoadley 障壁岛复合体剖面对比
a. 得克萨斯盖维斯顿岛现代水退型障壁岛横剖面；b. 将 Hoadley 障壁岛复合体储层亚单元与上述横剖面叠置

二、油藏结构

海绿石组的最高产部分（上海绿石段的障坝相和风积沙脊相）具有层状饼状储层结构。下海绿石段和上海绿石段由中海绿石页岩分隔开，渗透率可忽略不计，可作为阻挡两个储层之间流体流动的有效屏障。下海绿石段、上海绿石段的滨砂及较小程度的滨海和滩砂横向延伸穿过整个杂岩体，并且几乎没有明显的横向渗透屏障，除非被充满页岩的潮汐河道截断。这些河道在 Hoadley 走向的北东部分最为常见，它们形成了向上倾斜的渗透屏障，并通过截断坝砂将复合体向海一侧的海相页岩相与海湾连接来划分储层，陆侧发育潟湖页岩相。

风成砂仅限于沉积在障坝砂之上并与障坝砂垂直连通的北东向山脊。整个障坝砂岩相和风积沙脊相存在垂直连通性。风成沙脊与岸面和海滩砂之间的横向连通性在一定程度上是有限的，因为它们通常会进入洲际潟湖页岩、煤和劣质砂岩。

与风成砂岩单元垂直相连的障坝的平均储层厚度在 6~15m 之间，最大为 24m（Chiang，1990），N∶G 为 0.5~0.7。除了紧邻科迪勒拉褶皱和冲断带之外，海绿石组在 Hoadley 走向的任何地方都是无断层和无断裂的（Chiang，1984，1990）。储层压力数据表明，在尚未被潮汐通道截断划分的部分中，数十千米范围内具有良好的连通性。

三、储层性质

Hoadley 障壁沙复合体的上海绿石段储层由中等至良好分选、极细至细粒的岩屑岩至亚岩屑岩组成，主要包含石英、燧石（15%~30%）和其他岩石碎片（主要是沉积岩，罕见的千枚岩、片岩和火山碎片）和非常罕见的长石颗粒。此外，还常见碎屑白云石（范围：0~32%；平均值：6.3%）和海绿石（范围：0~10%；平均值：2.4%）。碎屑白云石可能源自阿尔伯塔省中部局部暴露的密西西比碳酸盐岩。碎屑基质由黏土、粉砂和碳质材料组成，占总体积的 17%（平均 6.7%），并含有多种膨胀黏土，包括丰富的混合层伊利石—蒙脱石，孔隙主要是晶间孔隙。石英增生物（通常体积百分比为 1%~4%）和白云石是最常见的胶结物，同时也存在燧石胶结物（通常很少见，但局部体积百分比高达 25%）、菱铁矿、高岭石和伊利石。Strachan 地区的砾岩海滩沉积物由石英和燧石卵石组成，范围为 0.3~3cm。下海绿石段储层岩性与上海绿石段类似，但泥质较浅，碎屑基质含量明显较高。

孔隙度和渗透率取决于相类型，复合体最上部的储层质量较好，上海绿石段障坝砂相和风积沙脊相平均孔隙度为 11%~15%。局部孔隙度超过 20%，平均渗透率分别从 0.5mD 到超过 10mD 变化，局部超过 200mD。下海绿石段储层质量相对较差，平均孔隙度为 9%，平均渗透率为 0.3mD，虽然不是一个高产储层，但确实为 Hoadley 油田贡献了可采储量。最近的开发活动集中在质量较差的砂上，渗透率为 0.001~0.01mD。由于该方向的深度增加和埋藏压实，两个海绿石段内的储层质量趋于向西南方向恶化。Strachan 地区的砾岩海滩沉积物的孔隙度为 10%~15%，渗透率为数百毫达西，这导致钻井过程中发生多次井喷。

经过充分研究，Westerose South 油田中障坝砂的平均孔隙度为 12%，坝间砂的透气率范围小于 1mD，而坝砂渗透率则高达 10mD。坝和坝间相渗透示例中的水平与垂直渗透率比例范围为 200~450。海绿石组障坝油藏完全是气体饱和的，并且很少有井测试或生产过地层水。然而，储层的初始含水饱和度不可减少，范围在 25%~30% 之间。

第八节 中国海大陆架沉积

大陆架是大陆周围较平坦的浅水海域，从岸边低潮线开始向外海直至海底坡度显著增加的边缘，这个边缘称为陆架外缘，陆架外缘以内的浅海区便是大陆架。

随着海底资源开发事业的发展，大陆架资源的主权归属问题已经引起了很大的争议，这首先要求划清大陆架与大陆坡的界限。1958年，在日内瓦召开的国际海洋法会议上，对大陆架外缘界线的确定上提出了一些建议。当年，国际海底名词术语委员会提出了陆架的定义是：陆架是围绕大陆的向浅水延伸的浅海地带，其延长深度是到海底坡度向更深海底有剧烈增加之地段。这一地段即陆架外缘，陆架外缘以上浅水区为陆架区。

一、中国海大陆架的地形特征

1. 海底平坦面

大陆架往往由几级深度不同的海底平坦面组成，从滨岸到外海，随着陆架表面的缓倾平坦面逐级下降到大陆坡直至深海。

我国东海可分出以下几级明显的平坦面（图7-66）：

（1）海岸至水深20m处，这一平坦面基本平行岸线；

（2）水深20～50m平坦面，这一带北部宽235km，南部宽49km，海底地形平缓，平均坡度达0°0′2″，南部坡度为0°2′9″，略向东倾，是东海陆架上宽度最大的一级平坦面，水深30m和40m的等深线又显示为两个次一级的平坦面。

（3）水深50～75m的平坦面，在水深50～60m深处有几个水下岩礁，如苏岩礁、鸭礁和虎皮礁等。

（4）水深75～130m的平坦面，平坦的阶地面上有一些小丘分布，小丘高出海面5～10m。

（5）水深130～150m的平坦面是陆架最外缘的平坦面，地形坡度较大。

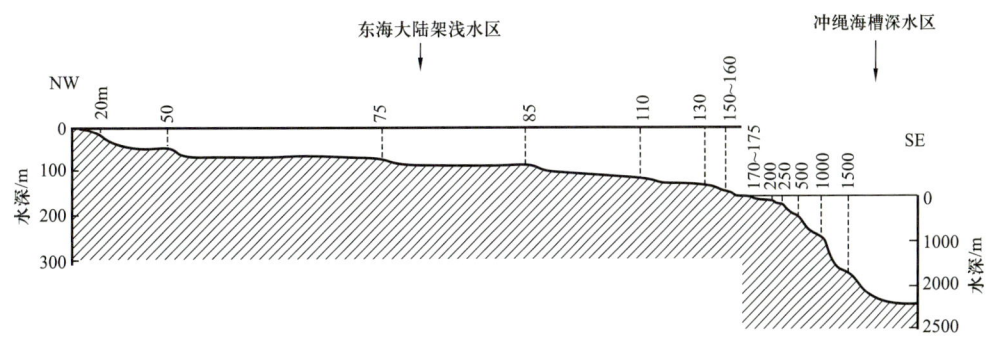

图7-66 东海海底平坦面

南海存在五个平坦面,它们的深度是 15~20m、30~45m、50~70m、80~93m 和 110~120m,其中以 80~95m 水深的第四级海底平坦面分布最宽,为 50~60km。

2. 边缘坝

大陆架的外缘往往有一个高起的前缘,然后过渡到大陆坡,这一高起部分称为陆架边缘坝(堤)。

我国东海陆架地形剖面图(图 7-67)上明显看出陆架边缘断续分布着一连串隆起地形,有的为海底基岩裸露区,有的为海面以上的岛屿,如钓鱼岛、赤尾屿等。钓鱼岛东西长 3.5km,南北宽 1.2km,海拔 363m,由古近纪的砂砾岩组成,偶夹泥岩及煤,为一穹隆构造,岛的四周分布着高 1m 左右的珊瑚礁,赤尾屿更靠近陆架外缘,该岛由安山岩质的集块岩组成,岛长 450m、宽 100m、海拔 81m,黄 50 众尾屿为一玄武岩质的圆形火山岩岛,岛直径 1.5km,海拔 118m。这几个小岛的性质表明,东海大陆架边缘的隆起坝是由基底褶皱和火山岩混合组成,它们的存在,增添了东海陆架和陆坡的分界标志,对隔挡陆架沉积物外泄起了一定作用。

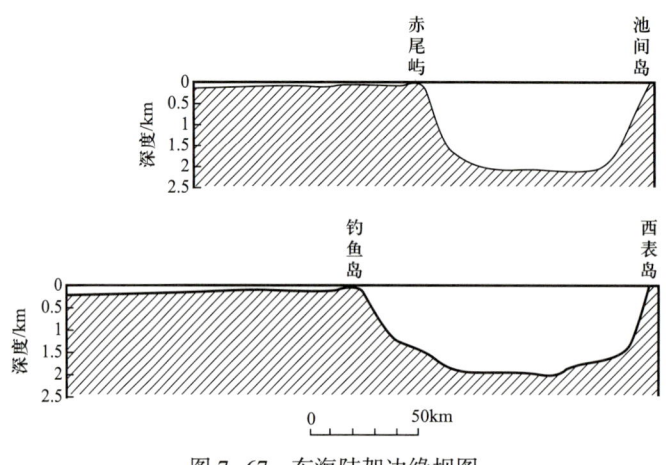

图 7-67 东海陆架边缘坝图

3. 放射状沙脊

与潮沙作用有关的微地形,往往出现在岛屿之间及岛与大陆之间,如我国海南岛和雷州半岛之间的琼州海峡东、西两端,有潮流谷地分布,与潮流谷地相伴生的还有潮流谷地中搬运来的物质堆积起来的扇形地。这种微地形也出现在马六甲海峡及印度尼西亚的一些岛屿之间。

4. 水下沙丘、小丘和冰积滩等微地形

大陆架上有多种微地形,它们形态虽小,但对深入了解陆架的发育是不可忽视的。如我国台湾海峡南部有一片水下浅滩,浅滩面积达 3000km²,水深 30~40m 之间,浅滩上分布着数以百计的水下沙丘(图 7-68),其中大的沙丘宽 1000m,高 10~15m,小沙

丘宽200～700m。从沙丘排列方向看来，明显受到现今潮流和海流的改造，这种水下浅滩在朝鲜西海岸外、马六甲海峡和北海均有存在。

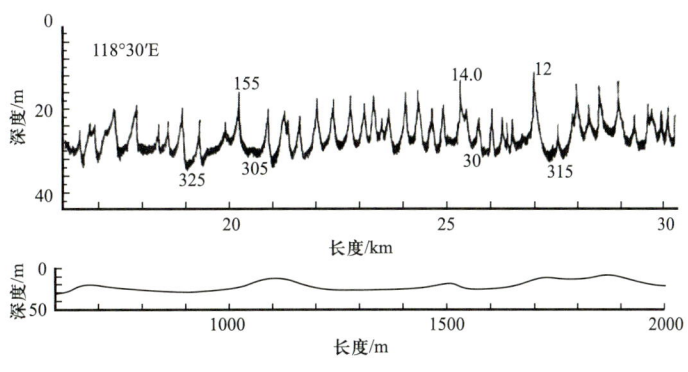

图7-68　闽南台湾浅滩沙丘图

二、东中国海大陆架的环流

东中国海是北太平洋西部的一个边缘海，由琉球各岛之间宽广而较深的水域可和太平洋进行良好的水体交换（图7-69）。北太平洋的强大海流——黑潮是在菲律宾东北方由赤道海流转变而成。黑潮在台湾东部宽度150nmi，流速1～1.5kn，它通过台湾与琉球之间的海脊流入东海，紧贴东海大陆架边缘北上，在这里宽度变得更窄（约40nmi），流速有所增加（2～2.5kn）。黑潮在九州西南方28°22′～30°的区域转折，沿着日本列岛向东北流动。在东海的大陆坡及日本沿海，有大量岩石底质，标志着该区域在表层黑潮影响下存在强劲底层流。

黑潮在东海内有二个分支：其一是台湾暖流，在台湾东北海域分出，沿闽浙外海北上，抵达舟山群岛附近；其二是对马暖流，约在127°30′～128°E、28°30′—30°N海区从黑潮分离北上，经过朝鲜海峡流入日本海，成为日本海中一支强大的暖流。对马暖流在济州岛南方分出一小支、从济州岛西南海域进入黄海。成为黄渤海区环流，通称黄海暖流。它大致沿140°E线北上，在北黄海转折，然后通过渤海海峡进入渤海，给渤海带来高温、高盐的外海水。

与外海流系相对应的是被大陆径流冲淡了的沿岸水构成的低温、低盐沿岸流系。由黄河、海河等径流混合形成的沿岸水，沿着山东半岛北岸绕过成山头，扩展到南黄海。江苏岸外沿岸水一般不紧贴海岸南下，它在越过长江口浅滩后流向东海的中部与黑潮及其分支汇合，通常可到达30°N附近，上述沿岸流和黄海暖流构成东中国海北部环流系统。另外，在浙闽沿岸，冬季在偏北季风吹送下，有一支长江冲淡水沿海岸南下，并通过台湾海峡直入南海；夏季东南季风期间，长江和钱塘江入海，流向济州岛方向。

整个东海外大陆架（水深50m以外）海底广泛出露较宽的砂质沉积，除了未被沿岸江河带来的细粒沉积覆盖外，还受到外侧黑潮流经扰动影响。

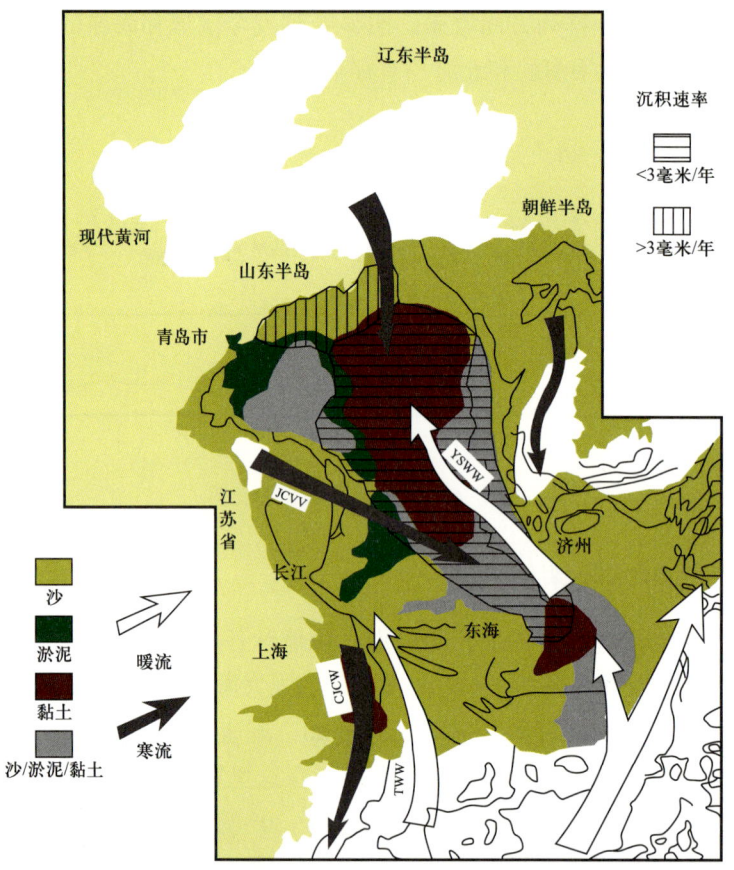

图 7-69 黄海/东海陆表环流型和现今表层沉积物结构示意图

东北方向的黑潮流向北溢出,形成黄海暖流和台湾暖流。南向回流主要由黄海冷水流、江苏冷水流、韩国沿岸流和长江沿岸流组成。注意朝鲜半岛西岸和长江口附近的强潮汐流的影响。里弗周期性的夏季台风增强了向北的暖流。更持久的冬季风暴使向南的冷水流动增强,这些风暴从西北延伸出去。夏季风和冬季风都会引起海床的波浪侵蚀。中部延伸的羽流在江苏沿岸水(JCW)的影响下平流输送,其中两股暖流(TWW 和 YSW)穿透陆架。外大陆架的特点是残留的沙子和少量的细粉(illiman, Qin&Park,1989 年)

三、中国海大陆架的沉积

东中国海海域陆架是世界上最宽的天然陆架之一,整个黄海均在陆架上,东西宽 750km,东海大陆架宽 130~560km,它们绝大部分与华北和苏北平原相邻接,是新生代形成的冲积平原。南海西北部大陆架与古生代地台区相邻接,珠江口以东陆架宽 165km,以西宽 240km,珠江口外的陆架宽 278km,这是珠江三角洲形成的堆积型大陆架。南海南部大陆架宽达 1000km,面积达 $185 \times 10^4 km^2$,一般水深浅于 100m。

1. 黄渤海大陆架沉积

在黄海和中国东海向北流动的过程中,由黑潮衍生而来的暖流深入这一浅层(深度小于 100m)、低坡度的大陆架。在夏季,这些暖流被向北移动的台风和来自南方的更恒定的微风间歇性地增强，只有轻微的波浪产生的湍流，悬浮泥沙浓度保持在 0.5~5.0mg/L 的范围内。

2. 东海大陆架沉积

1）溺谷沉积

我国东海陆架上有长江延伸出来的沉溺河谷，组成一个庞大的沉溺水系，横贯于整个陆架，占据着相当大的面积。主谷从长江口延伸到口外不远处便南拐，在北纬 37° 处又折向东南，于钓鱼岛和赤尾屿之间进入冲绳海槽，全长 270km。主谷北端两岸较陡，中段浅而开阔，南部又稍加深，在谷地通过的地方有时形成一些相对深度 5m 左右的低洼地。此外，我国渤海的辽东湾内有辽河、大凌河的沉溺河谷，南海北部陆架上有珠江等河流延伸的沉溺河谷。

2）潮流谷沉积

我国海南岛与雷州半岛之间的琼州海峡东西两侧，发育潮流谷。它们从海峡出口处向外侧呈散射状分布，这些潮汐冲刷作用形成的槽形地往往孤立分布，很少分叉，两端结束得相当突然。槽形地的最深部分通常出现在中段或靠海峡侧，若潮汐规模巨大，凹槽也就较深。

3. 南海大陆架沉积

南海大陆架类似于东海大陆架，仍以堆积作用为主，陆架外缘一定深度上为细砂沉积，往深处沉积物逐渐变细，生物碎屑及浊流沉积逐渐增多。